图 2.4 程序 2.2 的输出效果

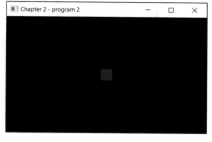

图 2.5 改变 glPointSize

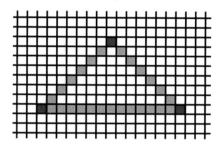

图 2.9 栅格化（步骤 1）

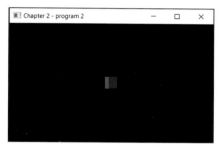

图 2.13 片段着色器颜色变化

图 4.3 程序 4.1 的输出。从 (0,0,8) 看位于 (0,−2,0) 的红色立方体

图 4.6 有插值颜色的立方体

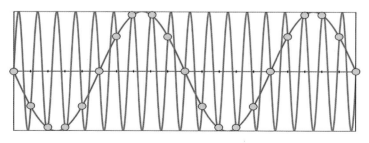

图 5.9 不充分采样造成的叠影

图 5.13　为图片生成多级渐远纹理　　　　图 5.18　使用不同环绕选项的四棱锥材质贴图

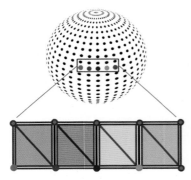
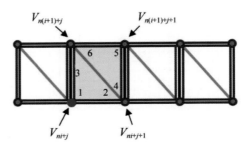

图 6.3　将顶点组合成三角形　　　　图 6.6　第 i 个切片中的第 j 个顶点的索引序号

（n 为每个切片的顶点数）

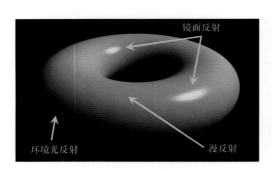

图 7.1　ADS 光照分量　　　　图 7.16　Phong 着色的外部模型

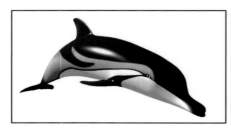

图 7.17　结合光照与纹理

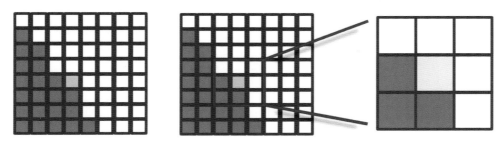

图 8.19　单像素 PCF 采样

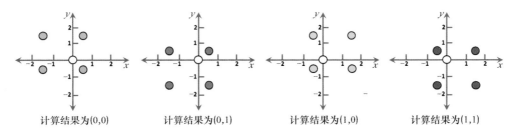

计算结果为(0,0)　　　计算结果为(0,1)　　　计算结果为(1,0)　　　计算结果为(1,1)

图 8.22　抖动的 4 像素 PCF 采样示例

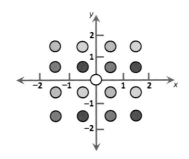

图 8.23　4 采样抖动 PCF 采样（4 种偏移模式）

图 9.10　用于创建反射环面的环境贴图示例

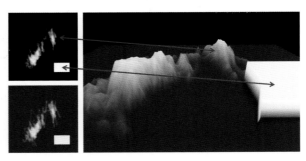

图 10.14　地形，在顶点着色器中进行高度贴图

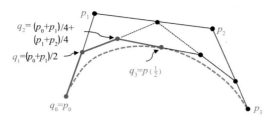

图 11.6 细分三次贝塞尔曲线

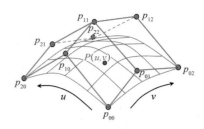

图 11.9 二次贝塞尔控制网格和相应的表面

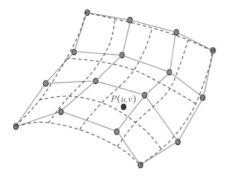

图 11.10 三次贝塞尔控制网格和相应的曲面

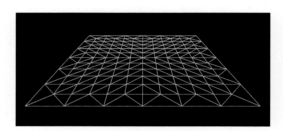

图 12.1 曲面细分器输出的三角形网格

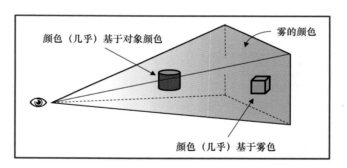

图 14.1 雾：基于距离的混合

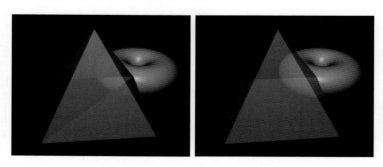

图 14.5 透明度和背面：排序伪影（左）和两步校正（右）

图 14.8　条纹 3D 纹理图案

图 14.9　3D 条纹纹理的龙对象

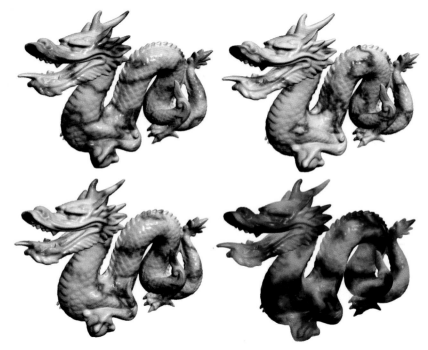

图 14.17　带有噪声的 3D 纹理的龙——3 种大理石纹理和 1 种玉纹理

图 14.18　为 3D 木材纹理创建年轮

图 14.21　带有云雾缭绕纹理的穹顶

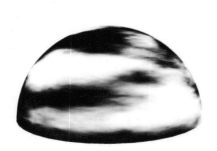

图 14.22　带有 logistic 云纹理的穹顶

图 16.3　程序 16.2 的输出，展示了无光照的
简单光线投射

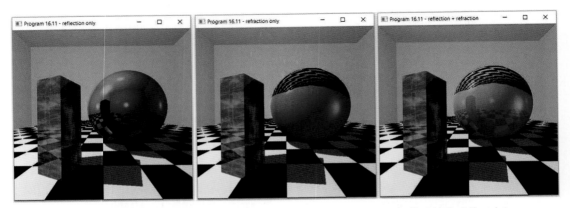

图 16.11　程序 16.11 的输出，展示了反射、折射和纹理的结合：仅带反射的球体（左）、
仅带折射的球体（中）、同时具有反射与折射的球体（右）

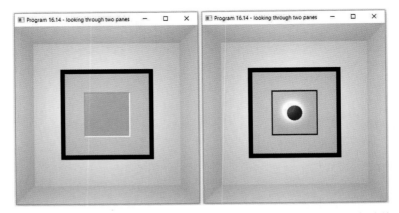

图 16.15　程序 16.14 的输出，通过两个薄的透明立方体显示一个红色球体。
左图递归深度为 3，右图递归深度为 5

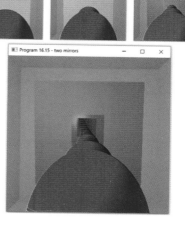

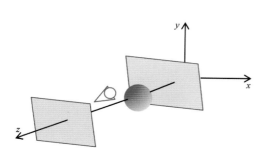

图 16.16 建立两个面对面的镜子

图 16.17 程序 16.15 的输出，展示了两面面对面的镜子。在最终图像中递归深度分别为 0、1、2 和 14（从左到右，从上到下）

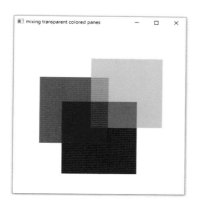

图 16.18 具有 3 个重叠彩色平面的场景，颜色均匀混合

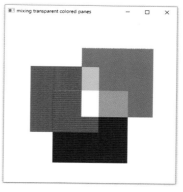

图 16.19 具有 3 个重叠彩色光源的场景，颜色相加

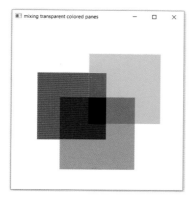

图 16.20 使用 CMY 模型叠加青色、洋红色和黄色平面

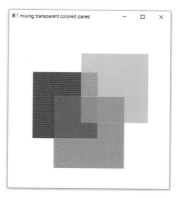

图 16.21 使用 RGB 模型混合青色、洋红色和黄色平面

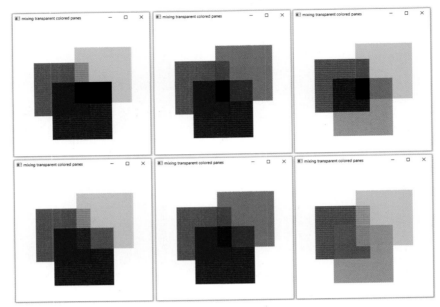

图 16.22　使 CMY 模型叠加颜色（上行），使用 RGB 模型混合颜色（下行）

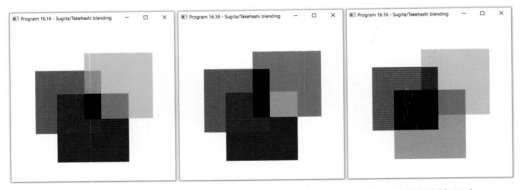

图 16.23　程序 16.16 的输出，展示了使用 Sugita 和 Takahashi 的方法进行颜色混合

图 17.5　程序 17.1 的色差式渲染，雾示例（最好通过红青眼镜观看）

国外著名高等院校
信息科学与技术优秀教材

计算机图形学编程
（使用OpenGL和C++）
（第2版）

[美] V. 斯科特·戈登（V. Scott Gordon）

[美] 约翰·克莱维吉（John Clevenger）　　　　著　　　魏广程 沈瞳 译

人民邮电出版社

北　京

图书在版编目（CIP）数据

计算机图形学编程 : 使用OpenGL和C++ / （美）V.斯科特·戈登 (V. Scott Gordon) , （美）约翰·克莱维吉 (John Clevenger) 著；魏广程，沈瞳译. -- 2版. -- 北京 : 人民邮电出版社，2022.12
国外著名高等院校信息科学与技术优秀教材
ISBN 978-7-115-59633-8

Ⅰ．①计… Ⅱ．①V… ②约… ③魏… ④沈… Ⅲ．①计算机图形学－高等学校－教材②C++语言－程序设计－高等学校－教材 Ⅳ．①TP391.411②TP312.8

中国版本图书馆CIP数据核字(2022)第114910号

版权声明

- ◆ 著　　　　[美] V.斯科特·戈登（V. Scott Gordon）
　　　　　　　[美] 约翰·克莱维吉（John Clevenger）
　　译　　　　魏广程　沈　瞳
　　责任编辑　郭泳泽
　　责任印制　王　郁　焦志炜
- ◆ 人民邮电出版社出版发行　　北京市丰台区成寿寺路 11 号
　　邮编　100164　电子邮件　315@ptpress.com.cn
　　网址　https://www.ptpress.com.cn
　　三河市君旺印务有限公司印刷
- ◆ 开本：787×1092　1/16　　　　　彩插：4
　　印张：19.5　　　　　　　　　　2022 年 12 月第 2 版
　　字数：498 千字　　　　　　　　2025 年 2 月河北第 7 次印刷
　　　　著作权合同登记号　图字：01-2021-0638 号

定价：89.80 元

读者服务热线：**(010)81055410**　印装质量热线：**(010)81055316**
反盗版热线：**(010)81055315**

内容提要

本书以 C++和 OpenGL 作为工具，介绍计算机图形学编程的相关内容。全书从图形编程的基础和准备工作出发，介绍了 OpenGL 图像管线、图形编程数学基础、管理 3D 图形数据、纹理贴图、3D 模型、光照、阴影、天空和背景、增强表面细节、参数曲面、曲面细分、几何着色器、水面模拟、光线追踪等图形学编程技术。附录分别介绍了 Windows、macOS 平台上的安装设置，以及 Nsight 图形调试器的应用。本书配备了不同形式的习题，供读者巩固所学知识。

本书适合作为高等院校计算机科学专业的计算机图形编程课程的教材或辅导书，也适合对计算机图形编程感兴趣的读者自学。

译者简介

魏广程　程序员、游戏开发爱好者，现旅居北美，任职于互联网金融技术公司，有十几年 IT 行业从业经验。本科毕业于西安交通大学，研究生毕业于美国雪城大学。合译有《游戏开发物理学（第 2 版）》《计算机图形学编程（使用 OpenGL 和 C++）》。

沈瞳　程序员、创业者、游戏开发爱好者，现居上海，任职于不动产大数据科技公司，从事地产科技、不动产区块链相关行业工作。本科毕业于西安交通大学，研究生毕业于美国布兰迪斯大学。合译有《计算机图形学编程（使用 OpenGL 和 C++）》。

译者序

欢迎来到计算机图形学编程和 OpenGL 的世界！跟随本书两位作者，你将经历一段奇妙的旅程。

计算机图形学（Computer Graphics，CG）是研究使用计算机创造图形的学科，属于计算机科学的分支。本书涵盖一部分常用的计算机图形学概念和理论，但并不是完整介绍这方面知识的教材。本书的优点是在简明地介绍概念的同时，手把手地讲解 OpenGL 的基础技术实现。图形学不只是一门学科，也是一项实践技术。工业界对图形学算法和方法的实现往往会为了性能而牺牲完全的精确性。因此，同时理解理论知识和掌握实践技巧，并懂得在应用时如何取舍，是学习图形学编程的重要目标之一。

OpenGL 是当今行业中使用最多、功能最强大的图形库吗？很可能不是。OpenGL 向前兼容，有不小的历史包袱。它的状态机制也可能导致在某些情境下无谓的性能丧失。更重要的是，当前在工业界有很多更具优势的其他图形库。例如，由操作系统厂商推出的自家图形接口，如 Windows 下的 DirectX、macOS 下的 Metal 等，通常情况下都能实现远高于 OpenGL 的图形性能；Vulkan 之类的图形库又给了开发者对 GPU 细节更强的掌控力。实际上，在真实的生产环境中使用 OpenGL 的应用并没有那么多。这是不是意味着初学者应该直接开始学习这些在工作中也许能直接输出价值的技术呢？也很可能不是。

正如前言中两位原作者所述，本书面向的是计算机图形编程初学者。对初学者而言，最重要的是建立对重要概念的全局认知，而不是陷入各种琐碎的 API 细节中。从这个维度看，OpenGL 在一定程度上隐藏了 GPU 驱动程序的事务性细节，让读者能专注于理解图形学技术及其实现，掌握着色器编程模型和基础技巧，而这些正是会在读者未来学习和工作中发挥基础性和长期性作用的知识。相较于上文所述的其他图形库，OpenGL 的学习曲线较为缓和，读者跟随本书的进程能在渐进式的过程中感受到图形编程的全貌，这能为后续对其他图形库的学习打下良好的基础。本书第 2 版新增的模拟水面、光线追踪、立体视觉等内容都是近期热点话题，虽然有很多硬件或软件的方式能让我们更高效地实现这些场景，但是了解这些技术的原理既对直接应用这些技术有帮助，也能帮读者更进一步练习、巩固学习到的各项技术。

此外，常用于 Android 设备的 OpenGL ES 和网页标准 WebGL 基本上就是 OpenGL 的子集。在移动和 Web 端大行其道的今天，如 BIM、CIM 和数字孪生、智慧城市、数字驾驶舱等应用也常结合基于 WebGL 的模型可视化和数据可视化技术，OpenGL 也有其用武之地。

我们祝愿每一位读者学习顺利，收获长期价值。

魏广程　沈瞳

2021 年 11 月

前　言

本书的主要写作目标是为计算机科学专业本科 OpenGL 3D 图形编程相关课程提供合格的教材。同时，我们也付出了很大的努力，让本书成为一本无须配合课程使用的自学教材。在以这两者为目标的前提下，本书尽力将内容解释得简单而清晰。本书中的所有代码示例都已经尽可能地在保证完整性的同时进行了简化，以便读者直接运行。

我们期望本书与众不同的一点是对初学者（刚接触 3D 图形编程的读者）友好。关于 3D 图形编程这个主题的学习资料从来都不匮乏，恰恰相反，很多初学者刚入门的时候，相关的资料就扑面而来，令人不知所措。作者在刚接触 3D 图形编程的时候，期望能遇见这样的教材：一步步解释基础概念，循序渐进并有序地梳理进阶概念，因此作者也尝试将本书编写成这样的教材。作者曾想将本书命名为"轻松学习着色器编程"，虽然我们并不认为有什么方法能真的让着色器编程变得"轻松"，但我们希望本书能够帮助读者尽可能地达成这个目标。

本书使用 C++进行 OpenGL 编程教学。使用 C++学习图形编程有以下好处。
- 由于 OpenGL 的原生语言是 C，因此 C++程序可以直接进行 OpenGL 函数调用。
- C++编写的 OpenGL 应用程序通常有着很好的性能。
- C++提供 C 语言所没有的现代编程结构（类、多态等）。
- OpenGL 社区中，C++是个热门选项，许多 OpenGL 的教学资源都有 C++版本。

值得一提的是，OpenGL 也存在着其他语言绑定，常见的有 Java、C#、Python，以及其他许多语言。但本书仅关注 C++。

本书与众不同的另一点是它有一个 Java 版，英文书名是 *Computer Graphics Programming in OpenGL with Java, 2nd Edition*。这两本书是按同样的节奏组织的，使用相同的章节编号、主题、图表、习题和讲解方式，也尽可能以相似的方式组织代码。诚然，使用 C++或 Java 编程肯定有着相当大的差异（不过书中着色器代码完全一致）。尽管如此，我们仍然相信这两本书提供了几乎相同的学习路径，甚至可以让选修同一门课程的学生使用。

需要着重澄清的一点是，OpenGL 有着不同的版本（稍后简述）和不同的变体。例如：在标准 OpenGL（也称桌面 OpenGL）之外，还有一个变体叫作 OpenGL ES，是为嵌入式系统（Embedded System）的开发而定制的（因此称为"ES"）。"嵌入式系统"包括手机、游戏主机、汽车和工业控制系统之类的设备。OpenGL ES 大部分内容是标准 OpenGL 的子集，删除了嵌入式系统通常用不到的很多操作。OpenGL ES 还增加了一些功能，通常是特定目标环境下的特定功能。本书侧重于介绍标准 OpenGL。

OpenGL 的另一个变体称为 WebGL。WebGL 基于 OpenGL ES，它的设计目标是支持在浏览器中运行 OpenGL。WebGL 允许应用程序通过 JavaScript①进行 OpenGL ES 操作调用，从而简单地将 OpenGL 图形嵌入标准 HTML（Web）文档中。大多数现代 Web 浏览器都支持 WebGL，包括 Apple Safari、Google Chrome、Microsoft Edge、Microsoft Internet Explorer、Mozilla Firefox 和 Opera。由于 Web 编程超出了本书的范围，因此本书不会涵盖 WebGL。不过，由于 WebGL 基于

---

① JavaScript 是一门脚本语言，其代码可以嵌入网页中运行。它与 Java 有一定的相似性，但同时在很多重要的方面也有区别。

OpenGL ES，而 OpenGL ES 又基于标准 OpenGL，因此本书涵盖的大部分内容都可以直接迁移到这些 OpenGL 变体中去。

　　3D 图形编程这个主题通常让人想起精美而宏大的画面。事实上，许多相关热门教材中充满了令人惊叹的场景，吸引着读者翻阅它们的图库。虽然我们认同这些图像的激励作用，但我们的目标是教学而非令人惊叹。本书中的图像仅仅是示例程序的输出。由于本书只是入门教程，因此其渲染的场景大概无法让专家心动。然而，本书呈现的技术确实是构成当今这些炫目 3D 效果的基础。

　　本书并没有尝试成为一本"OpenGL 参考大全"，所涵盖的 OpenGL 部分只是其所有功能中的一小部分。本书的目标是以 OpenGL 作为基础工具，教授基于现代着色器的 3D 图形编程，并为读者提供足够深入的理解，以供读者自行进行进一步的研究。

新版内容

本书在第 1 版的基础上新增了 3 章。

● 第 15 章：模拟水面。

● 第 16 章：光线追踪和计算着色器。

● 第 17 章：3D 眼镜和 VR 头显的立体视觉。

　　在过去多年的教学中，学生们对于水的模拟表现出了极大的兴趣。但是，由于水的形态繁多，在入门教材中加入这样一章很困难。最终，我们决定用辅助本书其他章节内容的形式加入与水相关的内容。在第 15 章中，我们主要介绍了如何使用第 14 章中所介绍的噪声图，生成像湖面或海面的水面。

　　光线追踪（ray tracing）这个主题最近变得很热门，因此我们涵盖了这部分内容。同时光线追踪也是一个很庞大的话题，虽然本书只涵盖了一些基础介绍，但第 16 章依然是书中篇幅最大的一章。第 16 章同时也涵盖了 OpenGL 4.3 所引入的计算着色器（compute shader）的介绍，并在展开 14.2 节中的话题时介绍了加法混色和减法混色。

　　3D 眼镜和 VR 头显的立体视觉（stereoscopy）相关内容的加入是因为虚拟现实的日益流行。当然，这些知识同样可以应用于开发"3D 电影"中的动画。同时，我们在第 17 章中尝试对这两种应用情景以同样权重进行涵盖。

　　由于新加了以上内容，本书篇幅比第 1 版要长一些。

　　除了新的内容之外，本书还有很多重要的修正。如修复了第 6 章中的 Torus 类的代码缺陷并优化了第 14 章中的噪声图代码，对 Utils.cpp 类进行了扩展以处理计算着色器的加载，为 SOIL2 库找到了一个会影响 macOS 用户加载立方体贴图的代码缺陷（现已修复）。

　　书中还有很多读者可能注意不到的小改动散布于各章中：改正错别字、整理代码、更新安装指引、微小的措辞修改、整理图表、更新引用等。在一本讲述快速进化的技术话题的书中完全消灭错别字几乎是一件不可能的任务，但我们对此倾尽了全力。

目标读者

　　本书的目标读者是计算机科学专业的学生（可以是本科生），但其实任何想要学习计算机科学相关知识的人都适合阅读本书。因此，我们假设读者有扎实的面向对象编程基础，至少有相当于计算机科学专业大二或大三学生的水平。

　　本书中未涵盖如下内容，因为我们假设读者已经有足够的背景知识。

- C++和其常用库，如标准模板库（standard template library）。
- 集成开发环境（Integrated Development Environment，IDE），如 Visual Studio。
- 事件驱动编程。
- 基础的数据结构和算法知识，如链表、栈、队列等。
- 递归。
- 基础矩阵代数、三角函数。
- 颜色模型，如 RGB、RGBA 等。

希望本书的潜在受众能够因对 Java 版的喜爱而进一步支持本书。正如前面所说的，我们期望看到这样一种情景——学生在同一门课中可以自由选择使用 C++版教材或 Java 版教材。这两本教材按照同样的节奏对教学内容进行组织编排，这种模式已经在图形学编程的课程实践中获得了成功。

如何使用本书

本书内容安排上适合从前往后阅读，即对后面章节中知识的学习经常依赖于前面章节中所讲的内容。我们不推荐在各章节中来回跳跃地选择性阅读，读者最好逐章阅读。

同时，本书也希望成为一本实用的动手指南。由于已经有许多其他偏理论的学习材料，读者应该将本书作为一本"练习册"，通过一边参考本书一边自己动手编程来学习和理解基础概念。虽然我们为所有的示例提供了代码，但是想要真正学会这些概念，还是得自己动手"实现"这些代码——通过编程来搭建自己的 3D 场景。

本书第 2 章～第 14 章留给读者一些习题，其中有的题目比较简单，仅仅需要对提供的代码进行简单的改动就可以解决。而那些标记为"项目"的习题需要读者花更多的时间来解决，因为可能需要编写大量代码或者使用多个示例中用到的技术。少数标记为"研究"的习题则会用到在本书中并没有提供的知识细节，我们鼓励读者自主学习并解答。

OpenGL 中的函数调用通常会有很长的参数列表。我们在撰写本书时曾多次讨论是否要描述所有参数，最终决定在前面的章节中详细讲解函数的所有参数。随着主题深入，本书会避免在每次 OpenGL 调用（因为调用次数很多）中过分描述细枝末节，以防读者失去对全局的理解。因此，在浏览示例时，读者需要准备 OpenGL 和所使用的各种库的参考资料。

为此，我们建议结合一些优秀的在线资源使用本书。OpenGL 的官方文档是绝对必要的，它涵盖了有关各种命令的详细信息。可以利用搜索引擎，或访问 OpenGL 的官方网站获取帮助。

本书示例使用了名为 GLM 的数学库。安装 GLM（见附录）后，读者应找到其官方在线文档并将其加入浏览器书签。

本书经常用到的另一个库是 SOIL2，用于读取以及处理纹理图像文件，读者可能也时常需要查阅它的文档。虽然 SOIL2 没有中心化的文档资源，但通过搜索可以找到一些例子。

还有许多关于 3D 图形编程的图书，建议与本书并行阅读（例如在解决各章最后的"研究"习题时翻阅）。以下是本书中经常提到的 5 本图书。

- Sellers 等著《OpenGL 超级宝典（第 7 版）》[SW15]。
- Kessenich 等著《OpenGL 编程指南（原书第 9 版）》（"红书"）[KS16]。
- Wolff 著 *OpenGL 4 Shading Language Cookbook*[WO18]。
- Angel 和 Shreiner 著《交互式计算机图形学：基于 WebGL 的自顶向下方法（第七版）》[AS14]。
- Luna 著，王陈译《DirectX 12 3D 游戏开发实战》[LU16]。

配套资源

本书提供随书的配套资源，其内容有：

- C++/OpenGL 程序代码、相关的实用类文件代码和 GLSL 着色器的代码；
- 各种程序和示例中使用的模型和纹理文件；
- 用于制作天空和地平线的天空顶和立方体贴图图像文件；
- 用于照明和呈现物体表面细节效果的法线贴图和高度贴图；
- 本书中所有的图表（以图像文件形式提供）。

上述资源可以通过访问异步社区（www.epubit.com）的本书页面获取。

教师辅助

我们鼓励教师获取本书的教学辅助资料，其中包含以下附加项（以英文提供）：

- 一套完整的教学幻灯片，涵盖本书中的所有主题；
- 本书中大多数章末习题的答案及所需代码；
- 基于本书的课程大纲示例；
- 每章用于讲解材料的额外内容。

教师辅助包获取方式请联系 contact@epubit.com.cn。

致谢

本书中的许多内容都基于 Java 版教材——*Computer Graphics Programming in OpenGL and Java*，它是作者于 2016 年为加利福尼亚州立大学萨克拉门托分校的 CSc-155（高级计算机图形编程）课程编写的教材。当年许多学习 CSc-155 课程的学生都主动对早期的草稿给出了修改建议，并帮助修复了相关程序中的代码缺陷。要特别感谢 Mitchell Brannan、Tiffany Chiapuzio-Wong、Samson Chua、Anthony Doan、Kian Faroughi、Cody Jackson、John Johnston、Zeeshan Khaliq、Raymond Rivera、Oscar Solorzano、Darren Takemoto、Jon Tinney、James Womack、Victor Zepeda 的建议。在接下来的几年中，我们的同事 Pinar Muyan-Ozcelik 博士开始在她的 CSc-155 课程教学中使用 Java 版，并持续记录了每章中所遇到的问题以及需要更正的内容，最终为 Java 版的第 2 版以及 C++版的第 1 版提供了许多改进意见。

2020 年春天，作者在 CSc-155 课程中测试了让学生自由选择使用 C++或 Java 并使用对应版本教材进行学习的计划。作者以此测试在一门课程中同时使用 C++版和 Java 版教材，其结果令人很满意。同时，学生们也发现了书中的一些错误——Paul McHugh 发现并修复了 3D 纹理代码中的一个重大内存泄露问题。

同时我们也从全世界使用本书作为课程教材的教师、专业人士以及爱好者群体中持续收到了很棒的反馈——在这里要感谢 Mauricio Papa 博士（University of Tulsa）、Dan Asimov（NASA Ames）、Sean McCrory、Michael Hiatt、Scott Anderson、Reydalto Hernandez、Bill Crupi 等人。

Alan Mills 博士在 2020 年年初开始教授课程之后，从浏览 Java 版时整理的笔记中，发给我们超过 200 条建议和修正意见。其中大约一半建议和修正意见同样适用于 C++版。在他的诸多发现中，有一个条目是对环形模型中纹理坐标的重大修正。Alan 对细节的关注令人赞叹，我们非常感谢他为本书所做的工作，他的工作对本书产生了积极的影响。

Jay Turberville 来自亚利桑那州 Scottsdale 的 Studio 522 Productions。他创建了封面以及书中所有的海豚模型，学生们非常喜欢。Studio 522 Productions 制作了高质量的 3D 动画和视频，以及自定义 3D 建模。我们很高兴 Turberville 先生慷慨地为本书建立这个精美的模型。

Martín Lucas Golini，作为 SOIL2 纹理图像处理库的开发者和维护者，也对本书付出了极大的支持和热情，一直快速回应我们提出的相关问题。我们对他的帮助表示感谢。

我们还要感谢其他一些艺术家和研究人员，他们非常慷慨地让我们使用他们的模型和纹理。来自 Planet Pixel Emporium 的 James Hastings-Trew 提供了许多行星表面纹理。Paul Bourke 允许我们使用他所拥有的精彩的星域。斯坦福大学的 Marc Levoy 博士授权我们使用著名的"斯坦福龙"模型。Paul Baker 的凹凸贴图教程是我们在许多例子中使用的"环面"模型的基础。我们还要感谢 Mercury Learning 允许我们使用[LU16]中的一些纹理。

已逝的 Danny Kopec 博士向我们介绍了 Mercury Learning 公司，并向其出版人 David Pallai 引荐了我们。作为象棋爱好者的 Gordon 博士（本书作者之一）最早熟悉 Kopec 博士是因为其国际象棋大师、国际象棋畅销书作者的身份。Kopec 博士同时也是一名计算机科学家，他编写的教科书 *Artificial Intelligence in the 21st Century*［《人工智能（第 2 版）》，人民邮电出版社，ISBN：9787115488435］让我们考虑通过 Mercury Learning 出版图书，我们在与 Kopec 博士的几次通话中获得了很多信息。Kopec 博士于 2016 年早逝，我们深感悲痛，也对他没有机会看到他所启动的项目取得的成果而感到遗憾。

最后，我们要感谢 Mercury Learning 的 David Pallai 和 Jennifer Blaney。感谢他们对这个项目持续的热情和支持，以及引导我们完成了本书的整个出版流程。

参考资料

[AS14] E. Angel and D. Shreiner, *Interactive Computer Graphics: A Top-Down Approach with WebGL*, 7th ed. (Pearson, 2014).

[KS16] J. Kessenich, G. Sellers, and D. Shreiner, *OpenGL Programming Guide: The Official Guide to Learning OpenGL, Version 4.5 with SPIR-V*, 9th ed. (AddisonWesley, 2016).

[LU16] F. Luna, *Introduction to 3D Game Programming with DirectX 12*, 2nd ed. (Mercury Learning, 2016).

[SW15] G. Sellers, R. Wright Jr., and N. Haemel, *OpenGL SuperBible: Comprehensive Tutorial and Reference*, 7th ed. (Addison-Wesley, 2015).

[WO18] D. Wolff, *OpenGL 4 Shading Language Cookbook*, 3rd ed. (Packt Publishing, 2018).

作者简介

V. 斯科特·戈登（**V. Scott Gordon**）**博士**在加利福尼亚州立大学系统担任教授已超过 25 年，目前在加利福尼亚州立大学萨克拉门托分校教授高级图形学和游戏工程课程。他撰写及合著了 30 多部出版物，涉及人工智能、神经网络、演化计算、计算机图形学、软件工程、视频和策略游戏编程、计算机科学教育等多个领域。Gordon 博士在科罗拉多州立大学获得博士学位。同时他也是爵士乐鼓手以及优秀的乒乓球运动员。

约翰·克莱维吉（**John Clevenger**）**博士**拥有超过 40 年的教学经验，教学内容包括高级图形学、游戏架构、操作系统、VLSI 芯片设计、系统仿真和其他主题。他是多个用于图形和游戏架构教学的软件框架和工具的开发人员，其中包括本书对应 Java 版中用到的 graphicslib3D 库。他是国际大学生程序设计竞赛（ICPC）的技术总监，负责监督 PC^2 的持续开发，PC^2 是使用广泛的编程竞赛支持系统。Clevenger 博士在加利福尼亚大学戴维斯分校获得博士学位。他还是一位爵士乐表演艺术家，常在他的山间小屋过暑假。

目　　录

第 1 章 入门

图形编程是计算机科学中最具挑战性的主题之一，并因此而闻名。当今，图形编程是基于着色器的，也就是说，有些程序是用诸如 C++或 Java 等标准编程语言编写的，并运行在中央处理器（Central Processing Unit，CPU）上；另一些是用专用的着色器语言编写的，直接运行在图形处理单元（Graphics Processing Unit，GPU）上。着色器编程的学习曲线很陡峭，以致哪怕是绘制简单的东西，也需要一系列错综复杂的步骤，把图形数据从一个"管线"（pipeline，又称为"流水线"）中传递下去才能完成。现代显卡能够并行处理数据，即使是绘制简单的形状，图形程序员也必须理解 GPU 的并行架构。

这虽然并不简单，但可以换回超强的渲染能力。电子游戏中涌现出来的令人惊艳的虚拟现实（Virtual Reality，VR）和好莱坞电影中越来越逼真的特效，很大程度上是由着色器编程的进步带来的。如果阅读本书是你进入 3D 图形世界的第一步，那么你正在开始接受一个对自己的挑战。挑战的奖励不仅有漂亮的图片，还有过往不敢想象的对机器的掌控程度。欢迎来到激动人心的计算机图形编程世界！

1.1 语言和库

现代图形编程使用图形库完成，也就是说，程序员编写代码时，调用一个预先定义的库（或者一系列库）中的函数，由这个库来提供对底层图形操作的支持。现在有很多图形库，但常见的平台无关图形库叫作 OpenGL（代表 open graphics library，即开放图形库）。本书将会介绍如何在 C++中使用 OpenGL 进行 3D 图形编程。

在 C++中使用 OpenGL 需要配置多个库。这里按照个人需求，可以有一系列令人眼花缭乱的选择。在本节中，我们会介绍哪几种库是必要的，各种库的一些常见选择，以及我们在本书中选择的库。

总的来说，你需要用到：

- C++开发环境；
- OpenGL / GLSL；
- 窗口管理库；
- 扩展库；
- 数学库；
- 纹理图像加载库。

读者可能需要进行几项准备，以保证这几种库已安装在系统中，并可以正常使用。下面几个小节将简单介绍它们。它们的安装和配置的更多细节请参阅附录。

1.1.1 C++

C++是一种通用编程语言，最早出现在 20 世纪 80 年代中期。它的设计，以及它通常被编译成本机的机器码这一事实，使得它成了需要高性能的系统（比如 3D 图形计算）的优秀选择。C++

的另一个优点是 OpenGL 调用库是基于 C 语言开发的。

有许多可用的 C++开发环境。在阅读本书时，如果读者使用 PC（Windows 操作系统），我们推荐使用 Microsoft Visual Studio[VS20]；如果在 Mac 上，我们推荐使用 Xcode[XC18]。附录中也介绍了各个平台下 C++开发环境的安装和配置。

1.1.2　OpenGL / GLSL

OpenGL 的 1.0 版本出现在 1992 年，是一种对各家供应商各不相同的计算机图形应用程序接口（Application Programming Interface，API）的"开放性"替代品。

它的规范和开发工作由当时新成立的 OpenGL 架构评审委员会管理和控制。ARB 是由一群行业参与者组成的小组。2006 年，ARB 将 OpenGL 规范的控制权交给了 Khronos Group。Khronos Group 是一个非营利性联盟，不仅管理着 OpenGL 标准，还管理着很多其他的开放性行业标准。

从一开始，OpenGL 就定期修订和扩展。2004 年，2.0 版本中引入了 OpenGL 着色语言 GLSL，使得"着色器程序"可以被直接安装到图形管线的各个阶段并执行。

2009 年，3.1 版本中移除了大量被弃用的功能，以强制使用着色器编程，而不是之前的老方法（称为"立即模式"）①。4.0 版本（2010 年）在可编程管线中增加了一个曲面细分阶段。

本书假定读者的计算机有一个支持至少 4.3 版本 OpenGL 的显卡。如果你不确定你的 GPU 支持哪个版本的 OpenGL，网上有免费的应用程序可以用来找出答案。其中一个是 GLView，由 realtech VR 公司提供[GV20]。

1.1.3　窗口管理库

OpenGL 实际上并不是把图像直接绘制到计算机屏幕上，而是将之渲染到一个帧缓冲区，然后由计算机来负责把帧缓冲区中的内容绘制到屏幕上的一个窗口中。有不少库都可以支持这一部分工作。一个选择是使用操作系统提供的窗口管理功能，比如 Microsoft Windows API。但这通常不实用，因为需要很多底层的编码工作。GLUT 库曾经是一个很流行的选择，但现在已经被弃用了。它的一个现代化的变体是 freeglut 库。其他相关的选项还有 CPW 库、GLOW 库、GLUI 库等。

GLFW 是最流行的选择之一，也是本书中选择使用的。它内置了对 Windows、macOS、Linux 和其他操作系统[GF20]的支持。它可以在其官网下载，并且需要在要使用它的计算机上编译。（我们在附录中介绍了相关步骤。）

1.1.4　扩展库

OpenGL 围绕一组基本功能和扩展机制进行组织。随着技术的发展，扩展机制可以用来支持新的功能。现代版本的 OpenGL，比如我们在本书中使用的 4.3 以上版本，需要识别 GPU 上可用的扩展。OpenGL 的核心中有一些内置的命令用来支持这一点，但是为了使用现代命令，需要执行很多相当复杂的代码。在本书中，我们会经常使用这些命令。所以使用一个扩展库来处理这些细节已经成了标准做法，这样能让程序员可以直接使用现代 OpenGL 命令。扩展库有 Glee、GLLoader 和 GLEW，以及新版的 GL3W 和 GLAD。

---

① 尽管如此，许多显卡厂商（比如 NVIDIA）依然继续支持被弃用的功能。

上面列出的这些库中，常用的是 GLEW。这个名称代表 OpenGL extension wrangler，即 OpenGL 扩展牛仔。GLEW 支持各种操作系统，包括 Windows、macOS 和 Linux [GE20]，但它并不是完美的选择。例如，它需要一个额外的动态链接库。最近，很多开发者选择 GL3W 或者 GLAD。它们的优势是可以自动更新，但是需要 Python 环境。本书使用 GLEW。它可以在其官网下载。附录中给出了安装和配置 GLEW 的完整说明。

1.1.5 数学库

3D 图形编程会大量使用向量和矩阵代数。因此，配合一个支持常见数学计算任务的函数库或者类包，能极大地方便 OpenGL 的使用。常常和 OpenGL 一起使用的两个这样的库是 Eigen 和 vmath。后者在流行的《OpenGL 超级宝典（第 7 版）》[SW15]中使用。

本书使用 OpenGL Mathematics 数学库，一般称作 GLM。它是一个只有头文件的 C++库，兼容 Windows、macOS 和 Linux [GM20]。GLM 命令能很方便地遵循和 GLSL 相同的命名惯例，使得来回阅读特定应用程序的 C++和 GLSL 代码时更容易。GLM 可以在其官网下载。

GLM 可提供与图形概念相关的类和基本数学函数，例如矢量、矩阵和四元数。它还包含各种工具类，用于创建和使用常见的 3D 图形结构，例如透视和视角矩阵。它最早在 2005 年发布，由 Christophe Riccio [GM20]维护。有关安装 GLM 的说明，请参阅附录。

1.1.6 纹理图像加载库

从第 5 章开始，我们将使用图像文件来向图形场景中的对象添加"纹理"。这意味着我们会频繁加载这些图像文件到我们的 C++/OpenGL 代码中。从零开始编写一个纹理图像加载器是可以做到的。但是，考虑到各种各样的图像文件格式，使用一个纹理图像加载库通常是更好的。比如 FreeImage、DevIL、GLI 和 Glraw。SOIL 可能是最常用的 OpenGL 图像加载库，尽管它有点儿过时了。

本书中使用的纹理图像加载库是 SOIL2——SOIL 的一个更新的分支版本。像我们之前选择的库一样，SOIL2 兼容各种平台[SO20]。附录中给出了其详细的安装和配置说明。

1.1.7 可选库

读者可能希望利用很多其他有用的库。例如，在本书中，我们将展示如何从零开始实现一个简单的 OBJ 模型加载器。然而，正如你将看到的，它没有处理 OBJ 标准中很多可用的选项。有一些更复杂的、现成的 OBJ 模型加载器可供选择，比如 Assimp 和 tinyobjloader。本书的例子只会使用书中介绍和实现的简单模型加载器。

1.2 安装和配置

关于本书使用的 C++版本，我们争吵了很久，因为我们想要找到囊括用来运行示例程序的平台特定的配置信息的最佳方法。配置 C++来使用 OpenGL 的系统要比配置 Java 复杂得多。Java 版本的配置只需要短短几个段落就可以描述完毕（正如在本书 Java 版中可看到的[GC18]）。最终，我们选择把安装和配置信息在各平台特定的附录中分别进行描述。我们希望这能为每个读者提供对应其系统的特定信息，使读者不被与其无关的其他平台的信息干扰。在本书中，我们在附录 A 中提供了 Windows 平台的详细配置教程，在附录 B 中提供了 macOS 平台的详细配置教程。本书的英文网站上将会持续维护更新的库安装指南。

参考资料

[GC18] V. Gordon and J. Clevenger, *Computer Graphics Programming in OpenGL with Java*, 2nd ed. (Mercury Learning, 2018).

[GE20] OpenGL Extension Wrangler (GLEW), accessed July 2020.

[GF20] Graphics Library Framework (GLFW), accessed July 2020.

[GM20] OpenGL Mathematics (GLM), accessed July 2020.

[GV20] GLView, realtech-vr, accessed July 2020.

[SO20] Simple OpenGL Image Library 2 (SOIL2), SpartanJ, accessed July 2020.

[SW15] G. Sellers, R. Wright Jr., and N. Haemel, *OpenGL SuperBible: Comprehensive Tutorial and Reference*, 7th ed. (Addison-Wesley, 2015).

[VS20] Microsoft Visual Studio downloads, accessed July 2020.

[XC18] Apple Developer site for Xcode, accessed January 2018.

第 2 章　OpenGL 图像管线

OpenGL 是整合软硬件的多平台 2D 和 3D 图形 API。使用 OpenGL 需要 GPU 支持足够新版本的 OpenGL（如第 1 章所述）。

在硬件方面，OpenGL 提供了一个多级图形管线，可以使用一种名为 GLSL 的语言进行部分编程。

软件方面，OpenGL 的 API 是用 C 语言编写的，因此 API 调用直接兼容 C 和 C++。对于十几种其他的流行语言（Java、Perl、Python、Visual Basic、Delphi、Haskell、Lisp、Ruby 等），OpenGL 也有着稳定的库（或"包装器"），它们具有与 C 语言库几乎相同的性能。本书使用的 C++是目前流行的 OpenGL 语言。使用 C++时，程序员应编写（编译后）在 CPU 上运行的代码并包含 OpenGL 调用。当一个 C++程序包含 OpenGL 调用时，我们将其称为 C++/OpenGL 应用程序。C++/OpenGL 应用程序的一个重要任务是让程序员的 GLSL 代码运行于 GPU 上。

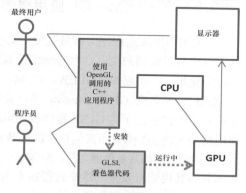

图 2.1　基于 C++的图形应用概览

基于 C++的图形应用概览如图 2.1 所示，其中软件部分以底色突出显示。

在后面的编码中，一部分用 C++实现，进行 OpenGL 调用；另一部分用 GLSL 实现。C++/OpenGL 应用程序、GLSL 模块和硬件一起用来生成 3D 图形输出。当应用程序完成之后，最终用户直接与 C++应用程序交互。

GLSL 是一种着色器语言。着色器语言主要运行于 GPU 上，在图形管线上下文中。还有一些其他的着色器语言，如 HLSL，用于微软的 3D 框架 DirectX。GLSL 是与 OpenGL 兼容的专用着色器语言，因此我们在编写 C++/OpenGL 应用程序代码之外，需要用 GLSL 编写着色器代码。

本章其余内容将简单地介绍 OpenGL 管线的内容。读者不需要详细理解所有细节，对各阶段如何工作有大致印象即可。

2.1　OpenGL 管线

现代 3D 图形编程会使用管线的概念，在管线中，将 3D 场景转换成 2D 图形的过程被分割成许多步骤。OpenGL 和 DirectX 使用了相似的管线概念。

图 2.2 展示了 OpenGL 图形管线简化后的概览（并未展示所有阶段，仅包含我们要学习的主要阶段）。C++/OpenGL 应用程序发送图形数据到顶点着色器，随着管线处理，最终生成在显示器上显示的像素点。

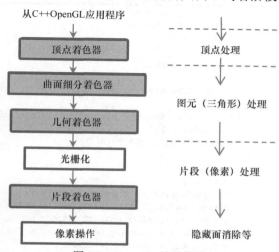

图 2.2　OpenGL 管线概览

用灰色阴影表示的阶段（顶点着色器、曲面细分着色器、几何着色器、片段着色器）可以用 GLSL 编写。将 GLSL 程序载入这些着色器阶段也是 C++/OpenGL 应用程序的责任之一，其过程如下。

（1）使用 C++获取 GLSL 着色器代码，既可以从文件中读取，也可以硬编码在字符串中。

（2）创建 OpenGL 着色器对象，并将 GLSL 着色器代码加载到着色器对象中。

（3）用 OpenGL 命令编译并连接着色器对象，将它们装载到 GPU。

在实践中，一般至少要提供顶点着色器和片段着色器阶段的 GLSL 代码，而曲面细分着色器和几何着色器阶段是可省略的。接下来我们将简单地跟随整个过程，看看每步发生了什么。

2.1.1　C++/OpenGL 应用程序

我们的图形应用程序大部分是使用 C++进行编写的。根据程序目的的不同，它可能需要用标准 C++库与最终用户交互，用 OpenGL 调用实现与 3D 渲染相关的任务。正如前面章节所述，我们将会使用一些扩展库：GLEW、GLM、SOIL2，以及 GLFW。

GLFW 库包含 GLFWwindow 类，我们可以在其上进行 3D 场景绘制。如前所述，OpenGL 也向我们提供了用于将 GLSL 程序载入可编程着色器阶段并对其进行编译的命令。最后，OpenGL 使用缓冲区将 3D 模型和其他相关图形数据发送到管线中。

在我们尝试编写着色器之前，先编写一个简单的 C++/OpenGL 应用程序，创建一个 GLFWwindow 实例并为其设置背景色。这个过程根本用不到着色器！其代码如程序 2.1 所示。程序 2.1 中的 main()函数与本书中所有将会用到的 main()函数一样。其中重要的操作有：（a）初始化 GLFW 库；（b）实例化 GLFWwindow；（c）初始化 GLEW 库；（d）调用一次 init()函数；（e）重复调用 display()函数。

我们将每个应用程序的初始化任务都放在 init()函数中，将用于绘制 GLFWwindow 的代码都放在 display()函数中。

在本例中，glClearColor()命令指定了清除背景时用的颜色值(1.0, 0.0, 0.0, 1.0)，代表红色（末尾的 1.0 表示不透明度）。接下来使用 OpenGL 调用 glClear(GL_COLOR_BUFFER_BIT)，使用红色填充颜色缓冲区。

程序 2.1　第一个 C++/OpenGL 应用程序

```
#include <GL/glew.h>
#include <GLFW/glfw3.h>
#include <iostream>

using namespace std;

void init(GLFWwindow* window) { }

void display(GLFWwindow* window, double currentTime) {
    glClearColor(1.0, 0.0, 0.0, 1.0);
    glClear(GL_COLOR_BUFFER_BIT);
}

int main(void) {
    if (!glfwInit()) { exit(EXIT_FAILURE); }
    glfwWindowHint(GLFW_CONTEXT_VERSION_MAJOR, 4);
    glfwWindowHint(GLFW_CONTEXT_VERSION_MINOR, 3);
    GLFWwindow* window = glfwCreateWindow(600, 600, "Chapter2 - program1", NULL, NULL);
    glfwMakeContextCurrent(window);
```

```
if (glewInit() != GLEW_OK) { exit(EXIT_FAILURE); }
glfwSwapInterval(1);

init(window);

while (!glfwWindowShouldClose(window)) {
    display(window, glfwGetTime());
    glfwSwapBuffers(window);
    glfwPollEvents();
}

glfwDestroyWindow(window);
glfwTerminate();
exit(EXIT_SUCCESS);
}
```

图 2.3 展示了程序 2.1 的输出。

相关函数部署的机制为：GLFW 和 GLEW 库先分别使用 glfwInit()和 glewInit()初始化。glfwCreateWindow()命令负责创建 GLFW 窗口，同时其相关的 OpenGL 上下文①由 glfwCreateWindow() 命令创建，其可选项由前面的 WindowHint 设置。WindowHint 指定了计算机必须与 OpenGL 版本 4.3 兼容（主版本号为 4，次版本号为 3）。

图 2.3 程序 2.1 的输出

glfwCreateWindow 命令的参数指定了窗口的宽、高（以像素为单位）以及窗口顶部的标题（将这里没有用到的另外两个参数设为 NULL，这两个参数分别用来允许全屏显示和资源共享）。glfwSwapInterval()命令和 glfwSwapBuffers()命令用来开启垂直同步，因为 GLFW 窗口默认是双缓冲②的。这里需要注意，创建 GLFW 窗口并不会自动将它与当前 OpenGL 上下文关联起来，因此我们需要调用 glfwMakeContextCurrent()。

main()函数包括一个简单的渲染循环，用来反复调用 display()。它同时也调用了 glfwSwapBuffers() 以绘制屏幕，以及 glfwPollEvents()以处理窗口相关事件（如按键事件）。当 GLFW 探测到应该关闭窗口的事件（如用户单击了右上角的"×"）时，循环就会终止。这里需要注意，我们将一个 GLFW 窗口对象的引用传入了 init()和 display()调用。这些函数在特定环境下需要访问 GLFW 窗口对象。同时我们也将当前时间传入了 display()调用，若要保证动画在不同计算机上以相同速度播放，这样做会很有用。在这里，我们用了 glfwGetTime()，它会返回 GLFW 初始化之后经过的时间。

现在是时候详细看看程序 2.1 中的 OpenGL 调用了。首先关注一下这个调用：

```
glClear(GL_COLOR_BUFFER_BIT);
```

在这里，调用的 OpenGL 参考文档中的描述是：

```
void glClear(GLbitfield mask);
```

参数中引用了类型为 GLbitfield 的 GL_COLOR_BUFFER_BIT。OpenGL 有很多预定义的常量（其中很多是枚举量）。GL_COLOR_BUFFER_BIT 引用了包含渲染后像素的颜色缓冲区。OpenGL 有多个颜色缓冲区，这个命令会将它们全部清除——用一种被称为"清除色"（clear color）

---

① "上下文"是指 OpenGL 实例及其状态信息，其中包括诸如颜色缓冲区之类的项。

② "双缓冲"意味着有两个颜色缓冲区——一个用于显示，另一个用于渲染。渲染整个帧后，将交换缓冲区。缓冲用于减少不良的视觉伪影。

的预定义颜色填充所有缓冲区。注意，这里的"清"表示的不是"颜色清晰"，而是重置缓冲区时填充的颜色。

调用 glClear() 前是 glClearColor() 的调用。glClearColor() 让我们能够指定颜色缓冲区清除后填充的值。这里我们指定了 (1.0, 0.0, 0.0, 1.0)，代表红色。

最后，当用户尝试关闭 GLFW 窗口时，程序将退出渲染循环。这时，main() 会通过分别调用 glfwDestroyWindow() 和 glfwTerminate() 通知 GLFW 销毁窗口并终止运行。

2.1.2　顶点着色器和片段着色器

在第一个 OpenGL 程序中，我们实际上并没有绘制任何东西——仅仅用一种颜色填充了颜色缓冲区。要真的绘制点儿什么，我们需要加入顶点着色器和片段着色器。

你可能会惊讶于 OpenGL 只能绘制几类非常简单的东西，如点、线、三角形。这些简单的东西叫作图元，多数 3D 模型通常由许多三角形图元构成。图元由顶点组成，例如三角形有 3 个顶点。顶点可以有很多来源，如从文件读取并由 C++/OpenGL 应用载入缓冲区，直接在 C++ 文件中硬编码，或者直接在 GLSL 代码中生成。

在加载顶点之前，C++/OpenGL 应用程序必须编译并链接合适的 GLSL 顶点着色器和片段着色器程序，之后将它们载入管线。我们稍后将会看到这些命令。

C++/OpenGL 应用程序同时也负责通知 OpenGL 构建三角形，通过使用如下 OpenGL 函数实现：

```
glDrawArrays(GLenum mode, Glint first, GLsizei count);
```

mode 参数表示图元的类型。对于三角形，我们使用 GL_TRIANGLES。first 参数表示从哪个顶点开始绘制（通常是顶点 0，即第一个顶点），count 表示总共要绘制的顶点数。

当调用 glDrawArrays() 时，管线中的 GLSL 代码开始执行。现在可以向管线添加一些 GLSL 代码了。

不管它们从何处读入，所有的顶点都会被传入顶点着色器。顶点们会被逐个处理，即着色器会对每个顶点执行一次。对拥有很多顶点的大型复杂模型而言，顶点着色器会执行成百上千甚至上百万次，这些执行过程通常是并行的。

现在，我们来编写一个简单的程序，它仅包含硬编码于顶点着色器中的一个顶点。这虽然不足以让我们画出三角形，但是足以画出一个点。为了显示这个点，我们还需要提供片段着色器。简单起见，我们将这两个着色器程序声明为字符串数组。

程序 2.2　着色器，画一个点

```
//#include 列表与之前相同
#define numVAOs 1                           ⎫
                                            ⎬ 新的定义
GLuint renderingProgram;                     
GLuint vao[numVAOs];                        ⎭

GLuint createShaderProgram() {
  const char *vshaderSource =
      "#version 430 \n"                     ⎫
      "void main(void) \n"                  ⎪
      "{ gl_Position = vec4(0.0, 0.0, 0.0, 1.0); }";  ⎪
                                            ⎬ ①
  const char *fshaderSource =               ⎪
      "#version 430 \n"                     ⎪
      "out vec4 color; \n"                  ⎪
      "void main(void) \n"                  ⎪
      "{ color = vec4(0.0, 0.0, 1.0, 1.0); }";  ⎭
```

```
GLuint vShader = glCreateShader(GL_VERTEX_SHADER);
GLuint fShader = glCreateShader(GL_FRAGMENT_SHADER);

glShaderSource(vShader, 1, &vshaderSource, NULL);
glShaderSource(fShader, 1, &fshaderSource, NULL);
glCompileShader(vShader);
glCompileShader(fShader);

GLuint vfProgram = glCreateProgram();
glAttachShader(vfProgram, vShader);
glAttachShader(vfProgram, fShader);
glLinkProgram(vfProgram);

return vfProgram;
}

void init(GLFWwindow* window) {
    renderingProgram = createShaderProgram();
    glGenVertexArrays(numVAOs, vao);        ②
    glBindVertexArray(vao[0]);
}

void display(GLFWwindow* window, double currentTime) {
    glUseProgram(renderingProgram);
    glDrawArrays(GL_POINTS, 0, 1);
}
```

//main()函数与之前相同

　　程序的输出效果看起来只显示了一个空的窗口（见图 2.4），但仔细观察一下，会发现窗口中央有一个蓝色的点（见彩插）。OpenGL 中点的默认大小为 1 像素。

　　程序 2.2 中有很多值得讨论的重要细节，方便起见已用阴影和带圈数字标出。第一，注意其中多次用到的"GLuint"——这是由 OpenGL 提供的"unsigned int"的平台无关简写（许多 OpenGL 结构体都是整数类型引用）。第二，init() 不再是空函数了——现在它会调用另一个叫作

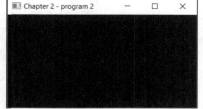

图 2.4　程序 2.2 的输出效果

createShaderProgram 的函数（由我们编写）。createShaderProgram() 函数先定义了两个字符串 vshaderSource 和 fshaderSource，之后调用了两次 glCreateShader() 函数，创建了类型为 GL_VERTEX_ SHADER 和 GL_FRAGMENT_SHADER 的着色器。OpenGL 创建每个着色器对象（初始值为空）的时候，会返回一个整数 ID 作为后面引用它的序号——我们的代码将这两个 ID 分别存入 vShader 和 fShader 变量。第三，createShaderProgram() 调用了 glShaderSource()，这个函数用于将 GLSL 代码从字符串载入空着色器对象中，并由 glCompileShader() 编译各着色器。glShaderSource() 有 4 个参数：用来存放着色器的着色器对象、着色器源代码中的字符串数量、包含源代码的字符串指针，以及一个此处没有用到的参数（我们会在补充说明中解释这个参数）。注意，这两次调用 glCompileShader() 时都指明了着色器的源代码字符串数量为"1"——这个参数也会在补充说明中解释。

　　程序创建了一个叫作 vfProgram 的程序对象，并储存指向它的整数 ID。OpenGL"程序"对象包含一系列编译过的着色器，这里可以看到 glCreateProgram() 创建程序对象，glAttachShader()

将着色器加入程序对象，接着 glLinkProgram()请求 GLSL 编译器，以确保它们的兼容性。

如前所见，在 init()结束后，程序调用了 display()。display()函数所做的事情中包含调用 glUseProgram()，用于将含有两个已编译着色器的程序载入 OpenGL 管线阶段（在 GPU 上！）。注意，glUseProgram()并没有运行着色器，它只是将着色器加载进硬件。

我们在第 4 章会看到，一般情况下，这里 C++/OpenGL 会准备要发送给管线绘制的模型的顶点集。但是由于本例是本书第一个着色器程序，我们仅仅在顶点着色器中硬编码了一个顶点。因此，本例中的 display()函数接着调用了 glDrawArrays()用来启动管线处理过程。原始类型是 GL_POINTS，仅用来显示一个点。

现在我们来看一下着色器，在程序 2.2 中标记为数字①（下文分段重复了一遍该着色器）。正如我们所看到的，在 C++/OpenGL 应用程序中，它们被声明为字符串数组。这是一种"笨拙"的编程方式，不过在这个超简单的例子中足够了。这个顶点着色器是：

```
#version 430
void main(void)
{   gl_Position = vec4(0.0, 0.0, 0.0, 1.0); }
```

第一行代码指明了 OpenGL 版本，这里是 4.3 版。接下来是一个 main()函数（我们后面将会看到，GLSL 的语法与 C++的类似）。所有顶点着色器的主要目标都是将顶点发送给管线（正如之前所说的，它会对每个顶点进行处理）。内置变量 gl_Position 用来设置顶点在 3D 空间中的坐标位置，并将其发送至下一个管线阶段。GLSL 数据类型 vec4 用来存储四元组，适合用来存储坐标，四元组的前 3 个值分别表示 x 坐标、y 坐标、z 坐标，第 4 个值在这里设为 1.0（在第 3 章中将会学习第 4 个值的用途）。本例中，顶点坐标被硬编码为原点。

顶点接下来将沿着管线移动到光栅着色器，它们会在这里被转换成像素位置（更精确地说是片段，后文会解释）。最终这些像素（片段）到达片段着色器：

```
#version 430
out vec4 color;
void main(void)
{   color = vec4(0.0, 0.0, 1.0, 1.0); }
```

所有片段着色器的目的都是给为要展示的像素赋予颜色。在本例中所指定的输出颜色值为 (0.0, 0.0, 1.0, 1.0)，代表蓝色（第 4 个值 1.0 是不透明度）。注意这里的 out 标签表明 color 变量是输出变量。（在顶点着色器，给 gl_Position 指定 out 标签不是必需的，因为 gl_Position 是预定义的输出变量。）

代码中还有一处我们没有讨论的细节，位于 init()函数的最后两行，在程序 2.2 中标记为数字②。它们看起来可能有些神秘。我们在第 4 章中会看到，当准备将数据集发送给管线时，数据集是以缓冲区形式发送的。这些缓冲区最后都会被存入顶点数组对象（Vertex Array Object，VAO）中。在本例中，我们向顶点着色器中硬编码了一个点，因此不需要任何缓冲区。但是，即使应用程序完全没有用到任何缓冲区，OpenGL 仍然需要在使用着色器的时候拥有至少一个创建好的 VAO，所以这两行代码用来创建 OpenGL 要求的 VAO。

最后的问题就是从顶点着色器出来的顶点是如何变成片段着色器中的像素的。回忆一下，在顶点处理和像素处理中间存在着栅格化阶段。正是在这个阶段，图元（点或三角形）转换成了像素的集合。OpenGL 中默认点的大小为 1 像素，因此我们的点最终被渲染成了单个像素。

我们将下面的命令加入 display()函数中，就放在调用 glDrawArrays()之前：

```
glPointSize(30.0f);
```

现在，栅格化阶段从顶点着色器收到顶点时，会设置像素的颜色，组成一个尺寸为 30 像素的点。输出的结果展示在图 2.5 中（见彩插）。

下面我们继续观察其余 OpenGL 管线。

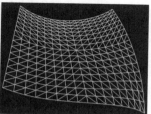

图 2.5　改变 glPointSize

2.1.3　曲面细分着色器

我们在第 12 章中介绍曲面细分。可编程曲面细分阶段是最近加入 OpenGL（在 4.0 版中）的功能。它提供了一个曲面细分着色器以生成大量三角形，通常以网格形式排列。同时也提供了一些可以以各种方式操作这些三角形的工具。例如，程序员可能需要以图 2.6 展示的方式操作一个经曲面细分的三角形网格。

当在简单形状上需要很多顶点时（如在方形区域或曲面上），曲面细分着色器就能发挥作用了。稍后我们会看到，它在生成复杂地形时也很有用。对于这

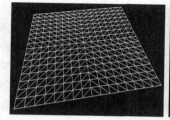

图 2.6　曲面细分着色器生成的网格

种情况，有时用 GPU 中的曲面细分着色器在硬件里生成三角形网格比在 C++中生成要高效得多。

2.1.4　几何着色器

我们将在第 13 章中介绍几何着色器阶段。顶点着色器可赋予程序员一次操作一个顶点（"按顶点"处理）的能力，片段着色器（稍后会看到）可赋予程序员一次操作一个像素（"按片段"处理）的能力，几何着色器可赋予程序员一次操作一个图元（"按图元"处理）的能力。

前文中的三角形是很通用的图元。当我们到达几何着色器阶段时，管线肯定已经完成了将顶点组合为三角形的过程（这个过程叫作图元组装）。接下来几何着色器会让程序员可以同时访问每个三角形的所有顶点。

按图元处理有很多用途，可以让图元变形（比如拉伸或者缩小），还可以删除一些图元从而在渲染的物体上产生"洞"——这是一种将简单模型转化为复杂模型的方法。

几何着色器也提供了生成额外图元的方法，这些方法也打开了通过转换简单模型得到复杂模型的"大门"。几何着色器有一种有趣的用法，就是在物体上增加表面纹理，如凸起、"鳞"甚至"毛发"。考虑图 2.7 所示的简单环面（本书后面会介绍如何生成它），该环面的表面由上百个三角形构成。如果我们用几何着色器在其外侧表面增加额外的三角形，就会得到图 2.8 所示的"鳞环面"。如果这个"鳞环面"通过 C++/OpenGL 应用程序从零开始建模生成，代价就大了。

在曲面细分阶段已经赋予程序员同时访问模型中所有顶点的能力后，按图元运算的着色器阶段看起来可能有点儿多余。它们的区别是，曲面细分只在非常少的情况下提供了这个能力，它尤其针对模型是由曲面细分器生成的三角形网格的情况，并没有提供同时访问所有顶点（即任何从 C++用缓冲区传来的顶点）的能力。

图 2.7　环面模型

图 2.8　几何着色器修改后的环面

2.1.5　栅格化

最终，我们 3D 世界中的点、三角形、颜色等全都需要展现在一个 2D 显示器上。这个 2D 屏幕由栅格（即矩形像素阵列）组成。

当 3D 物体栅格化后，OpenGL 会将物体中的图元（通常是三角形）转化为片段。片段拥有关于像素的信息。栅格化过程确定了为了显示由 3 个顶点确定的三角形需要绘制的所有像素的位置。

栅格化过程开始时，先对三角形的每对顶点进行插值。插值过程可以通过选项调节，就目前而言，使用图 2.9 所示的简单的线性插值就够了。原本的 3 个顶点被标记为红色（见彩插）。

如果栅格化过程到此为止，那么呈现出的图像将会是线框模型。呈现线框模型也是 OpenGL 中的一个选项，设置方法是在 display() 函数中 glDrawArrays() 的调用之前添加如下代码：

```
glPolygonMode(GL_FRONT_AND_BACK, GL_LINE);
```

如果 2.1.4 小节中的环面使用了这行额外代码，结果看起来会如图 2.10 所示。

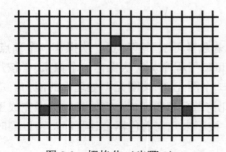

图 2.9　栅格化（步骤 1）

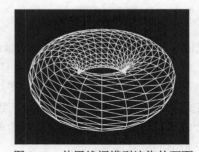

图 2.10　使用线框模型渲染的环面

如果我们不加入之前的那一行代码（或者配置时使用 GL_FILL 而非 GL_LINE），插值过程将会继续沿着栅格线填充三角形的内部，如图 2.11 所示。将其应用于环面时会产生一个完全栅格化的"实心"环面，如图 2.12（左）所示。请注意，在这种情况下，环面的整体形状和曲率不明显——这是因为我们没有运用任何纹理或照明技术，因此它看起来是"平"的。图 2.12（右）为同样的"平"环面叠加了线框模型。图 2.7 所示的环面包括照明效果，因此更清晰地显示了环面的形状。我们将在第 7 章学习照明。

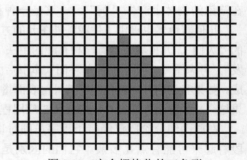

图 2.11　完全栅格化的三角形

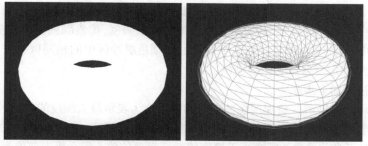

图 2.12　环面的完全栅格化图元渲染（左）和使用线框叠加（右）

在本章后面我们将看到，栅格化不仅可以对像素插值，任何顶点着色器输出的变量和片段着色器的输入变量都可以基于对应的像素进行插值。我们将会使用该功能生成平滑的颜色渐变，实现真实光照及许多其他效果。

2.1.6　片段着色器

如前所述，片段着色器用于为栅格化的像素指定颜色。我们已经在程序 2.2 中看到了片段着色器示例。在程序 2.2 中，片段着色器仅将输出硬编码为特定值，从而为每个输出的像素赋予相同的颜色。不过 GLSL 为我们提供了其他计算颜色的方式，可以发挥我们无穷的创造力。

一个简单的例子就是基于像素位置决定输出颜色。在顶点着色器中，顶点的输出坐标曾使用预定义变量 gl_Position。在片段着色器中，同样有一个变量让程序员可以访问输入片段的坐标，叫作 gl_FragCoord。我们可以通过修改程序 2.2 中的片段着色器，让它使用 gl_FragCoord（在本例中通过 GLSL 属性选择语法引用它的 x 坐标）基于位置设置每个像素的颜色，如：

```
#version 430
out vec4 color;
void main(void)
{ if (gl_FragCoord.x < 295) color = vec4(1.0, 0.0, 0.0, 1.0);
  else color = vec4(0.0, 0.0, 1.0, 1.0);
}
```

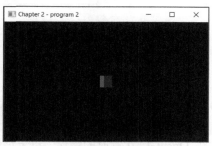

如果我们像在 2.1.2 小节末尾那样增大 **glPointSize**，那么渲染的点的像素颜色将会随着坐标变化——x 坐标小于 200 时是红色，否则就是蓝色，如图 2.13 所示（见彩插）。

图 2.13　片段着色器颜色变化

2.1.7　像素操作

当我们在 display()中使用 glDrawArrays()命令绘制场景中的物体时，我们通常期望前面的物体挡住后面的物体。这也可以推广到物体自身，我们通常期望看到物体的正对我们，而不是背对我们。

为了实现这个效果，我们需要执行隐藏面消除（Hidden Surface Removal，HSR）操作。基于场景需要，OpenGL 可以进行一系列不同的 HSR 操作。虽然这个阶段不可编程，但是理解它的工作原理也是非常重要的。我们不仅需要正确地配置它，之后还需要在给场景添加阴影时对它进行进一步操作。

OpenGL 可以精巧地协调两个缓冲区，即颜色缓冲区（我们之前讨论过）和深度缓冲区（也叫作 Z 缓冲区、Z-buffer），从而完成隐藏面消除。这两个缓冲区都和栅格的大小相同——对于屏幕上每个像素，在两个缓冲区都各有对应条目。

当绘制场景中的各种对象时，片段着色器会生成像素颜色。像素颜色会存放在颜色缓冲区中，而最终颜色缓冲区会被写入屏幕。当多个对象占据颜色缓冲区中的相同像素时，必须根据最接近观察者的对象来确定要保留的像素颜色。

隐藏面消除按照如下步骤完成。

（1）在每个场景渲染前，将深度缓冲区全部初始化为表示最大深度的值。

（2）当片段着色器输出像素颜色时，计算它到观察者的距离。

（3）如果（对于当前像素）距离小于深度缓冲区存储的值，那么用当前像素颜色替换颜色缓冲区中的颜色，同时用当前距离替换深度缓冲区中的值；否则，抛弃当前像素。

这个过程即 Z-buffer 算法，其伪代码如图 2.14 所示。

```
Color [ ] [ ] colorBuf = new Color [pixelRows][pixelCols];
double [ ] [ ] depthBuf = new double [pixelRows][pixelCols];
for (each row and column)   // 初始化颜色和深度缓冲区
{   colorBuf [row][col] = backgroundColor;
    depthBuf [row][col] = far away;
}

for (each shape)    // 当新的像素更近时，更新缓冲区
{   for (each pixel in the shape)
    {   if (depth at pixel < depthBuf value)
        {   depthBuf [pixel.row][pixel.col] = depth at pixel;
            colorBuf [pixel.row][pixel.col] = color at pixel;
}   }   }
return colorBuf;
```

图 2.14　Z-buffer 算法

2.2　检测 OpenGL 和 GLSL 错误

编译和运行 GLSL 代码的过程与普通代码的不同，GLSL 的编译发生在 C++运行时。另外一个复杂的点是 GLSL 代码并没有运行在 CPU 中（它运行在 GPU 中），因此操作系统并不总能捕获 OpenGL 运行时的错误。以上这两点使调试变得很困难，因为常常很难判断着色器的运行是否失败，以及为什么失败。

程序 2.3 展示了用于捕获和显示 GLSL 错误的模块。其中 GLSL 函数 glGetShaderiv()和 glGetProgramiv()用于提供有关编译过的 GLSL 着色器和程序的信息。程序 2.3 还使用了程序 2.2 中的 createShaderProgram()函数，不过加入了错误检测的调用。

程序 2.3 中实现了如下 3 个实用功能。

● printShaderLog()：当 GLSL 代码编译失败时，显示 OpenGL 日志内容。

● printProgramLog()：当 GLSL 链接失败时，显示 OpenGL 日志内容。

● checkOpenGLError()：检查 OpenGL 错误标志，即是否发生 OpenGL 错误。

checkOpenGLError()既用于检测 GLSL 代码编译错误，又用于检测 OpenGL 运行时的错误，因此我们强烈建议在整个 C++/OpenGL 应用程序开发过程中使用它。例如，对于程序 2.2 中 glCompileShader()和 glLinkProgram()的调用，我们可以很方便地使用程序 2.3 中的代码进行加强，以确保捕获到所有拼写错误和编译错误，同时知道错误原因。

使用这些工具的另一个很重要的原因是，GLSL 错误并不会导致 C++程序崩溃。因此，除非程序员能通过步进找到错误发生的点，否则调试会非常困难。

程序 2.3　用以捕获 GLSL 错误的模块

```cpp
void printShaderLog(GLuint shader) {
    int len = 0;
    int chWrittn = 0;
    char *log;
    glGetShaderiv(shader, GL_INFO_LOG_LENGTH, &len);
    if (len > 0) {
        log = (char *)malloc(len);
        glGetShaderInfoLog(shader, len, &chWrittn, log);
        cout << "Shader Info Log: " << log << endl;
        free(log);
} }

void printProgramLog(int prog) {
    int len = 0;
    int chWrittn = 0;
    char *log;
    glGetProgramiv(prog, GL_INFO_LOG_LENGTH, &len);
    if (len > 0) {
        log = (char *)malloc(len);
        glGetProgramInfoLog(prog, len, &chWrittn, log);
        cout << "Program Info Log: " << log << endl;
        free(log);
} }

bool checkOpenGLError() {
    bool foundError = false;
    int glErr = glGetError();
    while (glErr != GL_NO_ERROR) {
        cout << "glError: " << glErr << endl;
        foundError = true;
        glErr = glGetError();
    }
    return foundError;
}

// 检测 OpengGL 错误的示例如下
GLuint createShaderProgram() {
GLint vertCompiled;
GLint fragCompiled;
GLint linked;
...
    // 捕获编译着色器时的错误

glCompileShader(vShader);
checkOpenGLError();
glGetShaderiv(vShader, GL_COMPILE_STATUS, &vertCompiled);
if (vertCompiled != 1) {
    cout << "vertex compilation failed" << endl;
    printShaderLog(vShader);
}

glCompileShader(fShader);
checkOpenGLError();
glGetShaderiv(fShader, GL_COMPILE_STATUS, &fragCompiled);
if (fragCompiled != 1) {
```

```
        cout << "fragment compilation failed" << endl;
        printShaderLog(fShader);
    }

    // 捕获链接着色器时的错误
    glAttachShader(vfProgram, vShader);
    glAttachShader(vfProgram, fShader);

    glLinkProgram(vfProgram);
    checkOpenGLError();
    glGetProgramiv(vfProgram, GL_LINK_STATUS, &linked);
    if (linked != 1) {
        cout << "linking failed" << endl;
        printProgramLog(vfProgram);
    }
    return vfProgram;
}
```

着色器运行时错误的常见结果是输出屏幕上完全空白，根本没有输出。即使是着色器中的一个小拼写错误也可能导致这种结果，这样就很难断定是在哪个管线阶段发生了错误。在没有任何输出的情况下，找到错误的成因就像大海捞针。

有一些技巧可以推测着色器代码运行错误的原因，其中一种就是暂时将片段着色器换成程序 2.2 中的片段着色器。程序 2.2 中，片段着色器仅输出一个特定颜色，例如将其设置成蓝色，那么如果后来的输出中的几何形状正确，但是全显示为蓝色，那么顶点着色器应该是正确的，错误应该发生在片段着色器；如果输出的仍然是空白屏幕，那么错误很可能发生在管线的更早期，例如顶点着色器。

附录 C 中将展示另一种有用的调试工具 Nsight，它适用于配有特定型号 NVIDIA 显卡的计算机。

2.3　从文件中读取 GLSL 源代码

到目前为止，GLSL 着色器代码已经内联存储在字符串中了。当程序变得更复杂时，这么做就不切实际了。我们应当将着色器代码存在文件中并读取它们。

读取文本文件是基础的 C++技能，在此就不赘述了。但是，实用起见，用于读取着色器的代码 readShaderSource()在程序 2.4 中提供。它能读取着色器文本文件并返回一个字符串数组（其中每个字符串是文件中的一行文本），然后根据读取的行数确定该数组的大小。注意，这里的 createShaderProgram()取代了程序 2.2 中的版本。在本例中，顶点着色器和片段着色器代码现在分别放在文本文件 vertShader.glsl 和 fragShader.glsl 中。

程序 2.4　从文件中读取 GLSL 源文件

```
// #includes 与之前相同，main()、display()、init()也与之前相同，同时加入如下代码
#include <string>
#include <iostream>
#include <fstream>
...
string readShaderSource(const char *filePath) {
    string content;
    ifstream fileStream(filePath, ios::in);
    string line = "";
    while (!fileStream.eof()) {
        getline(fileStream, line);
```

```
            content.append(line + "\n");
        }
        fileStream.close();
        return content;
    }

GLuint createShaderProgram() {
    // 与之前相同，同时加入如下代码
    string vertShaderStr = readShaderSource("vertShader.glsl");
    string fragShaderStr = readShaderSource("fragShader.glsl");

    const char *vertShaderSrc = vertShaderStr.c_str();
    const char *fragShaderSrc = fragShaderStr.c_str();

    glShaderSource(vShader, 1, &vertShaderSrc, NULL);
    glShaderSource(fShader, 1, &fragShaderSrc, NULL);

    // 构建如前的渲染程序
}
```

2.4 从顶点构建对象

我们想要最终绘制的不是单独的点，而是由很多顶点组成的对象。本书的大部分章节将会致力于这一主题。现在我们从一个简单的例子开始——定义 3 个顶点，并用它们绘制一个三角形，如图 2.15 所示。

我们可以通过对程序 2.2（事实上是从文件中读入着色器的程序 2.4）进行两个小改动来实现绘制三角形：（a）修改顶点着色器，以便将 3 个不同的点输出到后续的管线阶段；（b）修改 glDrawArrays()调用，指定 3 个顶点。

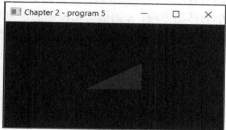

图 2.15　绘制简单三角形

在 C++/OpenGL 应用程序中（特别是在 glDrawArrays()调用中）我们指定 GL_TRIANGLES（而非 GL_POINTS），同时指定管线中有 3 个顶点。这样顶点着色器会在每个迭代运行 3 遍，内置变量 gl_VertexID 会自增（初始值为 0）。通过检测 gl_VertexID 的值，着色器可以在每次运行时输出不同的点。前面说到，这 3 个顶点会经过栅格化阶段，生成一个填充过的三角形。程序的改动显示在程序 2.5 中（余下的代码与程序 2.4 中的相同）。

程序 2.5　绘制三角形

```
// 顶点着色器
#version 430
void main(void)
{  if (gl_VertexID == 0) gl_Position = vec4( 0.25, -0.25, 0.0, 1.0);
   else if (gl_VertexID == 1) gl_Position = vec4(-0.25, -0.25, 0.0, 1.0);
   else gl_Position = vec4( 0.25, 0.25, 0.0, 1.0);
}

// C++/OpenGL 应用程序——在 display()函数中

...
glDrawArrays(GL_TRIANGLES, 0, 3);
```

2.5 场景动画

本书中的很多技术可以用于动画。当场景中的物体移动或改变时，场景会被重复渲染以实时反映这些改动。

回顾 2.1.1 小节，我们构建的 main() 函数只调用了 init() 一次，之后就重复调用 display()。因此虽然前面所有的例子看起来都是静态绘制的场景，但实际上 main() 函数中的循环会让它们一次又一次地绘制。

因此，main() 函数的结构已经可以支持动画了。我们只需要设计 display() 函数来随时间改变要绘制的内容。场景的每一次绘制都叫作一帧，调用 display() 的频率叫作帧率。在程序逻辑中移动的速率可以通过从前一帧到当前经过的时间来控制（因此我们会将 currentTime 作为 display() 函数的参数）。

程序 2.6 中展示了动画示例。我们使用了程序 2.5 中的三角形，并给它加入了先向右、再向左往复移动的动画。在本例中，我们不考虑经过的时间，因此三角形移动的速度基于计算机的处理速度。在未来的示例中，我们会将经过的时间纳入考量，来确保无论在什么配置的计算机上运行，动画都保持以同样的速度播放。

在程序 2.6 中，程序中的 display() 维护一个变量 x，用于偏移三角形的 x 轴位置。每当 display() 调用时，它的值都会改变（因此每帧都不同）。同时每当它到达 1.0 或者 -1.0 时，都会改变三角形的移动方向。x 的值会被复制到顶点着色器的 offset 变量中。执行这个复制的机制使用了统一（uniform）变量。目前不必了解统一变量的细节，我们会在第 4 章中学习它。现在，只需要注意 C++/OpenGL 应用程序先调用 glGetUniformLocation() 获取指向 offset 变量的指针，之后调用 glProgramUniform1f() 将 x 的值复制给 offset。接着，顶点着色器会将 offset 加给所绘制三角形的 x 坐标。注意，每次调用 display() 时背景都会被清除，以避免三角形移动时留下一串轨迹。图 2.16 展示了 3 个时间点显示的图像（当然，书中的静态图是无法展示移动过程的）。

程序 2.6　简单动画示例

```
// C++/OpenGL 应用程序

// #includes 与之前相同，定义也与之前相同，同时加入如下代码
  float x = 0.0f;          // 三角形在 x 轴的位置
  float inc = 0.01f;       // 移动三角形的偏移量

  void display(GLFWwindow* window, double currentTime) {
    glClear(GL_DEPTH_BUFFER_BIT);
    glClearColor(0.0, 0.0, 0.0, 1.0);
    glClear(GL_COLOR_BUFFER_BIT);         // 每次将背景清除为黑色

    glUseProgram(renderingProgram);

    x += inc;                             // 切换至让三角形向右移动
    if (x > 1.0f) inc = -0.01f;           // 沿 x 轴移动三角形
    if (x < -1.0f) inc = 0.01f;           // 切换至让三角形向左移动
    GLuint offsetLoc = glGetUniformLocation(renderingProgram, "offset");   // 获取指向 offset 变量的指针
    glProgramUniform1f(renderingProgram, offsetLoc, x);        // 将 x 的值复制给 offset

    glDrawArrays(GL_TRIANGLES,0,3);
  }
  ... // 其余函数同前例
}

// 顶点着色器

#version 430
uniform float offset;
```

```
void main(void)
{   if (gl_VertexID == 0) gl_Position = vec4( 0.25 + offset, -0.25, 0.0, 1.0);
    else if (gl_VertexID == 1) gl_Position = vec4(-0.25 + offset, -0.25, 0.0, 1.0);
    else gl_Position = vec4( 0.25 + offset, 0.25, 0.0, 1.0);
}
```

注意，除了添加三角形动画代码之外，我们还在 display() 函数的开头添加了这行代码：

```
glClear(GL_DEPTH_BUFFER_BIT);
```

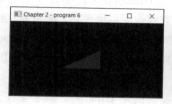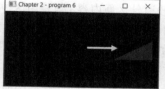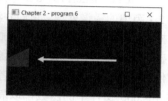

图 2.16 移动的三角形动画

虽然这行代码在本例中并不是必需的，但我们仍然把它添加在这里，同时它会在之后的大多数应用程序中存在。回忆 2.1.7 小节中讨论的，隐藏面消除需要同时用到颜色缓冲区和深度缓冲区。当我们后面渐渐地开始绘制更复杂的 3D 场景时，每帧初始化（清除）深度缓冲区就是必要的，尤其对于动画场景，要确保深度对比不会受旧的深度数据影响。从前面的例子中可以明显看出，清除深度缓冲区的命令与清除颜色缓冲区的命令基本相同。

2.6　C++代码文件结构

目前为止，我们的所有 C++/OpenGL 应用程序代码都放在同一个叫作 main.cpp 的文件中，GLSL 着色器代码放在 vertShader.glsl 和 fragShader.glsl 文件中。我们承认在 main.cpp 中塞进很多应用代码并非最佳实践，但本书中约定这样做，以便明确在每个例子中哪个文件包含当前的主要 C++/OpenGL 代码。在本书中，主要的 C++/OpenGL 文件总是叫作 main.cpp，但在实践中，应用程序当然应该模块化，以适当对应应用的各个功能。

但是，当我们继续学习时，我们会遇到一些情况。在这些情况下，我们会创建一些实用的模块，并在不同的应用程序中使用。当时机适当时，我们会将这些模块分离到单独的文件中以便复用。例如，稍后我们会定义一个 Sphere 类。这个类会在很多例子中用到，因此在单独的文件（Sphere.cpp 和 Sphere.h）中定义。

类似地，当我们遇到需要复用的函数，我们会把它们放进 Utils.cpp（与 Utils.h 关联）。我们已经看到好几个适合放进 Utils.cpp 的模块和函数了：2.2 节中描述的错误检测模块和 2.3 节中描述的用来读入 GLSL 着色器的函数。后者非常适合重载，如 createShaderProgram() 可以定义应用中所有可能的管线着色器组合：

```
GLuint Utils::createShaderProgram(const char *vp, const char *fp)
GLuint Utils::createShaderProgram(const char *vp, const char *gp, const char *fp)
GLuint Utils::createShaderProgram(const char *vp, const char *tCS, const char* tES, const char *fp)
GLuint Utils::createShaderProgram(const char *vp, const char *tCS, const char* tES, const char *gp,
                                  const char *fp)
```

上面列出的第一个条目支持仅使用顶点着色器和片段着色器的程序。第二个条目支持使用顶点着色器、几何着色器和片段着色器的程序。第三个条目支持使用顶点着色器、曲面细分着色器和片段着色器的程序。第四个条目支持使用顶点着色器、曲面细分着色器、几何着色器和片段着色器的程序。每个条目中，接收的参数都包含着色器代码的 GLSL 文件路径。例如，如下调用使用了其中一个重载函数，以编译并链接包含顶点着色器和片段着色器的管线。编译并链接后的程序被放在 renderingProgram 中：

```
renderingProgram = Utils::createShaderProgram("vertShader.glsl", "fragShader.glsl");
```

这些 createShaderProgram() 实现都可以在配套资源中找到（在 Utils.cpp 文件中），同时它们都包含 2.2 节中的错误处理。它们并没有什么新内容，只是用这种方式组织以便使用。随着我们继续向前推进，会有更多相似的函数加入 Utils.cpp。我们强烈鼓励读者阅读配套资源中的 Utils.cpp 文件，甚至在有需要时向其中加入函数。配套资源中的程序是根据学习本书的方法构建的，因此了解它们的结构应该有助于加强读者对书中内容的理解。

Utils.cpp 文件中的函数都以静态函数实现，因此我们不需要实例化 Utils 类。基于正在开发的系统架构，读者可能会倾向于使用实例方法甚至独立函数实现它们。

我们所有的着色器文件都使用 ".glsl" 扩展名。

补充说明

在本章中，还有很多我们没有讨论到的 OpenGL 管线细节。我们略过了许多内部阶段，同时完全省略了纹理的处理。本章的目标是使读者对后面要用来编码的框架有尽可能简单的整体印象。我们继续学习时，会学到更多的细节。同时我们也推迟了展示曲面细分着色器和几何着色器的代码。在之后的章节中，我们会构建一套完整的系统，来展现如何为每个阶段编写实际的着色器。

对于如何组织场景动画代码，尤其是线程管理，有着更复杂的方法。有的语言中的库，如 JOGL 和 LWJGL（针对 Java），会提供一些支持动画的类。我们鼓励对设计特定应用渲染循环（或者"游戏循环"）感兴趣的读者去读一些在游戏引擎设计方向更加专业的图书[NY14]，同时关注在 gamedev 网站上的讨论。

我们在 glShaderSource() 命令上注释了一个细节。它的第四个参数指定了一个"长度数组"，其中包括给定着色器程序中每行代码的字符串的整数长度。如果这个参数被设为 null，像之前那样，OpenGL 将会自动从以 null 结尾的字符串中构建这个数组。因此我们特地确保所有我们传给 glShaderSource() 的字符串都是以 null 结尾的（通过在 createShaderProgram() 中调用 c_str() 函数）。实践中，我们通常也会遇到需要手动构建这些数组而非传入 null 的应用程序。

在本书中，读者可能多次想要了解 OpenGL 某些方面的数值限制。例如，程序员可能需要知道几何着色器可以生成的最大输出数，或者可以为渲染点指定的最大尺寸。这些值中很多都依赖于实现，即在不同的计算机上是不同的。OpenGL 提供了使用 glGet() 命令来获取这些值的机制。基于查询的参数的不同类型，glGet() 命令也有着不同的形式。例如，查询点的尺寸的最大值时，如下调用会将最小值和最大值（基于计算机上的 OpenGL 实现）放入名为 size 的数组，作为前两个元素。

```
glGetFloatv(GL_POINT_SIZE_RANGE, size)
```

这类查询有很多。更多示例参见 OpenGL 官方文档[OP16]。

在本章中，我们尝试在每次 OpenGL 调用中描述各个参数。当我们向前推进时，这么做就会显得冗余，因此我们觉得描述参数徒增理解难度时，就不会描述参数。这是因为很多 OpenGL 函数有大量与我们的示例无关的参数。必要时读者应当使用 OpenGL 官方文档来获取参数详情。

习题

2.1　修改程序 2.2，增加动画，让绘制的点周而复始地放大和缩小。提示：使用 glPointSize()方法，用一个变量作为参数。

2.2　修改程序 2.5，使之绘制等腰三角形（而非图 2.15 所示的直角三角形）。

2.3　（项目）修改程序 2.5，使之包含程序 2.3 中所示的错误检查模块。之后，尝试在着色器中加入各种错误，同时观察渲染行为以及生成的错误信息。

2.4　修改程序 2.6，使之利用传入 display()函数的 currentTime 变量计算三角形的位移。提示：currentTime 变量的值是程序开始运行后度过的总时间。你的解答需要确定上一帧之后度过的时间，并基于此计算增加的数值。用这种方式计算动画能保证动画以相同的速度移动，而无论计算机的运行速度如何。

参考资料

[GD20] Game Development Network, accessed July 2020.

[NY14] R. Nystrom, Game Loop, *Game Programming Patterns* (Genever Benning, 2014), and accessed July 2020.

[OP16] OpenGL 4.5 Reference Pages, accessed July 2016.

[SW15] G. Sellers, R. Wright Jr., and N. Haemel, *OpenGL SuperBible: Comprehensive Tutorial and Reference*, 7th ed. (Addison-Wesley, 2015).

第 3 章　数学基础

计算机图形学中使用了大量数学知识，尤其是矩阵和线性代数。虽然我们倾向于认为 3D 图形编程是紧跟最新技术的领域之一（它在很多方面确实是），但它用到的很多技术实际上可以追溯到上百年前，其中一些甚至是由文艺复兴时期的伟大哲学家们认识到并记录的。

3D 图形学中几乎每个方面、每种效果——移动、缩放、透视、纹理、光照、阴影等，都在很大程度上以数学方式实现。

这里，我们假设读者具备基础的矩阵运算知识。对于基础矩阵代数的完整讲解超出了本书的范围。因此，如果读者在任何时候发现自己不理解特定的矩阵操作，则应当先找一些相关材料阅读，确保完全理解矩阵操作之后再继续学习。

3.1　3D 坐标系

3D 空间通常用 3 个坐标轴即 x、y 和 z 来表示。这 3 个坐标轴可以以两种方式布置为左手坐标系或右手坐标系（它们是以坐标轴的朝向来命名的，通过左手或右手大拇指与食指、中指互成直角时各自的指向来进行构造[①]）。3D 坐标系如图 3.1 所示。

知道图形编程环境所使用的坐标系是很重要的。例如，OpenGL 中的坐标系大都是右手坐标系，而 Direct3D 中的坐标系大都是左手坐标系。在本书中，除非特别说明，否则我们都是用右手坐标系。

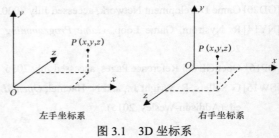

图 3.1　3D 坐标系

3.2　点

3D 空间中的点可以通过使用形如 $(2, 8, -3)$ 的符号列出 x、y、z 的值来表示。不过，如果用齐次坐标——一种在 19 世纪初首次描述的表示法来表示点会更有用。在每个点的齐次坐标有 4 个值，前 3 个值表示 x、y 和 z，第四个值 w 总是非零值，通常为 1。因此，我们会将之前的点表示为 $(2, 8, -3, 1)$。正如我们稍后将要看到的，齐次坐标将会使我们的图形计算更高效。

用来存储齐次 3D 坐标的 GLSL 数据类型是 vec4（"vec" 代表向量，同时也可以用来表示点）。GLM 库包含适合在 C++/OpenGL 应用程序中创建和存储含有 3 个和 4 个坐标的（齐次）点的类，分别叫作 vec3 和 vec4。

3.3　矩阵

矩阵是矩形的值的阵列，它的元素通常使用下标访问。第一个下标表示行号，第二个下标表

---

① 　大拇指代表 z 轴，食指代表 x 轴，中指代表 y 轴。图 3.1 中，左手大拇指向内，手心向上；右手大拇指向外，手心向上。——译者注

示列号，下标从 0 开始。我们在 3D 图形计算中要用到的矩阵尺寸常为 4×4，如图 3.2 所示。

GLSL 中的 mat4 数据类型用来存储 4×4 矩阵。同样，GLM 中的 mat4 类用以实例化并存储 4×4 矩阵。

单位矩阵中一条对角线的值为 1，其余值全为 0：

$$
\begin{bmatrix}
1 & 0 & 0 & 0 \\
0 & 1 & 0 & 0 \\
0 & 0 & 1 & 0 \\
0 & 0 & 0 & 1
\end{bmatrix}
\qquad
\begin{bmatrix}
A_{00} & A_{01} & A_{02} & A_{03} \\
A_{10} & A_{11} & A_{12} & A_{13} \\
A_{20} & A_{21} & A_{22} & A_{23} \\
A_{30} & A_{31} & A_{32} & A_{33}
\end{bmatrix}
$$

图 3.2　4×4 矩阵

任何点或矩阵乘单位矩阵都不会改变。在 GLM 中，调用构造函数 glm::mat4 m(1.0f) 可以在变量 m 中生成单位矩阵。

矩阵转置的计算是通过交换矩阵的行和列完成的。例如：

$$
\begin{bmatrix}
A_{00} & A_{01} & A_{02} & A_{03} \\
A_{10} & A_{11} & A_{12} & A_{13} \\
A_{20} & A_{21} & A_{22} & A_{23} \\
A_{30} & A_{31} & A_{32} & A_{33}
\end{bmatrix}
=
\begin{bmatrix}
A_{00} & A_{10} & A_{20} & A_{30} \\
A_{01} & A_{11} & A_{21} & A_{31} \\
A_{02} & A_{12} & A_{22} & A_{32} \\
A_{03} & A_{13} & A_{23} & A_{33}
\end{bmatrix}^{\mathrm{T}}
$$

GLM 库和 GLSL 库都有转置函数，分别是 glm::transpose(mat4) 和 transpose(mat4)。

矩阵加法简单明了：

$$
\begin{bmatrix}
A+a & B+b & C+c & D+d \\
E+e & F+f & G+g & H+h \\
I+i & J+j & K+k & L+l \\
M+m & N+n & O+o & P+p
\end{bmatrix}
=
\begin{bmatrix}
A & B & C & D \\
E & F & G & H \\
I & J & K & L \\
M & N & O & P
\end{bmatrix}
+
\begin{bmatrix}
a & b & c & d \\
e & f & g & h \\
i & j & k & l \\
m & n & o & p
\end{bmatrix}
$$

在 GLSL 中，"+" 运算符在 mat4 上进行了重载，以支持矩阵加法。

3D 图形学中有很多有用的矩阵乘法操作。矩阵乘法一般可以从左向右或从右向左进行（注意，由于左乘和右乘是不同的，所以矩阵乘法不满足交换律）。

在 3D 图形学中，点与矩阵相乘通常将点视作列向量，并从右向左计算，得到点，如：

$$
\begin{pmatrix}
AX+BY+CZ+D \\
EX+FY+GZ+H \\
IX+JY+KZ+L \\
MX+NY+OZ+P
\end{pmatrix}
=
\begin{bmatrix}
A & B & C & D \\
E & F & G & H \\
I & J & K & L \\
M & N & O & P
\end{bmatrix}
\begin{pmatrix}
X \\
Y \\
Z \\
1
\end{pmatrix}
$$

注意，我们用齐次坐标将点 (X, Y, Z) 表示为列数为 1 的矩阵[①]。

GLSL 和 GLM 都支持点（确切地说是 vec4）与矩阵相乘，并使用 * 操作符表示。

4×4 矩阵与 4×4 矩阵相乘如下：

$$
\begin{bmatrix}
A & B & C & D \\
E & F & G & H \\
I & J & K & L \\
M & N & O & P
\end{bmatrix}
\begin{bmatrix}
a & b & c & d \\
e & f & g & h \\
i & j & k & l \\
m & n & o & p
\end{bmatrix}
=
$$

---

① 本书使用圆括号表示点和向量，使用方括号表示矩阵，方便在形式上区分。——编者著

$$\begin{bmatrix} Aa+Be+Ci+Dm & Ab+Bf+Cj+Dn & Ac+Bg+Ck+Do & Ad+Bh+Cl+Dp \\ Ea+Fe+Gi+Hm & Eb+Ff+Gj+Hn & Ec+Fg+Gk+Ho & Ed+Fh+Gl+Hp \\ Ia+Je+Ki+Lm & Ib+Jf+Kj+Ln & Ic+Jg+Kk+Lo & Id+Jh+Kl+Lp \\ Ma+Ne+Oi+Pm & Mb+Nf+Oj+Pn & Mc+Ng+Ok+Po & Md+Nh+Ol+Pp \end{bmatrix}$$

矩阵相乘也经常叫作合并。稍后我们会看到，它可以用于将一系列矩阵变换合并成一个矩阵。这种合并矩阵变换的能力来自矩阵乘法的结合律。

考虑如下运算序列：

$$\text{NewPoint} = \mathbf{Matrix}_1 \times [\mathbf{Matrix}_2 \times (\mathbf{Matrix}_3 \times \text{Point})]$$

我们将点 Point 与 $\mathbf{Matrix}_3$ 相乘，之后将结果与 $\mathbf{Matrix}_2$ 相乘，最后将结果与 $\mathbf{Matrix}_1$ 相乘，其结果是一个新的点 NewPoint。结合律确保了该计算与如下计算结果相同：

$$\text{NewPoint} = (\mathbf{Matrix}_1 \times \mathbf{Matrix}_2 \times \mathbf{Matrix}_3) \times \text{Point}$$

我们先将 3 个矩阵相乘，建立 $\mathbf{Matrix}_1$、$\mathbf{Matrix}_2$、$\mathbf{Matrix}_3$ 的连接。如果我们称其为 $\mathbf{Matrix}_C$，我们就可以将之前的运算写作：

$$\text{NewPoint} = \mathbf{Matrix}_C \times \text{Point}$$

我们在第 4 章会看到这么做的好处。我们需要经常将相同的一系列矩阵变换应用到场景中的每个点上。通过预先一次计算好这些矩阵的合并，就可以成倍减少总的矩阵运算量。

GLSL 和 GLM 都支持使用重载后的“*”运算符计算矩阵乘法。

一个 4×4 矩阵的逆矩阵是另一个 4×4 矩阵，用 M^{-1} 表示，在矩阵乘法中有如下性质：

$$MM^{-1} = M^{-1}M = \text{单位矩阵}$$

在此我们就不展示计算逆矩阵的细节了。但是，需要知道的是计算矩阵的逆矩阵的运算量很大。幸运的是，我们只有很少情况需要用到它。在这些极少的情况下，GLSL 和 GLM 都提供了 mat4.inverse()函数。

3.4　变换矩阵

在图形学中，矩阵通常用来进行物体的变换。例如矩阵可以用来将点从一处移动到另一处。在本章中，我们将会学习 5 个有用的变换矩阵：

- 平移矩阵；
- 缩放矩阵；
- 旋转矩阵；
- 投影矩阵；
- LookAt 矩阵。

变换矩阵的重要特性之一就是它们都是 4×4 矩阵。这是因为我们决定使用齐次坐标系。否则，各变换矩阵可能会有不同的维度并且无法相乘。正如我们所见，确保变换矩阵大小相同并不只是为了方便，同时也为了让它们可以任意组合，预先计算变换矩阵以提升性能。

3.4.1　平移矩阵

平移矩阵 A 用于将物体从一个位置移至另一位置。它在单位矩阵的基础上，将 x、y 和 z 的移动量记录在 A_{03}、A_{13}、A_{23} 位置。图 3.3 展示了平移矩阵的形式和它与齐次坐标点相乘的效果。

其结果是一个按平移值"移动过"的点。

注意，作为与平移矩阵相乘的结果，点(X, Y, Z)平移（或移动）到了位置$(X+T_x, Y+T_y, Z+T_z)$。同样需要注意的是这个乘法是从右向左计算的。

$$\begin{pmatrix} X+T_x \\ Y+T_y \\ Z+T_z \\ 1 \end{pmatrix} = \begin{bmatrix} 1 & 0 & 0 & T_x \\ 0 & 1 & 0 & T_y \\ 0 & 0 & 1 & T_z \\ 0 & 0 & 0 & 1 \end{bmatrix} \begin{pmatrix} X \\ Y \\ Z \\ 1 \end{pmatrix}$$

图 3.3　平移矩阵变换

例如，当我们想要将一组点向上沿 y 轴正方向移动 5 个单位，我们可以在单位矩阵的 T_y 位置放入 5 来构建平移矩阵。之后我们只需要将我们想要移动的点与矩阵相乘就可以了。

GLM 中有一些函数是用于构建与点相乘的平移矩阵的。其中相关的操作有：

- glm::translate(x, y, z)，用于构建位移为(x, y, z)的矩阵；
- mat4＊vec4。

3.4.2　缩放矩阵

缩放矩阵用于改变物体的大小或者将点沿朝向或远离原点的方向移动。虽然缩放点这个操作乍一看有点儿奇怪，不过 OpenGL 中的物体都是用一组或多组点定义的。因此，缩放物体涉及缩放它的点的集合。

缩放矩阵 A 在单位矩阵的基础上，将位于 A_{00}, A_{11}, A_{22} 的值替换为 x、y、z 缩放因子。图 3.4 中展示了缩放矩阵的形式和它与齐次坐标点相乘的效果，所得的结果是经过缩放的新点。

$$\begin{pmatrix} X S_x \\ Y S_y \\ Z S_z \\ 1 \end{pmatrix} = \begin{bmatrix} S_x & 0 & 0 & 0 \\ 0 & S_y & 0 & 0 \\ 0 & 0 & S_z & 0 \\ 0 & 0 & 0 & 1 \end{bmatrix} \begin{pmatrix} X \\ Y \\ Z \\ 1 \end{pmatrix}$$

图 3.4　缩放矩阵变换

GLM 中有一些函数是用于构建与点相乘的缩放矩阵的。其中相关的操作有：

- glm::scale(x, y, z)，用于构建依照(x, y, z)缩放的矩阵；
- mat4＊vec4。

缩放还可以用来切换坐标系。例如，我们可以用缩放来在给定右手坐标系的情况下确定左手坐标系中的坐标。从图 3.1 中我们可以看到，通过反转 z 坐标就可以在右手坐标系和左手坐标系中切换，因此，用来切换坐标系的缩放矩阵是：

$$\begin{bmatrix} 1 & 0 & 0 & 0 \\ 0 & 1 & 0 & 0 \\ 0 & 0 & -1 & 0 \\ 0 & 0 & 0 & 1 \end{bmatrix}$$

3.4.3　旋转矩阵

旋转稍微复杂一些，因为在 3D 空间中旋转物体需要指定旋转轴和旋转角（以度或弧度为单位）。

在 16 世纪中叶，数学家莱昂哈德·欧拉表明，围绕任何轴的旋转都可以表示为绕 x 轴、y 轴、z 轴旋转的组合[EU76]。围绕这 3 个轴的旋转角度被称为欧拉角。这个被称为欧拉定理的发现对我们很有用，因为对于每个坐标轴的旋转可以用矩阵变换来表示。

旋转变换有 3 种，分别是绕 x 轴、y 轴、z 轴旋转，如图 3.5 所示。同时 GLM 中也有一些用于构建旋转矩阵的函数。其中相关的操作有：

- glm::rotate(mat4, θ, x, y, z)，用于构建绕轴(x, y, z)旋转 θ 度的矩阵；
- mat4＊vec4。

实践中，当在 3D 空间中旋转轴不穿过原点时，物体使用欧拉角进行旋转需要几个额外的步骤。一般有：

（1）平移旋转轴以使它经过原点；

（2）绕 x 轴、y 轴、z 轴旋转适当的欧拉角；

（3）复原步骤（1）中的平移。

图 3.5 中所示的 3 个旋转变换都有自己有趣的特性，即反向旋转的矩阵恰等于其转置矩阵。观察这些矩阵，通过 $\cos(-\theta) = \cos(\theta)$ 和 $\sin(-\theta) = -\sin(\theta)$ 即可验证这个特性。后面将会用到这个特性。

欧拉角在某些 3D 图形应用中会导致一些问题。因此，通常在计算旋转时推荐使用四元数。有兴趣探索四元数的读者可以寻求更多已有的资源[KU98]。欧拉角足以满足我们的大部分需求。

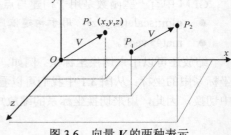

绕 x 轴旋转 θ 度：

$$\begin{pmatrix} X' \\ Y' \\ Z' \\ 1 \end{pmatrix} = \begin{bmatrix} 1 & 0 & 0 & 0 \\ 0 & \cos\theta & -\sin\theta & 0 \\ 0 & \sin\theta & \cos\theta & 0 \\ 0 & 0 & 0 & 1 \end{bmatrix} \begin{pmatrix} X \\ Y \\ Z \\ 1 \end{pmatrix}$$

绕 y 轴旋转 θ 度：

$$\begin{pmatrix} X' \\ Y' \\ Z' \\ 1 \end{pmatrix} = \begin{bmatrix} \cos\theta & 0 & \sin\theta & 0 \\ 0 & 1 & 0 & 0 \\ -\sin\theta & 0 & \cos\theta & 0 \\ 0 & 0 & 0 & 1 \end{bmatrix} \begin{pmatrix} X \\ Y \\ Z \\ 1 \end{pmatrix}$$

绕 z 轴旋转 θ 度：

$$\begin{pmatrix} X' \\ Y' \\ Z' \\ 1 \end{pmatrix} = \begin{bmatrix} \cos\theta & -\sin\theta & 0 & 0 \\ \sin\theta & \cos\theta & 0 & 0 \\ 0 & 0 & 1 & 0 \\ 0 & 0 & 0 & 1 \end{bmatrix} \begin{pmatrix} X \\ Y \\ Z \\ 1 \end{pmatrix}$$

图 3.5   旋转变换

3.5   向量

向量表示大小和方向。它们没有特定位置。"平移"向量并不改变它所代表的含义。

记录向量的方法各式各样，如：一端带箭头的线段、二元组(幅度,方向)，或两点之差。在 3D 图形学中，向量一般用空间中的单个点表示，向量的大小是原点到该点的距离，方向则是原点到该点的方向。在图 3.6 中，向量 V 可以用点 P_1 和 P_2 之间的差表示，也可以等价地用原点到 P_3 来表示。在我们的所有应用中，我们都简单地将 V 表示为 (x, y, z)，即我们用来表示 P_3 的符号。

图 3.6   向量 V 的两种表示

用与表示点相同的方式来表示向量很方便，因为对点和向量可以应用同样的矩阵变换。不过这也会使人困惑。因此，我们有时候会在向量上加一个小箭头（如 $\vec{V}$）。许多图形系统并不区分点和向量，如 GLSL 和 GLM，它们所提供的 vec3 和 vec4 类型既能用来存储点，又能用来存储向量。有的系统（例如本书早期 Java 版本中所用到的 graphicslib3D 库）对于点和向量有着不同的类，强制使用适当的类来进行所需的操作。对于点和向量使用同一种类型还是不同的类型哪个更好这件事仍然没有定论。

在 GLM 和 GLSL 中有许多 3D 图形学中经常用到的向量操作。如假设有向量 $A(u, v, w)$ 和 $B(x, y, z)$，可得如下操作。

加法和减法

$A \pm B = (u \pm x, v \pm y, w \pm z)$

GLM: vec3±vec3

GLSL: vec3±vec3

归一化（将长度变为 1）

$\hat{A} = A/|A| = A/\sqrt{u^2 + v^2 + w^2}$，其中 $|A|$ 为向量 A 的长度

GLM: normalize(vec3) 或 normalize(vec4)

GLSL: normalize(vec3) 或 normalize(vec4)

点积

$A \cdot B = ux + vy + wz$

GLM: dot(vec3,vec3) 或 dot(vec4,vec4)

GLSL: dot(vec3,vec3) 或 dot(vec4,vec4)

叉积

$A \times B = (vz-wy, wx-uz, uy-vx)$

GLM: cross(vec3,vec3)

GLSL: cross(vec3,vec3)

其他有用的向量函数如 magnitude()（在 GLSL 和 GLM 中是 length()）、reflection()和 refraction()（在 GLSL 和 GLM 中都有）等。

我们现在仔细看一下点积和叉积函数。

3.5.1 点积的应用

本书中的程序大量使用了点积。点积最重要也最基本的应用是求两向量夹角。设向量 V 和 W，计算其夹角 θ，则由

$$V \cdot W = |V||W|\cos(\theta)$$

有

$$\cos(\theta) = \frac{V \cdot W}{|V||W|}$$

因此，如果 V 和 W 是归一化向量（有着单位长度的向量，这里用 "^" 标记），则有：

$$\cos(\theta) = \hat{V} \cdot \hat{W}$$

$$\theta = \arccos(\hat{V} \cdot \hat{W})$$

有趣的是，我们后面会看到通常用到的是 $\cos(\theta)$，而非 θ。因此，这两个公式都很有用。

点积同时还有许多其他用途。

- 求向量的大小：$\sqrt{V \cdot V}$。
- 判断两向量是否正交，若正交，则 $V \cdot W = 0$。
- 判断两向量是否同向，若同向，则 $V \cdot W = |V||W|$。
- 判断两向量是否平行但方向相反，若是，则 $V \cdot W = -|V||W|$。
- 判断两向量夹角是否在−90°～+90°范围内（不包含边界），若是，则 $\hat{V} \cdot \hat{W} > 0$。
- 求点 $P=(x, y, z)$ 到平面 $S=(a, b, c, d)$ 的最小有符号距离。由垂直于 S 的单位法向量 $\hat{n} = \left(\frac{a}{\sqrt{a^2+b^2+c^2}}, \frac{b}{\sqrt{a^2+b^2+c^2}}, \frac{c}{\sqrt{a^2+b^2+c^2}} \right)$ 和从原点到平面的最短距离 $D = \frac{d}{\sqrt{a^2+b^2+c^2}}$，有 P 到 S 的最小有符号距离为 $(\hat{n} \cdot P) + D$，符号由 P 与 S 的相对位置决定。

3.5.2　叉积的应用

两向量叉积的一个重要特性是，它会生成一个新的向量，新的向量正交（垂直）于之前两个向量所定义的平面。我们会在本书中大量使用到这一特性。

任意两个不共线向量都定义了一个平面。例如，考虑两个任意向量 V 和 W。由于向量可以在不改变含义的情况下进行平移，因此可以将它们移动到起点相交的位置。图 3.7 展示了 V 和 W 定义的平面，以及其叉积所得的该平面的法向量。其所得法向量的方向遵循右手定则，即将右手手指从 V 向 W 卷曲会使得大拇指指向法向量 R 的方向。

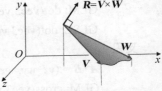

图 3.7　计算叉积得到法向量

注意，叉积顺序很重要。计算 $W \times V$ 会得到与 R 方向相反的向量。

通过叉积来获得平面的法向量对我们后面要学习的光照部分非常重要。为了确定光照效果，我们需要知道所渲染模型的外向法向量。图 3.8 中展示了一个例子，其中有一个由 6 个点（顶点）构成的简单模型，可使用叉积计算来获得其中一面的外向法向量。

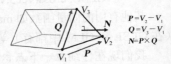

图 3.8　计算外向法向量

3.6　局部空间和世界空间

3D 图形学（使用 OpenGL 或其他框架）常见的应用是模拟 3D 世界、在其中放入物体，并在显示器上观看它。放在 3D 世界的物体通常用三角形的集合建模。稍后我们会在第 6 章中详细讲解建模，此处我们可以先了解一下大致的处理过程。

当建立物体的 3D 模型时，我们通常以最方便的定位方式描述模型。如果模型是球形的，那么我们很可能将球心定位于原点(0,0,0)并赋予它一个易于处理的半径，比如 1。模型定义的空间叫作局部空间（local space）或模型空间（model space）。OpenGL 官方文档使用的术语是物体空间（object space）。

我们刚刚定义的球可能用作一个大模型的一部分，如机器人的头部。这个机器人当然也定义在它自身的局部空间。我们可以用图 3.9 所示的矩阵变换即通过缩放、旋转和平移，将球放在机器人模型的空间。通过这种方式，可以分层次地构建复杂模型（在 4.8 节中会进一步通过使用一些矩阵讲解这个主题）。

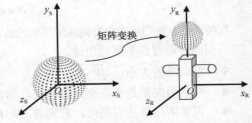

图 3.9　球形和机器人的模型空间

使用同样的方式，通过设定物体在模拟世界中的朝向和大小，可以将物体放在模拟世界的空间中，这个空间叫作世界空间。在世界空间中为对象定位及定向的矩阵称为模型矩阵，通常记为 M。

3.7　视觉空间和合成相机

到目前为止，我们所接触的变换矩阵全都可以在 3D 空间中操作。但是，我们最终需要将 3D 空间或它的一部分展示在 2D 显示器上。为了达成这个目标，我们需要找到一个有利点。正如我们在现实世界通过眼睛从一点观察一样，我们也必须找到一点并确立观察方向作为我们观察虚拟世界的窗口。这个点叫作视图或视觉空间，或"合成相机"（简称相机）。

如图 3.10 和图 3.12 所示，观察 3D 世界需要：（a）将相机放入世界的某个位置；（b）调整相机的角度，通常需要一套它自己的直角坐标轴 u、v、n（由向量 **U**, **V**, **N** 构成）；（c）定义一个视体（view volume）；（d）将视体内的对象投影到投影平面（projection plane）上。

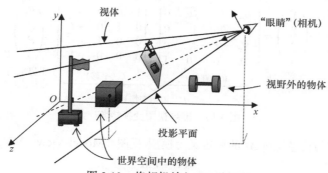

图 3.10 将相机放入 3D 世界中

OpenGL 有一个固定在原点 (0,0,0) 并朝向 z 轴负方向的相机，如图 3.11 所示。

为了应用 OpenGL 相机，我们需要将它移动到适合的位置和方向。我们需要先找出在世界中的物体与我们期望的相机位置的相对位置（如物体应该在由图 3.12 所示相机 **U**、**V**、**N** 向量定义的"相机空间"中的位置）。给定世界空间中的点 P_W，我们需要通过变换将它转换成相应相机空间中的点，从而让它看起来好像是从我们期望的相机位置 C_W 看到的样子。我们通过计算它在相机空间中的位置 P_C 实现。已知 OpenGL 相机位置永远固定在点 (0,0,0)，那么我们如何变换来实现上述功能？

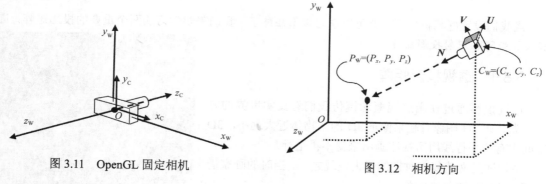

图 3.11 OpenGL 固定相机   图 3.12 相机方向

需要做的变换如下。

（1）将 P_W 平移，其向量为负的期望相机位置。

（2）将 P_W 旋转，其角度为负的期望相机欧拉角。

我们可以以构建一个单一变换矩阵以完成旋转和平移，这个矩阵叫作视图变换（viewing transform）矩阵，记作 **V**。矩阵 **V** 合并了矩阵 **T**（包含负相机期望位置的平移矩阵）和 **R**（包含负相机期望欧拉角的旋转矩阵）。在本例中，我们从右向左计算，先平移世界空间中的点 P_W，之后旋转：

$$P_C = R\,(\,T P_W\,)$$

如前所见，通过结合律我们得到如下运算：

$$P_C = (\,RT\,)\,P_W$$

如果我们将合并后的 **RT** 存入矩阵 **V**，运算成为：

$$P_C = V P_W$$

完整的计算以及 $\boldsymbol{T}$ 和 $\boldsymbol{R}$ 的具体值在图 3.13 中（我们忽略了对矩阵 $\boldsymbol{R}$ 的推导——推导过程见参考资料[FV95]）。

$$
\begin{pmatrix} X_{\mathrm{C}} \\ Y_{\mathrm{C}} \\ Z_{\mathrm{C}} \\ 1 \end{pmatrix} = \underbrace{\begin{bmatrix} \hat{U}_x & \hat{U}_y & \hat{U}_z & 0 \\ \hat{V}_x & \hat{V}_y & \hat{V}_z & 0 \\ -\hat{N}_x & -\hat{N}_y & -\hat{N}_z & 0 \\ 0 & 0 & 0 & 1 \end{bmatrix}}_{\boldsymbol{R}\text{（旋转）}} \overbrace{\begin{bmatrix} 1 & 0 & 0 & -C_x \\ 0 & 1 & 0 & -C_y \\ 0 & 0 & 1 & -C_z \\ 0 & 0 & 0 & 1 \end{bmatrix}}^{\text{负相机位置}} \begin{pmatrix} P_x \\ P_y \\ P_z \\ 1 \end{pmatrix}
$$

视觉空间中的点 P_{C} ┊ $\boldsymbol{R}$（旋转）┊ $\boldsymbol{T}$（平移）┊ 世界空间中的点 P_{w}

$\boldsymbol{V}$（视图变换）

图 3.13　推导视图变换矩阵

通常，将 $\boldsymbol{V}$ 矩阵与模型矩阵 $\boldsymbol{M}$ 的积定义为模型-视图（Model-View，MV）矩阵，记作 **MV**：

$$\mathbf{MV} = \boldsymbol{VM}$$

之后，点 P_{M} 通过如下步骤就可以从自己的模型空间直接转换至相机空间：

$$P_{\mathrm{C}} = \mathbf{MV}P_{\mathrm{M}}$$

在复杂场景中，当我们需要对每个顶点，而非一个点做这个变换的时候，这种方法的好处就很明显了。通过预先计算 **MV**，空间中每个点的变换都只需要进行一次矩阵乘法计算。之后，我们会看到，可以将这个过程延伸到更多合并矩阵的计算中，以大量减少点的计算量。

3.8　投影矩阵

当我们设置好相机之后，就可以学习投影矩阵了。我们需要学习的两个重要的投影矩阵：透视投影矩阵和正射投影矩阵。

3.8.1　透视投影矩阵

透视投影通过使用透视概念模仿我们看真实世界的方式，尝试让 2D 图像看起来像是 3D 的。物体近大远小，3D 空间中有的平行线用透视法画出来就不再平行。

透视法是文艺复兴时期的伟大发现之一，当时的画家借此可以绘制出更加真实的画作。

图 3.14 所示的画作是一个绝好的例子。它是卡洛·克里韦利在 1486 年绘制的《圣母领报》（又名《给圣·埃米迪乌斯报喜》，目前收藏于伦敦国家美术馆[CR86]）。这幅画明显强烈地使用了透视法——右侧建筑的左墙的线条戏剧性地向后收束。这种画法让人产生了深度感知和画中有 3D 空间的错觉。这个过程中，在现实中的一些平行线在画中并不平行。同样，在前景中的人物比在背景中的人物要大。

图 3.14　《圣母领报》
（卡洛·克里韦利，1486 年）

虽然今天我们将这些视为理所当然的，不过算出实现它的变换矩阵还是需要进行一些数学分析的。

我们可以通过使用变换矩阵将平行线变为恰当的不平行线来实现这个效果，这个矩阵叫作透视矩阵或者透视变换。可以通过定义 4 个参数来构建视体：纵横比、视场、近剪裁平面（也称投影平面）、远剪裁平面。

只有在近、远剪裁平面间的物体才会被渲染。近剪裁平面同时也是物体所投影到的平面，通常放在离眼睛或相机较近的位置（如图 3.15 左侧所示）。我们会在第 4 章中讨论如何为远（far）剪裁平面选择合适的值。视场（Field Of View，FOV）是可视空间的纵向角度。纵横比（aspect ratio）是远近剪裁平面的宽度与高度之比。由这些参数所决定的形状叫作视体或视锥（view frustum），如图 3.15 所示。

透视矩阵用于将 3D 空间中的点变换至近剪裁平面上合适的位置。我们需要先计算 q、A、B、C 的值，之后用这些值来构建透视矩阵，如图 3.16 所示[FV95]。

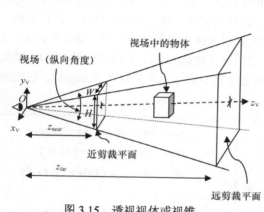

$$q = \frac{1}{\tan\left(\frac{\text{视场}}{2}\right)}$$

$$A = \frac{q}{\text{纵横比}}$$

$$B = \frac{z_{near} + z_{far}}{z_{near} - z_{far}}$$

$$C = \frac{2 z_{near} z_{far}}{z_{near} - z_{far}}$$

透视矩阵：

$$\begin{bmatrix} A & 0 & 0 & 0 \\ 0 & q & 0 & 0 \\ 0 & 0 & B & C \\ 0 & 0 & -1 & 0 \end{bmatrix}$$

图 3.15　透视视体或视锥　　　图 3.16　构建透视矩阵

生成透视矩阵很容易，只需要将所描述的公式插入一个 4×4 矩阵。GLM 库也包含一个用于构建透视矩阵的函数 glm::perspective()。

3.8.2　正射投影矩阵

在正射投影中，平行线仍然是平行的，即不使用透视，如图 3.17 所示。正射与透视相反，在视体中的物体不因其与相机的距离而改变，可以直接投影。

正射投影是一种平行投影，其中所有的投影过程都沿与投影平面垂直的方向进行。正射矩阵通过指定如下参数构建：（a）从相机到投影平面的距离 z_{near}；（b）从相机到远剪裁平面的距离 z_{far}；（c）L、R、T 和 B 的值，其中 L 和 R 分别是投影平面左、右边界的 x 坐标，T 和 B 分别是投影平面上、下边界的 y 坐标。正射投影矩阵如图 3.18 所示[WB15]。

并非所有平行投影都是正射投影，但是其他平行投影的介绍不在本书范围内。

平行投影的结果与我们眼睛所见到的真实世界不同。但是它在很多情况下都有其用处，比如计算和生成阴影、进行 3D 剪裁以及计算机辅助设计（Computer Aided Design，CAD）——平行投影用在 CAD 中是因为无论物体如何摆放，其投影的尺寸都不变。即便如此，本书中绝大多数例子依然使用透视投影。

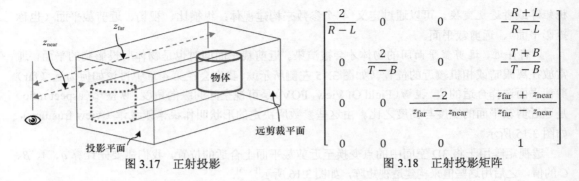

图 3.17 正射投影 图 3.18 正射投影矩阵

3.9 LookAt 矩阵

我们最后要学习的变换矩阵是 LookAt 矩阵。当你想要把相机放在某处并看向一个特定的位置时，就需要用到它了，LookAt 矩阵的元素如图 3.19 所示。当然，用我们已经学到的方法也可以实现 LookAt 变换，但是这个操作非常频繁，因此为它专门构建一个矩阵通常比较有用。

LookAt 变换依然由相机旋转决定。我们通过指定大致旋转朝向的向量（如世界 y 轴）。通常，可以通过一系列叉积获得一组向量，代表相机的正面（向量 **fwd**）、侧面（向量 **side**），以及上面（向量 **up**）。图 3.20 展示了计算过程，由相机位置（点 eye）、目标位置（点 target）、初始向上向量 Y 构建 LookAt 矩阵[FV95]。

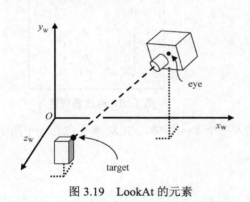

$$\textbf{fwd} = \text{normalize}\,(\,\text{eye} - \text{target}\,)$$
$$\textbf{side} = \text{normalize}\,(-\textbf{fwd} \times Y)$$
$$\textbf{up} = \text{normalize}\,(\textbf{side} \times (-\textbf{fwd}))$$

LookAt矩阵：

$$\begin{bmatrix} \textbf{side}_x & \textbf{side}_y & \textbf{side}_z & -(\textbf{side} \cdot \text{eye}) \\ \textbf{up}_x & \textbf{up}_y & \textbf{up}_z & -(\textbf{up} \cdot \text{eye}) \\ -\textbf{fwd}_x & -\textbf{fwd}_y & -\textbf{fwd}_z & -(-\textbf{fwd} \cdot \text{eye}) \\ 0 & 0 & 0 & 1 \end{bmatrix}$$

图 3.19 LookAt 的元素 图 3.20 LookAt 矩阵

我们可以自行将这个过程构建为 C++/OpenGL 实用函数，但 GLM 中已经有一个用来构建 LookAt 矩阵的函数 glm::lookAt()，因此我们用它就可以了。稍后在本书第 8 章生成阴影的时候会用到这个函数。

3.10 用来构建矩阵变换的 GLSL 函数

虽然 GLM 包含许多预定义的 3D 变换函数，本章也已经涵盖了其中的平移、旋转和缩放等函数，但 GLSL 只包含基础的矩阵运算，如加法、合并等。因此，有时我们需要自己为 GLSL 编写一些实用函数来构建 3D 变换矩阵，以在着色器中进行特定 3D 运算。用于存储这些矩阵的 GLSL 数据类型是 mat4。

GLSL 中用于初始化 mat4 矩阵的语法以列为单位读入值。其前 4 个参数会放入第一列，接下来 4 个参数放入下一列，直到第四列，如下所示：

```
mat4 translationMatrix =
    mat4(1.0, 0.0, 0.0, 0.0,   // 注意，这是最左列，而非第一行
         0.0, 1.0, 0.0, 0.0,
         0.0, 0.0, 1.0, 0.0,
         tx, ty, tz, 1.0 );
```

该段代码构建如图 3.3 所示的平移矩阵。

程序 3.1 中包含 5 个用于构建 4×4 平移、旋转和缩放矩阵的 GLSL 函数，每个函数对应一个本章之前给出的公式。我们稍后在书中将会用到这些函数。

程序 3.1　在 GLSL 中构建变换矩阵

```
// 构建并返回平移矩阵
mat4 buildTranslate(float x, float y, float z)
{ mat4 trans = mat4(1.0, 0.0, 0.0, 0.0,
                    0.0, 1.0, 0.0, 0.0,
                    0.0, 0.0, 1.0, 0.0,
                    x, y, z, 1.0 );
    return trans;
}

// 构建并返回绕 x 轴的旋转矩阵
mat4 buildRotateX(float rad)
{ mat4 xrot = mat4(1.0, 0.0, 0.0, 0.0,
                   0.0, cos(rad), -sin(rad), 0.0,
                   0.0, sin(rad), cos(rad), 0.0,
                   0.0, 0.0, 0.0, 1.0 );
    return xrot;
}

// 构建并返回绕 y 轴的旋转矩阵
mat4 buildRotateY(float rad)
{ mat4 yrot = mat4(cos(rad), 0.0, sin(rad), 0.0,
                   0.0, 1.0, 0.0, 0.0,
                   -sin(rad), 0.0, cos(rad), 0.0,
                   0.0, 0.0, 0.0, 1.0 );
    return yrot;
}

// 构建并返回绕 z 轴的旋转矩阵
mat4 buildRotateZ(float rad)
{ mat4 zrot = mat4(cos(rad), -sin(rad), 0.0, 0.0,
                   sin(rad), cos(rad), 0.0, 0.0,
                   0.0, 0.0, 1.0, 0.0,
                   0.0, 0.0, 0.0, 1.0 );
    return zrot;
}

// 构建并返回缩放矩阵
mat4 buildScale(float x, float y, float z)
{ mat4 scale = mat4(x, 0.0, 0.0, 0.0,
                    0.0, y, 0.0, 0.0,
                    0.0, 0.0, z, 0.0,
                    0.0, 0.0, 0.0, 1.0 );
    return scale;
}
```

补充说明

在本章中我们看到了使用矩阵对点进行变换的例子。稍后，我们会将同样的变换应用于向量。

要对向量 V 使用变换矩阵 M 进行与对点相同的变换，一般需要计算 M 的逆转置矩阵，记为 $(M^{-1})^T$，并用所得矩阵乘 V。在某些情况下，$M=(M^{-1})^T$，在这些情况下只要用 M 就可以了。例如，本章中我们所见到的基础旋转矩阵与它们的逆转置矩阵相等，我们可以直接将它们应用于向量（同样也可以应用于点）。因此本书中有时候使用 $(M^{-1})^T$ 对向量进行变换，有时候仅使用 M。

本章中仍未讨论的一种技术是在空间中平滑地移动相机。这是一种很有用的技术，常用于制作游戏和动画电影，同时也适用于可视化、VR 和 3D 建模过程。移动相机的代码叫作相机控制器，关于这个话题在网上有很多资源[TR15]。

我们也没有讲解所有给出的矩阵变换的推导过程[FV95]。相反，我们努力做到简明地总结了基础 3D 图形学变换中必备的点、向量和矩阵运算。随着本书的推进，我们将会看到本章中方法的许多实际应用。

习题

3.1 修改程序 2.5，为顶点着色器添加程序 3.1 中的 buildRotate() 函数，并将其应用到组成三角形的点上。其结果应该导致三角形从原来的方向进行旋转。这个旋转过程无须动画化。

3.2 （研究）在 3.4 节末尾，我们讲到欧拉角在某些情况下会导致问题，其中最常见的叫作"万向节死锁"。描述万向节死锁，给出一个例子，并解释为什么万向节死锁会是个问题。

3.3 （研究）避免这些问题产生的一种方法是使用四元数而非欧拉角。我们在本书中并没有学习四元数，但是 GLM 有一些与四元数相关的类和函数。请独立学习四元数，并熟悉 GLM 中的四元数功能。

参考资料

[CR86] C. Crivelli, *The Annunciation, with Saint Emidius,* (National Gallery, London, England, 1486), accessed July 2020.

[EU76] L. Euler, *Formulae generals pro translatione quacunque coporum rigidorum* (General formulas for the translation of arbitrary rigid bodies), (Novi Commentarii academiae scientiarum Petropolitanae 20, 1776).

[FV95] J. Foley, A. van Dam, S. Feiner, and J. Hughes, *Computer Graphics–Principles and Practice*, 2nd ed. (Addison-Wesley, 1995).

[KU98] J. B. Kuipers, *Quaternions and Rotation Sequences* (Princeton University Press, 1998).

[TR15] T. Reed, OpenGL Part 3B: Camera Control (blog). Accessed July 2020.

[WB15] W. Brown, LearnWebGL (2015), chapter 8.2 (Orthographic Projections), Accessed July 2020.

第 4 章　管理 3D 图形数据

使用 OpenGL 渲染 3D 图形通常需要将若干数据集发送给 OpenGL 着色器管线。举个例子，想要绘制一个简单的 3D 对象，比如一个立方体，你至少需要发送以下项目：

- 立方体模型的顶点；
- 控制立方体在 3D 空间中朝向的变换矩阵。

把数据发送给 OpenGL 管线还要更加复杂一点，有两种方式：

- 通过顶点属性的缓冲区；
- 直接发送给统一变量。

理解这两种方式的机制非常重要，因为这样我们才能为每个要发送的项目选取合适的方式。下面从渲染一个简单的立方体开始。

4.1　缓冲区和顶点属性

想要绘制一个对象，它的顶点数据需要发送给顶点着色器。通常会把顶点数据在 C++端放入一个缓冲区，并把这个缓冲区和着色器中声明的顶点属性相关联。要完成这件事，有好几个步骤需要做，有些步骤只需要做一次，而对于动画场景，一些步骤则需要每帧做一次。

只做一次的步骤如下，它们一般包含在 init()中。

（1）创建缓冲区。

（2）将顶点数据复制到缓冲区。

每帧都要做的步骤如下，它们一般包含在 display()中。

（1）启用包含顶点数据的缓冲区。

（2）将这个缓冲区和一个顶点属性相关联。

（3）启用这个顶点属性。

（4）使用 glDrawArrays()绘制对象。

所有缓冲区通常都在程序开始的时候统一创建，可以在 init()中，或者在被 init()调用的函数中。在 OpenGL 中，缓冲区被包含在顶点缓冲对象（Vertex Buffer Object，VBO）中，VBO 在 C++/OpenGL 应用程序中被声明和实例化。一个场景可能需要很多 VBO，所以我们常常会在 init()中生成并填充若干个 VBO，以备程序需要时直接使用。

缓冲区使用特定的方式和顶点属性交互。当 glDrawArrays()执行时，缓冲区中的数据开始流动，从缓冲区的开头开始，按顺序流过顶点着色器。像第 2 章中介绍的一样，顶点着色器对每个顶点执行一次。3D 空间中的顶点需要 3 个数值，所以着色器中的顶点属性常常会使用 vec3 类型接收这 3 个数值。然后，对缓冲区中的每组这 3 个数值，着色器会被调用，如图 4.1 所示。

OpenGL 中还有一种相关的结构，叫作顶点数组对象（Vertex Array Object，VAO）。OpenGL 的 3.0 版本引入了 VAO，作为一种组织缓冲区的方法，让缓冲区在复杂场景中更容易操控。OpenGL 要求至少创建一个 VAO，目前来说，一个就够了。

举个例子，假设我们想要显示两个对象。在 C++端，我们可以声明一个 VAO 和两个相关的

VBO（每个对象一个），就像这样：

```
GLuint vao[1]; // OpenGL 要求这些数值以数组的形式指定
GLuint vbo[2];
…
glGenVertexArrays(1, vao);
glBindVertexArray(vao[0]);
glGenBuffers(2, vbo);
```

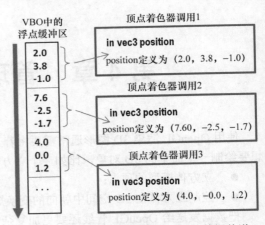

图 4.1   在 VBO 和顶点属性之间的数据传递

glGenVertexArrays()和**glGenBuffers()**这两个 OpenGL 命令分别用于创建 VAO 和 VBO，并返回它们的整数型 ID，存进数组 vao 和 vbo。这两个命令各自有两个参数，第一个表示要创建多少个 ID，第二个表示用来保存返回的 ID 的数组。**glBindVertexArrays()**命令的目的是将指定的 VAO 标记为"活跃"，这样生成的缓冲区①就会和这个 VAO 相关联。

每个缓冲区需要有在顶点着色器中声明的相应顶点属性变量。顶点属性通常是着色器中首先声明的变量。在我们的立方体例子中，用来接收立方体顶点的顶点属性可以在顶点着色器中这样声明：

```
layout (location = 0) in vec3 position;
```

关键字 in 意思是"输入"（input），表示这个顶点属性将会从缓冲区中接收数值（我们以后会看到，顶点属性也可以用来"输出"）。像我们之前看到的一样，vec3 的意思是着色器的每次调用会抓到 3 个浮点类型数值（分别表示 x 轴、y 轴、z 轴坐标，它们组成一个顶点数据）。变量的名字是 position。layout (location=0)称为"layout 修饰符"，也就是我们把顶点属性和特定缓冲区关联起来的方法。这意味着，这个顶点属性的识别号是 0，我们后面会用到。

把一个模型的顶点加载到缓冲区（VBO）的方式取决于模型的顶点数值存储在哪里。在第 6 章中，我们将会看到通常如何使用建模工具（比如 Blender[BL20]或者 Maya[MA16]）创建模型、导出成标准文件格式（比如.obj）并导入 C++/OpenGL 应用程序。我们还会看到模型的顶点如何被临时计算出来，或者在管线中使用细分着色器生成。

现在，假设我们想要绘制一个立方体，并且假定我们的立方体的顶点数据在 C++/OpenGL 应用程序中的数组中直接指定。在这种情况下，我们需要：（a）将这些值复制到之前生成的两个缓冲区中的一个之中，为此，我们需要使用 OpenGL 的 glBindBuffer()命令将缓冲区（例如，第 0 个缓冲区）标记为"活跃"；（b）使用 glBufferData()命令将包含顶点数据的数组复制进活跃缓冲区（这里应该是第 0 个 VBO）。假设顶点数据存储在名为 vPositions 的浮点类型数组中，以下 C++ 代码②会将这些值复制到第 0 个 VBO 中：

```
glBindBuffer(GL_ARRAY_BUFFER, vbo[0]);
glBufferData(GL_ARRAY_BUFFER, sizeof(vPositions), vPositions, GL_STATIC_DRAW);
```

接下来，我们向 display()中添加代码，将缓冲区中的值发送到着色器中的顶点属性。我们通

---

①   在这个例子中声明了两个缓冲区，以强调我们常常会用到多个缓冲区。后面我们会用到额外的缓冲区来存储顶点相关的其他信息，比如颜色。现在，我们只用到了一个声明的缓冲区，所以只声明一个 VBO 也是足够的。

②   请注意，这里我们第一次避免描述一个或多个 OpenGL 调用中的每一个参数。如第 2 章所述，我们建议读者利用 OpenGL 官方文档来获取此类详细信息。

过以下 3 个步骤来实现：（a）使用 **glBindBuffer()** 命令标记这个缓冲区为"活跃"，正如上文所述；（b）将活跃缓冲区与着色器中的顶点属性相关联；（c）启用顶点属性。以下代码行实现了这些步骤：

```
glBindBuffer(GL_ARRAY_BUFFER, vbo[0]);                        // 标记第 0 个缓冲区为"活跃"
glVertexAttribPointer(0, 3, GL_FLOAT, GL_FALSE, 0, 0);        // 将第 0 个属性关联到缓冲区
glEnableVertexAttribArray(0);                                 // 启用第 0 个顶点属性
```

现在，当我们执行 **glDrawArrays()** 时，第 0 个 VBO 中的数据将传输给拥有位置 0 的 layout 修饰符的顶点属性中。这会将立方体的顶点数据发送到着色器。

4.2 统一变量

要想渲染一个场景以使它看起来是 3D 的，需要构建适当的变换矩阵（例如第 3 章中描述的那些）并将它们应用于模型的每个顶点。在顶点着色器中应用所需的矩阵运算十分有效。此外，习惯上我们会将这些矩阵从 C++/OpenGL 应用程序发送给着色器中的统一变量。

可以使用"uniform"关键字在着色器中声明统一变量。以下示例声明了用于存储 MV 矩阵和投影矩阵的变量，足够我们的立方体程序使用：

```
uniform mat4 mv_matrix;
uniform mat4 proj_matrix;
```

关键字 mat4 表示这些矩阵是 4×4 矩阵。这里我们将用来保存 MV 矩阵的变量命名为 mv_matrix，并将用来保存投影矩阵的变量命名为 proj_matrix。因为 3D 变换矩阵是 4×4 的，因此 mat4 是 GLSL 着色器统一变量中常用的数据类型。

将数据从 C++/OpenGL 应用程序发送到统一变量需要执行以下步骤：（a）获取统一变量的引用；（b）将指向所需数值的指针与获取的统一变量的引用相关联。在我们的立方体例子中，假设链接的渲染程序保存在名为 renderingProgram 的变量中，则以下代码会把 MV 和投影矩阵发送到两个统一变量（即 mv_matrix 和 proj_matrix）中：

```
mvLoc = glGetUniformLocation(renderingProgram,"mv_matrix");    // 获取着色器程序中统一变量的位置
projLoc = glGetUniformLocation(renderingProgram,"proj_matrix");
glUniformMatrix4fv(mvLoc, 1, GL_FALSE, glm::value_ptr(mvMat));  // 将矩阵数据发送到统一变量中
glUniformMatrix4fv(projLoc, 1, GL_FALSE, glm::value_ptr(pMat));
```

在上面的例子中，我们假设已经利用 GLM 工具来构建 MV 和投影变换矩阵 mvMat 和 pMat（稍后会更详细地讨论）。它们是 mat4 类型（GLM 的一个类）的。GLM 函数调用 value_ptr() 返回对矩阵数据的引用，glUniformMatrix4fv() 需要将这些矩阵数据传递给统一变量。

4.3 顶点属性插值

相较于如何处理统一变量，了解如何在 OpenGL 管线中处理顶点属性非常重要。回想一下，在片段着色器栅格化之前，由顶点定义的图元（如三角形）被转换为片段。栅格化过程会线性插值顶点属性值，以便显示的像素能无缝连接建模后的曲面。

相比之下，统一变量的行为类似于初始化过的常量，并且在每次顶点着色器调用（即从缓冲区发送的每个顶点）中保持不变。统一变量本身不是插值的，无论顶点数量有多少，变量都始终包含相同的值。

光栅着色器对顶点属性进行的插值在很多方面都很有用。稍后，我们将使用栅格化来插值颜色、纹理坐标和曲面法向量。重要的是要理解，通过缓冲区发送到顶点属性的所有值都将在管线中被进一步插值。

我们在顶点着色器中看到顶点属性被声明为 in，表示它们从缓冲区接收值。顶点属性还可以改为被声明为 out，这意味着它们会将值发送到管线中的下一个阶段。例如，顶点着色器中的以下声明指定一个名为 color 的顶点属性，该属性输出 vec4 类型的值：

```
out vec4 color;
```

没有必要为顶点位置声明一个 out 变量，因为 OpenGL 有一个内置的 vec4 变量用于此目的：gl_Position。在顶点着色器中，我们将矩阵变换应用于传入的顶点（之前声明为位置的顶点），并将结果赋值给 gl_Position：

```
gl_Position = proj_matrix * mv_matrix * position;
```

然后，变换后的顶点将自动输出到光栅着色器，最终将相应的像素位置发送到片段着色器。

顶点的栅格化过程结果如图 4.2 所示。在 glDrawArrays() 函数中指定 GL_TRIANGLES 时，栅格化是逐个三角形完成的。栅格化过程首先沿着连接顶点的线开始插值，其精度级别和像素显示密度相关。随后，三角形的内部空间中的像素由连接边缘像素的水平线插值填充。

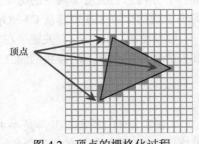

顶点

图 4.2　顶点的栅格化过程

4.4　MV 矩阵和透视矩阵

渲染 3D 对象的一个基础步骤是创建适当的变换矩阵并将它们发送到统一变量，就像我们在 4.2 节中所做的那样。我们首先定义 3 个矩阵：

- 一个模型矩阵；
- 一个视图矩阵；
- 一个透视矩阵。

模型矩阵在世界坐标空间中表示对象的位置和朝向。每个模型都有自己的模型矩阵，如果模型会移动，则需要不断重建该矩阵。

视图矩阵移动并旋转世界中的模型，以模拟所需位置的相机看到的效果。回忆一下第 3 章，OpenGL 相机存在于位置(0,0,0)并且朝向 z 轴负方向。为了模拟以某种方式移动的相机的表现，我们需要向相反的方向移动物体本身。例如，将相机向右移动会导致场景中的物体看起来像是向左移动，对应地，针对 OpenGL 的固定相机，我们可以通过把对象向左移动，让相机看起来向右移动了。

透视矩阵是一种变换矩阵，它根据所需的视锥提供 3D 效果，如第 3 章所述。

了解在何处计算每种类型的矩阵也很重要。永远不会改变的矩阵可以在 init()中构建，但那些会改变的矩阵需要在 display()中构建，以便在每帧重建。我们假设模型是变动的、相机是可移动的，那么：

- 需要每帧为每个模型创建模型矩阵；
- 视图矩阵需要每帧创建（因为相机可以移动），但是对于在这一帧期间渲染的所有对象，它都是一样的；

● 透视矩阵只需要创建一次（在 init() 中），它需要使用屏幕窗口的宽度和高度（以及所需的视锥参数），除非调整窗口大小，否则它通常保持不变。

在 display() 函数中生成模型和视图矩阵，如下所示。

（1）根据所需的相机位置和朝向构建视图矩阵。

（2）对于每个模型，进行以下操作。

    i. 根据模型的位置和朝向构建模型矩阵。

    ii. 将模型和视图矩阵结合成单个 MV 矩阵。

    iii. 将 MV 矩阵和投影矩阵发送到相应的着色器统一变量。

从技术上讲，没有必要将模型和视图矩阵合并成一个矩阵。也就是说，它们也可以作为单独的矩阵的形式发送给顶点着色器。然而，将它们合并并保持透视矩阵分离有一些优点。例如，在顶点着色器中，模型中的每个顶点都需要乘矩阵。由于复杂的模型可能有数百甚至数千个顶点，因此可以在将模型矩阵和视图矩阵发送到顶点着色器之前将它们预先相乘来提高性能。稍后我们会看到需要将透视矩阵分开的原因：将其用于光照。

4.5　我们的第一个 3D 程序—— 一个 3D 立方体

是时候将各部分组合在一起了！为了构建一个完整的 C++/OpenGL/GLSL 系统并在 3D 世界中渲染我们的立方体，到目前为止介绍过的所有机制都需要被整合在一起，并完美协调。我们可以复用第 2 章中的一些代码。具体来说，我们不会再重复讲解以下这些用来读取包含着色器代码的文件、编译和链接过程，以及检测 GLSL 错误的函数。事实上，回想一下，我们已将它们移到 Utils.cpp 文件中：

```
createShaderProgram()
readShaderSource()
checkOpenGLError()
printProgramLog()
printShaderLog()
```

在给定了 y 轴的指定视场角、屏幕纵横比，以及所需的近、远剪裁平面（4.9 节将讨论如何为近、远剪裁平面选择适当的值）的情况下，我们还需要一个构建透视矩阵的工具函数。虽然我们可以自己轻松编写这样的函数，但 GLM 已经包含一个（参见图 3.15）：

```
glm::perspective(视场, 纵横比, z_near, z_far);
```

我们现在可以构建完整的 3D 立方体程序了，如程序 4.1 所示。

程序 4.1　简单的红色立方体

```cpp
// C++/OpenGL 应用程序
#include <GL/glew.h>
#include <GLFW/glfw3.h>
#include <string>
#include <iostream>
#include <fstream>
#include <cmath>
#include <glm/glm.hpp>
#include <glm/gtc/type_ptr.hpp>
#include <glm/gtc/matrix_transform.hpp>
#include "Utils.h"
using namespace std;
```

```
#define numVAOs 1
#define numVBOs 2

float cameraX, cameraY, cameraZ;
float cubeLocX, cubeLocY, cubeLocZ;
GLuint renderingProgram;
GLuint vao[numVAOs];
GLuint vbo[numVBOs];

// 分配在 display()函数中使用的变量空间，这样它们就不必在渲染过程中分配
GLuint mvLoc, projLoc;
int width, height;
float aspect;
glm::mat4 pMat, vMat, mMat, mvMat;

void setupVertices(void) {      // 36 个顶点，12 个三角形，组成了放置在原点处的 2×2×2 立方体
    float vertexPositions[108] = {
        -1.0f, 1.0f, -1.0f, -1.0f, -1.0f, -1.0f, 1.0f, -1.0f, -1.0f,
        1.0f, -1.0f, -1.0f, 1.0f, 1.0f, -1.0f, -1.0f, 1.0f, -1.0f,
        1.0f, -1.0f, -1.0f, 1.0f, -1.0f, 1.0f, 1.0f, 1.0f, -1.0f,
        1.0f, -1.0f, 1.0f, 1.0f, 1.0f, 1.0f, 1.0f, 1.0f, -1.0f,
        1.0f, -1.0f, 1.0f, -1.0f, -1.0f, 1.0f, 1.0f, 1.0f, 1.0f,
        -1.0f, -1.0f, 1.0f, -1.0f, 1.0f, 1.0f, 1.0f, 1.0f, 1.0f,
        -1.0f, -1.0f, 1.0f, -1.0f, -1.0f, -1.0f, -1.0f, 1.0f, 1.0f,
        -1.0f, -1.0f, -1.0f, -1.0f, 1.0f, -1.0f, -1.0f, 1.0f, 1.0f,
        -1.0f, -1.0f, 1.0f, 1.0f, -1.0f, 1.0f, 1.0f, -1.0f, -1.0f,
        1.0f, -1.0f, -1.0f, -1.0f, -1.0f, -1.0f, -1.0f, -1.0f, 1.0f,
        -1.0f, 1.0f, -1.0f, 1.0f, 1.0f, -1.0f, 1.0f, 1.0f, 1.0f,
        1.0f, 1.0f, 1.0f, -1.0f, 1.0f, 1.0f, -1.0f, 1.0f, -1.0f
    };
    glGenVertexArrays(1, vao);
    glBindVertexArray(vao[0]);
    glGenBuffers(numVBOs, vbo);

    glBindBuffer(GL_ARRAY_BUFFER, vbo[0]);
    glBufferData(GL_ARRAY_BUFFER, sizeof(vertexPositions), vertexPositions, GL_STATIC_DRAW);
}

void init(GLFWwindow* window) {
    renderingProgram = Utils::createShaderProgram("vertShader.glsl", "fragShader.glsl");
    cameraX = 0.0f; cameraY = 0.0f; cameraZ = 8.0f;
    cubeLocX = 0.0f; cubeLocY = -2.0f; cubeLocZ = 0.0f; // 沿 y 轴下移以展示透视
    setupVertices();
}

void display(GLFWwindow* window, double currentTime) {
    glClear(GL_DEPTH_BUFFER_BIT);
    glUseProgram(renderingProgram);

    // 获取 MV 矩阵和投影矩阵的统一变量
    mvLoc = glGetUniformLocation(renderingProgram, "mv_matrix");
    projLoc = glGetUniformLocation(renderingProgram, "proj_matrix");

    // 构建透视矩阵
    glfwGetFramebufferSize(window, &width, &height);
    aspect = (float)width / (float)height;
    pMat = glm::perspective(1.0472f, aspect, 0.1f, 1000.0f); // 1.0472 radians = 60 degrees

    // 构建视图矩阵、模型矩阵和 MV 矩阵
    vMat = glm::translate(glm::mat4(1.0f), glm::vec3(-cameraX, -cameraY, -cameraZ));
    mMat = glm::translate(glm::mat4(1.0f), glm::vec3(cubeLocX, cubeLocY, cubeLocZ));
    mvMat = vMat * mMat;
```

```
    // 将透视矩阵和 MV 矩阵复制给相应的统一变量
    glUniformMatrix4fv(mvLoc, 1, GL_FALSE, glm::value_ptr(mvMat));
    glUniformMatrix4fv(projLoc, 1, GL_FALSE, glm::value_ptr(pMat));

    // 将 VBO 关联给顶点着色器中相应的顶点属性
    glBindBuffer(GL_ARRAY_BUFFER, vbo[0]);
    glVertexAttribPointer(0, 3, GL_FLOAT, GL_FALSE, 0, 0);
    glEnableVertexAttribArray(0);

    // 调整 OpenGL 设置，绘制模型
    glEnable(GL_DEPTH_TEST);
    glDepthFunc(GL_LEQUAL);
    glDrawArrays(GL_TRIANGLES, 0, 36);
}

int main(void) {                              // main()和之前的没有变化
    if (!glfwInit()) { exit(EXIT_FAILURE); }
    glfwWindowHint(GLFW_CONTEXT_VERSION_MAJOR, 4);
    glfwWindowHint(GLFW_CONTEXT_VERSION_MINOR, 3);
    GLFWwindow* window = glfwCreateWindow(600, 600, "Chapter 4 - program 1", NULL, NULL);
    glfwMakeContextCurrent(window);
    if (glewInit() != GLEW_OK) { exit(EXIT_FAILURE); }
    glfwSwapInterval(1);

    init(window);

    while (!glfwWindowShouldClose(window)) {
        display(window, glfwGetTime());
        glfwSwapBuffers(window);
        glfwPollEvents();
    }
    glfwDestroyWindow(window);
    glfwTerminate();
    exit(EXIT_SUCCESS);
}
```

```
// 顶点着色器（文件名：vertShader.glsl）
#version 430

layout (location=0) in vec3 position;

uniform mat4 mv_matrix;
uniform mat4 proj_matrix;

void main(void)
{ gl_Position = proj_matrix * mv_matrix * vec4(position,1.0);
}
```

```
// 片段着色器（文件名：fragShader.glsl）
#version 430

out vec4 color;

uniform mat4 mv_matrix;
uniform mat4 proj_matrix;

void main(void)
{ color = vec4(1.0, 0.0, 0.0, 1.0);
}
```

程序 4.1 的输出如图 4.3 所示（见彩插）。让我们仔细看看程序 4.1 中的代码。重要的是，我

们要了解程序各部分的工作原理以及它们协同工作的方式。

下面查看由 init()调用的函数 setupVertices()。函数的开头声明了一个名为 vertexPositions 的数组，其中包含 36 个组成立方体的顶点。你可能想知道为什么这个立方体有 36 个顶点，因为逻辑上一个立方体应该只需要 8 个顶点。答案是：我们需要用三角形来构建这个立方体，因此立方体的每一个面都需要由两个三角形构成，总共 6×2=12 个三角形（见图 4.4）。由于每个三角形都由 3 个顶点指定，因此总共有 36 个顶点。由于每个顶点具有 3 个值，因此数组中总共有 36×3=108 个值。确实，这些三角形的顶点有重合的情况，但我们仍然分别指定每个顶点，因为目前我们会将每个三角形的顶点分别发送到管线。

图 4.3   程序 4.1 的输出，从(0,0,8)看位于(0,–2,0)的红色立方体   图 4.4   由三角形组成的立方体

立方体在它自己的坐标系中定义，中心为(0,0,0)，它的角在 x 轴、y 轴、z 轴上的坐标范围都是–1.0～+1.0。setupVertices()函数的其余部分建立了 VAO 和两个 VBO（尽管只使用了一个）并将立方体顶点加载到第 0 个 VBO 中。

请注意，init()函数负责执行只需要执行一次的任务：读取着色器代码并构建渲染程序、将立方体顶点加载到 VBO 中（通过调用 setupVertices()）。请注意，它还给定了立方体和相机在世界中的位置。稍后我们将为立方体设置动画，并了解如何移动相机，到那个时候我们可能需要去除这个固定的位置。

现在让我们看一下 display()函数。回想一下，display()可以重复调用，并且调用它的速率被称为帧率。也就是说，通过不断地快速重绘场景或帧，就可以实现动画。通常，我们需要在渲染帧之前清除深度缓冲区，以便正确地进行隐藏面消除（不清除深度缓冲区有时会导致每个曲面都被移除，从而黑屏）。默认情况下，OpenGL 中的深度值范围为 0.0～1.0。调用 glClear(GL_DEPTH_BUFFER_BIT)就可以清除深度缓冲区，这时程序会使用默认值（通常为 1.0）填充深度缓冲区。

接下来，display()通过调用 glUseProgram()来启用着色器，在 GPU 上加载 GLSL 代码。回想一下，这并不会运行着色器程序，但会让后续的 OpenGL 调用能够确定着色器的顶点属性和统一变量位置。display()函数将获取统一变量位置，构建透视、视图矩阵和模型矩阵[①]，将视图矩阵和模型矩阵结合成单一的 MV 矩阵，并将透视矩阵和 MV 矩阵赋给相应的统一变量。在这里，值得注意的是对 translate()函数的 GLM 调用的形式：

```
vMat = glm::translate(glm::mat4(1.0f), glm::vec3(-cameraX, -cameraY, -cameraZ));
```

这个看起来有点儿"神秘"的调用，用从单位矩阵开始（使用 glm:: mat4(1.0f)构造函数）、以向量的形式指定变换值（使用 glm::vec3(x,y,z)构造函数）的方式构建了一个变换矩阵。许多

---

① 细心的读者可能会注意到，并不需要每次调用 display()时都构建透视矩阵，因为它的值不会改变。这在一部分情况下是正确的——如果用户在程序运行时调整窗口大小，则需要重新计算透视矩阵。在 4.11 节中，我们将更有效地处理这种情况，在此过程中，我们还会将透视矩阵的计算从 display()移到 init()。

GLM 变换操作都使用这种方式。

接下来，display()函数启用了包含立方体顶点数据的缓冲区，并将其附加到第 0 个顶点属性，以准备将顶点数据发送到着色器。

display()函数做的最后一件事是通过调用 glDrawArrays()来绘制模型。模型由三角形组成，共有 36 个顶点。对 glDrawArrays()的调用通常在其他调整这个模型的渲染设置的命令之前[①]。在这个例子中，有两个这样的命令，这两个命令都与深度测试相关。回忆一下第 2 章，OpenGL 测试深度，从而进行隐藏面消除。在这里，我们启用深度测试并指定希望 OpenGL 使用的特定深度测试方法。此处显示的设置对应第 2 章中的说明，在本书的后续内容中，我们将看到这些命令的其他用途。

最后，说一说着色器。请注意它们都包含相同的统一变量声明块。虽然并不总是一定要这样做，但在特定渲染程序中的所有着色器中包含相同的统一变量声明块通常是一种好习惯。

还要注意顶点着色器中传入的顶点属性的 position 变量上是否存在 layout 修饰符。由于它的位置被指定为"0"，因此 display()函数可以简单地通过在 glVertexAttribPointer()函数调用中（第一个参数）和在 glEnableVertexAttribArray()函数调用中使用 0 来引用此变量。请注意，position 顶点属性被声明为 vec3 类型，因此需要将其转换为 vec4 类型，以便与将要与它相乘的 4×4 矩阵兼容。这个转换是用 vec4(position,1.0)完成的，它以 position 为基础构建一个 vec4 类型变量，并在新添加的第四个点中放置值 1.0。

顶点着色器中的乘法将矩阵变换应用于顶点，将其转换为相机空间（请注意从右到左的计算顺序）。这些值被放入内置的 OpenGL 输出变量 gl_Position 中，然后继续通过管线，并由光栅着色器进行插值。

插值后的像素位置（称为片段）被发送到片段着色器（fragment shader）。回想一下，片段着色器的主要目的是设置输出像素的颜色。与顶点着色器的方式类似，片段着色器逐个处理像素，并对每个像素单独调用。在我们的例子中，它固定地输出对应红色的值。由于前面指出的原因，统一变量已包含在片段着色器中，即使它们在此例中并未被使用。

图 4.5 展示了从 C++/OpenGL 应用程序开始并通过管线的数据流概况。

让我们对着色器进行一些轻微的修改。特别地，我们将根据顶点的位置为每个顶点指定一种颜色，并将该颜色放在输出的顶点属性 varyingColor 中。同时，我们修改片段着色器以接收传入的颜色（由光栅着色器插值），并使用它来设置输出像素的颜色。请注意，代码中将位置坐标乘 1/2，然后加 1/2，以将取值区间从[-1, +1]转换为[0, 1]。此外，

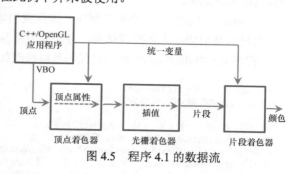

图 4.5 程序 4.1 的数据流

由程序员定义的插值顶点属性变量名称中通常包含单词"varying"，这是一种约定俗成的做法。修改的具体位置已突出显示。

修改后的顶点着色器如下：

```
#version 430

layout (location=0) in vec3 position;
```

[①] 通常，这些调用可以放在 init()而不是 display()中。但是，在绘制具有不同属性的多个对象时，必须将其中一个或多个放在 display()中。简单起见，我们总是将它们放在 display()中。

```
uniform mat4 mv_matrix;
uniform mat4 proj_matrix;

out vec4 varyingColor;

void main(void)
{   gl_Position = proj_matrix * mv_matrix * vec4(position,1.0);
    varyingColor = vec4(position,1.0) * 0.5 + vec4(0.5, 0.5, 0.5, 0.5);
}
```

修改后的片段着色器如下：

```
#version 430

in vec4 varyingColor;

out vec4 color;
uniform mat4 mv_matrix;
uniform mat4 proj_matrix;

void main(void)
{   color = varyingColor;
}
```

请注意，因为颜色是从顶点着色器的顶点属性 varyingColor 中发出的，所以它们也由光栅着色器进行插值！它的效果可以在图 4.6（见彩插）中看到，从一个角到另一个角的颜色在整个立方体中明显被平滑地插值了。

图 4.6   有插值颜色的立方体

另外，顶点着色器中的 out 变量 varyingColor 也是片段着色器中的 in 变量。两个着色器知道顶点着色器中的哪个变量为片段着色器中的哪个变量服务，因为它们在两个着色器中具有相同的名称：varyingColor。

由于 main()函数包含一个渲染循环，因此我们可以像在程序 2.6 中那样为我们的立方体设置动画，方法是使用基于时间变化的平移和旋转来构建模型矩阵。例如，程序 4.1 中 display()函数中的代码可以修改如下：

```
glClear(GL_DEPTH_BUFFER_BIT);
glClear(GL_COLOR_BUFFER_BIT);
...
// 使用当前时间来计算 x 轴、y 轴、z 轴坐标的不同变换
tMat = glm::translate(glm::mat4(1.0f),
    glm::vec3(sin(0.35f*currentTime)*2.0f, cos(0.52f*currentTime)*2.0f, sin(0.7f*currentTime)*2.0f));
rMat = glm::rotate(glm::mat4(1.0f), 1.75f*(float)currentTime, glm::vec3(0.0f, 1.0f, 0.0f));
rMat = glm::rotate(rMat, 1.75f*(float)currentTime, glm::vec3(1.0f, 0.0f, 0.0f));
rMat = glm::rotate(rMat, 1.75f*(float)currentTime, glm::vec3(0.0f, 0.0f, 1.0f));
// 用 1.75 来调整旋转速度

mMat = tMat * rMat;
```

在模型矩阵中使用当前时间值（及各种三角函数运算）会使立方体看起来在空间中翻滚。请注意，添加此动画说明了通过 display()清除深度缓冲区以确保正确进行隐藏面消除的重要性。清除颜色缓冲区同样重要，否则立方体会留下移动的轨迹。

translate()和 rotate()函数是 GLM 库的一部分。另外，请注意最后一行代码中的矩阵乘法——操作中 tMat 和 rMat 的顺序很重要。它计算的是两个变换的结合，平移矩阵放在左边，旋转矩阵放在

右边。当顶点与矩阵相乘时，计算从右到左进行，这意味着首先完成旋转，然后才是平移。变换的应用顺序很重要，改变顺序会导致不同的行为。图 4.7 显示了为立方体设置动画后显示的一些帧。

图 4.7　为 3D 立方体设置动画（看起来像在翻滚）

4.6　渲染一个对象的多个副本

现在将我们学到的知识扩展到渲染多个对象。在我们讨论在单个场景中渲染多种不同的模型的常见情况之前，让我们先考虑更简单的情形——同一模型多次出现。例如，假设我们希望扩展前面的示例，以便呈现"一群"（24 个）翻滚的立方体。我们可以将 display() 函数中用于构建 MV 矩阵并绘制立方体的代码移动到一个执行 24 次的循环中来完成此操作（已突出显示）。我们利用循环变量来计算立方体的旋转和平移参数，以便每次绘制立方体都构建不同的模型矩阵（我们还将相机放置在正 z 轴的下方，这样我们就可以看到所有的立方体）。图 4.8 显示了由此产生的动画场景中的一帧。

```
void display(GLFWwindow* window, double currentTime) {
    ...
    for (i=0; i<24; i++)
    {   tf = currentTime + i;      // tf == "time factor (时间因子)"，声明为浮点类型
        tMat = glm::translate(glm::mat4(1.0f), glm::vec3(sin(.35f*tf)*8.0f, cos(.52f*tf)*8.0f,
                                                                          sin(.70f*tf)*8.0f));
        rMat = glm::rotate(glm::mat4(1.0f), 1.75f*tf, glm::vec3(0.0f, 1.0f, 0.0f));
        rMat = glm::rotate(rMat, 1.75f*tf, glm::vec3(1.0f, 0.0f, 0.0f));
        rMat = glm::rotate(rMat, 1.75f*tf, glm::vec3(0.0f, 0.0f, 1.0f));
        mMat = tMat * rMat;
        mvMat = vMat * mMat;

        glUniformMatrix4fv(mvLoc, 1, GL_FALSE, glm::value_ptr(mvMat));
        glUniformMatrix4fv(projLoc, 1, GL_FALSE, glm::value_ptr(pMat));

        glBindBuffer(GL_ARRAY_BUFFER, vbo[0]);
        glVertexAttribPointer(0, 3, GL_FLOAT, GL_FALSE, 0, 0);
        glEnableVertexAttribArray(0);

        glEnable(GL_DEPTH_TEST);
        glDepthFunc(GL_LEQUAL);
        glDrawArrays(GL_TRIANGLES, 0, 36);
    }
}
```

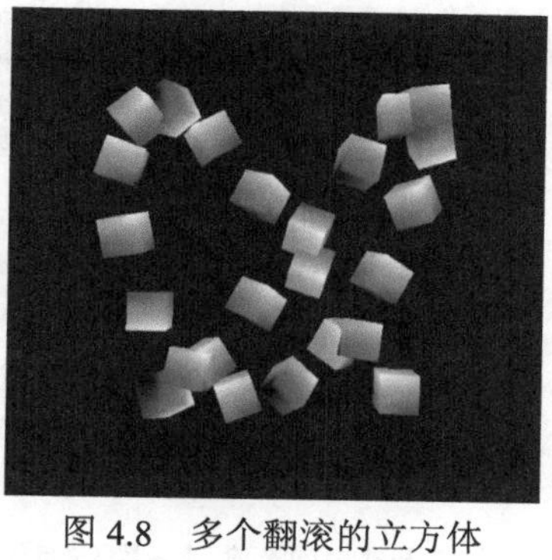

实例化

实例化（instancing）提供了一种机制，可以只用一个 C++/OpenGL 调用就告诉显卡渲染一个对象的多个副本。这可以带来显著的性能优势，特别是在绘制有数千甚至数百万个对象时，例如渲染在场地中的许多花朵。

图 4.8　多个翻滚的立方体

我们首先将 C++/OpenGL 应用程序中的 glDrawArrays()调用改为 glDrawArraysInstanced()。这样，我们就可以要求 OpenGL 绘制所需数量的副本。我们可以指定绘制如下 24 个立方体：

```
glDrawArraysInstanced(GL_TRIANGLES, 0, 36, 24);
```

在实例化时，顶点着色器可以访问内置变量 gl_InstanceID。这是一个整数，指向当前正在处理对象的实例的序号。

为了通过实例化来再现翻滚立方体的示例，我们需要将构建不同模型矩阵的计算过程移动到顶点着色器中（此前在 display()中的循环内实现）。由于 GLSL 不提供平移或旋转函数，并且我们无法从着色器内部调用 GLM，因此需要使用程序 3.1 中的工具函数。我们需要将 C++/OpenGL 应用程序中的"时间因子"通过统一变量传递给顶点着色器，还需要将视图矩阵传递到单独的统一变量中（因为旋转计算被移动到了顶点着色器中）。对代码的修改如程序 4.2 所示，其中包括 C++/OpenGL 应用程序中的修改和新的顶点着色器中的修改。

程序 4.2　实例化——24 个动画立方体

```
// 顶点着色器
#version 430
layout (location=0) in vec3 position;

uniform mat4 v_matrix;
uniform mat4 proj_matrix;
uniform float tf;                        // 用于动画和放置立方体的时间因子

out vec4 varyingColor;

mat4 buildRotateX(float rad);            // 矩阵变换工具函数的声明
mat4 buildRotateY(float rad);            // GLSL 要求函数先声明后调用
mat4 buildRotateZ(float rad);
mat4 buildTranslate(float x, float y, float z);

void main(void)
{   float i = gl_InstanceID + tf;        // 取值基于时间因子，但是对每个立方体示例也都是不同的
    float a = sin(2.0 * i) * 8.0;        // 这些是用来平移的 x、y、z 分量
    float b = sin(3.0 * i) * 8.0;
    float c = sin(4.0 * i) * 8.0;

    // 构建旋转和平移矩阵，将会应用于当前立方体的模型矩阵
    mat4 localRotX = buildRotateX(1000*i);
    mat4 localRotY = buildRotateY(1000*i);
    mat4 localRotZ = buildRotateZ(1000*i);
    mat4 localTrans = buildTranslate(a,b,c);

    // 构建模型矩阵，然后构建 MV 矩阵
    mat4 newM_matrix = localTrans * localRotX * localRotY * localRotZ;
    mat4 mv_matrix = v_matrix * newM_matrix;

    gl_Position = proj_matrix * mv_matrix * vec4(position,1.0);
    varyingColor = vec4(position,1.0) * 0.5 + vec4(0.5, 0.5, 0.5, 0.5);
}

// 构建平移矩阵的工具函数（来自第 3 章）
mat4 buildTranslate(float x, float y, float z)
{ mat4 trans = mat4(1.0, 0.0, 0.0, 0.0,
                    0.0, 1.0, 0.0, 0.0,
```

```
                     0.0, 0.0, 1.0, 0.0,
                     x, y, z, 1.0 );
     return trans;
   }

   // 用来绕 x 轴、y 轴、z 轴旋转的类似函数（也来自第 3 章）
   ...


   // C++/OpenGL 应用程序（在 display() 函数中）
     ...
     // 构建（和变换）mMat 的计算被移动到顶点着色器中去了
     // 在 C++ 应用程序中不再需要构建 MV 矩阵
   glUniformMatrix4fv(vLoc, 1, GL_FALSE, glm::value_ptr(vMat));    // 着色器需要视图矩阵
   timeFactor = ((float)currentTime);                              // 统一时间因子信息
   tfLoc = glGetUniformLocation(renderingProgram, "tf");
   glUniform1f(tfLoc, (float)timeFactor);
     ...
   glDrawArraysInstanced(GL_TRIANGLES, 0, 36, 24);
```

程序 4.2 的输出结果与前一个示例相同，可以在图 4.8 中看到。

实例化让我们可以极大地扩展对象的副本数量。在这个例子中，即使对于很普通的 GPU，实现 100000 个立方体的动画仍然是可行的。对代码的修改主要是对一些常量的修改，用于将大量立方体进一步分散开，如下所示：

```
   // 顶点着色器如下
   ...
   float a = sin(203.0 * i/8000.0) * 403.0;
   float b = cos(301.0 * i/4001.0) * 401.0;
   float c = sin(400.0 * i/6003.0) * 405.0;
   ...

   // C++/OpenGL 应用程序如下

   ...
   cameraZ = 420.0f; // 将相机沿着 z 轴再移远一些，以看到更多的立方体
   ...
   glDrawArraysInstanced(GL_TRIANGLES, 0, 36, 100000);
```

图 4.9　实例化 100000 个动画立方体

输出结果如图 4.9 所示。

4.7　在同一个场景中渲染多个不同模型

要在单个场景中渲染多个模型，一种简单的方法是为每个模型使用单独的缓冲区。每个模型都需要自己的模型矩阵，这样我们就需要为我们渲染的每个模型生成一个新的 MV 矩阵，并且为每个模型单独调用 glDrawArrays()。因此，我们需要修改 init() 和 display() 函数。

另一个需要考虑的因素是我们是否需要为想要绘制的每个对象使用不同的着色器或不同的渲染程序。事实证明，在许多情况下，我们可以使用相同的着色器（以及相同的渲染程序）。只有当它们由不同的图元（例如线而不是三角形）组成，或者涉及复杂的照明或其他效果的时候，我们才需要为不同对象使用不同的渲染程序。目前并没有这么复杂，因此我们可以复用相同的顶点和片段着色器，而只修改 C++/OpenGL 应用程序，以在调用 display() 时将各个模型发送给管线。

让我们添加一个简单的四棱锥，这样我们的场景就包括一个立方体和一个四棱锥。程序 4.3

中显示了对代码的相关修改。我们突出显示了一些关键细节，例如指定使用哪个缓冲区，以及指定模型中包含的顶点数。注意，四棱锥由 6 个三角形组成——侧面 4 个，底面 2 个，总共有 6×3=18 个顶点。

包含立方体和四棱锥的场景显示结果如图 4.10 所示。

程序 4.3 立方体和四棱锥

```
void setupVertices() {
    float cubePositions[108] =
    { -1.0f, 1.0f, -1.0f, -1.0f, -1.0f, -1.0f, 1.0f, -1.0f, -1.0f,
      1.0f, -1.0f, -1.0f, 1.0f, 1.0f, -1.0f, -1.0f, 1.0f, -1.0f,
              // 立方体顶点的数据和以前一样
    };

    // 四棱锥有 18 个顶点，由 6 个三角形组成（侧面 4 个，底面 2 个）
    float pyramidPositions[54] =
    { -1.0f, -1.0f, 1.0f, 1.0f, -1.0f, 1.0f, 0.0f, 1.0f, 0.0f,    // 前面
      1.0f, -1.0f, 1.0f, 1.0f, -1.0f, -1.0f, 0.0f, 1.0f, 0.0f,    // 右面
      1.0f, -1.0f, -1.0f, -1.0f, -1.0f, -1.0f, 0.0f, 1.0f, 0.0f,   // 后面
      -1.0f, -1.0f, -1.0f, -1.0f, -1.0f, 1.0f, 0.0f, 1.0f, 0.0f,   // 左面
      -1.0f, -1.0f, -1.0f, 1.0f, -1.0f, 1.0f, -1.0f, -1.0f, 1.0f,  // 底面左前
      1.0f, -1.0f, 1.0f, -1.0f, -1.0f, -1.0f, 1.0f, -1.0f, -1.0f   // 底面右后
    };
    glGenVertexArrays(numVAOs, vao); // 我们需要至少 1 个 VAO
    glBindVertexArray(vao[0]);
    glGenBuffers(numVBOs, vbo); // 我们需要至少 2 个 VBO

    glBindBuffer(GL_ARRAY_BUFFER, vbo[0]);
    glBufferData(GL_ARRAY_BUFFER, sizeof(cubePositions), cubePositions, GL_STATIC_DRAW);

    glBindBuffer(GL_ARRAY_BUFFER, vbo[1]);
    glBufferData(GL_ARRAY_BUFFER, sizeof(pyramidPositions), pyramidPositions, GL_STATIC_DRAW);
}

void display(GLFWwindow* window, double currentTime) {
    ...
    // 像之前一样清除颜色和深度缓冲区（此处省略）
    // 像之前一样使用渲染程序并获取统一变量位置（此处省略）
    // 像之前一样计算投影矩阵（此处省略）
    ...

    // 只计算一次视图矩阵，用于两个对象

    vMat = glm::translate(glm::mat4(1.0f), glm::vec3(-cameraX, -cameraY, -cameraZ));

    // 绘制立方体（使用 0 号缓冲区）

    mMat = glm::translate(glm::mat4(1.0f), glm::vec3(cubeLocX, cubeLocY, cubeLocZ));
    mvMat = vMat * mMat;

    glUniformMatrix4fv(mvLoc, 1, GL_FALSE, glm::value_ptr(mvMat));
    glUniformMatrix4fv(projLoc, 1, GL_FALSE, glm::value_ptr(pMat));

    glBindBuffer(GL_ARRAY_BUFFER, vbo[0]);
    glVertexAttribPointer(0, 3, GL_FLOAT, GL_FALSE, 0, 0);
    glEnableVertexAttribArray(0);

    glEnable(GL_DEPTH_TEST);
    glDepthFunc(GL_LEQUAL);
    glDrawArrays(GL_TRIANGLES, 0, 36);
```

// 绘制四棱锥（使用 1 号缓冲区）

```
mMat = glm::translate(glm::mat4(1.0f), glm::vec3(pyrLocX, pyrLocY, pyrLocZ));
mvMat = vMat * mMat;

glUniformMatrix4fv(mvLoc, 1, GL_FALSE, glm::value_ptr(mvMat));
glUniformMatrix4fv(projLoc, 1, GL_FALSE, glm::value_ptr(pMat));

glBindBuffer(GL_ARRAY_BUFFER, vbo[1]);
glVertexAttribPointer(0, 3, GL_FLOAT, GL_FALSE, 0, 0);
glEnableVertexAttribArray(0);

glEnable(GL_DEPTH_TEST);
glDepthFunc(GL_LEQUAL);
glDrawArrays(GL_TRIANGLES, 0, 18);
}
```

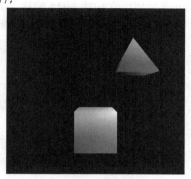

图 4.10　3D 立方体和四棱锥

关于程序 4.3 的其他一些值得注意的小细节如下。

● 需要声明变量 pyrLocX、pyrLocY 和 pyrLocZ，然后在 init() 中将它们初始化为所需的四棱锥的位置，就像对立方体位置所做的那样。

● 在 display() 的开始构建视图矩阵 vMat，在立方体和四棱锥的 MV 矩阵中都会用到该矩阵。

● 顶点和片段着色器代码被省略了——它们和 4.5 节中的一样。

4.8　矩阵栈

到目前为止，我们渲染的模型都是由一组顶点构成的。然而，实际上我们通常希望通过组装较小的简单模型来构建复杂的模型。例如，可以通过分别绘制头部、身体、腿部和手臂来创建"机器人"模型，其中每个部件都是一个单独的模型。以这种方式构建的对象通常称为分层模型。构建分层模型的棘手部分是跟踪所有 MV 矩阵并确保它们完美协调——否则机器人可能会散成几块！

分层模型不仅可用于构建复杂对象，还可用于生成复杂场景。例如，考虑一下地球围绕太阳旋转和月球围绕地球旋转的方式[HT12,NA16]。这样的场景如图 4.11[1]所示。计算月球在太空中的实际路径可能很复杂。然而，我们如果能够组合代表两条简单圆形路径的变换——月球围绕地球旋转的路径和地球围绕太阳旋转的路径，就能避免直接计算月球的轨迹。

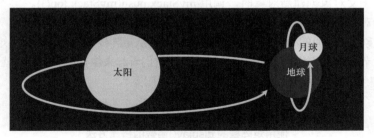

图 4.11　行星系统动画

事实证明，我们可以使用矩阵栈轻松地完成此操作。顾名思义，矩阵栈是指变换矩阵的栈。

---

① 是的，我们知道月球并不沿着这种"垂直"轨道绕地球旋转，它的真实轨道几乎与围绕地球绕太阳旋转的面共面。我们选择这个轨道以使我们的程序执行起来更容易理解。

正如我们将看到的，矩阵栈使得创建和管理复杂的分层对象和场景变得容易，也使得变换可以构建在其他变换之上（或者从其他变换中被移除）。

OpenGL 有一个内置的矩阵栈，但作为旧的固定功能（非可编程）管线的一部分，它早已被弃用[OL16]。但是，C++标准模板库（Standard Template Library，STL）中有一个名为 stack 的类，可通过使用它构建 mat4 的栈，并将其相对简单、直接地当作矩阵栈使用。正如我们将看到的，复杂场景中通常需要的许多模型、视图和 MV 矩阵都可以替换为单个 stack<glm::mat4>实例。

我们将首先检查实例化和使用栈的基本命令，然后使用一个栈来构建复杂的动画场景。通过以下方法使用 stack 类。

- push()：在栈顶部创建一个新的条目。我们通常会把目前在栈顶部的矩阵复制一份，并和其他的变换结合，然后利用这个命令把新的矩阵副本压入栈。
- pop()：移除（并返回）最顶部的矩阵。
- top()：在不移除的情况下，返回栈最顶部矩阵的引用。
- <stack>.top()*= rotate(构建旋转矩阵的参数)
- <stack>.top()*= scale(构建缩放矩阵的参数) ⎫ 直接对栈顶部
- <stack>.top()*= translate(构建平移矩阵的参数) ⎭ 的矩阵应用变换。

如前文所示，"*="运算符在 mat4 中被重载，因此可以用于连接矩阵。因此，我们通常将它用于向矩阵栈顶部的矩阵添加平移、旋转等操作。

现在，我们不再通过创建 mat4 的实例来构建变换，而是使用 push()命令在栈顶部创建新的矩阵。然后根据需要将期望的变换应用于栈顶部的新创建的矩阵。

压入栈的第一个矩阵通常是视图矩阵。它上面的矩阵是复杂程度越来越高的 MV 矩阵，也就是说，它们应用了越来越多的模型变换。这些变换既可以直接应用，也可以先结合其他矩阵再应用。

在我们的太阳系示例中，位于视图矩阵上方的矩阵是太阳的 MV 矩阵。再向上是地球的 MV 矩阵，其由太阳的 MV 矩阵的副本和应用于其之上的地球模型矩阵变换组成。也就是说，地球的 MV 矩阵是通过将地球的变换结合到太阳的变换中而建立的。同样，月球的 MV 矩阵位于地球的 MV 矩阵之上，并通过将月球的模型矩阵变换应用于紧邻其下方的地球的 MV 矩阵来构建。

在渲染月球之后，可以通过从栈中弹出第一个月球的矩阵（将栈顶部的矩阵恢复为地球的 MV 矩阵），然后重复月球的变换过程，来渲染第二个月球。

基本方法如下。

（1）声明栈，命名为 mvStack。

（2）当相对于父对象创建新对象时，调用 mvStack.push(mvStack.top())。

（3）应用新对象所需的变换，也就是与所需的变换矩阵相乘。

（4）完成对象或子对象的绘制后，调用 mvStack.pop()从矩阵栈顶部移除其 MV 矩阵。

在后面的章节中，我们将学习如何创建球体并使它们看起来像行星和卫星。就目前而言，简单起见，我们将使用四棱锥和几个立方体构建一个"太阳系"。

表 4.1 概述了使用矩阵栈的 display()函数的搭建方法。

表 4.1　　　　　　　　　　使用矩阵栈的 display()函数的搭建方法

层级	操作
配置	实例化矩阵栈
相机	● 将新矩阵压入栈（这将实例化一个空的视图矩阵）； ● 将变换应用于栈顶部的视图矩阵

续表

层级	操作
父对象	● 将新矩阵压入栈（成为父 MV 矩阵；对于第一个父对象，则直接复制视图矩阵）； ● 应用变换，将父对象的模型矩阵和复制的视图矩阵结合； ● 发送最顶层的矩阵（即对顶点着色器中的 MV 矩阵统一变量使用 glm::value_ptr()）； ● 绘制父对象
子对象	● 将新矩阵压入栈。这将是子对象的 MV 矩阵，最初直接复制一份父对象的 MV 矩阵； ● 应用变换，将子对象的模型矩阵和复制的父 MV 矩阵结合； ● 发送最顶层的矩阵（即对顶点着色器中的 MV 矩阵统一变量使用 glm:: value_ptr()）； ● 绘制子对象
清理	● 将子对象的 MV 矩阵弹出栈； ● 将父对象的 MV 矩阵弹出栈； ● 将视图矩阵弹出栈

请注意，太阳的自转在它自己的局部坐标空间中进行，不应影响"子对象"（此处的地球和月球）。因此，太阳的旋转（如图 4.12 所示）被推到栈上，但是在绘制太阳之后，它必须被从栈中移除（弹出）。

地球的公转［如图 4.13（左）所示］将影响月球的运动，因此被压入栈并在绘制月球时保持在那里。相比之下，它的自转［如图 4.13（右）所示］是局部的，不会影响月球，因此在绘制月球之前需要从栈中弹出。

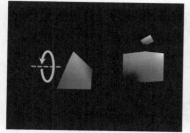
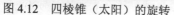
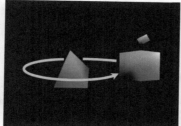
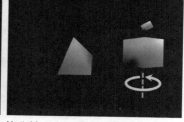

图 4.12　四棱锥（太阳）的旋转　　　图 4.13　大立方体（地球）的公转（左）和自转（右）

类似地，我们会将变换矩阵压入栈以实现月球的旋转（包含公转和自转），如图 4.14 所示。

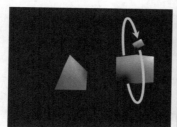
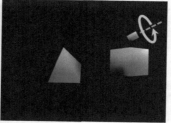

图 4.14　小立方体（月球）的旋转

以下是针对地球的代码顺序。

● push() 压入地球的 MV 矩阵中会影响子对象的部分。
● translate() 将地球运动结合到地球的 MV 矩阵中。在这个例子中，我们使用三角函数来计算地球运动中的平移部分。

- push()压入地球的完整 MV 矩阵，也包括它的自转。
- rotate()结合地球的轴旋转（稍后会弹出，不会影响子对象）。
- glm::value_ptr(mvStack.top())获取 MV 矩阵，然后将其发送到 MV 统一变量。
- 绘制地球。
- pop()将地球的 MV 矩阵从栈中移除，暴露出它下面的地球 MV 矩阵早期副本，而该副本不包括地球的自转（因此只有地球的平移会影响月球）。

现在我们可以编写完整的 display()函数，如程序 4.4 所示。

程序 4.4   使用矩阵栈的简单太阳系

```
stack<glm::mat4> mvStack;
void display(GLFWwindow* window, double currentTime) {
    // 配置背景、深度缓冲区、渲染程序，以及和原来一样的投影矩阵
    ...
    // 将视图矩阵压入栈
    vMat = glm::translate(glm::mat4(1.0f), glm::vec3(-cameraX, -cameraY, -cameraZ));
    mvStack.push(vMat);

    // ---------------------- 四棱锥 == 太阳 ------------------------------------------
    mvStack.push(mvStack.top());
    mvStack.top()  *= glm::translate(glm::mat4(1.0f), glm::vec3(0.0f, 0.0f, 0.0f)); // 太阳位置
    mvStack.push(mvStack.top());
    mvStack.top()  *= glm::rotate(glm::mat4(1.0f), (float)currentTime, glm::vec3(1.0f, 0.0f, 0.0f));
                                                                        // 太阳旋转

    glUniformMatrix4fv(mvLoc, 1, GL_FALSE, glm::value_ptr(mvStack.top()));
    glBindBuffer(GL_ARRAY_BUFFER, vbo[1]);
    glVertexAttribPointer(0, 3, GL_FLOAT, GL_FALSE, 0, 0);
    glEnableVertexAttribArray(0);
    glEnable(GL_DEPTH_TEST);
    glEnable(GL_LEQUAL);
    glDrawArrays(GL_TRIANGLES, 0, 18);         // 绘制太阳
    mvStack.pop();                             // 从栈中移除太阳的自转

    //----------------------- 大立方体 == 地球 -----------------------------------------
    mvStack.push(mvStack.top());
    mvStack.top() *=
      glm::translate(glm::mat4(1.0f), glm::vec3(sin((float)currentTime)*4.0, 0.0f, cos((float)
          currentTime)*4.0));
    mvStack.push(mvStack.top());
    mvStack.top() *= glm::rotate(glm::mat4(1.0f), (float)currentTime, glm::vec3(0.0, 1.0, 0.0));
                                                                        // 地球旋转

    glUniformMatrix4fv(mvLoc, 1, GL_FALSE, glm::value_ptr(mvStack.top()));
    glBindBuffer(GL_ARRAY_BUFFER, vbo[0]);
    glVertexAttribPointer(0, 3, GL_FLOAT, GL_FALSE, 0, 0);
    glEnableVertexAttribArray(0);
    glDrawArrays(GL_TRIANGLES, 0, 36);          // 绘制地球
    mvStack.pop();                              // 从栈中移除地球的自转

    //----------------------- 小立方体 == 月球 ------------------------------------
    mvStack.push(mvStack.top());
    mvStack.top() *=
      glm::translate(glm::mat4(1.0f), glm::vec3(0.0f, sin((float)currentTime)*2.0,
                                                cos((float)currentTime)*2.0));
    mvStack.top() *= glm::rotate(glm::mat4(1.0f), (float)currentTime, glm::vec3(0.0, 0.0, 1.0));
                                                              // 月球旋转
    mvStack.top() *= glm::scale(glm::mat4(1.0f), glm::vec3(0.25f, 0.25f, 0.25f)); // 让月球小一些
    glUniformMatrix4fv(mvLoc, 1, GL_FALSE, glm::value_ptr(mvStack.top()));
    glBindBuffer(GL_ARRAY_BUFFER, vbo[0]);
    glVertexAttribPointer(0, 3, GL_FLOAT, GL_FALSE, 0, 0);
    glEnableVertexAttribArray(0);
    glDrawArrays(GL_TRIANGLES, 0, 36);                  // 绘制月球
```

```
// 从栈中移除月球缩放、旋转、位置矩阵, 地球位置矩阵, 太阳位置矩阵和视图矩阵
mvStack.pop(); mvStack.pop(); mvStack.pop(); mvStack.pop();
}
```

矩阵栈操作已突出显示。有几个值得注意的细节如下所示。

- 我们在模型矩阵中引入了缩放操作。我们希望月球比地球更小,所以在为月球构建 MV 矩阵时调用了 scale()。
- 在这个例子中,我们使用三角函数 sin() 和 cos() 来计算地球和月球的公转(以平移的方式)。
- 两个缓冲区 0 和 1 分别包含立方体和四棱锥的顶点。
- 注意在 glUniformMatrix4fv() 命令中调用的 glm::value_ptr(mvStack.top()) 函数。这个调用获取了栈顶部矩阵中的值,然后将这些值发送到统一变量(在本例中为太阳、地球以及月球的 MV 矩阵)。

此处省略顶点和片段着色器代码——它们与前一个示例相同。我们还移动了四棱锥(太阳)和相机的初始位置,以使场景在屏幕上居中。

4.9 应对"Z冲突"伪影

回想一下,在渲染多个对象时,OpenGL 使用 Z-buffer 算法(如图 2.14 所示)来进行隐藏面消除。通常情况下,通过选择最接近相机的相应片段的颜色作为像素的颜色,这种方法可决定哪些物体的曲面可见并呈现到屏幕,而位于其他物体后面的曲面不应该被渲染。

然而,有时候场景中的两个物体表面重叠并位于重合的平面中,这使得深度缓冲区算法难以确定应该渲染两个表面中的哪一个(因为两者都不"最接近"相机)。发生这种情况时,浮点舍入误差可能会导致渲染表面的某些部分使用其中一个对象的颜色,而其他部分则使用另一个对象的颜色。这种不自然的伪影称为 Z 冲突(Z-fighting)或深度冲突(depth-fighting),是渲染的片段在深度缓冲区中相互对应的像素条目上"斗争"的结果。图 4.15 显示了两个具有重叠(顶)面的盒子之间的 Z 冲突示例。

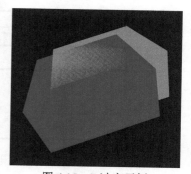

图 4.15 Z 冲突示例

创建地形或阴影时经常会出现这种情况。在这种情况下,有时 Z 冲突是可以预知的,并且校正它的常用方法是稍微移动一个物体,使得表面不再共面。我们将在第 8 章中看到这样的例子。

Z 冲突出现的原因还可能是深度缓冲区中的值的精度有限。对于由 Z-buffer 算法处理的每个像素,其深度信息的精度受深度缓冲区中可存储的位数限制。用于构建透视矩阵的近、远剪裁平面之间的距离越远,具有相似(但不相等)的实际深度的两个对象的点在深度缓冲区中的数值表示越可能相同。因此,程序员可以选择适当的近、远剪裁平面值来最小化两个平面之间的距离,同时仍然确保场景必需的所有对象都位于视锥内。

同样重要的是,由于透视变换的影响,改变近剪裁平面值可能比对远剪裁平面进行等效变化对于 Z 冲突伪影具有更大的影响。因此,建议避免选择太靠近相机的近剪裁平面。

本书前面的例子只是简单地(在我们对 perspective() 的调用中)使用了 0.1 和 1000 作为近、远剪裁平面的坐标值。这些值可能需要针对你的场景进行调整。

4.10 图元的其他选项

OpenGL 支持许多图元类型，到目前为止我们已经看到了两个：GL_TRIANGLES 和 GL_POINTS。事实上，还有几个其他的选择。OpenGL 支持的所有可用图元类型都属于三角形、线、点或者补丁这几类。图 4.16 是一个完整的清单。

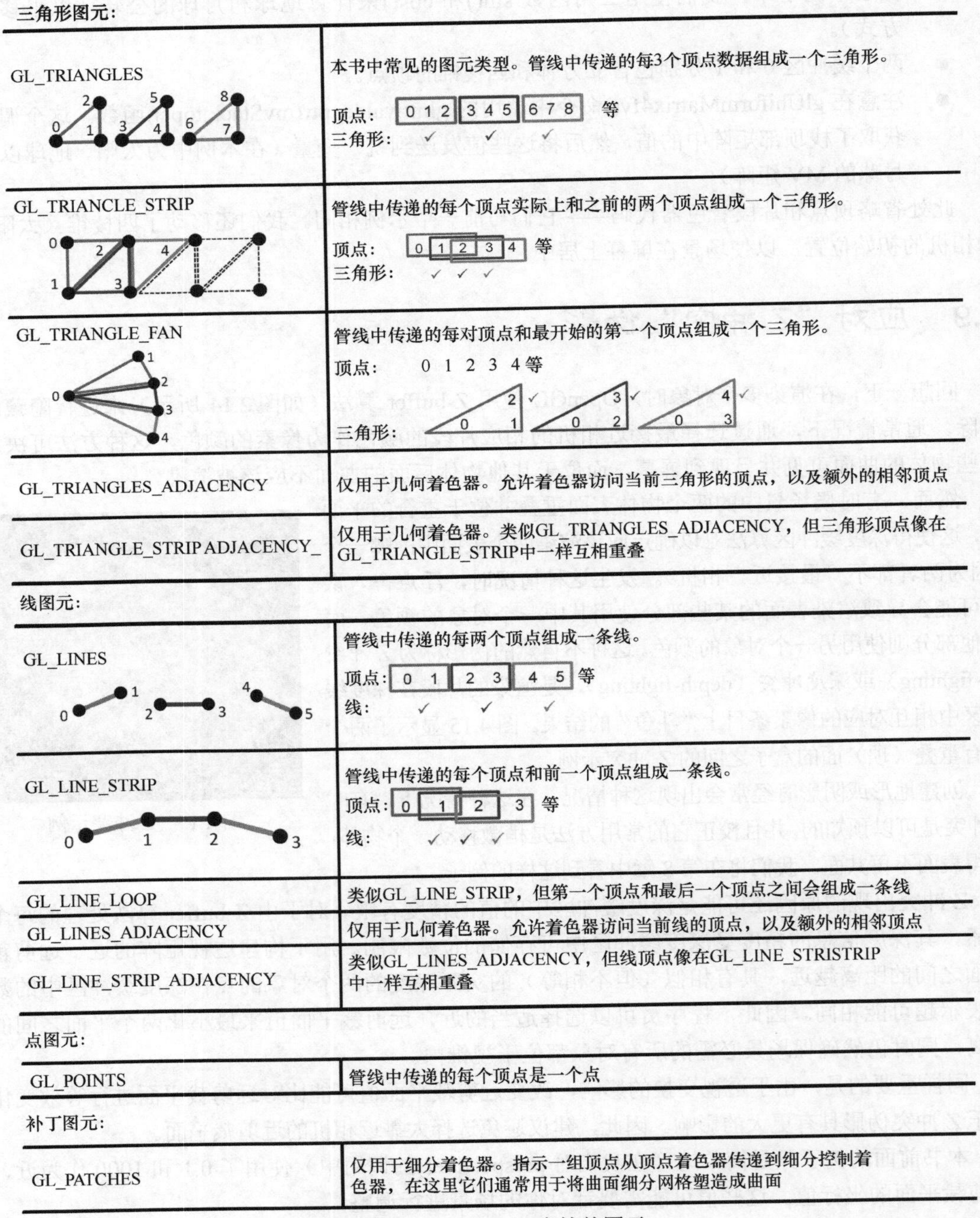

三角形图元：

GL_TRIANGLES	本书中常见的图元类型。管线中传递的每3个顶点数据组成一个三角形。
	顶点： `0 1 2` `3 4 5` `6 7 8` 等 三角形： ✓ ✓ ✓
GL_TRIANGLE_STRIP	管线中传递的每个顶点实际上和之前的两个顶点组成一个三角形。
	顶点： `0 1 2 3 4` 等 三角形： ✓ ✓ ✓
GL_TRIANGLE_FAN	管线中传递的每对顶点和最开始的第一个顶点组成一个三角形。
	顶点： 0 1 2 3 4 等 三角形： ✓ ✓ ✓
GL_TRIANGLES_ADJACENCY	仅用于几何着色器。允许着色器访问当前三角形的顶点，以及额外的相邻顶点
GL_TRIANGLE_STRIP ADJACENCY_	仅用于几何着色器。类似GL_TRIANGLES_ADJACENCY，但三角形顶点像在GL_TRIANGLE_STRIP中一样互相重叠

线图元：

GL_LINES	管线中传递的每两个顶点组成一条线。
	顶点： `0 1` `2 3` `4 5` 等 线： ✓ ✓ ✓
GL_LINE_STRIP	管线中传递的每个顶点和前一个顶点组成一条线。
	顶点： `0 1 2 3` 等 线： ✓ ✓ ✓
GL_LINE_LOOP	类似GL_LINE_STRIP，但第一个顶点和最后一个顶点之间会组成一条线
GL_LINES_ADJACENCY	仅用于几何着色器。允许着色器访问当前线的顶点，以及额外的相邻顶点
GL_LINE_STRIP_ADJACENCY	类似GL_LINES_ADJACENCY，但线顶点像在GL_LINE_STRISTRIP中一样互相重叠

点图元：

GL_POINTS	管线中传递的每个顶点是一个点

补丁图元：

GL_PATCHES	仅用于细分着色器。指示一组顶点从顶点着色器传递到细分控制着色器，在这里它们通常用于将曲面细分网格塑造成曲面

图 4.16　OpenGL 支持的图元

4.11 性能优先的编程方法

随着 3D 场景的复杂性增加，我们将越来越关注性能。我们已经看到一些这样的例子：为了速度做出一些编程上的决策，例如使用实例化或将"昂贵"的计算转移到着色器。

实际上，我们展示的代码已经包含一些我们尚未讨论的其他优化。我们现在来探索这些优化和其他重要技术。

4.11.1 尽量减少动态内存空间分配

考虑到性能，我们的 C++代码的最关键部分显然是 display()函数。这是在任何动画或实时渲染过程中都被重复调用的函数，因此在此函数中（或在它调用的任何函数中）必须努力实现最高的效率。

将 display()函数的开销保持在最低限度的一个重要方法是避免任何需要内存分配的步骤。因此，明显要避免的步骤包括：

- 实例化对象；
- 声明变量。

回顾我们迄今为止开发的程序，可以观察到，我们实际上在调用 display()函数之前就已经声明了 display()函数中使用到的每个变量，并分配了相应的空间。声明或实例化几乎从不出现在 display()函数中。例如，程序 4.1 包含以下代码块：

```
// 分配在 display()函数中使用的变量空间，这样它们就不必在渲染过程中分配
GLuint mvLoc, projLoc;
int width, height;
float aspect;
glm::mat4 pMat, vMat, mMat, mvMat;
```

请注意，我们故意在代码块的顶部放置了一个注释，说明这些变量是预先分配的，以便稍后在 display()函数中使用（尽管我们到现在才明确地指出这一点）。

在我们的矩阵栈示例中发生了一个未预先分配的变量的情况。使用 C++栈类，每次"压入"操作都会导致动态内存分配。有趣的是，在 Java 中，JOML 库提供了一个与 OpenGL 一起使用的 MatrixStack 类，允许为矩阵栈预先分配空间！我们会在本书的 Java 版中使用到它。

还有其他更微妙的例子。例如，将数据从一种类型转换为另一种类型的函数调用在某些情况下可能会实例化并返回新转换的数据。因此，理解 display()调用的任何库函数的行为非常重要。数学库 GLM 并没有专门针对速度进行优化设计，导致一些操作可能引起动态内存分配。如果有可能，我们会尽量使用直接在已经分配了空间的变量上操作的 GLM 函数。我们鼓励读者在对性能要求很高的情况下探索替代方法。

4.11.2 预先计算透视矩阵

可以减少 display()函数开销的另一个优化是将透视矩阵的计算移动到 init()函数中。我们在 4.5 节中提到了这种可能性（在脚注中）。虽然这很容易做到，但可能会有一个小小的复杂情况。虽然通常并不需要重新计算透视矩阵，但是如果运行应用程序的用户调整窗口大小（例如通过拖动窗

口的角落），则重新计算就是必要的。

　　幸运的是，GLFW 可以配置在调整窗口大小时自动回调指定的函数。在调用 init()之前，我们将以下内容添加到 main()：

```
glfwSetWindowSizeCallback(window, window_reshape_callback);
```

　　其中第一个参数是 GLFW 窗口，第二个参数是 GLFW 在调整窗口大小时调用的函数的名称。然后，我们将计算透视矩阵的代码移动到init()中，同时将其复制到名为window_reshape_ callback()的新函数中。

　　在程序 4.1 的例子中，如果我们重新组织代码，从 display()中删除计算透视矩阵的代码，那么 main()、init()、display()和新函数 window_reshape_callback()修改后的版本将如下所示：

```
void init(GLFWwindow* window) {
    ...
    // 在之前版本的基础上加上以下 3 行代码
    glfwGetFramebufferSize(window, &width, &height);
    aspect = (float)width / (float)height;
    pMat = glm::perspective(1.0472f, aspect, 0.1f, 1000.0f);       // 1.0472 radians = 60 degrees
}

void display(GLFWwindow* window, double currentTime) {
    ...
    // 在之前版本的基础上移除以下几行代码
    // build perspective matrix
    glfwGetFramebufferSize(window, &width, &height);
    aspect = (float)width / (float)height;
    pMat = glm::perspective(1.0472f, aspect, 0.1f, 1000.0f);
    // 函数余下部分没有变化
    ...
}

void window_reshape_callback(GLFWwindow* window, int newWidth, int newHeight) {
    aspect = (float)newWidth / (float)newHeight;       // 回调提供的新的宽度、高度
    glViewport(0, 0, newWidth, newHeight);             // 设置和帧缓冲区相关的屏幕区域
    pMat = glm::perspective(1.0472f, aspect, 0.1f, 1000.0f);
}

int main(void) {
    ...
    // 在之前版本的基础上加上以下调用
    glfwSetWindowSizeCallback(window, window_reshape_callback);
    init(window)
    while (!glfwWindowShouldClose(window)) {
        // 余下部分和以前一样
    }
```

　　从程序 4.1 的颜色插值版本开始，本书配套资源中的程序中与透视矩阵计算有关的实现都是以这种方式组织的。

4.11.3　背面剔除

　　提高渲染效率的另一种方法是利用 OpenGL 的背面剔除能力。当 3D 模型完全"闭合"时，意味着内部永远不可见（例如对于立方体和四棱锥），那么外表面的那些与观察者背离且呈一定角度的部分将始终被同一模型的其他部分遮挡。也就是说，那些背离观察者的三角形不

可能被看到（无论如何它们都会在隐藏面消除的过程中被覆盖），因此没有理由栅格化或渲染它们。

我们可以使用命令 glEnable(GL_CULL_FACE)要求 OpenGL 识别并"剔除"（不渲染）背向的三角形。我们还可以使用 glDisable(GL_CULL_FACE)禁用背面剔除。默认情况下，背面剔除是关闭的，因此如果你希望 OpenGL 剔除背向三角形，必须手动启用它。

启用背面剔除时，默认情况下，三角形只有朝前时才会被渲染。此外，默认情况下，从 OpenGL 相机的角度看，如果三角形的 3 个顶点是以逆时针顺序排列的（基于它们在缓冲区中定义的顺序），则三角形被视为朝前；顶点沿顺时针方向排列的三角形是朝后的，不会被渲染。这种定义"前向"的顶点顺序有时被称为缠绕顺序，可以使用 glFrontFace(GL_CCW)显式设置逆时针为正向（默认如此），或使用 glFrontFace(GL_CW)设置顺时针为正向。类似地，也可以显式设置是否渲染正向或背向的三角形。实际上，为了达到这个目的，我们指定哪些三角形不被渲染，即哪些三角形被"剔除"。我们可以通过调用 glCullFace(GL_BACK)指定背向的三角形被剔除（尽管这是不必要的，因为它是默认的），或者通过用 GL_FRONT 和 GL_FRONT_AND_BACK 替换参数 GL_BACK 来分别指定剔除前向三角形和所有三角形。

正如我们将在第 6 章中看到的那样，3D 模型通常被设计成外表面由相同缠绕顺序的三角形构成。如果启用剔除，则默认情况下模型的外部面向相机的表面部分会被渲染，因为默认情况下 OpenGL 假定的缠绕顺序是逆时针方向；如果模型设计缠绕顺序为顺时针方向，那么如果启用了背面剔除，需要由程序员调用 gl_FrontFace (GL_CW)来解决剔除部分不正确的问题。

注意，在 GL_TRIANGLE_STRIP 的情况下，每个三角形的缠绕顺序不停地互换。OpenGL 通过在连续构建三角形时不断"颠倒"顶点顺序来补偿这一点，如依次使用 0-1-2、2-1-3、2-3-4、4-3-5、4-5-6 等顶点组合构建三角形。

背面剔除通过确保 OpenGL 不花时间栅格化和渲染从不被看到的表面来提高性能。我们在本章中看到的大多数示例都非常小，以至于没有必要进行背面剔除（图 4.9 中展示了一个例外，其中包含 100000 个多边形动画实例，可能会对某些系统造成性能挑战）。在实践中，大多数 3D 模型通常是"闭合的"，因此习惯上会常规地启用背面剔除。例如，我们可以通过修改 display()函数向程序 4.3 添加背面剔除：

```
void display(GLFWwindow* window, double currentTime) {
    ...
    glEnable(GL_CULL_FACE);

    // 绘制立方体
    ...
    glEnable(GL_DEPTH_TEST);
    glDepthFunc(GL_LEQUAL);
    glFrontFace(GL_CW);                // 立方体顶点的缠绕顺序为顺时针方向
    glDrawArrays(GL_TRIANGLES, 0, 36);

    // 绘制四棱锥
    ...
    glEnable(GL_DEPTH_TEST);
    glDepthFunc(GL_LEQUAL);
    glFrontFace(GL_CCW);               // 四棱锥顶点缠绕顺序为逆时针方向
    glDrawArrays(GL_TRIANGLES, 0, 18);
}
```

使用背面剔除时，正确设置缠绕顺序非常重要。不正确的设置，例如在应该设置 GL_CCW 时设置成了 GL_CW，可能会导致渲染出对象的内部而不是其外部，这就会产生类似于不正确的透视矩阵导致的失真。

提高效率不是进行背面剔除的唯一目的。在后面的章节中，我们将看到背面渲染的其他用途，例如查看 3D 模型内部或使用透明度时的情况。

补充说明

在 OpenGL/GLSL 中，有许多其他功能和结构可用于管理和利用数据，我们在本章中仅涉及了表面的一部分。例如，我们没有描述统一块，这是一种类似 C 中的 struct 的用于统一变量的机制。甚至可以设置统一块从缓冲区接收数据。另一个强大的机制是着色器存储块，它本质上是一个着色器可以写入的缓冲区。

关于管理数据的许多选项的一个很好的参考资料是《OpenGL 超级宝典》[SW15]，特别是其关于数据的章节（第 7 版的第 5 章）。它还描述了我们所涵盖的各种命令的许多细节和选项。本章的前两个示例程序，即程序 4.1 和程序 4.2 受到《OpenGL 超级宝典》中类似示例的启发。

我们还需要学习如何管理其他类型的数据，以了解如何将它们发送给 OpenGL 管线。其中之一是纹理，包含可用于"绘制"场景中对象的彩色图像数据（如照片）。我们将在第 5 章中研究纹理图像。我们将进一步研究的一个重要缓冲区是深度缓冲区（也称 Z 缓冲区）。当我们在第 8 章中研究阴影时，这将变得很重要。关于如何在 OpenGL 中管理图像数据，我们还有很多知识需要学习！

习题

4.1 （项目）修改程序 4.1 以使用你自己设计的其他简单 3D 形状替换立方体。请务必在 glDrawArrays()命令中正确指定顶点数。

4.2 （项目）在程序 4.1 中，在 display()函数中视图矩阵被简单地定义为负的相机位置：

```
vMat = glm::translate(glm::mat4(1.0f), glm::vec3(-cameraX, -cameraY, -cameraZ));
```

将此代码替换为图 3.13 所示的计算实现。这将允许你通过指定相机位置和 3 个朝向轴来定位相机。你将发现有必要存储 3.7 节中描述的向量 *U*、*V*、*N*。然后，尝试不同的相机视点，并观察所渲染立方体的最终外观。

4.3 （项目）修改程序 4.4 以包含第二个"行星"，使用习题 4.1 中你自定义的 3D 形状。确保你的新"行星"处于与地球不同的轨道上，使得它们不会碰撞。

4.4 （项目）修改程序 4.4，使用查看函数构建视图矩阵（如第 3.9 节所述）。然后尝试将查看参数设置到不同的位置，例如查看太阳（在这种情况下场景应该看起来正常），查看地球或查看月球。

4.5 （研究）举例说明 glCullFace(GL_FRONT_AND_BACK)的实际用途。

参考资料

[BL20] Blender, The Blender Foundation, accessed July 2020.

[HT12] J. Hastings-Trew, JHT's Planetary Pixel Emporium, accessed July 2020.

[MA16] Maya, AutoDesk, Inc., accessed July 2020.

[NA16] NASA 3D Resources, accessed July 2020.

[OL16] Legacy OpenGL, accessed July 2020.

[SW15] G. Sellers, R. Wright Jr., and N. Haemel, *OpenGL SuperBible: Comprehensive Tutorial and Reference*, 7th ed. (Addison-Wesley, 2015).

第 5 章　纹理贴图

纹理贴图是在栅格化的模型表面上覆盖图像的技术。它是为渲染场景添加真实感的最基本和最重要的方法之一。

纹理贴图非常重要，因此硬件也为它提供了支持，使得它具备实现实时的照片级真实感的超高性能。纹理单元是专为纹理设计的硬件组件，现代显卡通常带有数个纹理单元。

5.1　加载纹理图像文件

为了在 OpenGL/GLSL 中有效地完成纹理贴图，需要协调好以下几个不同的数据集和机制：

* 用于保存纹理图像的纹理对象（在本章中我们仅考虑 2D 图像）；
* 特殊的统一采样器变量，以便顶点着色器访问纹理；
* 用于保存纹理坐标的缓冲区；
* 用于将纹理坐标传递给管线的顶点属性；
* 显卡上的纹理单元。

纹理图像可以是任何图像。它可以是人造的或者自然产生的事物的图像，例如布、草或行星表面。它也可以是几何图样，例如图 5.1 中的棋盘图样。在电子游戏和动画电影中，纹理图像通常用于为角色或生物绘制面部和衣服，如为图 5.1 中的海豚绘制皮肤。

图像通常存储在图像文件中，例如.jpg、.png、.gif 或.tiff 文件。为了使纹理图像用于 OpenGL 管线中的着色器，我们需要从图像中提取颜色并将它们放入 OpenGL 纹理对象（用于保存纹理图像的内置 OpenGL 结构）中。

许多 C++库可用于读取和处理图像文件，常见的选择包括 Cimg、BoostGIL 和 Magick++。我们选择使用专为 OpenGL 设计的 SOIL2 库[SO17]，它基于曾经非常流行但现在已经过时的 SOIL。在附录 A 和附录 B 中将介绍 SOIL2 的安装步骤。

通常，将纹理加载到 OpenGL 应用程序的步骤是：（a）使用 SOIL2 实例化 OpenGL 纹理对象并从图像文件中读入数据；（b）调

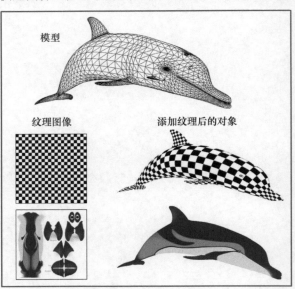

图 5.1　使用两张不同的图像给同一个海豚模型添加纹理[TU16]

用 glBindTexture()以使新创建的纹理对象处于激活状态；（c）使用 glTexParameter()函数调整纹理设置。最终得到的结果就是现在可用的 OpenGL 纹理对象的整型 ID。

创建一个纹理对象，首先需要声明一个 GLuint 类型的变量。正如我们所看到的，这是一个

用于保存 OpenGL 对象的整型 ID 引用的 OpenGL 类型。接下来，我们调用 SOIL_load_OGL_texture()来实际生成纹理对象。SOIL_load_OGL_texture()函数将图像文件名作为其参数之一（稍后将描述一些其他参数）。这些步骤在以下函数中实现：

```
GLuint loadTexture(const char *texImagePath) {
  GLuint textureID;
  textureID = SOIL_load_OGL_texture(texImagePath,
        SOIL_LOAD_AUTO, SOIL_CREATE_NEW_ID, SOIL_FLAG_INVERT_Y);
  if (textureID == 0) cout << "could not find texture file" << texImagePath << endl;
  return textureID;
}
```

我们会经常用到这个函数，所以将它添加到 Utils.cpp 实用工具类中。这样，我们的 C++应用程序就只需调用上述的 loadTexture()函数来创建 OpenGL 纹理对象，如下所示。

```
GLuint myTexture = Utils::loadTexture("image.jpg");
```

其中 image.jpg 是纹理图像文件，myTexture 是生成的 OpenGL 纹理对象的整型 ID。这里支持多种图像文件类型，包括前面列出的所有图像文件类型。

5.2 纹理坐标

现在我们已经有了将纹理图像加载到 OpenGL 中的方法，需要指定希望如何将纹理应用于对象的渲染表面。我们通过为模型中的每个顶点指定纹理坐标来完成此操作。

纹理坐标是对纹理图像（通常是 2D 图像）中的像素的引用。纹理图像中的像素被称为纹元（texel），以便将它们与在屏幕上呈现的像素区分开。纹理坐标用于将 3D 模型上的点映射到纹理中的位置。除了将它定位在 3D 空间中的坐标(x,y,z)之外，模型表面上的每个点还具有纹理坐标(s,t)，用来指定纹理图像中的哪个纹元为它提供颜色。这样，物体的表面被按照纹理图像"涂画"。纹理在对象表面上的朝向由分配给对象顶点的纹理坐标确定。

要使用纹理贴图，必须为要添加纹理的对象中的每个顶点提供纹理坐标。OpenGL 将使用这些纹理坐标，查找存储在纹理图像中的引用的纹元的颜色，来确定模型中每个栅格化像素的颜色。为了确保渲染模型中的每个像素都使用纹理图像中的适当纹元进行绘制，纹理坐标也需要被放入顶点属性中，以便由光栅着色器进行插值。以这种方式，纹理图像与模型顶点一起被插值或者填充。

对于通过顶点着色器的每组顶点坐标(x,y,z)，会有一组相应的纹理坐标(s,t)。因此，我们将设置两个缓冲区，一个用于顶点坐标（每个条目中有 3 个分量，即 x、y 和 z），另一个用于相应的纹理坐标（每个条目中有两个分量，即 s 和 t）。这样，每次顶点着色器的调用会接收到一个顶点的数据，包括其空间坐标和相应的纹理坐标。

2D 纹理坐标最为常见（OpenGL 确实支持其他一些维度，但本章不会介绍它们）。2D 纹理图像被设定为矩形，左下角的位置坐标为(0,0)，右上角的位置坐标为(1,1)[①]。理想情况下，纹理坐标应该在[0, 1]区间内取值。

考虑图 5.2 中的示例。回想一下，立方体模型由三角形构成。我们的示意图中突出显示了立

---

① 这是 OpenGL 纹理对象所采用的方向。然而，这与存储在许多标准图像文件格式中的图像的方向不同，在那些图像中原点位于左上角。我们可通过指定 SOIL_FLAG_INVERT_Y 参数垂直翻转图像来重新定向，使其与 OpenGL 的预期格式相对应，就像我们在 loadTexture()函数中对 SOIL_load_OGL_texture()进行的调用一样。

方体一侧的 4 个角,但请记住,立方体的每个正方形侧面都需要两个三角形。立方体这个侧面的 6 个顶点的纹理坐标在角落中标出,左上角和右下角各自由一对顶点组成。示例里也显示了纹理图像。纹理坐标(由 s 和 t 描述)将图像的部分(纹元)映射到模型正面的栅格化像素上。请注意,顶点之间的所有中间像素都已使用图像中间插值的纹元进行绘制。这正是因为纹理坐标在顶点属性中被发送到片段着色器,从而也像顶点本身一样被插值。

图 5.2　纹理坐标

在这个示例中,出于说明的目的,我们故意指定了会导致绘制结果有些奇怪的纹理坐标。仔细观察,你还可以看到图像看起来略微拉伸——这是因为纹理图像的长宽比与立方体侧面给定纹理坐标的长宽比不匹配。

对于立方体或四棱锥这样的简单模型,选择纹理坐标相对容易。但对于具有大量三角形的更复杂的弯曲模型,手动确定它们是不切实际的。在弯曲的几何形状(例如球形或环面)的情况下,可以通过算法或数学方式计算纹理坐标。使用 Maya[MA16]或 Blender[BL20]等建模工具构建模型时,可以使用 "UV 映射" 功能(在本书范围之外),使得确定纹理坐标的任务更容易完成。

下面我们渲染四棱锥,只是这次用砖的图像添加纹理。我们需要指定:(a)引用纹理图像的整型 ID;(b)模型顶点的纹理坐标;(c)用于保存纹理坐标的缓冲区;(d)顶点属性,以便顶点着色器接收并通过管线转发纹理坐标;(e)显卡上用于保存纹理对象的纹理单元;(f)用于访问 GLSL 中纹理单元的统一采样器变量。这些将在后文中描述。

5.3　创建纹理对象

假设此处显示的纹理图像(如图 5.3 所示)存储在名为"brick1.jpg"的文件中[LU16]。

如前所示,我们可以通过调用 loadTexture()函数来加载此图像,如下所示:

```
GLuint brickTexture = Utils::loadTexture("brick1.jpg");
```

回想一下,纹理对象由整型 ID 标识,因此 brickTexture 的类型为 GLuint。

图 5.3　纹理图像

5.4　构建纹理坐标

我们的四棱锥有正方形底面和 4 个三角形侧面。虽然在几何上这只需要 5 个点,但我们得用三角形来渲染它。这需要将 4 个三角形用于侧面，将 2 个三角形用于正方形底面，总共需要 6 个三角形。每个三角形有 3 个顶点，因此必须在模型中指定 6×3 = 18 个顶点。

我们已经在程序 4.3 的浮点数组 pyramidPositions 中列出了四棱锥的几何顶点。我们可以通过多种方式定位纹理坐标，以便将砖纹理绘制到四棱锥上。一种简单（尽管不完美）的方法是使图像的顶部中心对应于四棱锥的顶（即与底面相对的顶点），如图 5.4 所示。我们可以对所有 4 个三角形侧面这样做。

我们还需要绘制四棱锥的正方形底面，它由 2 个三角形组成。一个简单而合理的方法是用图像中的整个区域为其添加纹理（图 5.5 所示的四棱锥已被向后放倒，一个原来的侧面朝下）。

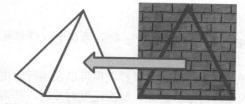

图 5.4 使纹理图像的顶部中心对应四棱锥的顶

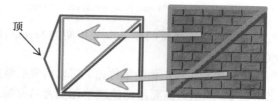

图 5.5 为四棱锥底面添加纹理

对程序 4.3 中前 9 个四棱锥顶点使用这个非常简单的方法，相应的顶点和纹理坐标如图 5.6 所示。

顶点	纹理坐标	
(-1.0,-1.0, 1.0)	(0, 0)	// 前侧面
(1.0,-1.0, 1.0)	(1, 0)	
(0, 1.0, 0)	(.5, 1)	
(1.0,-1.0, 1.0)	(0, 0)	// 右侧面
(1.0,-1.0,-1.0)	(1, 0)	
(0, 1.0, 0)	(.5, 1)	
(1.0,-1.0,-1.0)	(0, 0)	// 底面
(-1.0,-1.0,-1.0)	(1, 0)	
(0, 1.0, 0)	(.5, 1)	
...		

图 5.6 四棱锥的顶点和纹理坐标（部分清单）

5.5 将纹理坐标载入缓冲区

我们可以用与前面加载顶点相似的方式将纹理坐标加载到 VBO 中。在 setupVertices()中，我们添加以下纹理坐标值声明：

```
float pyrTexCoords[36] =
{ 0.0f, 0.0f, 1.0f, 0.0f, 0.5f, 1.0f,   0.0f, 0.0f, 1.0f, 0.0f, 0.5f, 1.0f,   // 前侧面、右侧面
  0.0f, 0.0f, 1.0f, 0.0f, 0.5f, 1.0f,   0.0f, 0.0f, 1.0f, 0.0f, 0.5f, 1.0f,   // 后侧面、左侧面
  0.0f, 0.0f, 1.0f, 1.0f, 0.0f, 1.0f,   1.0f, 1.0f, 0.0f, 0.0f, 1.0f, 0.0f }; // 底面的两个三角形
```

然后，在创建至少两个 VBO（一个用于顶点，另一个用于纹理坐标）之后，我们添加以下代码以将纹理坐标加载到第 1 个 VBO 中：

```
glBindBuffer(GL_ARRAY_BUFFER, vbo[1]);
glBufferData(GL_ARRAY_BUFFER, sizeof(pyrTexCoords), pyrTexCoords, GL_STATIC_DRAW);
```

5.6 在着色器中使用纹理：采样器变量和纹理单元

为了最大限度地提高性能，我们希望在硬件中执行纹理处理。这意味着片段着色器需要一种访问我们在 C++/OpenGL 应用程序中创建的纹理对象的方法。它的实现机制是通过一个叫作统一采样器变量的特殊 GLSL 工具。这是一个变量，用于指示显卡上的纹理单元，从加载的纹理对象中提取或"采样"纹元。

在着色器中声明一个采样器变量很简单，只需将其添加到统一变量中：

```
layout (binding=0) uniform sampler2D samp;
```

我们声明的变量叫作 samp。声明的 layout (binding=0)部分指定此采样器与第 0 个纹理单元关联。

纹理单元（和相关的采样器）可以对我们希望的任何纹理对象进行采样，也可以在运行时更改。display()函数需要指定纹理单元要为当前帧采样的纹理对象。因此，每次绘制对象时，都需要激活纹理单元并将其绑定到特定的纹理对象，例如：

```
glActiveTexture(GL_TEXTURE0);
glBindTexture(GL_TEXTURE_2D, brickTexture);
```

可用纹理单元的数量取决于显卡提供的数量。根据 OpenGL API 文档，OpenGL 4.5 要求每个着色器阶段至少有 16 个单元，所有阶段总共至少有 80 个单元[OP16]。在这个例子中，我们通过在 glActiveTexture()调用中指定 GL_TEXTURE0，使得第 0 个纹理单元处于激活状态。

要实际执行纹理处理，我们需要修改片段着色器输出颜色的方式。以前，我们的片段着色器要么输出一个固定的颜色常量，要么从顶点属性获取颜色，而这次我们需要使用从顶点着色器（通过光栅着色器）接收的插值纹理坐标来对纹理对象进行采样。调用 texture()函数如下：

```
in vec2 tc;              // 纹理坐标
...
color = texture(samp, tc);
```

5.7 纹理贴图：示例程序

程序 5.1 将前面介绍的步骤合并为一个程序。其输出结果显示了用砖图像纹理贴图的四棱锥，看起来就像金字塔，如图 5.7 所示。两个旋转操作（程序中未显示）被添加到四棱锥的模型矩阵中以暴露四棱锥的底面。

现在，根据需要更改 loadTexture()调用中的文件名将砖纹理图像替换为其他纹理图像是一件简单的事情。例如，我们用图像文件"ice.jpg"[LU16]替换"brick1.jpg"，得到的结果如图 5.8 所示。

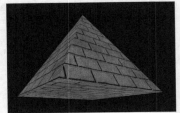

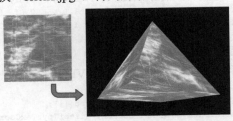

图 5.7 使用砖图像纹理贴图后的四棱锥　　图 5.8 使用"冰"图像纹理贴图后的四棱锥

程序 5.1 砖纹理的四棱锥

```cpp
// C++/OpenGL 应用程序
#include <SOIL2/soil2.h>
// 其他#include 和以前一样
...
#define numVAOs 1
#define numVBOs 2

// 相机和对象位置、渲染程序、VAO 和 VBO 的变量和以前一样
...
// 显示函数的变量分配和以前一样
...
GLuint brickTexture;

void setupVertices(void) {
    float pyramidPositions[54] = { /* 如程序4.2 中列出的数据 */

    float pyrTexCoords[36] = {
        0.0f, 0.0f, 1.0f, 0.0f, 0.5f, 1.0f,    0.0f, 0.0f, 1.0f, 0.0f, 0.5f, 1.0f,
        0.0f, 0.0f, 1.0f, 0.0f, 0.5f, 1.0f,    0.0f, 0.0f, 1.0f, 0.0f, 0.5f, 1.0f,
        0.0f, 0.0f, 1.0f, 1.0f, 0.0f, 1.0f,    1.0f, 1.0f, 0.0f, 0.0f, 1.0f, 0.0f
    };

    // 像以前一样生成 VAO 和至少两个 VBO，并加载两个缓冲区
    glBindBuffer(GL_ARRAY_BUFFER, vbo[0]);
    glBufferData(GL_ARRAY_BUFFER, sizeof(pyramidPositions), pyramidPositions, GL_STATIC_DRAW);

    glBindBuffer(GL_ARRAY_BUFFER, vbo[1]);
    glBufferData(GL_ARRAY_BUFFER, sizeof(pyrTexCoords), pyrTexCoords, GL_STATIC_DRAW);
}

void init(GLFWwindow* window) {
    // 渲染程序配置、相机和对象位置没有改变
    ...
    brickTexture = Utils::loadTexture("brick1.jpg");
}

void display(GLFWwindow* window, double currentTime) {
    ...
    // 背景颜色配置、深度缓冲区、渲染程序，以及模型、视图、MV、PROJ 矩阵没有变化
    ...
    glBindBuffer(GL_ARRAY_BUFFER, vbo[0]);
    glVertexAttribPointer(0, 3, GL_FLOAT, GL_FALSE, 0, 0);
    glEnableVertexAttribArray(0);

    glBindBuffer(GL_ARRAY_BUFFER, vbo[1]);
    glVertexAttribPointer(1, 2, GL_FLOAT, GL_FALSE, 0, 0);
    glEnableVertexAttribArray(1);

    glActiveTexture(GL_TEXTURE0);
    glBindTexture(GL_TEXTURE_2D, brickTexture);

    glEnable(GL_DEPTH_TEST);
    glDepthFunc(GL_LEQUAL);

    glDrawArrays(GL_TRIANGLES, 0, 18);
}

// main() 和以前一样
```

```
// 顶点着色器
#version 430
layout (location=0) in vec3 pos;
layout (location=1) in vec2 texCoord;
out vec2 tc;              // 纹理坐标输出到光栅着色器用于插值
uniform mat4 mv_matrix;
uniform mat4 proj_matrix;
layout (binding=0) uniform sampler2D samp;      // 顶点, 着色器中未使用

void main(void)
{   gl_Position = proj_matrix * mv_matrix * vec4(pos,1.0);
    tc = texCoord;
}


// 片段着色器
#version 430
in vec2 tc;              // 输入插值过的纹理坐标
out vec4 color;
uniform mat4 mv_matrix;
uniform mat4 proj_matrix;
layout (binding=0) uniform sampler2D samp;

void main(void)
{   color = texture(samp, tc);
}
```

5.8　多级渐远纹理贴图

纹理贴图经常会在渲染图像中导致各种不利的伪影。这是因为纹理图像的分辨率或长宽比很少与被纹理贴图的场景中区域的分辨率或长宽比匹配。

当图像分辨率小于所绘制区域的分辨率时, 会出现一种很常见的伪影。在这种情况下, 需要拉伸图像以覆盖整个区域, 这样图像就会变得模糊（并且可能变形）。根据纹理的性质, 有时可以通过改变纹理坐标分配方式来应对这种情况, 使得纹理需要较少的拉伸。另一种解决方案是使用更高分辨率的纹理图像。

相反的情况是图像纹理的分辨率大于被绘制区域的分辨率。可能并不是很容易理解为什么这会造成问题, 但问题确实会出现！在这种情况下, 可能会出现明显的叠影, 从而产生奇怪的错误图案, 或移动物体中的"闪烁"效果。

叠影是由采样错误引起的。它通常与信号处理有关, 不充分采样的信号被重建时, 看起来会具有和实际不同的特性（例如波长）。例子如图 5.9 所示（见彩插）。其中原始波形显示为红色, 沿波形的黄点代表采样点。如果采样点被用于重建波形, 并且采样频率不足, 则可能会定义出不同的波形（以蓝色显示）。

类似地, 在纹理贴图中, 当稀疏地采样高分辨率（和高细节）图像时（例如使用统一采样器变量时）, 提取到的颜色将不足以反映图像中的实际细节, 而是可能看起来很随机。如果纹理图像具有重复图案, 则叠影可能导致与原始图像不同的图案。如果被纹理贴图的对象正在移动, 则查找纹元时的舍入误差可能导致给定纹理坐标处的采样像素不断变化, 从而在被绘制对象的表面上产生我们不想看到的闪烁效果。

图 5.10 显示了一个倾斜的立方体顶部渲染特写, 该立方体使用大尺寸、高分辨率棋盘图样作为纹理贴图。

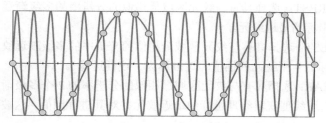

图 5.9　不充分采样造成的叠影

图 5.10　纹理贴图中的叠影

图 5.10 图像顶部附近明显发生了混叠，棋盘图样的欠采样产生了"条纹"效果。虽然我们无法在静止图像中展示，但如果这是一个动画场景，则看起来的图案可能会在各种不正确的图案（包括图示的这一个在内）之间波动。

另一个例子如图 5.11 所示，其中的立方体已经使用月球表面的图像[HT16]进行了纹理贴图。乍一看，这张图显得清晰而细节丰富。然而，图像右上部分的某些细节是错误的，并且当立方体对象（或相机）移动时会导致"闪烁"（不幸的是，我们无法在静止图像中直观地观察到闪烁效果）。

使用**多级渐远纹理贴图**（mipmapping）技术可以在很大程度上校正这一类的采样误差伪影，它需要用各种分辨率创建纹理图像的不同版本。然后，OpenGL 使用最适合当前点的分辨率的纹理图像进行纹理贴图，或采用更理想的方案——为被贴图的区域使用最适合的分辨率的纹理图像的平均颜色。多级渐远纹理贴图应用于图 5.10 和图 5.11 中的图像的结果如图 5.12 所示。

图 5.11　纹理贴图中的"闪烁"

图 5.12　多级渐远纹理贴图结果

多级渐远纹理贴图通过一种巧妙的机制来工作，它在纹理图像中存储相同图像的连续的一系列较低分辨率的副本，所用的纹理图像比原始图像大 1/3，其中图像的 RGB 值分别存储在纹理图像空间的 3 个 1/4 区域中来实现的。剩余的 1/4 区域中迭代地将图像分辨率设置为原来的 1/4，直到剩余区域太小而不包含任何有用的图像数据。示例图像和生成的多级渐远纹理的可视化如图 5.13 所示（见彩插）。

这种将几个图像填充到一个小空间中的方法（只比存储原始图像所需的空间大一点）是 mipmapping 得名的原因。mip 代表拉丁语 multum in parvo [WI83]，意思是"在很小的空间里有很多东西"。

实际给对象添加纹理时，可以通过多种方法对多级渐远纹理进行采样。在 OpenGL 中，可

图 5.13　为图片生成多级渐远纹理

以通过将 GL_TEXTURE_MIN_FILTER 参数设置为所需的缩小方法来选择多级渐远纹理的采样方法，可以选取以下方法之一。

- GL_NEAREST_MIPMAP_NEAREST：选择具有与纹元区域最相似的分辨率的多级渐远纹理。然后，它获得所需纹理坐标的最近纹元。
- GL_LINEAR_MIPMAP_NEAREST：选择具有与纹元区域最相似的分辨率的多级渐远纹理。然后，它取最接近纹理坐标的 4 个纹元的插值。这被称为"线性过滤"。
- GL_NEAREST_MIPMAP_LINEAR：选择具有与纹元区域最相似的分辨率的 2 个多级渐远纹理。然后，它从每个多级渐远纹理获取纹理坐标的最近纹元并对其进行插值。这被称为"双线性过滤"。
- GL_LINEAR_MIPMAP_LINEAR：选择具有与纹元区域最相似的分辨率的 2 个多级渐远纹理。然后，它取各自最接近纹理坐标的 4 个纹元，并计算插值。这被称为"三线性过滤"，如图 5.14 所示。

三线性过滤通常是比较好的选择，因为较低的混合级别通常会产生伪影，例如在多级渐远纹理的不同级别之间跳转产生的可见分离。图 5.15 显示了只启用了线性过滤的使用多级渐远纹理的棋盘图样的特写。请注意在多级渐远纹理的边界处垂直线宽度突然变化（图中圈出的位置的伪影）。相比之下，图 5.12 中的示例使用了三线性过滤。

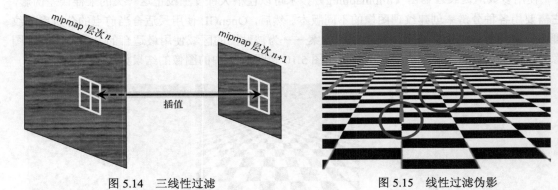

图 5.14　三线性过滤　　　　　　　　　图 5.15　线性过滤伪影

OpenGL 提供了丰富的多级渐远纹理支持，其中一些机制可用于构建你自己的多级渐远纹理级别，另一些机制可以让 OpenGL 为你构建它们。在大多数情况下，OpenGL 自动构建的多级渐远纹理已足够。这是通过将以下代码行添加进紧跟 getTextureObject()函数的 Utils::loadTexture() 函数（5.1 节中介绍过）来实现的：

```
glBindTexture(GL_TEXTURE_2D, textureID);
glTexParameteri(GL_TEXTURE_2D, GL_TEXTURE_MIN_FILTER, GL_LINEAR_MIPMAP_LINEAR);
glGenerateMipmap(GL_TEXTURE_2D);
```

上述代码用于通知 OpenGL 生成多级渐远纹理。glBindTexture()调用激活砖纹理，然后 glTexParameteri()函数调用启用前面列出的缩小方法之一，此处为 GL_LINEAR_MIPMAP_LINEAR，即三线性过滤。

构建多级渐远纹理后，可以在 display()函数中或其他位置再次调用 glTexParameteri()来更改过滤选项（尽管很少有需要这样做的情况），甚至通过选择 GL_NEAREST 或 GL_LINEAR 来禁用多级渐远纹理。

对于特殊的应用场景，可以使用你喜欢的任何图像编辑软件自行构建多级渐远纹理，然后通过为每个多级渐远纹理级别重复调用 OpenGL 的 glTexImage2D()函数来创建纹理对象，并将它们添加为多级渐远纹理级别。对这种方法的进一步讨论超出了本书的范围。

5.9　各向异性过滤

多级渐远纹理贴图有时看起来比非多级渐远纹理贴图更模糊，尤其是当被贴图对象以严重倾斜的视角渲染时。我们在图 5.12 中看到了一个这样的例子，使用多级渐远纹理贴图在减少伪影的同时也损失了图像细节（与图 5.11 相比）。

这种细节的丢失是因为当物体倾斜时，其图元看起来在一个轴（即沿宽或高）上的尺寸比在另一个轴上更小。当 OpenGL 为图元贴图时，它选择适合两个轴中尺寸较小的轴的多级渐远纹理（以避免"闪烁"伪影）。在图 5.12 中，表面远离观察者倾斜，因此每个渲染图元将使用适合其更小尺寸（即高度）的多级渐远纹理，对其宽度来说，这个分辨率似乎太小了。

一种恢复一些丢失细节的方法是使用各向异性过滤（Anisotropic Filtering，AF）。标准的多级渐远纹理贴图以各种正方形分辨率（如 256 像素×256 像素、128 像素×128 像素等）对纹理图像进行采样，而各向异性过滤却以多种矩形分辨率对纹理进行采样（如 256 像素×128 像素、64 像素×128 像素等）。这使得从各种角度观看的纹理都保留尽可能多的细节成为可能。

各向异性过滤比标准多级渐远纹理贴图的计算代价更高，并且不是 OpenGL 的必需部分。但是，大多数显卡都支持各向异性过滤（称为 OpenGL 扩展），而 OpenGL 也确实提供了一种查询显卡是否支持各向异性过滤的方法，以及一种访问各向异性过滤的方法，只需在生成多级渐远纹理贴图后立即添加代码：

```
...
// 如果使用多级渐远纹理贴图
glBindTexture(GL_TEXTURE_2D, textureID);
glTexParameteri(GL_TEXTURE_2D, GL_TEXTURE_MIN_FILTER, GL_LINEAR_MIPMAP_LINEAR);
glGenerateMipmap(GL_TEXTURE_2D);

// 如果还使用各向异性过滤
if (glewIsSupported("GL_EXT_texture_filter_anisotropic")) {
    GLfloat anisoSetting = 0.0f;
    glGetFloatv(GL_MAX_TEXTURE_MAX_ANISOTROPY_EXT, &anisoSetting);
    glTexParameterf(GL_TEXTURE_2D, GL_TEXTURE_MAX_ANISOTROPY_EXT, anisoSetting);
}
```

对 glewIsSupported()进行调用可以测试显卡是否支持各向异性过滤。如果支持，我们将其设置为支持的最大采样程度，这个最大值通过 glGetFloatv()获取。使用 glTexParameterf()可以将其应用于激活纹理对象，结果如图 5.16 所示。请注意，丢失的大部分细节已经恢复，同时我们仍然消除了图 5.11 中闪烁的伪影。

图 5.16　各向异性过滤

5.10　环绕和平铺

到目前为止，我们假设纹理坐标都落在[0, 1]区间。但是，OpenGL 实际上支持任何取值范围的纹理坐标。有几个选项可以用来指定当纹理坐标超出[0, 1]区间时会发生什么，可以使用 glTexParameteri()设置。这些选项如下。

● **GL_REPEAT**：重复，即忽略纹理坐标的整数部分，生成重复或"平铺"图案。这是默认行为。

- **GL_MIRRORED_REPEAT**：镜像重复，即忽略纹理坐标的整数部分，但是当整数部分为奇数时反转坐标，因此重复的图案在原图案和其镜像图案之间交替。
- **GL_CLAMP_TO_EDGE**：夹紧到边缘，即将小于 0 的坐标和大于 1 的坐标分别设置为 0 和 1。
- **GL_CLAMP_TO_BORDER**：夹紧到边框，即将[0, 1]以外的纹元设置成指定的边框颜色。

例如，考虑一个使用图 5.2 中纹理图像的四棱锥，其纹理坐标区间已达[0, 5]，而不是通常的[0, 1]。默认行为（即 GL_REPEAT）会导致纹理在表面上重复（有时称为"平铺"），如图 5.17 所示。

为了使平铺块的外观在原图案和其镜像之间交替，我们可以指定以下内容：

```
glTexParameteri(GL_TEXTURE_2D, GL_TEXTURE_WRAP_S, GL_MIRRORED_REPEAT);
glTexParameteri(GL_TEXTURE_2D, GL_TEXTURE_WRAP_T, GL_MIRRORED_REPEAT);
```

通过将 GL_MIRRORED_REPEAT 替换为 GL_CLAMP_TO_EDGE，可以指定将小于 0 的坐标和大于 1 的坐标分别设置为 0 和 1。

我们也可以按如下方式来将小于 0 或大于 1 的值设定为指定颜色：

```
glTexParameteri(GL_TEXTURE_2D, GL_TEXTURE_WRAP_S, GL_CLAMP_TO_BORDER);
glTexParameteri(GL_TEXTURE_2D, GL_TEXTURE_WRAP_T, GL_CLAMP_TO_BORDER);
float redColor[4] = { 1.0f, 0.0f, 0.0f, 1.0f };
glTexParameterfv(GL_TEXTURE_2D, GL_TEXTURE_BORDER_COLOR, redColor);
```

图 5.18（见彩插）中分别（从左到右）显示了镜像重复、夹紧到边缘和夹紧到边框的效果，其中四棱锥的纹理坐标取值范围为−2～+3。

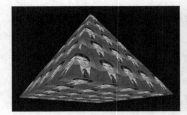

图 5.17　使用 GL_REPEAT 环绕
　　　　的纹理坐标

图 5.18　使用不同环绕选项的四棱锥材质贴图

在图 5.18 中间的示例（夹紧到边缘）中，纹理图像边缘的像素向外复制。注意，这样做的副作用是，各侧面的左下和右下区域分别从纹理图像的左下和右下像素获得它们的颜色。

5.11　透视变形

我们已经看到，当纹理坐标从顶点着色器传递到片段着色器时，它们通过光栅着色器并被插值。我们还看到，这是自动线性插值的结果，总是在顶点属性上执行。

然而，在纹理坐标的情况下，线性插值可能导致在具有透视投影的 3D 场景中出现明显的失真。

考虑一个由两个三角形组成的矩形，纹理贴图是棋盘图样，面向相机。当矩形围绕 x 轴旋转时，矩形的顶部会倾斜并远离相机，而矩形的下半部分则更靠近相机。因此，我们希望顶部的方块变小，底部的方块变大。但是，纹理坐标的线性插值将导致所有正方形的高度相等。沿着构成矩形的两个三角形接缝处的对角线加剧失真。产生的失真如图 5.19 所示。

幸运的是，存在用于校正透视失真的算法，并且默认情况下，OpenGL 在栅格化期间会应用透视校正算法[OP14,SP16]。图 5.20 显示了由 OpenGL 正确呈现的相同倾斜角度的棋盘图样。

图 5.19　纹理透视失真　　　　　　　　　图 5.20　OpenGL 透视校正

可以通过在包含纹理坐标的顶点属性的声明中添加关键字"noperspective"来禁用 OpenGL 的透视校正，虽然这样做并不常见。顶点着色器和片段着色器中都需要这样添加关键字。例如，顶点着色器中的顶点属性将声明如下：

```
noperspective out vec2 texCoord;
```

片段着色器中的相应属性声明为：

```
noperspective in vec2 texCoord;
```

实际上，本书就使用了这种语法来生成图 5.19 中扭曲的棋盘图样。

5.12　材质——更多 OpenGL 细节

我们在本书中使用的 SOIL2 纹理图像加载库具有相对简单和直观的优点。但是，在学习 OpenGL 时，使用 SOIL2 会产生一项我们不想要的后果，即用户会接触不到一些有用的重要 OpenGL 细节。在本节中，我们将描述程序员在没有纹理加载库（如 SOIL2）的情况下加载和使用纹理时需要了解的一些细节。

可以使用 C++和 OpenGL 函数直接将纹理图像文件数据加载到 OpenGL 中。这虽然有点儿复杂，但并不少见。一般步骤如下。

（1）使用 C++工具读取图像文件数据。

（2）生成 OpenGL 纹理对象。

（3）将图像文件数据复制到纹理对象中。

我们不会详细描述第一步——有太多方法了。opengl-tutorials 网站[OT18]中很好地描述了一种方法，可以使用 C++函数 fopen()和 fread()将数据从.bmp 图像文件读入 unsigned char 类型的数组。

步骤（2）和步骤（3）更通用，主要涉及 OpenGL 调用。在步骤（2）中，我们使用 OpenGL 的 glGenTextures()命令创建一个或多个纹理对象。例如，生成单个 OpenGL 纹理对象（使用整型引用 ID）可以按如下方式完成：

```
GLuint textureID;        // 如果需要创建多于一个纹理对象，则使用 GLuint 类型的数组
glGenTextures(1, &textureID);
```

在步骤（3）中，我们将步骤 1 中的图像文件数据关联到步骤（2）中创建的纹理对象。这是使用 OpenGL 的 glTexImage2D()命令完成的。下面的示例将图像文件数据从步骤（1）中描述的

unsigned char 类型的数组（此处表示为 data）加载到步骤（2）创建的纹理对象中：

```
glBindTexture(GL_TEXTURE_2D, textureID)
glTexImage2D(GL_TEXTURE_2D, 0,GL_RGB, width, height, 0, GL_BGR,
                                          GL_UNSIGNED_BYTE, data);
```

此时，本章前面介绍的用于设置多级渐远纹理贴图等的各种 glTexParameteri()调用也可以应用于纹理对象。我们现在也以与本章所述相同的方式使用整型引用（即引用 textureID）。

补充说明

研究人员开发了纹理单元的许多用途，不仅仅用于场景中的纹理模型。在后面的章节中，我们将看到如何使用纹理单元来改变物体反射光线，使其看起来凹凸不平。我们还可以使用纹理单元来存储"高度图"以生成地形，以及存储"阴影贴图"以有效地为场景添加阴影。这些用途将在后续章节中介绍。

着色器还可以向纹理写入数据，允许着色器修改纹理图像，甚至将一个纹理的一部分复制到另一个纹理的某个部分。

多级渐远纹理贴图和各向异性过滤不是减少纹理中的叠影、伪影的唯一工具。例如，全屏抗锯齿（Full-Scene Anti-Aliasing，FSAA）和其他超采样方法也可以改善 3D 场景中纹理的外观。它们虽然不是 OpenGL 核心的一部分，但通过 OpenGL 的扩展机制[OE16]在许多显卡上得到了支持。

还有一种用于配置和管理纹理和采样器的替代机制。OpenGL 3.3 引入了采样器对象（有时称为"采样器状态"，不要与采样器变量混淆），可用于保存一组独立于实际纹理对象的纹理设置。将采样器对象附加到纹理单元，可以方便、有效地更改纹理设置。本书中的示例非常简单，我们决定暂不介绍采样器对象。对于感兴趣的读者，采样器对象的使用很容易学习，并且有许多优秀的在线教程[GE11]。

习题

5.1　如 5.11 节所述，通过在纹理坐标顶点属性中添加 noperspective 声明来修改程序 5.1。然后重新运行程序并将输出与原始输出进行比较。是否有任何明显的透视变形？

5.2　使用简单的画图程序（如 Windows 的"画图"或 GIMP[GI16]），绘制自己设计的手绘图像。然后使用你的图像在程序 5.1 中为四棱锥添加纹理贴图。

5.3　（项目）修改程序 4.4，使"太阳""地球""月球"具有纹理。你可以继续使用已存在的图像，也可以使用任何你喜欢的纹理。通过搜索一些公开发布的代码示例可以获得立方体的纹理坐标，或者手动构建它们（尽管这有点儿单调、乏味）。

参考资料

[BL20] Blender, The Blender Foundation, accessed July 2020.

[GE11] Geeks3D, OpenGL Sampler Objects: Control Your Texture Units, September 8, 2011, accessed July 2020.

[GI16]　GNU Image Manipulation Program, accessed October 2018.

[HT12] J. Hastings-Trew, JHT's Planetary Pixel Emporium, accessed July 2020.

[LU16] F. Luna, *Introduction to 3D Game Programming with DirectX 12*, 2nd ed. (Mercury Learning, 2016).

[MA20] Maya, AutoDesk, Inc., accessed July 2020.

[OE20] OpenGL Registry, The Khronos Group, accessed July 2020.

[OP14] M. Segal and K. Akeley, OpenGL Graphics System: A Specification (version 4.4), March 19, 2014, accessed July 2020.

[OP16] OpenGL 4.5 Reference Pages, accessed July 2016.

[OT18] OpenGL Tutorial, Loading BMP Images Yourself, opengl-tutorial, accessed July 2020.

[SO20] Simple OpenGL Image Library 2 (SOIL2), SpartanJ, accessed July 2020.

[SP16] Perspective Correct Interpolation and Vertex Attributes. Scratchapixel, c.2016, Accessed July 2020.

[TU16] J. Turberville, Studio 522 Productions, Scottsdale, AZ.

[WI83] L. Williams, Pyramidal Parametrics, *Computer Graphics* 17, no. 3 (July 1983).

第 6 章   3D 模型

到目前为止，我们只处理了非常简单的 3D 对象，例如立方体和四棱锥。这些对象非常简单，我们能够在源代码中明确列出所有顶点信息，并将其直接放入缓冲区。

然而，大多数有趣的 3D 场景包括的对象过于复杂，使得我们无法像之前那样继续手动构建它们。在本章中，我们将探索更复杂的对象模型，以及如何构建并将它们加载到场景中。

3D 建模本身就是一个广阔的领域，我们在这里讲到的内容必然非常有限。我们将重点关注以下两个主题：

- 通过程序来构建模型；
- 加载外部创建的模型。

虽然这只涉及丰富的 3D 建模领域中非常浅层的部分，但将使我们能够在场景中包含各种复杂和逼真的细节对象。

6.1   程序构建模型——构建一个球体

某些类型的对象（例如球、圆锥等）具有数学定义，这些定义有助于算法生成。例如，对于半径为 R 的圆，其圆周上的点的坐标可以被很好地定义（见图 6.1）。

我们可以系统地使用圆的几何知识来通过算法建立球体模型。策略如下。

（1）选择模型精度，它是一个数字，表示将球体分成相应份数的圆形部分。如图 6.2 左侧所示，球体被分成了 4 个部分。

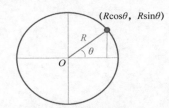

图 6.1　构成圆周的点

（2）将每个圆形切片的圆周细分为若干个点，如图 6.2 右侧所示。更多的点和水平切片可以生成更精确、更平滑的球体模型。在我们的模型中，每个切片具有相同数量的点，包括球的顶部和底部（这些位置的多个点重合于一点）。

（3）将顶点分组为三角形。一种方法是逐步遍历顶点，在每一步构建两个三角形。例如，当我们沿着图 6.3 中球体上 5 个彩色顶点这一行移动时，对于这 5 个顶点中的每一个，我们构建了以相应颜色显示的两个三角形（见彩插，下面将更详细地描述这些步骤）。

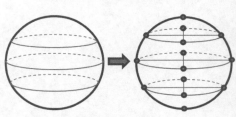

图 6.2　构建圆形顶点

（4）根据纹理图像的性质选择纹理坐标。在球体的情况下，存在许多地形纹理图像，假设我们选择这种纹理图像，想象一下，让这个图像围绕球体“包裹”，我们可以根据图像中纹元的最终对应位置为每个顶点指定纹理坐标。

（5）对于每个顶点，通常还希望生成法向量（normal vector）——垂直于模型表面的向量。我们将很快在第 7 章中将之用于光照。

确定法向量可能很棘手，但是对于球体，从球心指向顶点的向量恰好等于该顶点的法向量！

图 6.4 说明了这个特点（球心用五角星表示）。

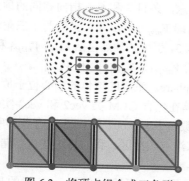

图 6.3　将顶点组合成三角形

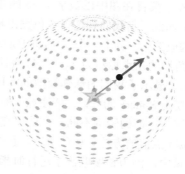

图 6.4　球体顶点法向量

　　一些模型使用*索引*定义三角形。请注意，在图 6.3 中，每个顶点出现在多个三角形中，这将导致每个顶点被多次指定。我们不希望这样做。我们想要仅存储每个顶点一次，然后为三角形的每个角指定索引，引用所需的顶点。我们需要存储每个顶点的位置、纹理坐标和此处的法向量，这么做可以为大型模型节省内存。

　　顶点存储在一维数组中，从最下面的水平切片中的顶点开始。进行索引时，其关联的索引数组包含相应三角形的每个角，并将值设为顶点数组 V 中的整型引用（具体地说，是下标）。假设每个切片包含 n 个顶点，顶点数组以及相应索引数组的示例部分如图 6.5 所示。

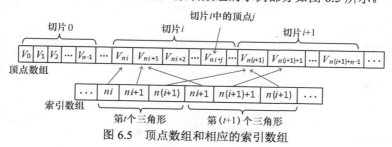

图 6.5　顶点数组和相应的索引数组

　　然后，我们可以从球体底部开始，围绕每个水平切片以圆形方式遍历顶点。访问每个顶点时，我们构建两个三角形，在其右上方形成一个方形区域，如图 6.3 所示。我们将整个处理过程组织成嵌套循环，如下所示：

```
对于球体中的每个水平切片 i（i 的取值从 0 到球体中的所有切片数）
{  对于切片 i 中的每个顶点 j（j 的取值从 0 到切片中的所有顶点数）
  {  计算顶点 j 的指向右边相邻顶点、上方顶点，以及右上方顶点的两个三角形的索引
  }  }
```

　　例如，考虑图 6.3 中的"红色"顶点（图 6.6 中重复出现）。这个顶点位于图 6.6 所示的两个黄色三角形的左下方，按照我们刚刚描述的循环，它的索引是 $ni+j$，当前正在处理的切片（外循环）为 i，当前正在该切片中处理的顶点（内循环）为 j，n 是每个切片的顶点数。图 6.6 显示了这个顶点（红色）以及它的 3 个相关的相邻顶点（见彩插），每个顶点都有公式显示它们的索引。

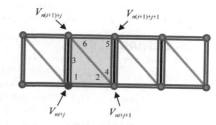

图 6.6　第 i 个切片中的第 j 个顶点的索引序号（n 为每个切片的顶点数）

然后使用这 4 个顶点构建为此顶点（红色）生成的两个三角形（黄色）。这两个三角形的索引表中的 6 个条目在图中以数字 1～6 的顺序表示。注意，条目 3 和 6 都指向相同的顶点，条目 2 和 4 也是如此。当我们到达以红色突出显示的顶点（即 V_{ni+j}）时由此定义的两个三角形是由这 6 个顶点构成的——其中一个三角形的顶点标示为 1、2、3，引用的顶点包括 V_{ni+j}、V_{ni+j+1} 和 $V_{n(i+1)+j}$；另一个三角形的顶点标示为 4、5、6，引用的顶点包括 V_{ni+j+1}、$V_{n(i+1)+j+1}$ 和 $V_{n(i+1)+j}$。

程序 6.1 显示了我们的球体模型的实现，类名为 Sphere。生成的球体的中心位于原点。这里还显示了使用 Sphere 的代码。请注意，每个顶点都存储在包含 GLM 类 vec2 和 vec3 实例的 C++ 向量中（这与之前的示例不同，之前顶点存储在浮点数组中）。vec2 和 vec3 包含获得所需的 x、y 和 z 分量浮点值的方法。如前所述，我们将它们放入浮点缓冲区。我们将这些值存储在可变长度 C++ 向量中，因为长度取决于运行时指定的切片数。

请注意 Sphere 类中三角形索引的计算，如前面的图 6.6 所述。变量 prec 指的是"精度"（precision），在这里用来确定球形切片的数量和每个切片中的顶点数量。因为纹理贴图完全包裹在球体周围，所以在纹理贴图的左右边缘相交的每个点处需要一个额外的顶点来使贴图两侧重合。因此，顶点的总数是 (prec+1)*(prec+1)。由于每个顶点生成 6 个三角形索引，因此索引的总数是 prec*prec*6。

程序 6.1　程序生成的球体

```cpp
// 球体类（Sphere.cpp）
#include <cmath>
#include <vector>
#include <iostream>
#include <glm/glm.hpp>
#include "Sphere.h"
using namespace std;

Sphere::Sphere() {
  init(48);
}

Sphere::Sphere(int prec) {    // prec 表示精度，体现为切片的数量
  init(prec);
}

float Sphere::toRadians(float degrees) { return (degrees * 2.0f * 3.14159f) / 360.0f; }

void Sphere::init(int prec) {
  numVertices = (prec + 1) * (prec + 1);
  numIndices = prec * prec * 6;
  // std::vector::push_back() 在向量的末尾增加一个新元素，并将向量长度加 1
  for (int i = 0; i < numVertices; i++) { vertices.push_back(glm::vec3()); }
  for (int i = 0; i < numVertices; i++) { texCoords.push_back(glm::vec2()); }
  for (int i = 0; i < numVertices; i++) { normals.push_back(glm::vec3()); }
  for (int i = 0; i < numIndices; i++) { indices.push_back(0); }

  // 计算三角形顶点
  for (int i = 0; i <= prec; i++) {
    for (int j = 0; j <= prec; j++) {
      float y = (float)cos(toRadians(180.0f - i * 180.0f / prec));
      float x = -(float)cos(toRadians(j*360.0f / prec)) * (float)abs(cos(asin(y)));
      float z = (float)sin(toRadians(j*360.0f / prec)) * (float)abs(cos(asin(y)));
      vertices[i*(prec + 1) + j] = glm::vec3(x, y, z);
      texCoords[i*(prec + 1) + j] = glm::vec2(((float)j / prec), ((float)i / prec));
      normals[i*(prec + 1) + j] = glm::vec3(x,y,z);
```

```
            }
        }

    // 计算三角形索引
    for (int i = 0; i<prec; i++) {
        for (int j = 0; j<prec; j++) {
            indices[6 * (i*prec + j) + 0] = i*(prec + 1) + j;
            indices[6 * (i*prec + j) + 1] = i*(prec + 1) + j + 1;
            indices[6 * (i*prec + j) + 2] = (i + 1)*(prec + 1) + j;
            indices[6 * (i*prec + j) + 3] = i*(prec + 1) + j + 1;
            indices[6 * (i*prec + j) + 4] = (i + 1)*(prec + 1) + j + 1;
            indices[6 * (i*prec + j) + 5] = (i + 1)*(prec + 1) + j;
        }
    }
}

// 读取函数
int Sphere::getNumVertices() { return numVertices; }
int Sphere::getNumIndices() { return numIndices; }
std::vector<int> Sphere::getIndices() { return indices; }
std::vector<glm::vec3> Sphere::getVertices() { return vertices; }
std::vector<glm::vec2> Sphere::getTexCoords() { return texCoords; }
std::vector<glm::vec3> Sphere::getNormals() { return normals; }


// 球体头文件（Sphere.h）
#include <cmath>
#include <vector>
#include <glm/glm.hpp>

class Sphere
{
private:
    int numVertices;
    int numIndices;
    std::vector<int> indices;
    std::vector<glm::vec3> vertices;
    std::vector<glm::vec2> texCoords;
    std::vector<glm::vec3> normals;
    void init(int);
    float toRadians(float degrees);

public:
    Sphere(int prec);
    int getNumVertices();
    int getNumIndices();
    std::vector<int> getIndices();
    std::vector<glm::vec3> getVertices();
    std::vector<glm::vec2> getTexCoords();
    std::vector<glm::vec3> getNormals();
};


// 使用球体类
...
#include "Sphere.h"
...
Sphere mySphere(48);
...
void setupVertices(void) {
    std::vector<int> ind = mySphere.getIndices();
    std::vector<glm::vec3> vert = mySphere.getVertices();
    std::vector<glm::vec2> tex = mySphere.getTexCoords();
```

```
std::vector<glm::vec3> norm = mySphere.getNormals();

std::vector<float> pvalues;        // 顶点位置
std::vector<float> tvalues;        // 纹理坐标
std::vector<float> nvalues;        // 法向量

int numIndices = mySphere.getNumIndices();
for (int i = 0; i < numIndices; i++) {
    pvalues.push_back((vert[ind[i]]).x);
    pvalues.push_back((vert[ind[i]]).y);
    pvalues.push_back((vert[ind[i]]).z);

    tvalues.push_back((tex[ind[i]]).s);
    tvalues.push_back((tex[ind[i]]).t);

    nvalues.push_back((norm[ind[i]]).x);
    nvalues.push_back((norm[ind[i]]).y);
    nvalues.push_back((norm[ind[i]]).z);
}

glGenVertexArrays(1, vao);
glBindVertexArray(vao[0]);
glGenBuffers(3, vbo);

// 把顶点放入缓冲区 0
glBindBuffer(GL_ARRAY_BUFFER, vbo[0]);
glBufferData(GL_ARRAY_BUFFER, pvalues.size()*4, &pvalues[0], GL_STATIC_DRAW);

// 把纹理坐标放入缓冲区 1
glBindBuffer(GL_ARRAY_BUFFER, vbo[1]);
glBufferData(GL_ARRAY_BUFFER, tvalues.size()*4, &tvalues[0], GL_STATIC_DRAW);

// 把法向量放入缓冲区 2
glBindBuffer(GL_ARRAY_BUFFER, vbo[2]);
glBufferData(GL_ARRAY_BUFFER, nvalues.size()*4, &nvalues[0], GL_STATIC_DRAW);
}


//在 display()中
...
glDrawArrays(GL_TRIANGLES, 0, mySphere.getNumIndices());
...
```

使用 Sphere 类时，每个顶点的位置和法向量需要 3 个值，但每个纹理坐标只需要两个值。这反映在 Sphere.h 文件中显示的向量（vertices、texCoords 和 normals）的声明中，稍后数据将从这些向量中加载到缓冲区中。

值得注意的是，虽然在构建球体的过程中使用了索引，但存储在 VBO 中的最终球体顶点数据不使用索引。相反，当通过 setupVertices()循环遍历球体索引时，它会在 VBO 中为每个索引条目生成单独的（通常是冗余的）顶点条目。OpenGL 确实有一种索引顶点数据的机制，简单起见，我们在此示例中没有使用它，但我们将在下一个示例中使用 OpenGL 的索引。

从几何形状到现实世界的物体，使用程序可以创建许多其他的模型。其中著名的"犹他茶壶"[CH20]在 1975 年由 Martin Newell 开发，使用了各种贝塞尔曲线和曲面。GLUT 甚至包括绘制茶壶（见图 6.7）的程序[GL20]。我们在本书中没有涉及 GLUT，但贝塞尔曲面将在第 11 章中介绍。

图 6.7　OpenGL GLUT 绘制的茶壶

6.2　OpenGL 索引——构建一个环面

6.2.1　环面

用于产生环面的算法可以在各种网站上找到。Paul Baker 在他的 OpenGL 凹凸贴图教程中，逐步描述了定义圆形切片，然后围绕圆圈旋转切片以形成环面的方法[PP07]。图 6.8 显示了该方法的侧视图和俯视图。

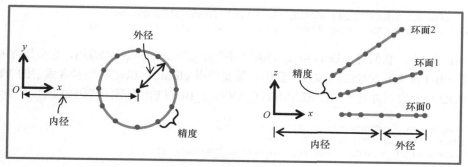

图 6.8　构建一个环面

生成环面顶点位置的方式与构建球体的方式有很大不同。对于环面，算法将一个顶点定位到原点的右侧，然后在 xOy 平面上的圆中让这个顶点围绕 z 轴旋转，以形成"环"，最后将这个环"向外"移动"内径"那么长的距离。在构建这些顶点时，会为每个顶点计算纹理坐标和法向量，还会额外为每个顶点生成与环面表面相切的向量（称为切向量）。

围绕 y 轴旋转的最初的这个环，形成用来构成环面的其他环的顶点。通过围绕 y 轴旋转的最初的环的切向量和法向量来计算每个结果顶点的切向量和法向量。在顶点创建之后，逐环遍历所有顶点，并在每个顶点上生成两个三角形。两个三角形的 6 个索引表的生成方式和之前的球体类似。

我们为环面选择纹理坐标的策略，是排列纹理坐标，使得纹理图像的 s 坐标（见 5.2 节）环绕环面的水平周边的一半，然后对另一半重复。当我们绕 y 轴旋转生成环时，我们指定一个从 1 开始并增加到指定精度（再次称为 prec）的变量 ring。然后将纹理坐标值设置为 ring*2.0/prec，使其取值范围为 0.0～2.0，再依 5.10 节中描述的，将纹理的平铺模式设为 GL_REPEAT。运用这种方法的目的是避免纹理图像在水平方向上过度"拉伸"。反之，如果确实希望纹理完全围绕环面拉伸，只需从纹理坐标计算代码中删除"*2.0"。

在 C++/OpenGL 中构建 Torus 类可以用与构建 Sphere 类几乎完全相同的方式完成。但是，我们有机会利用 OpenGL 对顶点索引的支持来利用构建环面时创建的索引（也可以对球体做到这一点，但我们没有这样做）。对于具有数千个顶点的超大型模型，使用 OpenGL 索引可以提高性能，因此下面我们将描述如何执行此操作。

6.2.2　OpenGL 中的索引

在球体和环面模型中，我们生成一个引用顶点数组的整型索引数组。对于球体，我们使用索引列表来构建一组完整的单个顶点，并将它们加载到 VBO 中，就像我们在前面章节的示例中所做的那样。实例化环面并将其顶点、法向量等加载到缓冲区中可以采用与程序 6.1 中类似的方式完成，但我们将使用 OpenGL 的索引。

使用 OpenGL 的索引时，我们需要将索引本身也加载到 VBO 中。我们生成一个额外的 VBO 用于保存索引。由于每个索引值只是一个整型引用，因此我们首先将索引数组复制到整型的 C++ 向量中，然后使用 glBufferData() 将向量加载到新增的 VBO 中，指定 VBO 的类型为 GL_ELEMENT_ARRAY_BUFFER（这会告诉 OpenGL 这个 VBO 包含索引）。执行此操作的代码可以添加到 setupVertices() 中：

```
std::vector<int> ind = myTorus.getIndices();        // 环面索引的读取函数返回整型向量类型的索引
...
glBindBuffer(GL_ELEMENT_ARRAY_BUFFER, vbo[3]);      // vbo[3]是新增的 VBO
glBufferData(GL_ELEMENT_ARRAY_BUFFER, ind.size()*4, &ind[0], GL_STATIC_DRAW);
```

在 display() 中，我们将 glDrawArrays() 调用替换为 glDrawElements() 调用，它会告诉 OpenGL 利用索引 VBO 来查找要绘制的顶点。我们还需要使用 glBindBuffer() 启用包含索引的 VBO，指定哪个 VBO 包含索引并且为 GL_ELEMENT_ARRAY_BUFFER 类型。代码如下：

```
numTorusIndices = myTorus.getNumIndices();
glBindBuffer(GL_ELEMENT_ARRAY_BUFFER, vbo[3]);
glDrawElements(GL_TRIANGLES, numTorusIndices, GL_UNSIGNED_INT, 0);
```

有趣的是，即使我们在 C++/OpenGL 应用程序中进行了更改，实现了索引，用于绘制球体的着色器对于环面来说仍然可以继续工作，不需要修改。OpenGL 能够识别 GL_ELEMENT_ARRAY_BUFFER 的存在并利用它来访问顶点属性。

程序 6.2 显示了一个基于 Baker 实现的 Torus 类。inner 和 outer 变量指的分别是图 6.9 中的内径和外径。prec 变量具有与在球体中类似的作用，即控制顶点数量和索引数量。相比之下，法向量的计算比球体复杂得多。我们使用了 Baker 在描述中给出的策略，其中计算了两个切向量［Baker 将之称为 sTangent 和 tTangent，尽管它们通常称为切向量（tangent）和副切向量（bitangent）］，并计算它们的叉乘积形成法向量。

在本书的其余部分，我们将在许多示例中使用此环面类（以及前面描述的球体类）。

程序 6.2　程序生成的环面

```
// Torus 类（Torus.cpp）
#include <cmath>
#include <vector>
#include <iostream>
#include "Torus.h"
using namespace std;

Torus::Torus() {
    prec = 48;
    inner = 0.5f;
    outer = 0.2f;
    init();
}

Torus::Torus(float innerRadius, float outerRadius, int precIn) {
    prec = precIn;
    inner = innerRadius;
    outer = outerRadius;
    init();
```

```
}

float Torus::toRadians(float degrees) { return (degrees * 2.0f * 3.14159f) / 360.0f; }

void Torus::init() {
    numVertices = (prec + 1) * (prec + 1);
    numIndices = prec * prec * 6;
    for (int i = 0; i < numVertices; i++) { vertices.push_back(glm::vec3()); }
    for (int i = 0; i < numVertices; i++) { texCoords.push_back(glm::vec2()); }
    for (int i = 0; i < numVertices; i++) { normals.push_back(glm::vec3()); }
    for (int i = 0; i < numVertices; i++) { sTangents.push_back(glm::vec3()); }
    for (int i = 0; i < numVertices; i++) { tTangents.push_back(glm::vec3()); }
    for (int i = 0; i < numIndices; i++) { indices.push_back(0); }

    // 计算第一个环
    for (int i = 0; i < prec + 1; i++) {
        float amt = toRadians(i*360.0f / prec);
        // 绕原点旋转点, 形成环, 然后将它们向外移动
        glm::mat4 rMat = glm::rotate(glm::mat4(1.0f), amt, glm::vec3(0.0f, 0.0f, 1.0f));
        glm::vec3 initPos(rMat * glm::vec4(outer, 0.0f, 0.0f, 1.0f));
        vertices[i] = glm::vec3(initPos + glm::vec3(inner, 0.0f, 0.0f));

        // 为环上的每个顶点计算纹理坐标
        texCoords[i] = glm::vec2(0.0f, ((float)i / (float)prec));

        // 计算切向量和法向量, 第一个切向量是绕 z 轴旋转的 y 轴
        rMat = glm::rotate(glm::mat4(1.0f), amt, glm::vec3(0.0f, 0.0f, 1.0f));
        tTangents[i] = glm::vec3(rMat * glm::vec4(0.0f, -1.0f, 0.0f, 1.0f));
        sTangents[i] = glm::vec3(glm::vec3(0.0f, 0.0f, -1.0f));    // 第二个切向量是 -z 轴
        normals[i] = glm::cross(tTangents[i], sTangents[i]);        // 它们的叉乘积就是法向量
    }

    // 绕 y 轴旋转最初的那个环, 形成其他的环
    for (int ring = 1; ring < prec + 1; ring++) {
        for (int vert = 0; vert < prec + 1; vert++) {

            // 绕 y 轴旋转最初那个环的顶点坐标
            float amt = (float)( toRadians(ring * 360.0f / prec));
            glm::mat4 rMat = glm::rotate(glm::mat4(1.0f), amt, glm::vec3(0.0f, 1.0f, 0.0f));
            vertices[ring*(prec + 1) + i] = glm::vec3(rMat * glm::vec4(vertices[i], 1.0f));

            // 计算新环顶点的纹理坐标
            texCoords[ring*(prec + 1) + vert] = glm::vec2((float)ring*2.0f / (float)prec, texCoords
                [vert].t);
            if (texCoords[ring*(prec + 1) + i].s > 1.0) texCoords[ring*(prec+1)+i].s -= 1.0f;

            // 绕 y 轴旋转切向量和副切向量
            rMat = glm::rotate(glm::mat4(1.0f), amt, glm::vec3(0.0f, 1.0f, 0.0f));
            sTangents[ring*(prec + 1) + i] = glm::vec3(rMat * glm::vec4(sTangents[i], 1.0f));
            rMat = glm::rotate(glm::mat4(1.0f), amt, glm::vec3(0.0f, 1.0f, 0.0f));
            tTangents[ring*(prec + 1) + i] = glm::vec3(rMat * glm::vec4(tTangents[i], 1.0f));

            // 绕 y 轴旋转法向量
            rMat = glm::rotate(glm::mat4(1.0f), amt, glm::vec3(0.0f, 1.0f, 0.0f));
            normals[ring*(prec + 1) + i] = glm::vec3(rMat * glm::vec4(normals[i], 1.0f));
} } }

    // 为各顶点的两个三角形计算索引
    for (int ring = 0; ring < prec; ring++) {
        for (int vert = 0; vert < prec; vert++) {
            indices[((ring*prec + vert) * 2) * 3 + 0] = ring*(prec + 1) + vert;
            indices[((ring*prec + vert) * 2) * 3 + 1] = (ring + 1)*(prec + 1) + vert;
```

```
         indices[((ring*prec + vert) * 2) * 3 + 2] = ring*(prec + 1) + vert + 1;
         indices[((ring*prec + vert) * 2 + 1) * 3 + 0] = ring*(prec + 1) + vert + 1;
         indices[((ring*prec + vert) * 2 + 1) * 3 + 1] = (ring + 1)*(prec + 1) + vert;
         indices[((ring*prec + vert) * 2 + 1) * 3 + 2] = (ring + 1)*(prec + 1) + vert + 1;
} } }
```

```
// 环面索引和顶点的访问函数
int Torus::getNumVertices() { return numVertices; }
int Torus::getNumIndices() { return numIndices; }
std::vector<int> Torus::getIndices() { return indices; }
std::vector<glm::vec3> Torus::getVertices() { return vertices; }
std::vector<glm::vec2> Torus::getTexCoords() { return texCoords; }
std::vector<glm::vec3> Torus::getNormals() { return normals; }
std::vector<glm::vec3> Torus::getStangents() { return sTangents; }
std::vector<glm::vec3> Torus::getTtangents() { return tTangents; }
```

```
// 环面头文件（Torus.h）
#include <cmath>
#include <vector>
#include <glm/glm.hpp>
class Torus
{
private:
    int numVertices;
    int numIndices;
    int prec;
    float inner;
    float outer;
    std::vector<int> indices;
    std::vector<glm::vec3> vertices;
    std::vector<glm::vec2> texCoords;
    std::vector<glm::vec3> normals;
    std::vector<glm::vec3> sTangents;
    std::vector<glm::vec3> tTangents;
    void init();
    float toRadians(float degrees);

public:
    Torus();
    Torus(float innerRadius, float outerRadius, int prec);
    int getNumVertices();
    int getNumIndices();
    std::vector<int> getIndices();
    std::vector<glm::vec3> getVertices();
    std::vector<glm::vec2> getTexCoords();
    std::vector<glm::vec3> getNormals();
    std::vector<glm::vec3> getStangents();
    std::vector<glm::vec3> getTtangents();
};
```

```
// 使用 Torus 类（用 OpenGL 索引）
...
#include "Torus.h"
...
Torus myTorus(0.5f, 0.2f, 48);
...
void setupVertices(void) {
    std::vector<int> ind = myTorus.getIndices();
    std::vector<glm::vec3> vert = myTorus.getVertices();
    std::vector<glm::vec2> tex = myTorus.getTexCoords();
```

```cpp
std::vector<glm::vec3> norm = myTorus.getNormals();

std::vector<float> pvalues;
std::vector<float> tvalues;
std::vector<float> nvalues;

int numVertices = myTorus.getNumVertices();
for (int i = 0; i < numVertices; i++) {
    pvalues.push_back(vert[i].x);
    pvalues.push_back(vert[i].y);
    pvalues.push_back(vert[i].z);

    tvalues.push_back(tex[i].s);
    tvalues.push_back(tex[i].t);

    nvalues.push_back(norm[i].x);
    nvalues.push_back(norm[i].y);
    nvalues.push_back(norm[i].z);
}
glGenVertexArrays(1, vao);
glBindVertexArray(vao[0]);
glGenBuffers(4, vbo);                              // 像以前一样生成 VBO，并新增一个 VBO 用于索引

glBindBuffer(GL_ARRAY_BUFFER, vbo[0]);             // 顶点位置
glBufferData(GL_ARRAY_BUFFER, pvalues.size() * 4, &pvalues[0], GL_STATIC_DRAW);

glBindBuffer(GL_ARRAY_BUFFER, vbo[1]);             // 纹理坐标
glBufferData(GL_ARRAY_BUFFER, tvalues.size() * 4, &tvalues[0], GL_STATIC_DRAW);

glBindBuffer(GL_ARRAY_BUFFER, vbo[2]);             // 法向量
glBufferData(GL_ARRAY_BUFFER, nvalues.size() * 4, &nvalues[0], GL_STATIC_DRAW);

glBindBuffer(GL_ELEMENT_ARRAY_BUFFER, vbo[3]);     // 索引
glBufferData(GL_ELEMENT_ARRAY_BUFFER, ind.size() * 4, &ind[0], GL_STATIC_DRAW);
}


// 在 display() 中
...
glBindBuffer(GL_ELEMENT_ARRAY_BUFFER, vbo[3]);
glDrawElements(GL_TRIANGLES, myTorus.getNumIndices(), GL_UNSIGNED_INT, 0);
```

请注意，在使用 Torus 类的代码中，setupVertices()中的循环只存储一次与每个顶点关联的数据，而不是将每个索引条目存储一次（如球体示例中的情况）。这种差异也体现在输入 VBO 的数据的数组声明大小中。另外，在环面示例中，不是在检索顶点数据时使用索引值，而是直接将它们简单地加载到第 3 个 VBO 中。由于此 VBO 被指定为 GL_ELEMENT_ ARRAY_BUFFER，因此 OpenGL 知道该 VBO 包含顶点索引。

图 6.9 显示了实例化环面并使用砖纹理对其进行纹理化的结果。

图 6.9　程序生成的环面

6.3 加载外部构建的模型

复杂的 3D 模型,例如在视频游戏或计算机生成的电影中的人物角色,通常使用建模工具构建。这种数字内容创建(Digital Content Creation,DCC)工具使人们(例如艺术家)能够在 3D 空间中构建任意形状,并自动生成顶点、纹理坐标、顶点法向量等。有太多这样的工具,此处无法一一列出,有几个例子是 Maya、Blender、LightWave、Cinema4D 等。Blender 是免费且开源的。图 6.10 显示了构建 3D 模型时的 Blender 界面。

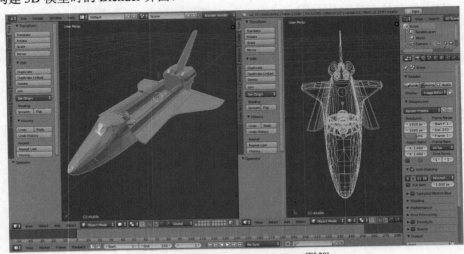

图 6.10　Blender 模型构建示例[BL20]

为了在 OpenGL 场景中使用 DCC 工具创建的模型,我们需要以可读取到(或导入)程序的格式保存(或导出)该模型。有好几种标准的 3D 模型文件格式(再次说明,有太多格式无法一一列出),如 Wavefront(.obj)、3D Studio Max(.3ds)、斯坦福扫描存储库(.ply)、Ogre3D(.mesh)等格式。其中较简单的是 Wavefront(该格式文件通常称为 OBJ 文件),所以我们将仔细讲解它。

OBJ 文件很简单,我们可以相对容易地开发一个基本的导入器。OBJ 文件以文本行的形式指定顶点几何数据、纹理坐标、法向量和其他信息。它有一些限制,例如无法指定模型动画。

OBJ 文件中的行以字符标签开头,以标明该行的数据类型。一些常见的标签如下所示。

- v:几何数据(顶点位置)。
- vt:纹理坐标。
- vn:顶点法向量。
- f:面(通常是三角形中的顶点)。

还有其他标签可以用来存储对象名称、使用的材质、曲线、阴影和许多其他细节。我们这里只讨论上面列出的 4 个标签,通过这些标签足以导入各种复杂模型。

假设我们使用 Blender 构建一个简单的四棱锥,例如我们为程序 4.3 开发的四棱锥。图 6.11 是在 Blender 中构建的类似的四棱锥的屏幕截图。

在 Blender 中导出四棱锥模型,指定.obj 格式,并设置 Blender 输出纹理坐标和顶点法向量,则会创建一个包含所有这些信息的 OBJ 文件,如图 6.12 所示(纹理坐标的实际值可能因模型的构建方式而异)。

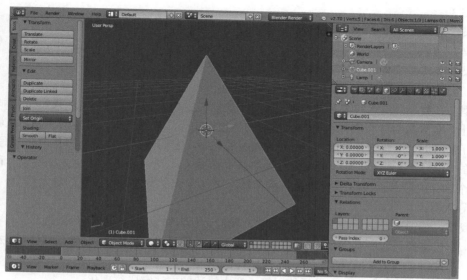

图 6.11   在 Blender 中构建的四棱锥

OBJ 文件顶部以"#"开头的行是由 Blender 添加的注释，我们的导入器可以忽略这些注释。

以"o"开头的行给出了对象的名称，我们的导入器也可以忽略这一行。文件后半部分以"s"开头的行指定了表面不应该平滑处理，在此处同样忽略。

OBJ 文件中的第一部分实际内容是以"v"开头的那些行。它们指定了四棱锥模型的 5 个顶点相对于原点的局部空间坐标。在这里，原点位于四棱锥内部。

以"vt"开头的行包含各种纹理坐标。纹理坐标列表比顶点列表长的原因是一些顶点参与了多个三角形的构建，并且在这些情况下可能使用不同的纹理坐标。

以"vn"开头的行包含各种法向量。该列表通常也比顶点列表长（尽管在该示例中不是这样），同样是因为一些顶点参与了多个三角形的构建，并且在这些情况下可能使用不同的法向量。

在文件底部附近以"f"开头的行指定了三角形（即"面"）。在此示例中，每个面（三角形）具有 3 个元素，每个元素具有由"/"分隔的 3 个值（OBJ 也允许其他格式）。每个元素的值分别是顶点列表、纹理坐标和法向量的索引。例如，第 3 个面是：

```
# Blender v2.70 (sub 0) OBJ File: ''
o Pyramid
v 1.000000 -1.000000 -1.000000
v 1.000000 -1.000000 1.000000
v -1.000000 -1.000000 1.000000
v -1.000000 -1.000000 -1.000000
v 0.000000 1.000000 0.000000
vt 0.515829 0.258220
vt 0.515829 0.750612
vt 0.023438 0.750612
vt 0.370823 0.790246
vt 0.820312 0.388210
vt 0.820312 0.991264
vt 0.566135 0.988689
vt 0.015625 0.742493
vt 0.566135 0.496298
vt 0.015625 0.250102
vt 0.566135 0.003906
vt 1.000000 0.000000
vt 1.000000 0.603054
vt 0.550510 0.402036
vt 0.023438 0.258220
vn 0.000000 -1.000000 0.000000
vn 0.894427 0.447214 0.000000
vn -0.000000 0.447214 0.894427
vn -0.894427 0.447214 -0.000000
vn 0.000000 0.447214 -0.894427
s off
f 2/1/1 3/2/1 4/3/1
f 1/4/2 5/5/2 2/6/2
f 2/7/3 5/8/3 3/9/3
f 3/9/4 5/10/4 4/11/4
f 5/12/5 1/13/5 4/14/5
f 1/15/1 2/1/1 4/3/1
```

图 6.12   由四棱锥导出的 OBJ 文件

f 2/7/3   5/8/3   3/9/3

这表明顶点列表中的第 2 个、第 5 个和第 3 个顶点组成了一个三角形（请注意 OBJ 索引从 1 开始）。相应的纹理坐标是纹理坐标列表中的第 7 项、第 8 项和第 9 项。所有 3 个顶点都具有相同的法向量，也就是法向量列表中的第 3 项。

OBJ 格式的模型并不要求具有法向量，甚至纹理坐标。如果模型没有纹理坐标和法向量，则面的数值将仅指定顶点索引：

f 2 5 3

如果模型具有纹理坐标，但没有法向量，则格式为：

f 2/7　5/8　3/9

如果模型具有法向量，但没有纹理坐标，则格式为：

f 2//3　5//3　3//3

模型具有数万个顶点的情况并不罕见。对于所有可以想象到的应用场景，我们几乎都可以在互联网上下载到数百种相应的模型，包括动物、建筑物、汽车、飞机、虚构的生物、人物等。

在互联网上可以获得各种能导入 OBJ 模型的程序，它们的复杂程度不尽相同。编写一个非常简单的 OBJ 加载器函数来处理我们看到的基本标签（v、vt、vn 和 f）也并不困难，程序 6.3 就是一个这样的导入程序，尽管功能非常有限。它包含一个类来保存任意的导入模型，该模型又调用导入器。

在我们讲述简单 OBJ 导入器的代码之前，我们必须告知读者这段代码局限性。

- 它仅支持包含所有 3 个面属性字段的模型。也就是说，顶点位置、纹理坐标和法向量都必须以 f　#/#/#　#/#/#　#/#/#这种形式存在。
- 材质标签将被忽略——必须使用第 5 章中描述的方法完成纹理化。
- 它仅支持由单个三角形网格组成的 OBJ 模型（OBJ 格式支持复合模型，但我们的简单导入器不支持）。
- 它假设每行上的元素只用一个空格分隔。

如果你的 OBJ 模型不满足上述所有条件，并且你希望使用程序 6.3 中的简单加载程序导入它，那么仍然有解决办法。通常可以将这样的模型加载到 Blender 中，然后将其导出到另一个满足加载器限制条件的 OBJ 文件中。例如，如果模型不包含法向量，则可以让 Blender 在导出修改后的 OBJ 文件时生成法向量。

我们的 OBJ 加载器的另一个限制与索引有关。在前面的描述中提到了 f 标签允许混合和匹配顶点位置、纹理坐标和法向量的可能性。例如，两个不同的"面"行可以包括 v 条目相同但是 vt 条目不同的索引。遗憾的是，OpenGL 的索引机制不具备这种灵活性——OpenGL 中的索引条目只能指向特定的顶点及其属性。这使得在某种程度上编写 OBJ 模型加载器变得复杂，因为我们不能简单地将三角形面条目中的引用复制到索引数组中。相反，使用 OpenGL 索引需要确保面条目的 v、vt 和 vn 值的整个组合在索引数组中都有自己的引用。一种更简单但效率更低的替代方法是为每个三角形面条目创建一个新顶点。尽管使用 OpenGL 索引具有节省空间的优势（特别是在加载较大模型时），但为了清晰，我们选择这种更简单的方法。

ModelImporter 类包含一个 parseOBJ()函数：它逐行读取 OBJ 文件，分别处理 v、vt、vn 和 f 这 4 种情况。在每种情况下，提取行上的后续数字：首先使用 erase()跳过初始的 v、vt、vn 或 f 字符，然后使用 C++ stringstream 类的">>"运算符提取每个后续参数值，将它们存储在 C++ 浮点向量中。当处理面条目（f 标签）时，使用 C++ 浮点向量中的对应条目构建顶点，包括顶点位置、纹理坐标和法向量。

ModelImporter 类和 ImportedModel 类被包含在同一个文件中，ImportedModel 类通过将导入的顶点放入 vec2 和 vec3 对象的向量中，简化了加载和访问 OBJ 文件顶点的过程。回想一下这些 GLM 类，我们在这里使用它们来存储顶点位置、纹理坐标和法向量。ImportedModel 类中的读取函数使它们可用于 C++/OpenGL 应用程序，其方式与 Sphere 和 Torus 类中的方式相似。

在 ModelImporter 和 ImportedModel 类之后是一系列调用示例，用于加载 OBJ 文件，并将顶点信息传输到一组 VBO 中以供后续渲染。

图 6.13 显示了从 NASA 网站[NA20]下载的 OBJ 格式的航天飞机渲染模型，使用程序 6.3 中的代码导入，并使用程序 5.1 中的代码和相应的带有各向异性过滤的 NASA 纹理图像文件进行纹理化。该纹理图像是使用 UV 映射的示例，其中模型中的纹理坐标被仔细地映射到纹理图像的特定区域（如第 5 章所述，UV 映射的细节超出了本书的范围）。

图 6.13   带有纹理的 NASA 航天飞机模型

程序 6.3   简化的（有限制的）OBJ 加载器

```
// ImportedModel 和 ModelImporter 类（ImportedModel.cpp）
#include <fstream>
#include <sstream>
#include <glm/glm.hpp>
#include "ImportedModel.h"
using namespace std;

// ------------ ImportedModel 类

ImportedModel::ImportedModel(const char *filePath) {
    ModelImporter modelImporter = ModelImporter();
    modelImporter.parseOBJ(filePath);              // 使用 modelImporter 获取顶点信息
    numVertices = modelImporter.getNumVertices();
    std::vector<float> verts = modelImporter.getVertices();
    std::vector<float> tcs = modelImporter.getTextureCoordinates();
    std::vector<float> normals = modelImporter.getNormals();

    for (int i = 0; i < numVertices; i++) {
        vertices.push_back(glm::vec3(verts[i*3], verts[i*3+1], verts[i*3+2]));
        texCoords.push_back(glm::vec2(tcs[i*2], tcs[i*2+1]));
        normalVecs.push_back(glm::vec3(normals[i*3], normals[i*3+1], normals[i*3+2]));
} }

int ImportedModel::getNumVertices() { return numVertices; }        // accessors
std::vector<glm::vec3> ImportedModel::getVertices() { return vertices; }
std::vector<glm::vec2> ImportedModel::getTextureCoords() { return texCoords; }
std::vector<glm::vec3> ImportedModel::getNormals() { return normalVecs; }

// -------------- ModelImporter 类

ModelImporter::ModelImporter() {}

void ModelImporter::parseOBJ(const char *filePath) {
    float x, y, z;
    string content;
    ifstream fileStream(filePath, ios::in);
    string line = "";
    while (!fileStream.eof()) {
        getline(fileStream, line);
        if (line.compare(0, 2, "v ") == 0) {          // 顶点位置（v 标签）
                stringstream ss(line.erase(0, 1));
```

```
                ss >> x; ss >> y; ss >> z;                     // 提取顶点位置数值
                vertVals.push_back(x);
                vertVals.push_back(y);
                vertVals.push_back(z);
        }

        if (line.compare(0, 2, "vt") == 0) {                   // 纹理坐标（vt 标签）
                stringstream ss(line.erase(0, 2));
                ss >> x; ss >> y;                              // 提取纹理坐标数值
                stVals.push_back(x);
                stVals.push_back(y);
        }
        if (line.compare(0, 2, "vn") == 0) {                   // 顶点法向量（vn 标签）
                stringstream ss(line.erase(0, 2));
                ss >> x; ss >> y; ss >> z;                      // 提取法向量数值
                normVals.push_back(x);
                normVals.push_back(y);
                normVals.push_back(z);
        }
        if (line.compare(0, 2, "f") == 0) {                    // 三角形面（f 标签）
                string oneCorner, v, t, n;
                stringstream ss(line.erase(0, 2));
                for (int i = 0; i < 3; i++) {
                        getline(ss, oneCorner, ' ');           // 提取三角形面引用
                        stringstream oneCornerSS(oneCorner);
                        getline(oneCornerSS, v, '/');
                        getline(oneCornerSS, t, '/');
                        getline(oneCornerSS, n, '/');

                        int vertRef = (stoi(v) - 1) * 3;       // stoi 将字符串转化为整型
                        int tcRef = (stoi(t) - 1) * 2;
                        int normRef = (stoi(n) - 1) * 3;

                        triangleVerts.push_back(vertVals[vertRef]);      // 构建顶点向量
                        triangleVerts.push_back(vertVals[vertRef + 1]);
                        triangleVerts.push_back(vertVals[vertRef + 2]);

                        textureCoords.push_back(stVals[tcRef]);          // 构建纹理坐标向量
                        textureCoords.push_back(stVals[tcRef + 1]);

                        normals.push_back(normVals[normRef]);            // 法向量的向量
                        normals.push_back(normVals[normRef + 1]);
                        normals.push_back(normVals[normRef + 2]);
} } } }

int ModelImporter::getNumVertices() { return (triangleVerts.size()/3); }       // 读取函数
std::vector<float> ModelImporter::getVertices() { return triangleVerts; }
std::vector<float> ModelImporter::getTextureCoordinates() { return textureCoords; }
std::vector<float> ModelImporter::getNormals() { return normals; }


// ImportedModel 和 ModelImporter 头文件（ImportedModel.h）
#include <vector>

class ImportedModel
{
private:
    int numVertices;
    std::vector<glm::vec3> vertices;
    std::vector<glm::vec2> texCoords;
    std::vector<glm::vec3> normalVecs;
public:
    ImportedModel(const char *filePath);
    int getNumVertices();
    std::vector<glm::vec3> getVertices();
```

```
        std::vector<glm::vec2> getTextureCoords();
        std::vector<glm::vec3> getNormals();
    };

    class ModelImporter
    {
    private:
        // 从 OBJ 文件读取的数值
        std::vector<float> vertVals;
        std::vector<float> stVals;
        std::vector<float> normVals;

        // 保存为顶点属性以供后续使用的数值
        std::vector<float> triangleVerts;
        std::vector<float> textureCoords;
        std::vector<float> normals;

    public:
        ModelImporter();
        void parseOBJ(const char *filePath);
        int getNumVertices();
        std::vector<float> getVertices();
        std::vector<float> getTextureCoordinates();
        std::vector<float> getNormals();
    };

    // 使用模型导入器
    ...
    ImportedModel myModel("shuttle.obj");              // 在顶层声明中
    ...

    void setupVertices(void) {
        std::vector<glm::vec3> vert = myModel.getVertices();
        std::vector<glm::vec2> tex = myModel.getTextureCoords();
        std::vector<glm::vec3> norm = myModel.getNormals();
        int numObjVertices = myModel.getNumVertices();

        std::vector<float> pvalues;        // 顶点位置
        std::vector<float> tvalues;        // 纹理坐标
        std::vector<float> nvalues;        // 法向量

        for (int i = 0; i < numObjVertices(); i++) {
            pvalues.push_back((vert[i]).x);
            pvalues.push_back((vert[i]).y);
            pvalues.push_back((vert[i]).z);
            tvalues.push_back((tex[i]).s);
            tvalues.push_back((tex[i]).t);
            nvalues.push_back((norm[i]).x);
            nvalues.push_back((norm[i]).y);
            nvalues.push_back((norm[i]).z);
        }

        glGenVertexArrays(1, vao);
        glBindVertexArray(vao[0]);
        glGenBuffers(numVBOs, vbo);

        // 顶点位置的 VBO
        glBindBuffer(GL_ARRAY_BUFFER, vbo[0]);
        glBufferData(GL_ARRAY_BUFFER, pvalues.size() * 4, &pvalues[0], GL_STATIC_DRAW);

        // 纹理坐标的 VBO
        glBindBuffer(GL_ARRAY_BUFFER, vbo[1]);
        glBufferData(GL_ARRAY_BUFFER, tvalues.size() * 4, &tvalues[0], GL_STATIC_DRAW);
```

```
// 法向量的 VBO
glBindBuffer(GL_ARRAY_BUFFER, vbo[2]);
glBufferData(GL_ARRAY_BUFFER, nvalues.size() * 4, &nvalues[0], GL_STATIC_DRAW);
}


// 在 display()中
...
glDrawArrays(GL_TRIANGLES, 0, myModel.getNumVertices());
```

补充说明

我们虽然讨论了使用 DCC 工具构建 3D 模型，但没有讨论如何使用这些工具。相关教程超出了本书的范围，但是所有流行的工具都有大量的教程视频材料文档可供使用，例如 Blender 和 Maya。

3D 建模本身就是一个内容丰富的研究领域。本章的内容只是基本的介绍，重点是它与 OpenGL 的关系。许多大学都开设了 3D 建模课程，并且我们也鼓励有兴趣学习更多知识的读者参考一些提供更多细节的资源[BL20, CH11, VA12]。

我们重申，本章中介绍的 OBJ 导入器的功能是很有限的，并且只能处理 OBJ 格式支持的一部分功能。它虽然足以满足我们的需求，但会在某些 OBJ 文件上失败。在这些情况下，有必要首先将模型加载到 Blender（或 Maya 等）工具中，然后将其重新导出为符合导入器限制的 OBJ 文件，如本章前面所述。

习题

6.1　修改程序 4.4，使"太阳""地球""月球"成为带纹理的球体。

6.2　（项目）修改你的习题 6.1 的程序，以使得图 6.16 中导入的 NASA 航天飞机对象也绕"太阳"运行。你需要尝试出要应用于航天飞机的缩放比例和旋转方式，使其看起来更逼真。

6.3　（研究和项目）了解如何使用 Blender 创建自己的 3D 对象的基础知识。想要在你的 OpenGL 应用程序中充分利用 Blender，你将需要学习如何使用 Blender 的 UV 展开工具来生成纹理坐标和相关的纹理图像。然后，你可以将对象导出为 OBJ 文件，并使用程序 6.3 中的代码加载它。

参考资料

[BL20] Blender, The Blender Foundation, accessed July 2020.

[CH11] A. Chopine, *3D Art Essentials: The Fundamentals of 3D Modeling, Texturing, and Animation* (Focal Press, 2011).

[CH20] Computer History Museum, accessed July 2020.

[GL20] GLUT and OpenGL Utility Libraries, accessed July 2020.

[NA20] NASA 3D Resources, accessed July 2020.

[PP07] P. Baker, Paul's Projects, 2007, accessed July 2020.

[VA12] V. Vaughan, *Digital Modeling* (New Riders, 2012).

[VE16] Visible Earth, NASA Goddard Space Flight Center Image, accessed July 2020.

第7章 光照

光照以不同的方式影响着我们看到的世界，有时甚至是以很戏剧化的方式。当手电筒照射在物体上时，我们希望物体朝向光线的一侧看起来更亮。我们所居住的地球上的点，在中午朝向太阳时候被照得很亮，但随着地球的自转，同一个地点的亮度会由白天到傍晚逐渐变暗，直到午夜变得完全黑暗。物体对光的反射情况也各不相同。物体除了可以具有颜色，也可以具有不同的反射特性。考虑两个物体，在都是绿色的情况下，其中一个是布制的，而另一个是抛光钢材质的——那么后者看起来会更"闪亮"。

7.1 光照模型

我们观察到光，是由于高能量源发出的一些光子经过反射到达了我们的眼睛。不幸的是，在计算上模拟这个自然过程是不可行的，因为这需要模拟并跟踪大量光子的运动，即向我们的场景中添加海量的对象（和矩阵）。因此，我们需要的是光照模型。

光照模型（lighting model）有时也称为着色模型（shading model），在着色器编程存在的情况下，这可能有点儿令人困惑。反射模型（reflection model）这一术语有时又会进一步使表达复杂化。我们将尽力坚持使用简单而实用的术语。

现在常见的光照模型称为 ADS 模型，因为它们基于标记为 A、D 和 S 的 3 种类型的反射。
- A：环境光反射（ambient reflection）：模拟低级光照，影响场景中的所有物体。
- D：漫反射（diffuse reflection）：根据光线的入射角度调整物体亮度。
- S：镜面反射（specular reflection）：展示物体的光泽，通过在物体表面上，光线直接地反射到我们的眼睛的位置，策略性地放置适当大小的高光来实现。

ADS 模型可用于模拟不同的光照效果和各种材质。

图 7.1（见彩插）展示了位置光对于闪亮黄金环面的环境光反射、漫反射和镜面反射分量。

回想一下，场景的绘制最终是由片段着色器为屏幕上的每个像素输出颜色而实现的。使用 ADS 光照模型需要指定用于像素输出的 RGBA 值上因光照而产生的分量。因素包括：
- 光源类型及其环境光反射、漫反射和镜面反射特性；
- 对象材质的环境光反射、漫反射和镜面反射特征；
- 对象材质的"光泽度"；
- 光线照射物体的角度；
- 从中查看场景的角度。

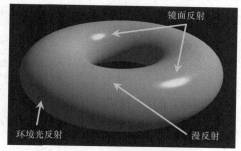

图 7.1 ADS 光照分量

7.2 光源

光源有许多类型，每种光源具有不同的特性，需要通过不同的步骤来模拟其效果。常见光源

类型有:

- 全局光(通常称为"全局环境光",因为它仅包含环境光组件);
- 定向光(或"远距离光");
- 位置光(或"点光源");
- 聚光灯。

全局环境光是最简单的光源类型。它没有光源位置,无论场景中的对象在何处,用于显示对象的每个像素都有着相同的光照。全局环境光照模拟了现实世界中的一种光线现象——光线经过很多次反射,其光源和方向都已经无法确定。全局环境光仅具有环境光反射分量,用 RGBA 值设定;它没有漫反射或镜面反射分量。例如,全局环境光可以定义如下:

```
float globalAmbient[4] = { 0.6f, 0.6f, 0.6f, 1.0f };
```

RGBA 值中各分量的取值范围都为 0~1,全局环境光通常被建模为偏暗的白光,其中 R、G、B 各值设为 0~1 范围内的相同的小数,A 值设为 1。

定向光或远距离光也没有源位置,但它具有方向。它可以用来模拟光源距离非常远,以至于光线接近平行的情况,例如阳光。通常在这种情况下,我们可能只对被照亮的物体感兴趣,而对发光的物体不感兴趣。定向光对物体的影响取决于光照角度,物体在朝向定向光的一侧比在切向或对侧更亮。建模定向光需要指定其方向(以向量形式)及其环境、漫反射和镜面特征(通过设定 RGBA 值)。指向 z 轴负方向的红色定向光可以指定如下:

```
float dirLightAmbient[4] = { 0.1f, 0.0f, 0.0f, 1.0f };
float dirLightDiffuse[4] = { 1.0f, 0.0f, 0.0f, 1.0f };
float dirLightSpecular[4] = { 1.0f, 0.0f, 0.0f, 1.0f };
float dirLightDirection[3] = { 0.0f, 0.0f, -1.0f };
```

在已经有全局环境光的情况下,定向光的环境光分量看起来似乎是多余的。然而,当光源"开启"或"关闭"时,全局环境光和定向光的环境光分量的区别就很明显了。当"开启"时,总环境光分量将如预期的那样增加。在上面的例子中,我们只使用了很小的环境光分量。在实际场景中,应当根据场景的需要平衡两个环境光分量。

位置光在 3D 场景中具有特定位置,用以体现靠近场景的光源,例如台灯,蜡烛等。像定向光一样,位置光的效果取决于照射角度;但是,它没有方向,因为它对场景中的每个顶点的光照方向都不同。位置光还可以包含衰减因子,以模拟它们的强度随距离减小的程度。与我们看到的其他类型的光源一样,位置光具有指定为 RGBA 值的环境光反射、漫反射和镜面反射特性。位置(5,2,−3)处的红色位置光可以指定如下:

```
float posLightAmbient[4] = { 0.1f, 0.0f, 0.0f, 1.0f };
float posLightDiffuse[4] = { 1.0f, 0.0f, 0.0f, 1.0f };
float posLightSpecular[4] = { 1.0f,0.0f, 0.0f, 1.0f };
float posLightLocation[3] = { 5.0f, 2.0f, -3.0f };
```

衰减因子有多种建模方式。其中一种方式是使用恒定衰减、线性衰减和二次方衰减,引入 3 个非负可调参数(分别称为 k_c、k_l 和 k_q)。这些参数与离光源的距离 d 结合进行计算:

$$\text{attenuationFactor} = \frac{1}{k_c + k_l d + k_q d^2}$$

将这个因子与光的强度相乘,可以使光在距光源更远时的强度衰减更多。注意,k_c 应当永远设置为大于等于 1 的值,另外两个参数中至少应当有一个大于 0,从而使得衰减因子落入[0, 1]区间,并当 d 增大时接近 0。

聚光灯（spotlight）同时具有位置和方向。其"锥形"效果可以使用 0°～90° 的截光角 θ 指定光束的半宽度来模拟，使用衰减指数可以模拟随光束角度的强度变化。如图 7.2 所示，我们确定聚光灯方向与从聚光灯到像素的向量之间的角度为 φ。当 φ 小于 θ 时，我们通过计算 φ 的余弦的衰减指数次幂来计算强度因子（当 φ 大于 θ 时，将强度因子设置为 0）。强度因子的范围为 0～1。衰减指数会影响当角度 φ 增加时，强度因子趋于 0 的速率。将强度因子乘光的强度即可模拟锥形效果。

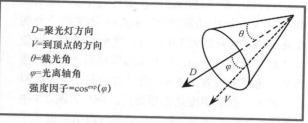

图 7.2　聚光灯参数

位于 (5,2,−3) 向下照射 z 轴负方向的红色聚光灯可以表示为：

```
float spotLightAmbient[4] = { 0.1f, 0.0f, 0.0f, 1.0f };
float spotLightDiffuse[4] = { 1.0f, 0.0f, 0.0f, 1.0f };
float spotLightSpecular[4] = { 1.0f,0.0f, 0.0f, 1.0f };
float spotLightLocation[3] = { 5.0f, 2.0f, -3.0f };
float spotLightDirection[3] = { 0.0f, 0.0f, -1.0f };
float spotLightCutoff = 20.0f;
float spotLightExponent = 10.0f;
```

聚光灯也可以引入衰减因子。我们没有在上面的代码中展示它们，不过，聚光灯衰减因子可以用与前述定向光源相同的方式实现。历史上，自 1986 年皮克斯的著名动画《小台灯》（*Luxo Jr.*）出现起，聚光灯就成了计算机图形学的标志。

当设计拥有许多光源的系统时，程序员应该考虑创建相应的类结构，如定义 Light 类及其子类 GlobalAmbient、Directional、Positional、Spotlight。由于聚光灯同时具有定向光和位置光的特性，因此这里就值得使用 C++ 的多继承能力，让 Spotlight 类同时继承于实现位置光和定向光的类。在示例中，由于内容足够简单，因此我们在当前版本中没有加入这种层次结构。

7.3　材质

我们场景中物体的"外观"目前仅使用颜色和纹理进行表现，增加的光照使得我们可以加入表面的反射特性，即对象如何与我们的 ADS 光照模型相互作用。这可以通过将每个对象视为"由某种材质制成"来建模。

通过指定 4 个值（我们已经熟悉其中 3 个值——环境光反射、漫反射和镜面反射），可以在 ADS 光照模型中模拟材质。第 4 个值叫作光泽，正如我们将要看到的那样，它被用来为所选材质建立一个合适的镜面高光。目前，许多不同类型的常见材质已经有可直接使用的 ADS 和光泽了。例如，要模拟锡铅合金的效果，可以指定如下值：

```
float pewterMatAmbient[4] = { .11f, .06f, .11f, 1.0f };
float pewterMatDiffuse[4] = { .43f, .47f, .54f, 1.0f };
float pewterMatSpecular[4] = { .33f, .33f, .52f, 1.0f };
float pewterMatShininess = 9.85f;
```

一些其他材质的 ADS RGBA 值见图 7.3[BA16]。

有时候一些其他特性也属于材质特性。透明度由 RGBA 标准中的第四个（alpha）通道的不透明度来实现，其取值为 1.0 时表示完全不透明，取值为 0 时表示完全透明。对于大多数材质而言，只需要把不透明度设置为 1.0，但是对于某些特定的材质，加入一些透明度是很重要的。例如，图 7.3 中材质"玉"和"珍珠"都稍稍透明（取值略微小于1.0）以显得更加真实。

放射性有时也包含在 ADS 材质特性中。它在模拟自身发光的材质（例如磷光材质）时非常有用。

没有纹理的物体在渲染时，通常需要指定材质特性。因此，预定义一些可供选择的材质，在使用时会很方便。由此我们需要在 Utils.cpp 文件中添加如下代码：

材质	环境光RGBA 漫反射RGBA 反射RGBA	光泽度
黄金	0.2473, 0.1995, 0.0745, 1.0 0.7516, 0.6065, 0.2265, 1.0 0.6283, 0.5558, 0.3661, 1.0	51.200
玉	0.1350, 0.2225, 0.1575, 0.95 0.5400, 0.8900, 0.6300, 0.95 0.3162, 0.3162, 0.3162, 0.95	12.800
珍珠	0.2500, 0.2073, 0.2073, 0.922 1.0000, 0.8290, 0.8290, 0.922 0.2966, 0.2966, 0.2966, 0.922	11.264
银	0.1923, 0.1923, 0.1923, 1.0 0.5075, 0.5075, 0.5075, 1.0 0.5083, 0.5083, 0.5083, 1.0	51.200

图 7.3　其他材质的 ADS 系数

```
// 黄金材质：环境光、漫反射、镜面反射和光泽度
float * Utils::goldAmbient() { static float a[4] = { 0.2473f, 0.1995f, 0.0745f, 1 }; return
    (float * ) a; }
float * Utils::goldDiffuse() { static float a[4] = { 0.7516f, 0.6065f, 0.2265f, 1 }; return
    (float * ) a; }
float * Utils::goldSpecular() { static float a[4] = { 0.6283f, 0.5559f, 0.3661f, 1 }; return
    (float * ) a; }
float Utils::goldShininess() { return 51.2f; }

// 白银材质：环境光、漫反射、镜面反射和光泽度
float * Utils::silverAmbient() { static float a[4] = { 0.1923f, 0.1923f, 0.1923f, 1 }; return
    (float * ) a; }
float * Utils::silverDiffuse() { static float a[4] = { 0.5075f, 0.5075f, 0.5075f, 1 }; return
    (float * ) a; }
float * Utils::silverSpecular() { static float a[4] = { 0.5083f, 0.5083f, 0.5083f, 1 }; return
    (float * ) a; }
float Utils::silverShininess() { return 51.2f; }

// 青铜材质：环境光、漫反射、镜面反射和光泽度
float * Utils::bronzeAmbient() { static float a[4] = { 0.2125f, 0.1275f, 0.0540f, 1 }; return
    (float * ) a; }
float * Utils::bronzeDiffuse() { static float a[4] = { 0.7140f, 0.4284f, 0.1814f, 1 }; return
    (float * ) a; }
float * Utils::bronzeSpecular() { static float a[4] = { 0.3936f, 0.2719f, 0.1667f, 1 }; return
    (float * ) a; }
float Utils::bronzeShininess() { return 25.6f; }
```

这样在 init() 函数中或全局中为物体指定"黄金"材质就非常容易了，如下所示。

```
float* matAmbient = Utils::goldAmbient();
float* matDiffuse = Util::goldDiffuse();
float* matSpecular = util.goldSpecular();
float matShininess = util.goldShininess();
```

注意，到目前为止，我们用来实现的光照和材质特性的代码中并没有引入光照。这些代码仅仅提供了用于描述并存储场景中元素所需光照和材质特性的一种方式，我们仍然需要自己计算光照。编写计算光照的代码需要在我们的着色器代码中引入一些严格的数学过程。因此，让我们先来看看在 C++/OpenGL 和 GLSL 图形程序中实现 ADS 光照的基础。

7.4 ADS 光照计算

当我们绘制场景时，每个顶点坐标都会进行变换以将 3D 世界模拟到 2D 屏幕上。每个像素的颜色都是栅格化、纹理贴图以及插值的结果。现在我们需要加入一个新的步骤来调整这些栅格化之后的像素颜色，以便反应场景中的光照和材质。我们需要做的基础 ADS 计算是确定每个像素的反射强度（intensity，记为 I）。计算过程如下：

$$I_{\text{observed}} = I_{\text{ambient}} + I_{\text{diffuse}} + I_{\text{specular}}$$

我们需要计算每个光源对于每个像素的环境光反射、漫反射和镜面反射分量，并求和。当然，这些计算都基于场景内的光源类型以及渲染中模型的材质类型。

环境光分量的值很容易计算，为场景环境光与材质环境光分量的乘积：

$$I_{\text{ambient}} = \text{Light}_{\text{ambient}} \text{Material}_{\text{ambient}}$$

请记住光与材质亮度都是 RGB 值，因此，计算也可以更准确地描述为：

$$I_{\text{ambient}}^{\text{red}} = \text{Light}_{\text{ambient}}^{\text{red}} \text{Material}_{\text{ambient}}^{\text{red}}$$
$$I_{\text{ambient}}^{\text{green}} = \text{Light}_{\text{ambient}}^{\text{green}} \text{Material}_{\text{ambient}}^{\text{green}}$$
$$I_{\text{ambient}}^{\text{blue}} = \text{Light}_{\text{ambient}}^{\text{blue}} \text{Material}_{\text{ambient}}^{\text{blue}}$$

漫反射分量的计算更复杂一些，因为它基于光对于平面的入射角。朗伯余弦定律（1760 年公开）确定了表面反射的光量与光入射角的余弦成正比，可以建模为如下公式：

$$I_{\text{diffuse}} = \cos(\theta) \text{Light}_{\text{diffuse}} \text{Material}_{\text{diffuse}}$$

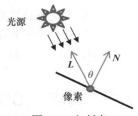

图 7.4 入射角

与上面的计算相同，实际计算中所用到的是红、绿、蓝分量。

确定入射角 θ 需要：（a）求从所绘制向量到光源的向量（或者与光照方向相反的向量），（b）求所渲染物体表面的法向量。让我们将这两个向量分别称为 L 和 N，如图 7.4 所示。

基于场景中光的物理特性，向量 L 可以通过对光照方向向量取反，或计算从像素位置到光源位置的向量得到。计算向量 N 会麻烦一些——法向量有可能已经在模型中给出了，但是如果模型没有给出法向量 N，那么就需要基于周围顶点位置，在几何上估算向量 N。在本章剩下的内容中，我们假设所渲染的模型每个顶点都包含法向量（使用建模工具如 Maya 或 Blender 创建的模型，通常都包含法向量）。

事实上，在计算法向量时，没必要计算出 θ。我们真正需要计算的是 $\cos(\theta)$。在第 3 章中讲过，这可以通过点乘计算得出。因此，漫反射分量可以通过如下公式得出：

$$I_{\text{diffuse}} = \text{Light}_{\text{diffuse}} \text{Material}_{\text{diffuse}} (\hat{N} \cdot \hat{L})$$

漫反射分量仅当表面暴露在光照中时起作用，即在 $-90° \leqslant \theta \leqslant 90°$、$\cos(\theta) \geqslant 0$ 时起作用。因此，我们需要将之前等式的最右项替换为：

$$\max[(\hat{N} \cdot \hat{L}), 0]$$

镜面反射分量决定所渲染的像素是否需要作为"镜面高光"的一部分变亮。它不只与光源的入射角相关，也与光在表面上的反射角以及观察点与反光表面之间的夹角相关。

在图 7.5 中，R 代表光反射的方向，V [称为观察向量（view vector）] 是从像素到眼睛的向量。注意，V 是对从眼睛到像素的向量取反（在相机空间中，眼睛位于原点）。在 R 与 V 之间的夹角 φ 越小，眼睛越靠近光轴，或者说看向反射光，因此像素的镜面高光分量也就越大（像素看来应该更亮）。

φ 用于计算镜面反射分量的方式取决于所渲染物体的"光泽度"。对于十分闪亮的物体，如镜子，其镜面高光非常小——它们将入射的光直接反射给了眼睛。对于不那么闪亮的物体，其镜面高光会扩散开来，因此高光会包含更多的像素。

反光度通常用衰减函数来建模，衰减函数表示角度 φ 增大时镜面反射分量衰减到 0 的速度。我们可以用 $\cos(\varphi)$ 来对衰减进行建模，通过余弦函数的幂来控制反光度，如 $\cos(\varphi)$、$\cos^2(\varphi)$、$\cos^3(\varphi)$、$\cos^{10}(\varphi)$、$\cos^{50}(\varphi)$ 等，如图 7.6 所示。

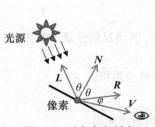

图 7.5　观察点入射角

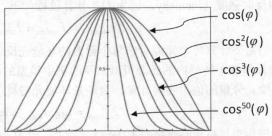

图 7.6　以余弦指数建模的反光度

注意，指数越高，衰减速度越快，因此在视角光轴外的反光像素镜面反射分量越小。我们将衰减函数 $\cos^n(\varphi)$ 中的指数 n 叫作材质的反光度因子。注意在图 7.3 中，每个材质的反光度因子以"光泽度"的形式在最右列给出。

现在我们可以给出完整的镜面反射计算公式：

$$I_{\text{spec}} = \text{Light}_{\text{spec}} \text{Material}_{\text{spec}} \cdot \max[0, (\hat{\boldsymbol{R}} \cdot \hat{\boldsymbol{V}})^n]$$

注意，与之前计算漫反射一样，我们使用了最大值函数。在本例中，我们需要确保镜面反射分量不使用 $\cos(\varphi)$ 所产生的负值，如果使用了负值，则会产生奇怪的伪影，如黑暗的镜面高光。

同时，如之前一样，真正的计算中包含红、绿、蓝 3 个分量。

7.5　实现 ADS 光照

在 7.4 节中所讲述的计算到目前为止都是理论上的，其中包含的假设是，我们可以对每个像素都实行这些操作。但是真实情况会更复杂，通常模型中只有用来定义模型的顶点才有法向量（N），而非每个像素都有。因此我们要么需要计算每个像素的法向量，这会非常耗时，要么需要使用其他方法对所需的值进行估计，以实现足够好的效果。

其中一种途径称为"面片着色"或"平坦着色"。这里我们假定所渲染图元（如多边形或三角形）中每个像素的光照值都一样。因此我们只需要对模型中每个多边形的一个顶点进行光照计算，然后以每个多边形或每个三角形为基础，将计算结果的光照值复制到相邻的像素中。

现在面片着色几乎已经不再使用，因为其渲染结果看来不够真实，同时现代硬件已经可以进行更加精确的计算了。图 7.7 中展示了一个面片着色环面的例子，其中每个三角形都作为平坦的反射表面。

图 7.7　面片着色的环面

虽然某些情况下，面片着色可能已经够用了（或者故意使用其效果），但是通常"平滑着色"是一种更好的途径。在平滑着色的过程中，会对每个像素计算光照强度。现代显卡的并行处理功能和 OpenGL 图形管线中的插值渲染让平滑着色变得可行。

我们将会研究两种流行的平滑着色方法：Gouraud 着色和 Phong 着色。

7.5.1 Gouraud 着色（双线性光强插值法）

法国计算机科学家 Henri Gouraud 在 1971 年发表的平滑着色算法后来被称为 Gouraud 着色[GO71]。由于使用了 3D 图形管线（如 OpenGL）中的自动插值渲染，因此它特别适用于现代显卡。Gouraud 着色过程如下。

（1）确定每个顶点的颜色，并进行光照相关计算。

（2）允许正常的栅格化过程在插入像素时对颜色也进行插值（同时也对光照进行插值）。

在 OpenGL 中，这表示大多数光照计算都是在顶点着色器中完成的，片段着色器仅传递并展示自动插值的光照后的颜色。

图 7.8 展示了在场景中包含环面和单一位置光的情况下在 OpenGL 中实现 Gouraud 着色器的策略。程序 7.1 中实现了这个策略。

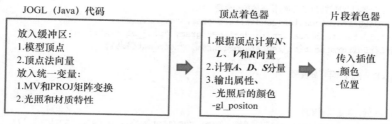

图 7.8　实现 Gouraud 着色器

程序 7.1　位置光和 Gouraud 着色器下的环面

```
// C++/OpenGL 应用程序

...
#include "Torus.h"
#include "Utils.h"
...
// 用于创建着色器和渲染程序的声明，如前
// VAO、两个 VBO 以及环面的声明，如前
// 环面与相机位置的声明和赋值，如前
// Utils.cpp 中现在已经添加有金、银、青铜材质
...
// 为 display() 函数分配变量
GLuint mvLoc, projLoc, nLoc;

// 着色器统一变量中的位置
GLuint globalAmbLoc, ambLoc, diffLoc, specLoc, posLoc, mAmbLoc, mDiffLoc, mSpecLoc, mShiLoc;

glm::mat4 pMat, vMat, mMat, mvMat, invTrMat;
glm::vec3 currentLightPos, lightPosV;      // 在模型和视觉空间中的光照位置，Vector3f 类型
float lightPos[3];                         // 光照位置的浮点数组

// 初始化光照位置
glm::vec3 initialLightLoc = glm::vec3(5.0f, 2.0f, 2.0f);

// 白光特性
float globalAmbient[4] = { 0.7f, 0.7f, 0.7f, 1.0f };
float lightAmbient[4] = { 0.0f, 0.0f, 0.0f, 1.0f };
float lightDiffuse[4] = { 1.0f, 1.0f, 1.0f, 1.0f };
float lightSpecular[4] = { 1.0f, 1.0f, 1.0f, 1.0f };

// 黄金材质特性
```

```
float* matAmb = Utils::goldAmbient();
float* matDif = Utils::goldDiffuse();
float* matSpe = Utils::goldSpecular();
float matShi = Utils::goldShininess();

void setupVertices(void) {
    // 该函数与之前章节中的相同，没有改动
    // 下面的部分在这里出现是为了更清晰地展示，现在我们将真的使用法向量

    ...
    glBindBuffer(GL_ARRAY_BUFFER, vbo[2]);
    glBufferData(GL_ARRAY_BUFFER, nvalues.size() * 4, &nvalues[0], GL_STATIC_DRAW);
}

void display(GLFWwindow* window, double currentTime) {
    // 清除深度缓冲区，如在之前例子中一样载入渲染程序

    ...
    // 用于 MV、投影以及逆转置(法向量)矩阵的统一变量
    mvLoc = glGetUniformLocation(renderingProgram, "mv_matrix");
    projLoc = glGetUniformLocation(renderingProgram, "proj_matrix");
    nLoc = glGetUniformLocation(renderingProgram, "norm_matrix");

    // 初始化投影及视图矩阵，如前例

    ...
    // 基于环面位置，构建模型矩阵
    mMat = glm::translate(glm::mat4(1.0f), glm::vec3(torLocX, torLocY, torLocZ));
    // 旋转环面以便更容易看到
    mMat *= glm::rotate(mMat, toRadians(35.0f), glm::vec3(1.0f, 0.0f, 0.0f));

    // 基于当前光源位置，初始化光照
    currentLightPos = glm::vec3(initialLightLoc.x, initialLightLoc.y, initialLightLoc.z);
    installLights(vMat);
    // 通过合并视图和模型矩阵，创建 MV 矩阵，如前
    mvMat = vMat * mMat;

    // 构建 MV 矩阵的逆转置矩阵，以变换法向量
    invTrMat = glm::transpose(glm::inverse(mvMat));

    // 将 MV、PROJ 以及逆转置(法向量)矩阵传入相应的统一变量
    glUniformMatrix4fv(mvLoc, 1, GL_FALSE, glm::value_ptr(mvMat));
    glUniformMatrix4fv(projLoc, 1, GL_FALSE, glm::value_ptr(pMat));
    glUniformMatrix4fv(nLoc, 1, GL_FALSE, glm::value_ptr(invTrMat));

    // 在顶点着色器中，将顶点缓冲区（第 0 个 VBO）绑定到顶点属性 0
    glBindBuffer(GL_ARRAY_BUFFER, vbo[0]);
    glVertexAttribPointer(0, 3, GL_FLOAT, false, 0, 0);
    glEnableVertexAttribArray(0);

    // 在顶点着色器中，将法向缓冲区（第 2 个 VBO）绑定到顶点属性 1
    glBindBuffer(GL_ARRAY_BUFFER, vbo[2]);
    glVertexAttribPointer(1, 3, GL_FLOAT, false, 0, 0);
    glEnableVertexAttribArray(1);

    glEnable(GL_CULL_FACE);
    glFrontFace(GL_CCW);
    glEnable(GL_DEPTH_TEST);
    glDepthFunc(GL_LEQUAL);

    glBindBuffer(GL_ELEMENT_ARRAY_BUFFER, vbo[3]);
    glDrawElements(GL_TRIANGLES, myTorus.getNumIndices(), GL_UNSIGNED_INT, 0);
```

```
    }

    void installLights(glm::mat4 vMatrix) {
        // 将光源位置转换为视图空间坐标, 并存入浮点数组
        lightPosV = glm::vec3(vMatrix * glm::vec4(currentLightPos, 1.0));
        lightPos[0] = lightPosV.x;
        lightPos[1] = lightPosV.y;
        lightPos[2] = lightPosV.z;

        // 在着色器中获取光源位置和材质属性
        globalAmbLoc = glGetUniformLocation(renderingProgram, "globalAmbient");
        ambLoc = glGetUniformLocation(renderingProgram, "light.ambient");
        diffLoc = glGetUniformLocation(renderingProgram, "light.diffuse");
        specLoc = glGetUniformLocation(renderingProgram, "light.specular");
        posLoc = glGetUniformLocation(renderingProgram, "light.position");
        mAmbLoc = glGetUniformLocation(renderingProgram, "material.ambient");
        mDiffLoc = glGetUniformLocation(renderingProgram, "material.diffuse");
        mSpecLoc = glGetUniformLocation(renderingProgram, "material.specular");
        mShiLoc = glGetUniformLocation(renderingProgram, "material.shininess");

        // 在着色器中为光源与材质统一变量赋值
        glProgramUniform4fv(renderingProgram, globalAmbLoc, 1, globalAmbient);
        glProgramUniform4fv(renderingProgram, ambLoc, 1, lightAmbient);
        glProgramUniform4fv(renderingProgram, diffLoc, 1, lightDiffuse);
        glProgramUniform4fv(renderingProgram, specLoc, 1, lightSpecular);
        glProgramUniform3fv(renderingProgram, posLoc, 1, lightPos);
        glProgramUniform4fv(renderingProgram, mAmbLoc, 1, matAmb);
        glProgramUniform4fv(renderingProgram, mDiffLoc, 1, matDif);
        glProgramUniform4fv(renderingProgram, mSpecLoc, 1, matSpe);
        glProgramUniform1f(renderingProgram, mShiLoc, matShi);
    }
    // init() 以及 main() 函数如前
```

程序 7.1 中的很多元素我们都已经熟悉了。我们首先定义了环面、光照和材质特性，接着将环面顶点和相关法向量读入了缓冲区。display()函数与之前程序中的类似，但它同时也将光照和材质信息传入了顶点着色器。为了传入这些信息，它调用了 installLights()，将光源在视觉空间中的位置和材质的 ADS 特性读入了相应的统一变量，以供着色器使用。注意，我们提前定义了这些统一位置变量，以求更好的性能。

其中一个重要的细节是 MV 矩阵。它用来将顶点位置移动到视觉空间，但并不总能正确地将**法向量**也调整进视觉空间。直接对法向量应用 MV 矩阵不能保证法向量依然与物体表面垂直。正确的变换是运用 MV 矩阵的逆转置矩阵，在第 3 章 "补充说明" 中有描述。在程序 7.1 中，这个新增的矩阵是变量 invTrMat，通过统一变量传入着色器。

变量 lightPosV 包含光源在相机空间中的位置，每帧只需要计算一次，因此我们在 installLights()中（在 display()中调用）而非着色器中计算。在着色器在下方的程序 7.1（续）中，顶点着色器使用了一些我们目前没有见过的符号。注意，在顶点着色器最后进行了向量加法——在第 3 章中有讲到，且其在 GLSL 中可用。我们将会在展示着色器之后讨论其他符号。

程序 7.1（续）

```
// 顶点着色器
#version 430
layout (location=0) in vec3 vertPos;
layout (location=1) in vec3 vertNormal;
out vec4 varyingColor;
```

```
struct PositionalLight
{  vec4 ambient;
   vec4 diffuse;
   vec4 specular;
   vec3 position;
};
struct Material
{  vec4 ambient;
   vec4 diffuse;
   vec4 specular;
   float shininess;
};
uniform vec4 globalAmbient;
uniform PositionalLight light;
uniform Material material;
uniform mat4 mv_matrix;
uniform mat4 proj_matrix;
uniform mat4 norm_matrix;    // 用来变换法向量

void main(void)
{  vec4 color;

   // 将顶点位置转换到视觉空间
   // 将法向量转换到视觉空间
   // 计算视觉空间光照向量（从顶点到光源）
   vec4 P = mv_matrix * vec4(vertPos,1.0);
   vec3 N = normalize((norm_matrix * vec4(vertNormal,1.0)).xyz);
   vec3 L = normalize(light.position - P.xyz);

   // 视觉向量等于视觉空间中的负顶点位置
   vec3 V = normalize(-P.xyz);

   // R是-L的相对于表面向量N的镜像
   vec3 R = reflect(-L,N);

   // 环境光、漫反射和镜面反射分量
   vec3 ambient = ((globalAmbient * material.ambient) + (light.ambient * material.ambient)).xyz;
   vec3 diffuse = light.diffuse.xyz * material.diffuse.xyz * max(dot(N,L), 0.0);
   vec3 specular =
       material.specular.xyz * light.specular.xyz * pow(max(dot(R,V), 0.0f), material.shininess);

   // 将颜色输出发送到片段着色器
   varyingColor = vec4((ambient + diffuse + specular), 1.0);

   // 将位置发送到片段着色器，如前
   gl_Position = proj_matrix * mv_matrix * vec4(vertPos,1.0);
}


// 片段着色器
#version 430
in vec4 varyingColor;
out vec4 fragColor;

// 与顶点着色器相同的统一变量
// 但并不直接在当前片段着色器使用

struct PositionalLight
{  vec4 ambient;
   vec4 diffuse;
   vec4 specular;
```

```
    vec3 position;
};
struct Material
{   vec4 ambient;
    vec4 diffuse;
    vec4 specular;
    float shininess;
};
uniform vec4 globalAmbient;
uniform PositionalLight light;
uniform Material material;
uniform mat4 mv_matrix;
uniform mat4 proj_matrix;
uniform mat4 norm_matrix;

void main(void)
{   fragColor = varyingColor;
}
```

图 7.9 Gouraud 着色的环面

程序 7.1 的输出如图 7.9 所示。

顶点着色器代码中有我们第一次使用结构体语法的示例。GLSL 中的结构体就像一个数据类型，它有名称和一组字段。当使用结构体名称声明变量时，这个变量将包含结构体中声明的字段，并可以通过 "." 语法访问字段。例如，变量 light 声明为 PositionalLight 类型后，可以引用其字段 light.ambient、light.diffuse 等。

还要注意字段选择器符号 ".xyz"，我们在顶点着色器中的多处都使用了它。这是将 vec4 转换为仅包含其前 3 个元素的等效 vec3 的 "快捷方式"。

绝大多数光照计算发生在顶点着色器中。对于每个顶点，将适当的矩阵变换应用于顶点位置和相关的法向量，并计算用于光方向（L）和反射（R）的向量。然后执行 7.4 节中描述的 ADS 计算，得到每个顶点的颜色（代码中名为 varyingColor）。将这些颜色作为正常栅格化过程的一部分进行插值，之后片段着色器仅进行简单传递。冗长的统一变量声明列表也在片段着色器中（由于前面第 4 章中描述的原因），但实际上并没有使用。

注意 GLSL 函数 normalize()，它用来将向量转换为单位长度。正确地运用点积运算需要先使用该函数。reflect() 函数则用来计算一个向量基于另一个向量的反射。

图 7.9 中输出的环面中有很明显的伪影。其镜面高光有着块状、面片感。这种伪影在物体移动时会更加明显（但我们在书中没法展示移动的物体）。

Gouraud 着色容易受到其他伪影影响。如果镜面高光整个范围都在模型中的一个三角形内——高光范围内一个模型顶点也没有，那么它可能不会被渲染出来。由于镜面反射分量是依顶点计算的，因此，当模型的所有顶点都没有镜面反射分量时，其栅格化后的像素也不会有镜面反射效果。

7.5.2 Phong 着色

Bui Tuong Phong 在犹他大学读研究生期间开发了一种平滑的着色算法，在 1973 年的论文[PH73]中对其进行了描述，并在 1975 年的论文[PH75]中正式发表了该算法。该算法的结构类似 Gouraud 着色算法，不同之处在于光照计算是按像素而非顶点完成的。由于光照计算需要法向量 N 和光向量 L，但在模型中仅有顶点包含这些信息，因此 Phong 着色通常使用巧妙的 "技巧" 来实现，其中 N 和 L 在顶点着色器中进行计算，并在栅格化期间插值。图 7.10 概述了此策略。

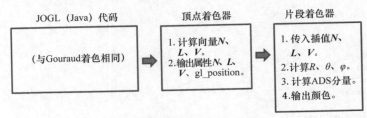

图 7.10　实现 Phong 着色

C++/OpenGL 代码一切如旧，之前在顶点着色器中实现的过程现在移到片段着色器中进行。法向量插值的效果如图 7.11 所示。

现在我们已经准备好使用 Phong 着色实现位置光照射下的环面了。大多数代码与实现 Gouraud 着色的代码相同。由于 C++/OpenGL 代码完全没有改变，在此我们只展示修改过的顶点着色器和片段着色器，见程序 7.2。程序 7.2 的输出如图 7.12 所示，Phong 着色修正了 Gouraud 着色中出现的伪影。

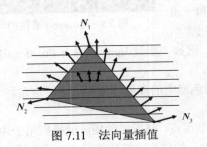

图 7.11　法向量插值

图 7.12　Phong 着色的环面

程序 7.2　Phong 着色的环面

```
// 顶点着色器
#version 430
layout (location=0) in vec3 vertPos;
layout (location=1) in vec3 vertNormal;
out vec3 varyingNormal;          // 视觉空间顶点法向量
out vec3 varyingLightDir;        // 指向光源的向量
out vec3 varyingVertPos;         // 视觉空间中的顶点位置

// 结构体和统一变量与 Gouraud 着色相同
...
void main(void)
{ // 输出顶点位置、光照方向和法向量到光栅着色器以进行插值
    varyingVertPos=(mv_matrix * vec4(vertPos,1.0)).xyz;
    varyingLightDir = light.position - varyingVertPos;
    varyingNormal=(norm_matrix * vec4(vertNormal,1.0)).xyz;

    gl_Position=proj_matrix * mv_matrix * vec4(vertPos,1.0);
}


// 片段着色器
#version 430
in vec3 varyingNormal;
in vec3 varyingLightDir;
in vec3 varyingVertPos;
out vec4 fragColor;
```

```
// 结构体和统一变量与 Gouraud 着色相同
...
void main(void)
{   // 正规化光照向量、法向量、视觉向量
    vec3 L = normalize(varyingLightDir);
    vec3 N = normalize(varyingNormal);
    vec3 V = normalize(-varyingVertPos);

    // 计算光照向量基于 N 的反射向量
    vec3 R = normalize(reflect(-L, N));
    // 计算光照与平面法向量间的角度
    float cosTheta = dot(L,N);
    // 计算视觉向量与反射光向量的角度
    float cosPhi = dot(V,R);

    // 计算 ADS 分量（按像素），并合并以构建输出颜色
    vec3 ambient = ((globalAmbient * material.ambient) + (light.ambient * material.ambient)).xyz;
    vec3 diffuse = light.diffuse.xyz * material.diffuse.xyz * max(cosTheta,0.0);
    vec3 specular =
        light.specular.xyz * material.specular.xyz * pow(max(cosPhi,0.0), material.shininess);

    fragColor = vec4((ambient + diffuse + specular), 1.0);
}
```

　　虽然 Phong 着色有着比 Gouraud 着色更真实的效果，但这是建立在增大性能消耗的基础上的。James Blinn 在 1977 年提出了一种对于 Phong 着色的优化方法[BL77]，称为 Blinn-Phong 反射模型。这种优化的依据是，我们观察到，Phong 着色中消耗最大的计算之一是求反射向量 R。

　　Blinn 发现向量 R 在计算过程中并不是必需的——R 只是用来计算角 φ 的手段。角 φ 的计算可以不使用向量 R，而通过 L 与 V 的角平分线向量 H 得到。如图 7.13 所示，H 和 N 之间的角 α 刚好等于 $1/2(\varphi)$。虽然 α 与 φ 不同，但 Blinn 展示了使用 α 代替 φ 就已经可以获得足够好的结果。

　　角平分线向量可以简单地使用 $L+V$ 得到（见图 7.14），随后，$\cos(\alpha)$ 可以通过 $\hat{H} \cdot \hat{N}$ 计算。

　　这些计算可以在片段着色器中进行，甚至出于性能考虑（经过一些调整）也可以在顶点着色器中进行。图 7.15 展示了使用 Blinn-Phong 着色的环面。它在图形质量上几乎与 Phong 着色相同，同时节省了大量性能损耗。

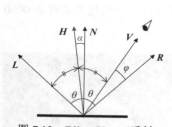

图 7.13　Blinn-Phong 反射

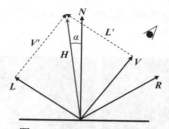

图 7.14　Blinn-Phong 计算

图 7.15　Blinn-Phong 着色的环面

　　程序 7.3 中展示了修改后的顶点着色器和片段着色器，它们用来将程序 7.2 中的 Phong 着色示例转换为 Blinn-Phong 着色。C++ / OpenGL 代码与之前一样没有变化。

程序 7.3　Blinn-Phong 着色的环面

```
// 顶点着色器
...
// 角平分线向量 H 作为新增的输出
```

```
out vec3 varyingHalfVector;

...
void main(void)
{   // 与之前的计算相同，增加了 L+V 的计算
    varyingHalfVector = (varyingLightDir + (-varyingVertPos)).xyz;

    // 其余顶点着色器代码没有改动
}


// 片段着色器
...
in vec3 varyingHalfVector;
...
void main(void)
{   // 注意，现在已经不需要在片段着色器中计算 R
    vec3 L = normalize(varyingLightDir);
    vec3 N = normalize(varyingNormal);
    vec3 V = normalize(-varyingVertPos);
    vec3 H = normalize(varyingHalfVector);

    ...
    // 计算法向量 N 与角平分线向量 H 之间的角度
    float cosPhi = dot(H,N);

    // 角平分线向量 H 已经在顶点着色器中计算过，并在光栅着色器中进行过插值
    vec3 ambient = ((globalAmbient * material.ambient) + (light.ambient * material.ambient)).xyz;
    vec3 diffuse = light.diffuse.xyz * material.diffuse.xyz * max(cosTheta,0.0);
    vec3 specular =
        light.specular.xyz * material.specular.xyz * pow(max(cosPhi,0.0), material.shininess*3.0);
        // 最后乘 3.0 作为改善镜面高光的微调
    fragColor = vec4((ambient + diffuse + specular), 1.0);
}
```

　　图 7.16（见彩插）所示的两个例子展示了 Phong 着色应用在比较复杂的外部软件生成模型上所产生的效果。左图（彩插中为上图）展示了 Jay Turberville 在 Studio 522 Productions [TU16]创建的 OBJ 格式海豚模型的渲染图。右图（彩插中为下图）是著名的"斯坦福龙"渲染图，斯坦福龙是 1996 年对一个小摆件进行 3D 扫描所得到的模型[ST96]。这两个模型都使用 Utils.cpp 文件中的"黄金"材质渲染。斯坦福龙因其大小而被广泛用于测试图形算法和硬件——它包含超过 800000 个三角形。

图 7.16　Phong 着色的外部模型

7.6 结合光照与纹理

到目前为止，在光照模型中，我们都假设使用按 ADS 定义的光源，照亮按 ADS 定义材质的物体。但是，正如第 5 章所讲，某些对象的表面可能会指定纹理图像。因此，我们需要一种方法来结合采样纹理的颜色和光照模型产生的颜色。

我们结合光照和纹理的方式取决于物体的特性及其纹理的目的。这里有多种情况，其中常见的有：

- 纹理图像很写实地反映了物体真实的表面外观；
- 物体同时具有材质和纹理；
- 材质包括阴影和反射信息（在第 8 章、第 9 章中将介绍）；
- 有多种光或多个纹理。

我们先来观察第一种情况，物体拥有一个简单的纹理，同时我们对它进行光照。实现这种光照的一种简单方法是在片段着色器中完全将材质特性去除，之后使用纹理取样所得纹理颜色代替材质的 ADS 值。下面的伪代码展示了这种策略：

```
fragColor = textureColor * ( ambientLight + diffuseLight ) + specularLight
```

在这种策略下，纹理颜色影响了环境光和漫反射分量，而镜面反射颜色仅由光源决定。镜面反射分量仅由光源决定是一种很常见的做法，尤其是对于金属或"闪亮"的表面。但是，对于不那么闪亮的表面，如织物或未上漆的木材（甚至一小部分金属，如黄金），其镜面高光部分都应当包含物体表面颜色。在这些情况下，之前的策略应该做适当微调：

```
fragColor = textureColor * ( ambientLight + diffuseLight + specularLight )
```

同时也在一些情况下，物体本身具有 ADS 材质，并伴有纹理图像，如使用纹理为银质物体表面添加一些氧化痕迹。在这些情况下，如之前章节中所讲过的，既用到光照又用到材质的标准 ADS 模型就可以与纹理颜色相结合，并加权求和。如：

```
textureColor = texture(sampler, texCoord)
lightColor = (ambLight * ambMaterial) + (diffLight * diffMaterial) + specLight
fragColor = 0.5 * textureColor + 0.5 * lightColor
```

这种策略结合了光照、材质、纹理，并能够扩展到多个光源、多种材质的情况。如：

```
texture1Color = texture(sampler1, texCoord)
texture2Color = texture(sampler2, texCoord)

light1Color = (ambLight1 * ambMaterial) + (diffLight1 * diffMaterial) + specLight1
light2Color = (ambLight2 * ambMaterial) + (diffLight2 * diffMaterial) + specLight2

fragColor = 0.25 * texture1Color
          + 0.25 * texture2Color
          + 0.25 * light1Color
          + 0.25 * light2Color
```

图 7.17（见彩插）展示了拥有 UV 映射纹理图像（来自 Jay Turberville[TU16]）的 Studio 522 海豚，以及我们在第 6 章见过的 NASA 航天飞机模型。这两个有纹理的模型都使用了增强后的 Blinn-Phong 光照，没有使用材质，并在镜面高光中仅使用光照进行了计算。在这两种情况下，

片段着色器中颜色相关的计算为：

```
vec4 texColor = texture(sampler, texCoord);
fragColor = texColor * (globalAmbient + lightAmb + lightDiff * max(dot(L,N),0.0))
          + lightSpec * pow(max(dot(H,N),0.0), matShininess*3.0);
```

注意，计算过程中 fragColor 可能产生大于 1.0 的值。在这种情况下，OpenGL 会将它限制回 1.0。

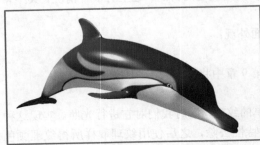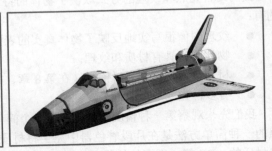

图 7.17　结合光照与纹理

补充说明

图 7.7 所展示的面片着色的环面是通过在顶点着色器和片段着色器中将 flat 插值限定符添加到相应的法向量属性声明中得到的。这样会使得光栅着色器不对所限定的变量进行插值，而是直接将相同的值赋给每个片段（在默认情况下，它会选择三角形第一个顶点上的值）。在 Phong 着色示例代码中，可以通过如下修改实现面片着色：

```
// 在顶点着色器中
flat out vec3 varyingNormal;
// 在片段着色器中
flat in vec3 varyingNormal;
```

我们还没有讨论的一类很重要的光是分布式光 [distributed light，或区域光（area light）]，这种光的光源是一片区域而非一个点。它在现实世界相对应的例子是通常在办公室或教室中的日光灯发出的光。有兴趣的读者可以查找更多有关区域光的详细信息[MH18]。

历史记录

在本章中我们过度简化了 Gouraud 着色和 Phong 着色中的一些术语。Gouraud 着色归功于 Gouraud——通过计算顶点上光的强度并使用光栅着色器对光强进行插值以生成平滑的曲面外观（有时也称为"平滑着色"）。Phong 着色则归功于 Phong，这是另一种平滑着色方法，其对法向量插值并计算每个像素的光照。Phong 同时也被认为是成功将镜面高光纳入平滑着色的先驱者。因此，ADS 光照模型在计算机图形学中也通常被称为 Phong 反射模型。所以，我们例子中的 Gouraud 着色准确地来说是使用了 Phong 反射模型的 Gouraud 着色。由于 Phong 反射模型在 3D 图形编程中非常普及，因此通常 Gouraud 着色模型都是在 Phong 反射模型中进行展示。不过这可能会引起误会，因为原本 Gouraud 在 1971 年的工作中并没有涉及任何镜面反射分量。

习题

7.1 （项目）修改程序 7.1 以使光能随鼠标指针移动。在实现这个功能之后，四处移动鼠标，并记录下镜面高光的移动以及 Gouraud 着色伪影的出现。你可能会需要在光源处渲染一个点（或者小物体）以便完成该项目。

7.2 在程序 7.2 中重复习题 7.1 的内容。这里应该只需要将 Phong 着色的着色器放入习题 7.1 的解决方案。从 Gouraud 着色到 Phong 着色的进步在光四处移动时应当更明显。

7.3 （项目）修改程序 7.2 以使其包括两个位于不同位置的位置光。片段着色器需要混合每个光的漫反射和镜面反射分量。尝试使用与 7.6 节相似的加权求和方法。你可以尝试简单地将它们加起来并限制结果不超出光照值的上限。

7.4 （研究和项目）将程序 7.2 中的位置光替换为 7.2 节中所描述的聚光灯。尝试设置不同的遮光角、衰减指数并观察其效果。

参考资料

[BA16] N. Barradeu, accessed July 2020.

[BL77] J. Blinn, Models of Light Reflection for Computer Synthesized Pictures, *Proceedings of the 4th Annual Conference on Computer Graphics and Interactive Techniques*, 1977.

[DI20] *Luxo Jr.* (Pixar–copyright held by Disney), accessed July 2020.

[GO71] H. Gouraud, Continuous Shading of Curved Surfaces, *IEEE Transactions on Computers* C-20, no. 6 (June 1971).

[MH18] T. Akenine-Möller, E. Haines, N. Hoffman, A. Pesce, M. Iwanicki, and S. Hillaire, *Real-Time Rendering*, 4th ed. (A. K. Peters / CRC Press 2018).

[PH73] B. Phong, Illumination of Computer-Generated Images (PhD thesis, University of Utah, 1973).

[PH75] B. Phong, Illumination for Computer Generated Pictures, *Communications of the ACM* 18, no. 6 (June 1975): 311-317.

[ST96] Stanford Computer Graphics Laboratory, 1996, accessed July 2020.

[TU16] J. Turberville, Studio 522 Productions, Scottsdale, AZ.

第8章 阴影

8.1 阴影的重要性

在第 7 章中，我们学会了如何为 3D 场景添加光照。但是，我们并没有真的添加光照，而是模拟光照在物体上的效果——使用 ADS 模型，并相应地调整这些物体的绘制方式。

当我们用这种方法照亮同一个场景中的多个物体时，它的局限性就体现出来了。考虑图 8.1 所示的场景，其中包含砖纹理环面以及地平面（地平面是一个巨大立方体的顶部，使用了草地纹理[LU16]）。

一眼望去，我们的场景好像没问题。但是，仔细观察就会发现有什么重要的东西没有出现。具体来说，就是我们没有办法分辨出环面距离它下方纹理立方体的距离。环面究竟是浮在立方体上面的呢，还是放置在立方体顶部的呢？

我们无法回答这个问题的原因正是因为场景中缺乏阴影。我们期望看到阴影，因为大脑需要通过阴影，才能针对我们所看到的物体以及他们的位置关系构建完整的"心理模型"。

考虑图 8.2 所示的同样的场景，不过添加了阴影。现在就很明显了，左图的环面放置在地面上，右图的环面则飘浮于地面上方。

图 8.1　没有阴影的场景　　　　图 8.2　带阴影的光照

8.2 投影阴影

为了给 3D 场景添加阴影，人们设计了许多有趣的方法。其中一种很适合在地平面上绘制阴影，又相对不需要付出太大计算代价的方法，叫作投影阴影（projective shadows）。给定一个位于(x_L, y_L, z_L)的点光源、一个需要渲染的物体，以及一个投射阴影的平面，可以通过生成一个变换矩阵，将物体上的点(x_W, y_W, z_W)变换为相应阴影在平面上的点$(x_S, 0, z_S)$。之后将其生成的"阴影多边形"绘制出来，通常使用暗色物体与地平面纹理混合作为其纹理，如图 8.3

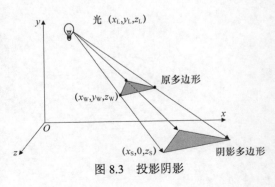

图 8.3　投影阴影

所示。

投影阴影的优点是高效和易于实现。但是，它仅适用于平坦表面——这种方法无法投射阴影于曲面或其他物体。即使如此，它仍然适用于有室外场景并对性能要求较高的应用，如很多游戏中的场景。

关于投影阴影变换矩阵的发展，已有很多讨论[BL88,AS14,KS16]。

8.3 阴影体

Franklin C. Crow 在 1977 年提出了另一个重要的方法，这个方法先找到被物体阴影覆盖的阴影体，之后减少视体与阴影体相交部分中的多边形的颜色强度。图 8.4 中的立方体处在阴影中，因此，应该被画得更暗。

阴影体的优点在于其高度准确，比起其他方法来更不容易产生伪影。但是，计算出阴影体以及判断每个多边形是否在其中这件事，即使对于现代 GPU 来说，计算成本也很高。几何着色器可以用于计算阴影体，模板缓冲区[①]可以用于判断像素是否在阴影体内。有些显卡对于特定的阴影体操作优化提供了硬件支持。

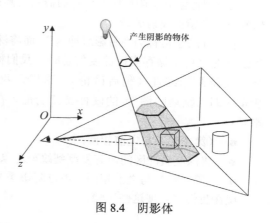

图 8.4 阴影体

8.4 阴影贴图

阴影贴图是用于投射阴影的实用且流行的方法，虽然并不总是像阴影体一样准确（且通常伴随着讨厌的伪影），但实现起来更简单，可以在各种情况下使用，并享有强大的硬件支持。

如果我们不在这里澄清前一段中的"更简单"这个词，那将是我们的疏忽。虽然阴影贴图比阴影体（在概念和实践中）更简单，但它绝不"简单"！对学生来说，阴影贴图通常是 3D 图形课程中的一个技术难点。着色器程序本质上很难调试，而阴影贴图需要几个组件和着色器模块的完美协调。请注意，通过使用 2.2 节中描述的调试工具，可以极大地促进阴影贴图的成功实现。

阴影贴图基于一个非常简明的想法：光线无法"看到"的任何东西都在阴影中。也就是说，如果对象 1 阻挡光线到达对象 2，等同于光线不能"看到"对象 2。

这个想法的强大之处在于我们已经有了方法来确定物体是否可以被"看到"——使用 Z-buffer 算法，如 2.1.7 小节所述。因此，计算阴影的策略是，暂时将相机移动到光的位置，应用 Z-buffer 算法，然后使用生成的深度信息来计算。

因此，渲染场景需要两轮：第 1 轮从光源的角度渲染场景（但实际上没有将其绘制到屏幕上），第 2 轮从相机的角度渲染场景。第 1 轮的目的是从光源的角度生成深度缓冲区。完成第 1 轮之后，我们需要保留深度缓冲区并使用它来帮助我们在第 2 轮生成阴影。第 2 轮实际绘制场景。

---

① 模板缓冲区是通过 OpenGL 访问的第 3 个缓冲区，在颜色缓冲区和深度缓冲区之后。本书未对模板缓冲区进行讲解。——译者注

我们的策略可以更加精练。

- （第 1 轮）从光源的位置渲染场景。对于每个像素，深度缓冲区包含光源与最近的对象之间的距离。
- 将深度缓冲区复制到单独的"阴影缓冲区"。
- （第 2 轮）正常渲染场景。对于每个像素，在阴影缓冲区中查找相应的位置。如果相机到渲染点的距离大于从阴影缓冲区检索到的值，则在该像素处绘制的对象离光源的距离比当前离光源最近的对象离光源更远，因此该像素处于阴影中。

当发现像素处于阴影中时，我们需要使其更暗。一种简单而有效的方法是仅渲染环境光，忽略漫反射和镜面反射分量。

上述方法通常称为"阴影缓冲区"。而将深度缓冲区复制到纹理中的过程称为"阴影贴图"。当纹理对象用于储存阴影深度信息时，我们称其为阴影纹理。OpenGL 通过 sampler2DShadow 类型支持阴影纹理（稍后讨论）。这样，我们就可以利用片段着色器中纹理单元和采样器变量（即"纹理贴图"）的硬件支持功能，在第 2 轮快速执行深度查找。我们现在修改的策略是：

- （第 1 轮）与之前相同；
- 将深度缓冲区的内容复制到纹理对象；
- （第 2 轮）与之前相同，不过阴影缓冲区变为阴影纹理。

现在我们来实现这些步骤。

8.4.1　阴影贴图（第 1 轮）——从光源位置"绘制"物体

在第 1 步中，我们首先将相机移动到光源的位置，然后渲染场景。我们的目标不是在显示器上实际绘制场景，而是完成足够的渲染过程以正确填充深度缓冲区。因此，没有必要为像素生成颜色，我们第 1 轮将仅使用顶点着色器，而片段着色器不执行任何操作。

当然，移动相机需要构建适当的观察矩阵。根据场景的内容，我们需要在光源处以合适的方向来看场景。通常，我们希望此方向朝向最终在第 2 轮中呈现的区域。

这个方向通常依场景而定——在我们的场景中，我们通常会将相机从光源指向原点。

第 1 轮中有几个需要处理的重要细节。

- 配置缓冲区和阴影纹理。
- 禁用颜色输出。
- 在光源处为视野中的物体构建一个 LookAt 矩阵。
- 启用 GLSL 第 1 轮着色器程序（该程序仅包含图 8.5 中的简单顶点着色器），准备接收 MVP 矩阵。在这种情况下，MVP 矩阵将包括对象的模型矩阵 M、前一步中构建的 LookAt 矩阵（作为观察矩阵 V），以及透视矩阵 P。我们将该 MVP 矩阵称为 shadowMVP，因为它基于光源而不是相机的观察点。由于实际上没有显示来自光源的视图，因此第 1 轮着色器程序的片段着色器不会执行任何操作。

```
#version 430            // 顶点着色器
layout (location=0) in vec3 vertPos;
uniform mat4 shadowMVP;

void main(void)
{    gl_Position = shadowMVP * vec4(vertPos,1.0);
}

#version 430            // 片段着色器
void main(void) {}
```

图 8.5　阴影贴图第 1 轮的顶点着色器和片段着色器

- 为每个对象创建 shadowMVP 矩阵，并调用 glDrawArrays()。第 1 轮中不需要包含纹理或光照,因为对象不会渲染到屏幕上。

8.4.2 阴影贴图(中间步骤)——将深度缓冲区复制到纹理

OpenGL 提供了两种将深度缓冲区深度数据放入纹理单元的方法。第一种方法是生成空阴影纹理,然后使用命令 glCopyTexImage2D() 将活动的深度缓冲区复制到阴影纹理中。

第二种方法是在第 1 轮中构建一个"自定义帧缓冲区"(而不是使用默认的深度缓冲区),并使用命令 glFrameBufferTexture() 将阴影纹理附加到它上面。OpenGL 在 3.0 版中引入该命令,以进一步支持阴影纹理。使用这种方法时,无须将深度缓冲区"复制"到纹理中,因为缓冲区已经附加了纹理,深度信息由 OpenGL 自动放入纹理中。我们将在实现中使用这种方法。

8.4.3 阴影贴图(第 2 轮)——渲染带阴影的场景

第 2 轮中的大部分内容与第 7 章类似,我们在这里渲染完整的场景、其中的所有物体,以及光照、材质和装饰场景中物体的纹理。同时,我们还需要添加必要的代码,以确定每个像素是否在阴影中。

第 2 轮的一个重要特征是它使用了两个 MVP 矩阵:一个是将对象坐标转换为屏幕坐标的标准 MVP 矩阵(如我们之前的大多数示例所示);另一个是在第 1 轮中生成的 shadowMVP 矩阵,用于从光源的角度进行渲染——我们将在第 2 轮中用它从阴影纹理中查找深度信息。

在第 2 轮中,从纹理贴图尝试查找像素时,情况比较复杂。OpenGL 相机使用[-1,+1]坐标空间,而纹理贴图使用[0,1]空间。常见的解决方案是构建一个额外的变换矩阵,通常称为 B,将用于从相机空间到纹理空间的转换 [或"偏离"(bias),该矩阵因此而得名]。B 代表的变换过程很简单——先缩放为 1/2,再平移 1/2。

矩阵 B 如下:

$$B = \begin{bmatrix} 0.5 & 0 & 0 & 0.5 \\ 0 & 0.5 & 0 & 0.5 \\ 0 & 0 & 0.5 & 0.5 \\ 0 & 0 & 0 & 1 \end{bmatrix}$$

之后将 B 和 shadowMVP 相乘得到 shadowMVP2,以备在第 2 轮中使用。

假设我们使用阴影纹理附加到我们的自定义帧缓冲区的方法,OpenGL 提供了一些相对简单的工具,用于确定绘制对象时,像素是否处于阴影中。以下是第 2 轮处理的详细信息摘要。

● 构建变换矩阵 B,用于从光照空间转换到纹理空间(更合适在 init() 中进行)。
● 启用阴影纹理以进行查找。
● 启用颜色输出。
● 启用 GLSL 第 2 轮渲染程序,包含顶点着色器和片段着色器。
● 根据相机位置(正常)为正在绘制的对象构建 MVP 矩阵。
● 构建 shadowMVP2 矩阵(包含矩阵 B,如前所述)——着色器将用它查找阴影纹理中的像素坐标。
● 将生成的变换矩阵发送到着色器统一变量。
● 像往常一样启用包含顶点、法向量和纹理坐标(如果使用)的缓冲区。

● 调用 glDrawArrays()。

除了渲染任务外，顶点和片段着色器还需要额外承担一些任务。

● 顶点着色器将顶点位置从相机空间转换为光照空间，并将结果坐标发送到顶点属性中的片段着色器，以便对它们进行插值。这样片段着色器可以从阴影纹理中检索正确的值。

● 片段着色器调用 textureProj() 函数，该函数返回 0 或 1，指示像素是否处于阴影中（所涉及的机制将在后面解释）。如果像素处于阴影中，则着色器通过剔除其漫反射和镜面反射分量来输出更暗的像素。

　　阴影贴图是一种常见任务，因此 GLSL 为其提供了一种特殊类型的采样器变量，称为 sampler2DShadow（如前所述），可以附加到 C++ / OpenGL 应用程序中的阴影纹理中。textureProj() 函数用于从阴影纹理中查找值，它类似于我们之前在第 5 章中看到的 texture()，但 textureProj() 函数使用 vec3 来索引纹理，而不是通常的 vec2。由于像素坐标是 vec4，因此需要将其投影到 2D 纹理空间上，以便在阴影纹理中查找深度值。正如我们将看到的，textureProj() 实现了这些功能。

　　顶点着色器和片段着色器代码的其余部分实现了 Blinn-Phong 着色。阴影贴图第 2 轮顶点着色器和片段着色器分别如图 8.6 和图 8.7 所示，其中增加了阴影贴图的代码。

　　让我们更仔细地研究一下如何使用 OpenGL 来进行正在渲染的像素和阴影纹理中的值之间的深度比较。首先，从顶点着色器开始，在模型空间中使用顶点坐标，我们将其与 shadowMVP2 相乘生成阴影纹理坐标，这些坐标对应于投影到光照空间中的顶点坐标，是之前从光源的视角生成的。经过插值后的（3D）光照空间坐标 (x, y, z) 在片段着色器中使用情况为：z 分量表示从光到像素的距离；(x, y) 分量用于检索存储在（2D）阴影纹理中的深度信息。将该检索的值（到最靠近光的物体的距离）与 z 进行比较，将产生"二元"结果，告诉我们我们正在渲染的像素是否比最接近光的物体离光更远（即像素是否处于阴影中）。

　　如果我们在 OpenGL 中使用前面介绍过的 glFrameBufferTexture() 并启用深度测试，然后在片段着色器（图 8.7）中使用 sampler2DShadow 和 textureProj()，所渲染的结果将完全满足我们的需求，即 textureProj() 将输出 0.0 或 1.0，具体取决于深度比较的结果。基于此值，当像素离光源比离光源最近的物体更远时，我们可以在片段着色器中忽略漫反射和镜面反射分量，从而有效地创建阴影。自动深度比较如图 8.8 所示。

　　我们现在准备构建 C++ / OpenGL 应用程序以使用上述着色器。

```
#version 430
layout (location=0) in vec3 vertPos;
layout (location=1) in vec3 vertNormal;

out vec3 varyingNormal, varyingLightDir, varyingVertPos, varyingHalfVec;
out vec4 shadow_coord;

struct PositionalLight { vec4 ambient, diffuse, specular;  vec3 position; };
struct Material { vec4 ambient, diffuse, specular;  float shininess; };
uniform vec4 globalAmbient;
uniform PositionalLight light;        // 假设光源位置以视觉空间坐标表示
uniform Material material;
uniform mat4 mv_matrix;
uniform mat4 proj_matrix;
uniform mat4 norm_matrix;
uniform mat4 shadowMVP2;
layout (binding=0) uniform sampler2DShadow shTex;

void main(void)
{   varyingVertPos = (mv_matrix * vec4(vertPos,1.0)).xyz;
    varyingLightDir = light.position - varyingVertPos;
    varyingNormal = (norm_matrix * vec4(vertNormal,1.0)).xyz;
    varyingHalfVec = (varyingLightDir - varyingVertPos).xyz;
    shadow_coord = shadowMVP2 * vec4(vertPos,1.0);
    gl_Position = proj_matrix * mv_matrix * vec4(vertPos,1.0);
}
```

图 8.6　阴影贴图第 2 轮顶点着色器

```
#version 430
in vec3 varyingNormal, varyingLightDir, varyingVertPos, varyingHalfVec;
in vec4 shadow_coord;
out vec4 fragColor;

// 与顶点着色器相同的结构体和统一变量
...
void main(void)
{   vec3 L = normalize(varyingLightDir);
    vec3 N = normalize(varyingNormal);
    vec3 V = normalize(-varyingVertPos);
    vec3 H = normalize(varyingHalfVec);

    float notInShadow = textureProj(shTex, shadow_coord);

    fragColor = globalAmbient * material.ambient + light.ambient * material.ambient;
    If (notInShadow == 1.0)
    {   fragColor += light.diffuse * material.diffuse * max(dot(L,N),0.0)
        + light.specular * material.specular
        * pow(max(dot(H,N),0.0),material.shininess*3.0);
    }
}
```

图 8.7 阴影贴图第 2 轮片段着色器

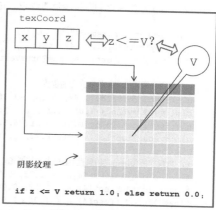

图 8.8 自动深度比较

8.5 阴影贴图示例

考虑图 8.9 中包含环面和四棱锥的场景。光源放置在左侧（注意镜面高光）。四棱锥应该在环面上投下阴影。

为了阐明示例的开发，我们的第一步是将第 1 轮渲染到屏幕以确保它正常工作。为此，我们将临时添加一个简单的片段着色器（不会包含在最终版本中）并在第 1 轮中仅输出一种固定颜色（如红色），例如：

```
#version 430
out vec4 fragColor;
void main(void)
{   fragColor = vec4(1.0, 0.0, 0.0, 0.0);
}
```

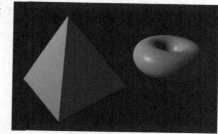

图 8.9 有光照无阴影的场景

让我们假设场景的原点位于图的中心在四棱锥和环面之间。在第 1 轮中，我们将相机放在光源的位置（图 8.10 左图）并指向(0,0,0)。然后我们用红色绘制对象，它会产生如图 8.10 右图所示的输出。注意四棱锥顶部附近的环面——这部分环面位于四棱锥后面。

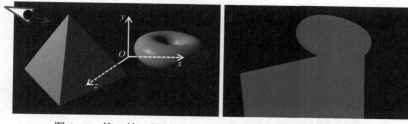

图 8.10 第 1 轮：场景（左）和从光源视角渲染的场景（右）

包含光照与阴影贴图的完整第 2 轮 C++/OpenGL 代码见程序 8.1。

程序 8.1 阴影贴图

```
// 大部分代码与之前相同。高亮部分代码是新加入的，用以实现阴影
// 实现光照所需的大部分引用需要在代码开始引入，与之前相同
// 因此不在这里重复
```

```
// 在这里定义渲染程序所用的变量、缓冲区、着色器源代码等
...
ImportedModel pyramid("pyr.obj");          // 定义四棱锥
Torus myTorus(0.6f, 0.4f, 48);             // 定义环面
int numPyramidVertices, numTorusVertices, numTorusIndices;
...
// 环面、四棱锥、相机和光源的位置
glm::vec3 torusLoc(1.6f, 0.0f, -0.3f);
glm::vec3 pyrLoc(-1.0f, 0.1f, 0.3f);
glm::vec3 cameraLoc(0.0f, 0.2f, 6.0f);
glm::vec3 lightLoc(-3.8f, 2.2f, 1.1f);

// 场景中所使用白光的属性(全局光和位置光)
float globalAmbient[4] = { 0.7f, 0.7f, 0.7f, 1.0f };
float lightAmbient[4] = { 0.0f, 0.0f, 0.0f, 1.0f };
float lightDiffuse[4] = { 1.0f, 1.0f, 1.0f, 1.0f };
float lightSpecular[4] = { 1.0f, 1.0f, 1.0f, 1.0f };

// 四棱锥的黄金材质
float* goldMatAmb = Utils::goldAmbient();
float* goldMatDif = Utils::goldDiffuse();
float* goldMatSpe = Utils::goldSpecular();
float goldMatShi = Utils::goldShininess();

// 环面的青铜材质
float* bronzeMatAmb = Utils::bronzeAmbient();
float* bronzeMatDif = Utils::bronzeDiffuse();
float* bronzeMatSpe = Utils::bronzeSpecular();
float bronzeMatShi = Utils::bronzeShininess();

// 在display()中将光照传入着色器的变量
float curAmb[4], curDif[4], curSpe[4], matAmb[4], matDif[4], matSpe[4];
float curShi, matShi;

// 阴影相关变量
int screenSizeX, screenSizeY;
GLuint shadowTex, shadowBuffer;
glm::mat4 lightVmatrix;
glm::mat4 lightPmatrix;
glm::mat4 shadowMVP1;
glm::mat4 shadowMVP2;
glm::mat4 b;

// 这里定义类型为mat4的光源观察矩阵与相机观察矩阵的矩阵变换（mMat、vMat等）
// 其他在display()中所使用的变量也在此定义
    ...
int main(void) {
    // 与前例相同，无改动
}

// init()函数依然执行调用以编译着色器并初始化物体
// 同时它也调用setupShadowBuffers()函数以初始化阴影贴图相关缓冲区
// 最后，它构造矩阵B以进行从光照空间到纹理空间的转换

void init(GLFWwindow* window) {

    renderingProgram1 = Utils::createShaderProgram("./vert1Shader.glsl", "./frag1Shader.glsl");
    renderingProgram2 = Utils::createShaderProgram("./vert2Shader.glsl", "./frag2Shader.glsl");

    setupVertices();
```

```
        setupShadowBuffers();

        b = glm::mat4(
            0.5f, 0.0f, 0.0f, 0.0f,
            0.0f, 0.5f, 0.0f, 0.0f,
            0.0f, 0.0f, 0.5f, 0.0f,
            0.5f, 0.5f, 0.5f, 1.0f);
}

void setupShadowBuffers(GLFWwindow* window) {
        glfwGetFramebufferSize(window, &width, &height);
        screenSizeX = width;
        screenSizeY = height;

        // 创建自定义帧缓冲区
        glGenFramebuffers(1, &shadowBuffer);

        // 创建阴影纹理并让它存储深度信息
        // 这些步骤与程序 5.2 中的相似
        glGenTextures(1, &shadowTex);
        glBindTexture(GL_TEXTURE_2D, shadowTex);
        glTexImage2D(GL_TEXTURE_2D, 0, GL_DEPTH_COMPONENT32,
            screenSizeX, screenSizeY, 0, GL_DEPTH_COMPONENT, GL_FLOAT, 0);
        glTexParameteri(GL_TEXTURE_2D, GL_TEXTURE_MIN_FILTER, GL_LINEAR);
        glTexParameteri(GL_TEXTURE_2D, GL_TEXTURE_MAG_FILTER, GL_LINEAR);
        glTexParameteri(GL_TEXTURE_2D, GL_TEXTURE_COMPARE_MODE, GL_COMPARE_REF_TO_TEXTURE);
        glTexParameteri(GL_TEXTURE_2D, GL_TEXTURE_COMPARE_FUNC, GL_LEQUAL);
}

void setupVertices(void) {
        // 与之前的例子相同，这个函数用来创建 VAO 和 VBO
        // 之后将环面及四棱锥的顶点与法向量读入缓冲区
}

// display()函数分别管理第 1 轮需要使用的自定义帧缓冲区
// 以及第 2 轮需要使用的阴影纹理初始化过程。阴影相关新功能已突出显示

void display(GLFWwindow* window, double currentTime) {
        glClear(GL_COLOR_BUFFER_BIT);
        glClear(GL_DEPTH_BUFFER_BIT);

        // 从光源视角初始化视觉矩阵以及透视矩阵，以便在第 1 轮中使用
        lightVmatrix = glm::lookAt(currentLightPos, origin, up); // 从光源到原点的矩阵
        lightPmatrix = glm::perspective(toRadians(60.0f), aspect, 0.1f, 1000.0f);

        // 使用自定义帧缓冲区，将阴影纹理附着到其上
        glBindFramebuffer(GL_FRAMEBUFFER, shadowBuffer);
        glFramebufferTexture(GL_FRAMEBUFFER, GL_DEPTH_ATTACHMENT, shadowTex, 0);

        // 关闭绘制颜色，同时开启深度计算
        glDrawBuffer(GL_NONE);
        glEnable(GL_DEPTH_TEST);

        passOne();

        // 使用显示缓冲区，并重新开启绘制
        glBindFramebuffer(GL_FRAMEBUFFER, 0);
        glActiveTexture(GL_TEXTURE0);
        glBindTexture(GL_TEXTURE_2D, shadowTex);
        glDrawBuffer(GL_FRONT);                    // 重新开启绘制颜色

        passTwo();
```

```
}

// 接下来是第 1 轮和第 2 轮的代码
// 这些代码和之前的大体相同
// 与阴影相关的新增代码已突出显示

void passOne(void) {

    // renderingProgram1 包含第 1 轮中的顶点着色器和片段着色器
    glUseProgram(renderingProgram1);
    ...
    // 接下来的代码段通过从光源角度渲染环面获得深度缓冲区

    mMat = glm::translate(glm::mat4(1.0f), torusLoc);
    // 轻微旋转以便查看
    mMat = glm::rotate(mMat, toRadians(25.0f), glm::vec3(1.0f, 0.0f, 0.0f));

    // 我们从光源角度绘制，因此使用光源的矩阵 P、V
    shadowMVP1 = lightPmatrix * lightVmatrix * mMat;
    sLoc = glGetUniformLocation(renderingProgram1, "shadowMVP");
    glUniformMatrix4fv(sLoc, 1, GL_FALSE, glm::value_ptr(shadowMVP1));

    // 在第 1 轮中我们只需要环面的顶点缓冲区，而不需要它的纹理或法向量
    glBindBuffer(GL_ARRAY_BUFFER, vbo[0]);
    glVertexAttribPointer(0, 3, GL_FLOAT, GL_FALSE, 0, 0);
    glEnableVertexAttribArray(0);

    glClear(GL_DEPTH_BUFFER_BIT);
    glEnable(GL_CULL_FACE);
    glFrontFace(GL_CCW);
    glEnable(GL_DEPTH_TEST);
    glDepthFunc(GL_LEQUAL);

    glBindBuffer(GL_ELEMENT_ARRAY_BUFFER, vbo[4]);          // vbo[4] 包含环面索引
    glDrawElements(GL_TRIANGLES, numTorusIndices, GL_UNSIGNED_INT, 0);

    // 对四棱锥做同样的处理（但不清除 GL_DEPTH_BUFFER_BIT）
    // 四棱锥没有索引，因此我们使用 glDrawArrays() 而非 glDrawElements()
    ...
    glDrawArrays(GL_TRIANGLES, 0, numPyramidVertices);
}

void passTwo(void) {
    glUseProgram(renderingProgram2);               // 第 2 轮顶点着色器和片段着色器

    // 绘制环面，这次我们需要加入光照、材质、法向量等
    // 同时我们需要为相机空间以及光照空间都提供 MVP 变换
    mvLoc = glGetUniformLocation(renderingProgram2, "mv_matrix");
    projLoc = glGetUniformLocation(renderingProgram2, "proj_matrix");
    nLoc = glGetUniformLocation(renderingProgram2, "norm_matrix");
    sLoc = glGetUniformLocation(renderingProgram2, "shadowMVP");

    // 环面是黄铜材质
    curAmb[0] = bronzeMatAmb[0];  curAmb[1] = bronzeMatAmb[1];  curAmb[2] = bronzeMatAmb[2];
    curDif[0] = bronzeMatDif[0];  curDif[1] = bronzeMatDif[1];  curDif[2] = bronzeMatDif[2];
    curSpe[0] = bronzeMatSpe[0];   curSpe[1] = bronzeMatSpe[1];  curSpe[2] = bronzeMatSpe[2];
    curShi = bronzeMatShi;

    vMat = glm::translate(glm::mat4(1.0f), glm::vec3(-cameraLoc.x, -cameraLoc.y, -cameraLoc.z));

    currentLightPos = glm::vec3(lightLoc);
    installLights(renderingProgram2, vMat);
```

```
mMat = glm::translate(glm::mat4(1.0f), torusLoc);
// 轻微旋转以便查看
mMat = glm::rotate(mMat, toRadians(25.0f), glm::vec3(1.0f, 0.0f, 0.0f));

// 构建相机视角环面的 MV 矩阵
mvMat = vMat * mMat;
invTrMat = glm::transpose(glm::inverse(mvMat));

// 构建光源视角环面的 MV 矩阵
shadowMVP2 = b * lightPmatrix * lightVmatrix * mMat;

// 将 MV 以及 PROJ 矩阵传入相应的统一变量
glUniformMatrix4fv(mvLoc, 1, GL_FALSE, glm::value_ptr(mvMat));
glUniformMatrix4fv(projLoc, 1, GL_FALSE, glm::value_ptr(pMat));
glUniformMatrix4fv(nLoc, 1, GL_FALSE, glm::value_ptr(invTrMat));
glUniformMatrix4fv(sLoc, 1, GL_FALSE, glm::value_ptr(shadowMVP2));

// 初始化环面顶点和法向量缓冲区()
glBindBuffer(GL_ARRAY_BUFFER, vbo[0]);          // 环面顶点
glVertexAttribPointer(0, 3, GL_FLOAT, GL_FALSE, 0, 0);
glEnableVertexAttribArray(0);

glBindBuffer(GL_ARRAY_BUFFER, vbo[2]);          // 环面法向量
glVertexAttribPointer(1, 3, GL_FLOAT, GL_FALSE, 0, 0);
glEnableVertexAttribArray(1);

glClear(GL_DEPTH_BUFFER_BIT);
glEnable(GL_CULL_FACE);
glFrontFace(GL_CCW);
glEnable(GL_DEPTH_TEST);
glDepthFunc(GL_LEQUAL);

glBindBuffer(GL_ELEMENT_ARRAY_BUFFER, vbo[4]);          // vbo[4]包含环面索引
glDrawElements(GL_TRIANGLES, numTorusIndices, GL_UNSIGNED_INT, 0);
...
// 对黄金四棱锥重复同样步骤
}
```

程序 8.1 展示了与之前详述过的第 1 轮、第 2 轮着色器交互部分的 C++ / OpenGL 应用程序。用于读取和编译着色器、构建模型及相关缓冲区、在着色器中初始化位置光源 ADS 特性，以及计算透视矩阵和 LookAt 矩阵等的模块同之前相同，此处未展示。

8.6 阴影贴图的伪影

虽然我们已经实现了为场景添加阴影的所有基本要求，但运行程序 8.1 会产生错杂的结果，如图 8.11 所示。

好消息是，四棱锥现在在环面上投下了阴影！坏消息则是，这种成功伴随着严重的伪影，即有许多线条覆盖在场景中的表面。这是阴影贴图的常见"副作用"，称为阴影痤疮（shadow acne，也称为阴影斑块）或错误的自阴影。

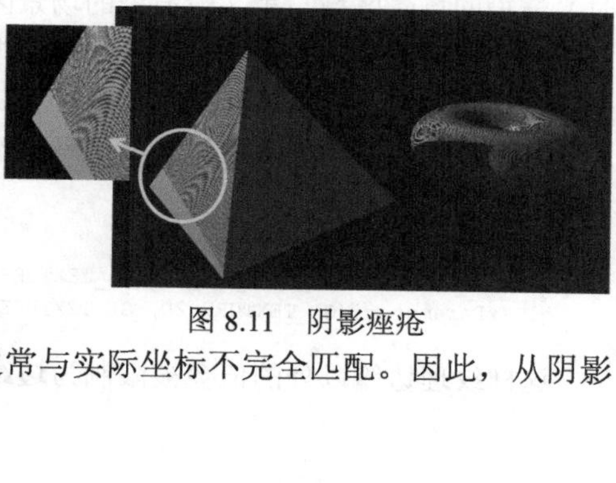

阴影痤疮是由深度测试期间的舍入误差引起

图 8.11 阴影痤疮

的。在阴影纹理中查找深度信息时计算的纹理坐标通常与实际坐标不完全匹配。因此，从阴影

纹理中查找到的深度值可能并非当前渲染中像素的深度值，而是相邻像素的深度值。如果相邻像素在更远位置，则当前像素会被错误地显示为阴影。

阴影痤疮也可能由纹理贴图和深度计算之间的精度差引起。这也可能导致舍入误差，并造成对像素是否处于阴影中的误判。

幸运的是，阴影痤疮很容易修复。由于阴影痤疮通常发生在没有阴影的表面上，因此这里有个简单的技巧，在第 1 轮中将每个像素稍微移向光源，之后在第 2 轮将它们移回原位。通常，这么做足以补偿各类舍入误差。在我们的实现中简单地在 display() 函数中调用 glPolygonOffset() 即可，如图 8.12 所示（突出显示部分）。

将这几行代码添加到 display() 函数，可以显著改善程序的输出效果，如图 8.13 所示。还要注意，随着伪影的消失，现在可以看到环面的内圆在其自身上显示了一个正确的小阴影。

虽然修复阴影痤疮很容易，但有时修复会导致新的伪影产生。在第 1 轮之前移动对象的"技巧"有时会导致在对象阴影中出现间隙。图 8.14 显示了一个这样的例子。这种伪影通常被称为"Peter Panning"，因为有时它会导致静止物体的阴影与物体底部分离（从而使物体的阴影部分

```
void display(GLFWwindow* window, double currentTime) {
    // 像前面一样清除深度缓冲区和颜色缓冲区
    // 像前面一样为相机和光源视角设置变换矩阵
    ...
    glBindFramebuffer(GL_FRAMEBUFFER, shadowBuffer);
    glFramebufferTexture(GL_FRAMEBUFFER, GL_DEPTH_ATTACHMENT,shadowTex, 0);

    glDrawBuffer(GL_NONE);
    glEnable(GL_DEPTH_TEST);

    // 减少阴影伪影
    glEnable(GL_POLYGON_OFFSET_FILL);
    glPolygonOffset(2.0f, 4.0f);

    passOne();

    glDisable(GL_POLYGON_OFFSET_FILL);

    glBindFramebuffer(GL_FRAMEBUFFER, 0);
    glActiveTexture(GL_TEXTURE0);
    glBindTexture(GL_TEXTURE_2D, shadowTex);
    glDrawBuffer(GL_FRONT);

    passTwo();
}
```

图 8.12 与阴影痤疮的战斗

与阴影的其余部分分离，让人想起 J. M. Barrie 笔下的角色 Peter Pan[PP20]）。修复此伪影需要调整 glPolygonOffset() 的参数。如果参数太小，就会出现阴影痤疮；如果参数太大，则会出现 Peter Panning。

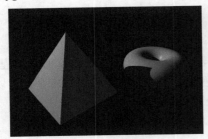

图 8.13 渲染带阴影的场景

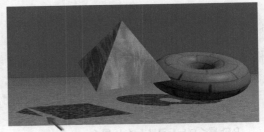

图 8.14 修复导致新的伪影产生

在实现阴影贴图时可能会产生许多其他伪影，如重复阴影，因为在第 1 轮（存入阴影缓冲区时）渲染的场景区域与第 2 轮渲染的场景区域存在差异（来自不同的观察位置）。这种差异可能导致在第 2 轮渲染的场景中，某些区域尝试使用区间[0,1]之外的特征坐标来访问阴影纹理。回想一下，在这种情况下默认行为是 GL_REPEAT，因此，这可能导致产生错误的重复阴影。

一种可能的解决方法是将以下代码行添加到 setupShadowBuffers()，将纹理换行模式设置为"夹紧到边缘"：

```
glTexParameteri(GL_TEXTURE_2D, GL_TEXTURE_WRAP_S, GL_CLAMP_TO_EDGE);
glTexParameteri(GL_TEXTURE_2D, GL_TEXTURE_WRAP_T, GL_CLAMP_TO_EDGE);
```

这样纹理边缘以外的值会被限制为边缘处的值（而非重复）。注意，这种方法自身也有可能

造成伪影，即当阴影纹理的边缘处存在阴影时，截取边缘可能产生延伸到场景边缘的"阴影条"。

另一种常见错误是锯齿状阴影边缘，如图 8.15 所示。当投射的阴影明显大于阴影缓冲区可以准确表示的阴影时，就有可能出现此问题。通常，这取决于场景中物体和光源的位置，尤其在光源在距离物体较远时更容易出现。

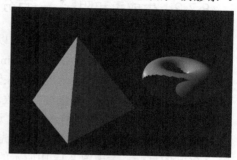

图 8.15 锯齿状阴影边缘

消除锯齿状阴影边缘就没有处理之前的伪影那么简单了。一种方法是在第 1 轮期间将光源位置移动到更接近场景的位置，然后在第 2 轮将其放回原始位置。另一种常用的有效方法则是下面讨论的"柔和阴影"方法之一。

8.7 柔和阴影

目前我们所展示的阴影生成方法都仅限于生成硬阴影，即带锐边的阴影。但是，现实世界中出现的大多数阴影都是柔和阴影，它们的边缘都会发生不同程度的模糊。在本节中，我们将探讨现实世界中柔和阴影的外观，然后描述在 OpenGL 中模拟它们的常用算法。消除锯齿状阴影边缘并不像处理之前的伪影那么简单。

8.7.1 现实世界中的柔和阴影

柔和阴影的成因有很多，同时也有许多类型的柔和阴影。通常在自然界中产生柔和阴影的原因是，真实世界的光源很少是点光源——它们常常是区域光源。另一个原因是材料和表面的缺陷积累，以及物体本身通过其自身的反射特性起到环境光的作用。

图 8.16 展示了物体向桌面投射柔和阴影的照片示例。注意，这不是计算机渲染的 3D 场景，而是真实的照片，是本书的一位作者在家中拍摄的。

对于图 8.16 中的阴影，有两点需要注意。

- 离物体越远的阴影越"柔和"，离物体越近的阴影越"硬"。在对比物体"腿"附近的阴影与右边更宽的阴影时，这一点就很明显了。
- 距离物体越近的阴影显得越暗。

光源本身的维度会导致柔和阴影。如图 8.17 所示，光源上各处会投射出略微不同的阴影。阴影边缘的淡色区域，即只有部分光被物体遮挡的地方，统称为半影（penumbra）。

图 8.16 现实世界中的柔和阴影示例

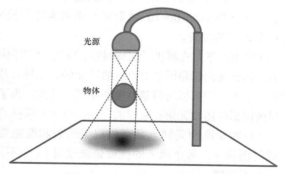

图 8.17 柔和阴影的半影效果

8.7.2 生成柔和阴影——百分比邻近滤波（PCF）

有多种方法可以用来模拟半影效果以在软件中生成柔和阴影。一个简单且常见的方法叫作百分比邻近滤波（Percentage Closer Filtering，PCF）。在 PCF 中，我们对单个点周围的几个位置的阴影纹理进行采样，以估计附近位置在阴影中的百分比，并根据附近位置在阴影中的百分比，对正在渲染的像素的光照分量进行修改。整个计算可以在片段着色器中完成，所以我们只需要对片段着色器中的代码进行修改。PCF 还可用于减少锯齿线伪影。

在研究实际的 PCF 算法之前，我们先看一个类似的简单示例来展示 PCF 的目标。考虑图 8.18 中所示的输出片段（像素）集，其颜色由片段着色器计算。

假设深色像素处于阴影中，这是阴影贴图计算的结果。假设我们可以访问相邻的像素信息，而不是简单地如图 8.18 所示渲染像素（即包括或不包括漫反射和镜面反射分量），这样我们就可以看到有多少相邻像素处于阴影中。例如，考虑图 8.19（见彩插）中以黄色突出显示的特定像素，根据图 8.18 可知，该像素不在阴影中。

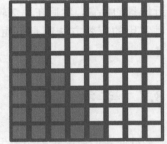

图 8.18　硬阴影渲染

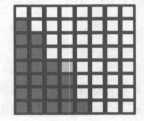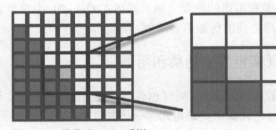

图 8.19　单像素 PCF 采样

在以黄色突出显示的特定像素的邻域（共 9 个像素）中，3 个像素处于阴影中而 6 个像素处于阴影外。因此，渲染像素的颜色可以被计算为该像素处的环境光分量加上漫反射和镜面反射分量的 6/9，这样会使像素在一定程度上（但不是完全）变亮。在整个网格中重复此过程将会产生图 8.20 所示的像素颜色。注意，对于那些邻域完全位于阴影中（或阴影外）的像素，生成的颜色与标准阴影贴图相同。

与上例不同的是，在 PCF 的实现中，不对被渲染像素邻域内的每个像素进行采样。这有两个原因：（a）我们想在片段着色器中执行此计算，但片段着色器无法访问其他像素；（b）要获得足够宽的半影效果（例如，10～20 像素宽）需要为每个被渲染的像素采样数百个附近的像素。

图 8.20　柔和阴影渲染

PCF 用以下方式解决了这些问题。首先，我们不试图访问附近的像素，而是在阴影贴图中对附近的纹元进行采样。片段着色器可以执行此操作，因为它虽然无法访问附近像素，但可以访问整个阴影贴图。其次，为了获得足够宽的半影效果，我们采取对附近一定数量的阴影贴图纹元进行采样的方法，每个被采样的纹元都与所渲染像素的纹元有一定距离。

半影的宽度和采样点数可以根据场景和性能要求进行调整。例如，图 8.21 所示的通过 PCF 生成的图像中，每个像素的亮度是通过对 64 个不同的纹元进行采样确定的，它们与像素的纹元距离各不相同。

柔和阴影的准确度或平滑度受被采样像素附近纹元的数量影响。在性能和质量之间需要权衡——采样点越多，效果越好，但计算开销也越大。场景的复杂性和给定应用所需的帧率对于可实现阴影的质量有着相应的限制。每个像素采样 64 个点（如图 8.21 所示）通常是不切实际的。

图 8.21　柔和阴影渲染——每像素 64 次采样

一种用于实现 PCF 的常见算法是对每个像素附近的 4 个纹元进行采样，其中样本通过像素对应纹元的特定偏移量选择。对于每个像素，我们都需要改变偏移量，并用新的偏移量确定采样的 4 个纹元。使用交错的方式改变偏移量的方法被称为抖动，它旨在使柔和阴影的边界不会由于采样点不足而看起来"结块"。

一种常见的方法是假设有 4 种不同偏移模式，每次取其中一种——我们可以通过计算像素的 glFragCoord mod 2 值来选择当前像素的偏移模式。之前有提到，glFragCoord 是 vec2 类型，包含像素位置的 x、y 坐标。因此，mod 计算的结果有 4 种可能的值：(0,0)、(0,1)、(1,0)或(1,1)。我们使用 glFragCoord mod 2 的结果来从纹元空间（即阴影贴图）的 4 种不同偏移模式中选择一种。

偏移模式通常在 x 和 y 方向上指定，具有-1.5、-0.5、+0.5 和+1.5 的不同组合（也可以根据需要进行缩放）。更具体地说，计算 glFragCoord mod 2 的 4 种结果对应的偏移模式采样点如表 8.1 所示。

表 8.1　　　　　　　　　　　4 种计算结果对应的偏移模式采样点

计算结果	(0,0)	(0,1)	(1,0)	(1,1)
偏移模式采样点	$(s_x-1.5, s_y+1.5)$	$(s_x-1.5, s_y+0.5)$	$(s_x-0.5, s_y+1.5)$	$(s_x-0.5, s_y+0.5)$
	$(s_x-1.5, s_y-0.5)$	$(s_x-1.5, s_y-1.5)$	$(s_x-0.5, s_y-0.5)$	$(s_x-0.5, s_y-1.5)$
	$(s_x+0.5, s_y+1.5)$	$(s_x+0.5, s_y+0.5)$	$(s_x+1.5, s_y+1.5)$	$(s_x+1.5, s_y+0.5)$
	$(s_x+0.5, s_y-0.5)$	$(s_x+0.5, s_y-1.5)$	$(s_x+1.5, s_y-0.5)$	$(s_x+1.5, s_y-1.5)$

s_x 和 s_y 指与正在渲染的像素对应的阴影贴图中的位置(s_x,s_y)，在本章的代码示例中标识为 shadow_coord。这 4 种偏移模式如图 8.22 所示（见彩插），每种模式都以不同的颜色显示。在每种模式下，对应于正被渲染的像素的纹元位于该模式的图的原点。请注意，当在图 8.23（见彩插）中一起显示时，偏移的交错和抖动很明显。

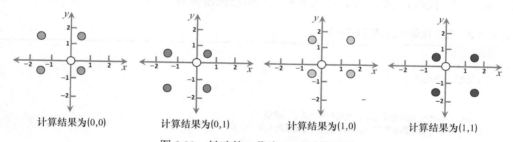

计算结果为(0,0)　　计算结果为(0,1)　　计算结果为(1,0)　　计算结果为(1,1)

图 8.22　抖动的 4 像素 PCF 采样示例

下面我们针对特定像素看看整个计算过程。假设正在渲染的像素位于 glFragCoord =(48,13)。首先我们确定像素在阴影贴图中的 4 个采样点。为此，我们计算 vec2(48,13) mod 2，结果等于(0,1)。因此我们选择(0,1)所对应的偏移，在图 8.22 中以绿色显示，并且在阴影贴图对相应的点进行采样（假设没有指定偏移的缩放量），得到：

● (shadow_coord.x-1.5, shadow_coord.y+0.5)；

- (shadow_coord.x–1.5, shadow_coord.y–1.5)；
- (shadow_coord.x+0.5, shadow_coord.y+0.5)；
- (shadow_coord.x+0.5, shadow_coord.y–1.5)。

（回想一下，shadow_coord 是阴影贴图中与正在渲染的像素相对应的纹元的位置——在图 8.22 和图 8.23 中显示为白色圆圈。）

接下来，对我们选取的这 4 个采样点分别调用 textureProj()，它在每种模式下都返回 0.0 或 1.0，具体结果取决于该采样点是否在阴影中。将得到的 4 个结果相加并除以 4.0，就可以确定阴影中采样点的百分比。然后将此百分比用作系数，以确定渲染当前像素时要应用的漫反射和镜面反射分量。

尽管采样尺寸很小——每个像素只有 4 个采样点，但这种抖动方法通常可以产生好得惊人的柔和阴影。图 8.24 是使用 4 采样抖动 PCF 生成的。虽然它不如图 8.21 所示的 64 点采样效果好，但渲染速度要快得多。

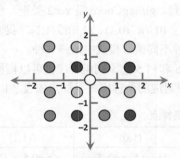

图 8.23　4 采样抖动 PCF 采样
（4 种偏移模式）

图 8.24　柔和阴影渲染——每像素 4 次
采样，使用抖动

在 8.7.3 小节中，我们对 GLSL 片段着色器进行编码，实现 4 采样抖动 PCF 柔和阴影和之前展示的 64 采样 PCF 柔和阴影。

8.7.3　柔和阴影/PCF 程序

如前所述，柔和阴影计算可以完全在片段着色器中完成。程序 8.2 展示了片段着色器，用于取代图 8.7 中的片段着色器。添加的 PCF 相关代码已突出显示。

程序 8.2　百分比邻近滤波（PCF）

```
// 片段着色器
#version 430
// 所有变量定义未改动
...

// 从 shadow_coord 返回距离(x,y)处的纹元的阴影深度值
// shadow_coord 是阴影贴图中与正在渲染的当前像素相对应的位置

float lookup(float ox, float oy)
{   float t = textureProj(shadowTex,
        shadow_coord + vec4(ox * 0.001 * shadow_coord.w, oy * 0.001 * shadow_coord.w,
        -0.01, 0.0)); //第三个参数（-0.01）是用于消除阴影"痤疮"的偏移量
    return t;
}

void main(void)
```

```
{   float shadowFactor = 0.0;
    vec3 L = normalize(vLightDir);
    vec3 N = normalize(vNormal);
    vec3 V = normalize(-vVertPos);
    vec3 H = normalize(vHalfVec);

    // -----此部分生成一个 4 采样抖动的柔和阴影
    float swidth = 2.5;        //可调整的阴影扩散量
    // 根据 glFragCoord mod 2 生成 4 种采样模式中的一种
    vec2 offset = mod(floor(gl_FragCoord.xy), 2.0) * swidth;
    shadowFactor += lookup(-1.5*swidth + offset.x, 1.5*swidth - offset.y);
    shadowFactor += lookup(-1.5*swidth + offset.x, -0.5*swidth - offset.y);
    shadowFactor += lookup( 0.5*swidth + offset.x, 1.5*swidth - offset.y);
    shadowFactor += lookup( 0.5*swidth + offset.x, -0.5*swidth - offset.y);
    shadowFactor = shadowFactor / 4.0; // shadowFactor 是 4 个采样点的平均值

    // ----- 取消本节注释以生成 64 采样的高分辨率柔和阴影
    // float swidth = 2.5;        // 可调整的阴影扩散量
    // float endp = swidth*3.0 +swidth/2.0;
    // for (float m=-endp ; m<=endp ; m=m+swidth)
    // {   for (float n=-endp ; n<=endp ; n=n+swidth)
    //     {       shadowFactor += lookup(m,n);
    // }  }
    // shadowFactor = shadowFactor / 64.0;

    vec4 shadowColor = globalAmbient * material.ambient + light.ambient * material.ambient;
    vec4 lightedColor = light.diffuse * material.diffuse * max(dot(L,N),0.0)
                        + light.specular * material.specular
                        * pow(max(dot(H,N),0.0),material.shininess*3.0);

    fragColor = vec4((shadowColor.xyz + shadowFactor*(lightedColor.xyz)),1.0);
}
```

程序 8.2 中展示的片段着色器包含 4 采样和 64 采样的 PCF 柔和阴影的代码。为了更方便地进行采样，我们需要定义 lookup()函数，在其中调用 GLSL 函数 textureProj()，从而在阴影纹理中以指定偏移量(ox,oy)进行查找。偏移量需要除以 windowsize，这里我们简单地假设窗口大小为 1000 像素×1000 像素，将系数硬编码为 0.001[1]。

4 采样抖动的计算代码在 main()函数中突出显示，其实现遵循 8.7.2 小节中描述的算法。同时其添加了一个比例因子 swidth，用于调整阴影边缘的"柔和"区域的大小。

64 采样代码以注释形式出现在后面。可以通过取消 64 采样代码注释并注释 4 采样代码以使用 64 采样。在 64 采样代码中，swidth 比例因子用作嵌套循环中的步长，该循环对距当前渲染的像素不同距离的点进行采样。例如，当使用代码中的 swidth 值（即 2.5 时），程序将沿着每个轴在两个方向上以 1.25、3.75、6.25 和 8.25 的距离选择采样点，然后根据窗口大小进行缩放（如前所述）并用作纹理坐标采样阴影纹理。在这么多采样点的情况下，通常不需要使用抖动来获得更好的结果。

图 8.25 展示了我们运行的环面和四棱锥阴影贴图示例，它将 PCF 柔和阴影与程序 8.2 中的片段着色器相结合，分别使用了 4 采样和 64 采样的方法。swidth 的选值取决于场景：对于环面和四棱锥示例，它的值为 2.5；对于之前的图 8.21 中显示的海豚示例，它的值为 8.0。

---

① 我们还需要将偏移乘阴影坐标的 w 分量，因为 OpenGL 在纹理查找期间会自动将输入坐标除以 w。迄今为止我们一直忽略了这种称为透视分割的操作，因此必须在这里进行说明。有关透视分割的更多信息，请参阅参考资料[LO12]。

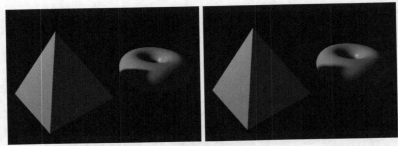

图 8.25　PCF 柔和阴影渲染——每像素采样 4 次，即 4 采样，使用抖动（左）；
每像素采样 64 次，即 64 采样，不使用抖动（右）

补充说明

在本章中，我们仅给出了 3D 图形中"阴影世界"的基本介绍。在更复杂的场景中，即便使用本章提供的基础阴影贴图方法，也可能需要进行进一步的研究。

例如，在场景中的某些对象拥有纹理时，添加阴影时必须确保片段着色器正确区分阴影纹理和其他纹理。一种简单的方法是将它们绑定到不同的纹理单元，例如：

```
layout (binding = 0) uniform sampler2DShadow shTex;
layout (binding = 1) uniform sampler2D otherTexture;
```

然后，C++ / OpenGL 应用程序可以通过它们的绑定值来引用两个采样器。

当场景使用多个灯光时，则需要多个阴影纹理——每个光源需要一个阴影纹理。此外，每个光源都需要单独执行第 1 轮渲染，并在第 2 轮渲染中合并结果。

尽管我们在阴影贴图的每个阶段都使用了透视投影，但值得注意的是，只有当光源是远距离光源和定向光源而非我们使用的位置光时，正射投影通常才是首选。

生成真实的阴影在计算机图形学中仍然是一个活跃而又复杂的课题，其中提出的许多技术超出了本书的范畴。我们鼓励对更多细节感兴趣的读者研究更专业的资源[ES12,GP10,MI18]。

在程序 8.2 的片段着色器中，有一个 GLSL 函数的例子：lookup()。与在 C 语言中一样，必须在调用它之前（或"上方"）进行定义，否则必须提供前向声明。该示例中不需要前向声明，因为函数定义在调用代码上方。

习题

8.1　在程序 8.1 中，尝试在不同设置下使用 glPolygonOffset()，并观察对象的伪影效果，如 Peter Panning。

8.2　（项目）修改程序 8.1，以便通过移动鼠标移动灯光，类似于习题 7.1。你可能会注意到某些照明位置会出现阴影伪影，而其他位置则没有。

8.3　（项目）给程序 8.1 添加动画，使得对象或光源（或两者一起）自行移动，例如一个绕另一个旋转。如果向场景添加地平面，阴影效果将更加明显，如图 8.14 所示。

8.4　（项目）修改程序 8.2，将 lookup() 函数中的硬编码值 0.001 替换为更准确的 1.0/shadowbufferwidth 和 1.0/shadowbufferheight。观察窗口大小变化是否会产生影响。若产生了影响，描述其产生了何种程度的影响。

8.5 （研究）更复杂的 PCF 的实现会加入光和阴影与光和遮挡物之间的相对距离。当光线靠近或远离遮挡物时（或当遮挡物靠近或远离阴影时），调整半影的大小，可以使柔和阴影更逼真。研究此功能现有的实现方法，并将其添加到程序 8.2 中。

参考资料

[AS14] E. Angel and D. Shreiner, *Interactive Computer Graphics: A Top-Down Approach with WebGL*, 7th ed. (Pearson, 2014).

[BL88] J. Blinn, Me and My (Fake) Shadow, *IEEE Computer Graphics and Applications* 8, no. 2 (1988).

[CR77] F. Crow, Shadow Algorithms for Computer Graphics, *Proceedings of SIGGRAPH'77* 11, no. 2 (1977).

[ES12] E. Eisemann, M. Schwarz, U. Assarsson, and M. Wimmer, *Real-Time Shadows* (CRC Press, 2012).

[GP10] *GPU Pro* (series), ed. Wolfgang Engel (A. K. Peters, 2010–2016).

[KS16] J. Kessenich, G. Sellers, and D. Shreiner, *OpenGL Programming Guide: The Official Guide to Learning OpenGL, Version 4.5 with SPIR-V*, 9th ed. (Addison-Wesley, 2016).

[LO12] Understanding OpenGL's Matrices, Learn OpenGL ES (2012), accessed October 2018.

[LU16] F. Luna, *Introduction to 3D Game Programming with DirectX 12*, 2nd ed. (Mercury Learning, 2016).

[MI18] Common Techniques to Improve Shadow Depth Maps (Microsoft Corp., 2018), accessed July 2020.

[PP20] Peter Pan, Wikipedia, accessed July 2020.

[RS87] Rendering Antialiased Shadows with Depth Maps, *Computer Graphics*, Volume 21, Number 4, July 1987.

第9章 天空和背景

对于 3D 场景，通常可以通过在远处的地平线附近创造一些逼真的效果，来增强其真实感。当我们极目远眺时，目光越过附近的建筑和森林，我们习惯于看到远处的大型物体，如云、群山或太阳（或夜空中的星星和月亮）。但是，将这些对象作为单个模型添加到场景中可能会产生高到无法承受的性能成本。天空盒或穹顶提供了有效且相对简单的方法，用来生成逼真的地平线景观。

9.1 天空盒

天空盒的概念非常巧妙而又简单：
（1）实例化一个立方体对象；
（2）将立方体的纹理设置为所需的环境；
（3）将立方体围绕相机放置。
我们已经知道如何完成以上这些步骤，但还有几个细节问题需要注意。

第一个问题是，如何为地平线制作纹理？

立方体有 6 个面，我们需要为这些面都添加纹理。一种方法是使用 6 个图像文件和 6 个纹理单元。另一种常见（且高效）的方法则是使用一个包含 6 个面的纹理的图像，如图 9.1 所示。

上文中的纹理立方体贴图，仅用一个纹理单元，就可以为 6 个面添加纹理。立方体贴图的 6 个部分对应于立方体的顶部、底部、正面、背面和左右侧面。当贴图“包裹”在立方体周围时，对于立方体内的相机而言，它扮演了地平线的角色，如图 9.2 所示。

图 9.1　6 面天空盒纹理立方体贴图

图 9.2　立方体贴图包裹相机

使用纹理立方体贴图为立方体添加纹理需要指定适当的纹理坐标。图 9.3 展示了纹理坐标的分布，这些坐标接着会被分配给立方体的每个顶点。

第二个问题是，如何让天空盒看起来“距离很远”？

构建天空盒的另一个重要因素是确保纹理的表现看起来像远处的地平线。人们可能会认为这需要构建巨大的天空盒。然而，事实证明这并不可取，因为巨大的天空盒会拉伸和扭曲纹理。

相反，通过使用以下两个技巧，可以使天空盒显得巨大（从而感觉距离很远）：

- 禁用深度测试并先渲染天空盒（在渲染场景中的其他对象时重新启用深度测试）；
- 使天空盒随相机移动（如果相机需要移动）。

通过在禁用深度测试的情况下先绘制天空盒，深度缓冲区的值仍将全设为 1.0（即最远距离）。因此，场景中的所有其他对象将被完全渲染，即天空盒不会阻挡任何其他对象。这样，无论天空盒的实际大小如何，都会使天空盒的各个面的位置看起来比其他物体更远。而实际的天空盒立方体

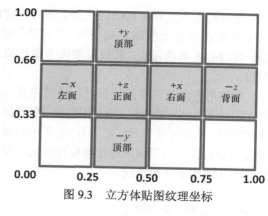

图 9.3　立方体贴图纹理坐标

本身可以非常小，并在相机移动时随相机一起移动。图 9.4 展示了从天空盒内部查看的简单场景（实际上只有一个砖纹理环面）。

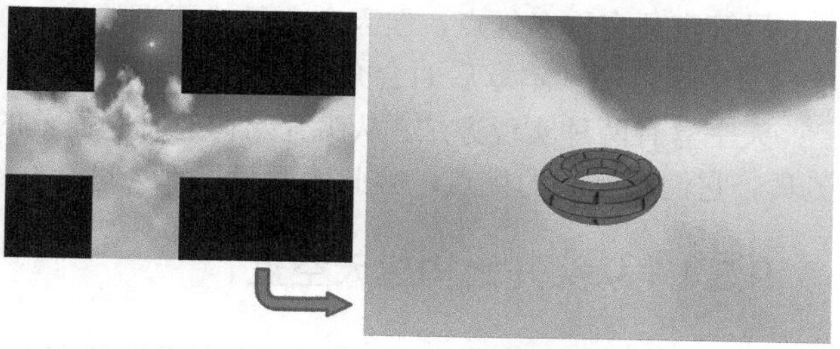

对仔细研究图 9.4、图 9.2 和图 9.3 的关系。注意，场景中可见的天空盒部分是立方体贴图的最右侧部分。这是因为相机朝向默认方向，即−z 方向，因此正在观察天空盒立方体的背面（如图 9.3 所示）。另请注意，立方体贴图的背面在场景中渲染时会呈水平反转状态，这是因为

图 9.4　从天空盒内部查看场景

相机是从内向外看立方体贴图的。例如，如图 9.2 所示，立方体贴图的"背面"（−z 方向）部分经过折叠，从而看起来是经过翻转的。

第三个问题是，如何构建纹理立方体贴图？

根据图稿或照片构建纹理立方体贴图图像时，需要注意避免在立方体面交汇点处的"接缝"，并创建正确的透视图，这样才能让天空盒看起来逼真且无畸变。有许多工具可以辅助达成这一目标。Terragen、Autodesk 3Ds Max、Blender 和 Adobe Photoshop 都有用于构建或处理立方体贴图的工具。同时，还有许多网站提供各种现成的立方体地图，既有付费的，也有免费的。

9.2　穹顶

建立地平线效果的另一种方法是使用穹顶。除了使用带纹理的球体（或半球体）代替带纹理的立方体外，其基本思路与天空盒相同。同样，我们首先渲染穹顶（禁用深度测试），并将相机保持在穹顶的中心位置（图 9.5 中的穹顶纹理是使用 Terragen[TE19]制作的）。

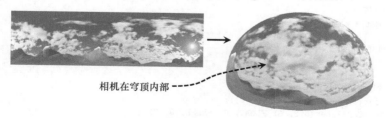

相机在穹顶内部

图 9.5　穹顶与其中的相机

穹顶相比天空盒有自己的优势。例如，它们不易受到畸变和接缝的影响（尽管在纹理图像中必须考虑极点处的球形畸变）。而穹顶的缺点之一则是球体或穹顶模型比立方体模型更复杂，穹顶有更多的顶点，其数量取决于期望的精度。

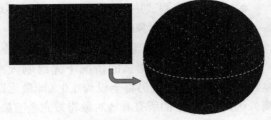

当使用穹顶呈现室外场景时，通常将其与地平面或某种地形相结合。当使用穹顶呈现宇宙中的场景（例如星空）时，使用图 9.6 所示的球体通常更真实（为了清晰地使球体可视化，在球体表面添加了一道虚线）。

图 9.6　使用球体的星空穹顶[BO01]

9.3　实现天空盒

尽管穹顶有许多优点，但天空盒仍然更为常见。OpenGL 对天空盒的支持也更好，在进行环境贴图时更方便（本章后面会介绍）。出于这些原因，我们将专注于天空盒的实现。

天空盒有两种实现方法：从头开始构建一个简单的天空盒，或使用 OpenGL 中的立方体贴图工具。它们有各自的优点，因此下面我们都会进行介绍。

9.3.1　从头开始构建天空盒

我们已经介绍了构建简单天空盒所需的几乎所有内容——第 4 章介绍了立方体模型，分配纹理坐标已经在本章图 9.3 中进行了展示，使用 SOIL2 库读取纹理以及在 3D 空间中放置对象也都已经在之前的章节进行过讲解。这里，我们将看到如何简单地启用和禁用深度测试（只需要一行代码）。

程序 9.1 展示了简单天空盒的代码结构，场景中仅包含一个带纹理的环面。分配纹理坐标、启用或禁用深度测试的调用已突出显示。

程序 9.1　简单的天空盒

```
// C++/OpenGL 应用程序

//所有变量声明，构造函数和 init() 与之前相同
...
void display(GLFWwindow* window, double currentTime) {
    // 清除颜色缓冲区和深度缓冲区，并像之前一样创建投影视图矩阵和相机视图矩阵
    ...
    glUseProgram(renderingProgram);

    // 准备绘制天空盒。模型矩阵将天空盒放置在相机位置
    mMat = glm::translate(glm::mat4(1.0f), glm::vec3(cameraX, cameraY, cameraZ));

    // 构建 MV 矩阵
    mvMat = vMat * mMat;

    // 如前，将 MV 和 PROJ 矩阵放入统一变量
    ...

    // 设置包含顶点的缓冲区
    glBindBuffer(GL_ARRAY_BUFFER, vbo[0]);
    glVertexAttribPointer(0,3, GL_FLOAT, GL_FALSE, 0, 0);
    glEnableVertexAttribArray(0);

    // 设置包含纹理坐标的缓冲区
```

```
        glBindBuffer(GL_ARRAY_BUFFER, vbo[1]);
        glVertexAttribPointer(1,2, GL_FLOAT, GL_FALSE, 0, 0);
        glEnableVertexAttribArray(1);

        //激活天空盒纹理
        glActiveTexture(GL_TEXTURE0);
        glBindTexture(GL_TEXTURE_2D, skyboxTexture);

        glEnable(GL_CULL_FACE);
        glFrontFace(GL_CCW);      // 立方体缠绕顺序是顺时针的，但我们从内部查看，因此使用逆时针缠绕顺序 GL_CCW

        glDisable(GL_DEPTH_TEST);
        glDrawArrays(GL_TRIANGLES, 0, 36);           // 在没有深度测试的情况下绘制天空盒
        glEnable(GL_DEPTH_TEST);

        //现在像之前一样绘制场景中的对象
        ...
        glDrawElements( ... );      //和之前场景中的对象类似
    }

void setupVertices(void) {
    // cube_vertices 定义与之前相同
    // 天空盒的立方体纹理坐标，如图 9.3 所示
    float cubeTextureCoord[72] = {
        1.00f, 0.66f, 1.00f, 0.33f, 0.75f, 0.33f,       // 背面右下角
        0.75f, 0.33f, 0.75f, 0.66f, 1.00f, 0.66f,       // 背面左上角
        0.75f, 0.33f, 0.50f, 0.33f, 0.75f, 0.66f,       // 右面右下角
        0.50f, 0.33f, 0.50f, 0.66f, 0.75f, 0.66f,       // 右面左上角
        0.50f, 0.33f, 0.25f, 0.33f, 0.50f, 0.66f,       // 正面右下角
        0.25f, 0.33f, 0.25f, 0.66f, 0.50f, 0.66f,       // 正面左上角
        0.25f, 0.33f, 0.00f, 0.33f, 0.25f, 0.66f,       // 左面右下角
        0.00f, 0.33f, 0.00f, 0.66f, 0.25f, 0.66f,       // 左面左上角
        0.25f, 0.33f, 0.50f, 0.33f, 0.50f, 0.00f,       // 下面右下角
        0.50f, 0.00f, 0.25f, 0.00f, 0.25f, 0.33f,       // 下面左上角
        0.25f, 1.00f, 0.50f, 1.00f, 0.50f, 0.66f,       // 上面右下角
        0.50f, 0.66f, 0.25f, 0.66f, 0.25f, 1.00f        // 上面左上角
    };
    //像往常一样为立方体和场景对象设置缓冲区
}
//用于加载着色器、纹理、main()等的模块，如前

//标准纹理着色器现在用于场景中的所有对象，包括立方体贴图


//顶点着色器
#version 430
layout (location = 0) in vec3 position;
layout (location = 1) in vec2 tex_coord;
out vec2 tc;
uniform mat4 mv_matrix;
uniform mat4 proj_matrix;
layout (binding = 0) uniform sampler2D s;

void main(void)
{   tc = tex_coord;
    gl_Position = proj_matrix * mv_matrix * vec4(position,1.0);
}


//片段着色器
#version 430
```

```
in vec2 tc;
out vec4 fragColor;
uniform mat4 mv_matrix;
uniform mat4 proj_matrix;
layout (binding = 0) uniform sampler2D s;

void main(void)
{   fragColor = texture(s,tc);
}
```

程序 9.1 的输出如图 9.7 所示，包括两个不同的立方体贴图纹理以及各自的渲染结果。

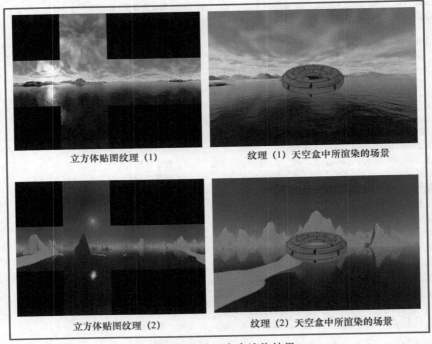

立方体贴图纹理（1）　　　　纹理（1）天空盒中所渲染的场景

立方体贴图纹理（2）　　　　纹理（2）天空盒中所渲染的场景

图 9.7　简单天空盒渲染结果

如前所述，天空盒容易受到图像畸变和接缝的影响。接缝指的是两个纹理图像接触的位置（比如沿着立方体的边缘）有时出现的可见线条。图 9.8 展示了一个图像上半部分出现接缝的示例，它是运行程序 9.1 时出现的伪影。为了避免产生接缝，需要仔细构建立方体贴图图像，并分配精确的纹理坐标。有一些工具可以用来沿图像边缘减少接缝[GI20]，不过这个主题超出了本书的范围。

图 9.8　天空盒"接缝"伪影

9.3.2　使用 OpenGL 立方体贴图

构建天空盒的另一种方法是使用 OpenGL 纹理立方体贴图。OpenGL 立方体贴图比我们在 9.3.1 小节中看到的简单方法稍微复杂一点儿。但是，使用 OpenGL 立方体贴图有自己的优点，例如可以减少接缝以及支持环境贴图。

OpenGL 纹理立方体贴图类似于稍后将要研究的 3D 纹理，它们都使用带有 3 个变量的纹理坐标访问——通常标记为 (s, t, r)，而不是我们目前为止用到的带有两个变量的纹理坐标。OpenGL 立方体贴图的另一个特性是，其中的图像以纹理图像的左上角（而不是通常的左下角）作为纹理坐标 $(0, 0, 0)$，这通常是混乱的源头。

程序 9.1 中展示的方法通过读入单个图像来为立方体贴图添加纹理，而程序 9.2 中展示的 loadCubeMap() 函数则读入 6 个单独的立方体面图像文件。正如我们在第 5 章中所学的，有许多方法可以读取纹理图像，我们选择使用 SOIL2 库。在这里，用 SOIL2 库实例化和加载 OpenGL 立方体贴图也非常方便。我们先找到需要读入的文件，然后调用 SOIL_load_OGL_cubemap()，其参数包括 6 个图像文件和一些其他参数，该函数类似于我们在第 5 章中看到的 SOIL_load_OGL_texture()。在使用 OpenGL 立方体贴图时，无须垂直翻转纹理，OpenGL 会自动进行处理，注意，loadCubeMap() 函数放在 Utils.cpp 文件中。

init() 函数现在包含一个函数调用以启用 GL_TEXTURE_CUBE_MAP_SEAMLESS，它告诉 OpenGL 尝试混合立方体相邻的边以减少或消除接缝。在 display() 中，立方体的顶点像以前一样沿管线向下发送，但这次不需要发送立方体的纹理坐标。我们将会看到，OpenGL 立方体贴图通常使用立方体的顶点坐标作为其纹理坐标，之后禁用深度测试并绘制立方体，再为场景的其余部分重新启用深度测试。

完成后的 OpenGL 立方体贴图使用了 int 类型的标识符进行引用。与阴影贴图时一样，通过将纹理包裹模式设置为"夹紧到边缘"，可以减少沿边框的伪影。在这种情况下，它还可以有助于进一步缩小接缝。请注意，这里需要为 3 个变量 s、t 和 r 设置纹理包裹模式。

在片段着色器中使用名为 samplerCube 的特殊类型的采样器访问纹理。在立方体贴图中，从采样器返回的值是沿着方向向量 (s, t, r) 从原点"看到"的纹元。因此，我们通常可以简单地使用传入的插值顶点位置作为纹理坐标。在顶点着色器中，我们将立方体顶点位置分配到输出纹理坐标属性中，以便在它们到达片段着色器时进行插值。另外需要注意，在顶点着色器中，我们将传入的视图矩阵大小转换为 3×3，然后转换回 4×4。这个"技巧"有效地移除了平移分量，同时保留了旋转（回想一下，平移值在转换矩阵的第四列中）。这样，就将立方体贴图固定在了相机位置，同时仍允许合成相机"环顾四周"。

程序 9.2　OpenGL 立方体贴图天空盒

```
// C++/OpenGL 应用程序
...
int brickTexture, skyboxTexture;
int renderingProgram, renderingProgramCubeMap;
...

void init(GLFWwindow* window) {
    renderingProgram = Utils::createShaderProgram("vertShader.glsl", "fragShader.glsl");
    renderingProgramCubeMap = Utils::createShaderProgram("vertCShader.glsl", "fragCShader.glsl");

    setupVertices();
```

```
    brickTexture = Utils::loadTexture("brick1.jpg");              // 场景中的环面
    skyboxTexture = Utils::loadCubeMap("cubeMap");                // 包含天空盒纹理的文件夹
    glEnable(GL_TEXTURE_CUBE_MAP_SEAMLESS);
}

void display(GLFWwindow* window, double currentTime) {
    // 清除颜色缓冲区和深度缓冲区，并像之前一样创建投影视图矩阵和相机视图矩阵

    ...
    // 准备绘制天空盒。注意，现在它的渲染程序不同了

    glUseProgram(renderingProgramCubeMap);
    // 将投影矩阵、视图矩阵传入相应的统一变量

    // 初始化立方体的顶点缓冲区（这里不再需要纹理坐标缓冲区）
    glBindBuffer(GL_ARRAY_BUFFER, vbo[0]);
    glVertexAttribPointer(0, 3, GL_FLOAT, GL_FALSE, 0, 0);
    glEnableVertexAttribArray(0);

    // 激活立方体贴图纹理
    glActiveTexture(GL_TEXTURE0);
    glBindTexture(GL_TEXTURE_CUBE_MAP, skyboxTexture);

    // 禁用深度测试，之后绘制立方体贴图
    glEnable(GL_CULL_FACE);
    glFrontFace(GL_CCW);
    glDisable(GL_DEPTH_TEST);
    glDrawArrays(GL_TRIANGLES, 0, 36);
    glEnable(GL_DEPTH_TEST);
    // 绘制场景其余内容
    ...
}

GLuint Utils::loadCubeMap(const char *mapDir) {
    GLuint textureRef;

    // 假设 6 个纹理图像文件 xp、xn、yp、yn、zp、zn 都是 JPG 格式的
    string xp = mapDir; xp = xp + "/xp.jpg";
    string xn = mapDir; xn = xn + "/xn.jpg";
    string yp = mapDir; yp = yp + "/yp.jpg";
    string yn = mapDir; yn = yn + "/yn.jpg";
    string zp = mapDir; zp = zp + "/zp.jpg";
    string zn = mapDir; zn = zn + "/zn.jpg";

    textureRef = SOIL_load_OGL_cubemap(xp.c_str(), xn.c_str(), yp.c_str(), yn.c_str(),
        zp.c_str(), zn.c_str(), SOIL_LOAD_AUTO, SOIL_CREATE_NEW_ID, SOIL_FLAG_MIPMAPS);

    if (textureRef == 0) cout << "didnt find cube map image file" << endl;

    glBindTexture(GL_TEXTURE_CUBE_MAP, textureRef);

    // 减少接缝
    glTexParameteri(GL_TEXTURE_CUBE_MAP, GL_TEXTURE_WRAP_S, GL_CLAMP_TO_EDGE);
    glTexParameteri(GL_TEXTURE_CUBE_MAP, GL_TEXTURE_WRAP_T, GL_CLAMP_TO_EDGE);
    glTexParameteri(GL_TEXTURE_CUBE_MAP, GL_TEXTURE_WRAP_R, GL_CLAMP_TO_EDGE);

    return textureRef;
}

// 顶点着色器
#version 430
layout (location = 0) in vec3 position;
```

```
out vec3 tc;

uniform mat4 v_matrix;
uniform mat4 proj_matrix;
layout (binding = 0) uniform samplerCube samp;

void main(void)
{
    tc = position;                              // 纹理坐标就是顶点坐标
    mat4 vrot_matrix = mat4(mat3(v_matrix));    // 从视图矩阵中删除平移
    gl_Position = proj_matrix * vrot_matrix * vec4(position, 1.0);
}


// 片段着色器
#version 430
in vec3 tc;
out vec4 fragColor;

uniform mat4 v_matrix;
uniform mat4 proj_matrix;
layout (binding = 0) uniform samplerCube samp;

void main(void)
{   fragColor = texture(samp,tc);
}
```

9.4 环境贴图

在第 7 章中，我们考虑了物体的"光泽"。然而，我们从未对非常闪亮的物体进行建模，例如镜子或铬制品。这些物体在有小范围镜面高光的同时，还能够反射出周围物体的镜像。当我们看向这些物品时，我们会看到房间里的其他东西，有时甚至会看到我们自己的倒影。ADS 光照模型并没有提供模拟这种效果的方法。

不过，立方体贴图提供了一种相对简单的方法来模拟（至少部分模拟）反射表面。其诀窍是使用立方体贴图来构造反射对象本身[①]。如果想要做得看起来真实，则需要找我们从物体上看到的周围环境所对应的纹理坐标。

图 9.9 展示了使用视图向量和法向量组合计算反射向量的策略，之后，该反射向量会被用来从立方体贴图中查找纹元。因此，反射向量可用来直接访问立方体贴图。立方体贴图用于实现上述功能时，称为环境贴图。

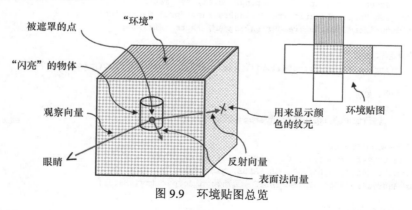

图 9.9 环境贴图总览

[①] 同样的技巧也适用于通过对反光物体添加穹顶纹理图像来用穹顶替代天空盒的情况。

我们在之前研究 Blinn-Phong 光照时计算过反射向量。除了我们现在使用反射向量从纹理贴图中查找值，这里的反射向量概念和之前的类似。这种技术称为环境贴图或反射贴图。如果使用我们描述的第二种方法（在 9.3.2 小节中，使用 OpenGL 的 GL_TEXTURE_CUBE_MAP）实现立方体贴图，那么 OpenGL 可以使用与之前为立方体添加纹理相同的方法来进行环境贴图查找。我们使用视图向量和曲面法向量计算视图向量对应的离开对象表面的反射向量，使用反射向量直接对立方体贴图图像进行采样。查找过程由 OpenGL samplerCube 辅助实现。9.3 节中，samplerCube 使用视图方向向量索引。因此，反射向量非常适用于查找所需的纹元。

实现环境贴图需要添加相对少量的代码。程序 9.3 展示了 display()函数和 init()函数以及相关着色器中的更改，以使用环境贴图渲染"反射"环面。值得注意的是，如果使用了 Blinn-Phong 光照，那么很多需要添加的代码可能已经存在了。真正新的代码部分在片段着色器中（在 main() 函数中）。

乍一看，程序 9.3 中突出显示的代码好像并不是新代码。实际上，在我们研究光照的时候，已经看到过几乎相同的代码。然而，在当前情况下，法向量和反射向量用于实现完全不同的目的。在之前的代码中，它们用于实现 ADS 光照模型。而在这里，它们用于计算环境贴图的纹理坐标。因此，我们将部分代码突出显示，以便读者更轻松地追踪法向量和反射向量计算的使用，从而实现这一新目的。

渲染的结果会显示使用了环境贴图的"铬制"环面，如图 9.10 所示（见彩插）。

图 9.10 用于创建反射环面的环境贴图示例

程序 9.3 环境贴图

```
void display(GLFWwindow* window, double currentTime) {
    // 用来绘制立方体贴图的代码未改变

    ...
    // 所有修改都在绘制环面的部分

    glUseProgram(renderingProgram);

    // 矩阵变换的统一变量位置，包括法向量的变换
    mvLloc = glGetUniformLocation(renderingProgram, "mv_matrix");
    projLoc = glGetUniformLocation(renderingProgram, "proj_matrix");
    nLoc = glGetUniformLocation(renderingProgram, "norm_matrix");

    // 构建模型矩阵，如前
    mMat = glm::translate(glm::mat4(1.0f), glm::vec3(torLocX, torLocY, torLocZ));

    // 构建 MV 矩阵，如前
    mvMat = vMat * mMat;
    invTrMat = glm::transpose(glm::inverse(mvMat));

    // 法向量变换现在在统一变量中
    glUniformMatrix4fv(mvLoc, 1, GL_FALSE, glm::value_ptr(mvMat));
    glUniformMatrix4fv(projLoc, 1, GL_FALSE, glm::value_ptr(pMat));
    glUniformMatrix4fv(nLoc, 1, GL_FALSE , glm::value_ptr(invTrMat));

    // 激活环面顶点缓冲区，如前
    glBindBuffer(GL_ARRAY_BUFFER, vbo[1]);
```

```
glVertexAttribPointer(0, 3, GL_FLOAT, GL_FALSE, 0, 0);
glEnableVertexAttribArray(0);

// 我们需要激活环面法向量缓冲区
glBindBuffer(GL_ARRAY_BUFFER, vbo[2]);
glVertexAttribPointer(1, 3, GL_FLOAT, GL_FALSE, 0, 0);
glEnableVertexAttribArray(1);

// 环面纹理现在是立方体贴图
glActiveTexture(GL_TEXTURE0);
glBindTexture(GL_TEXTURE_CUBE_MAP, skyboxTexture);

// 绘制环面的过程未做更改
glClear(GL_DEPTH_BUFFER_BIT);
glEnable(GL_CULL_FACE);
glFrontFace(GL_CCW);
glDepthFunc(GL_LEQUAL);

glBindBuffer(GL_ELEMENT_ARRAY_BUFFER, vbo[3]);
glDrawElements(GL_TRIANGLES, numTorusIndices, GL_UNSIGNED_INT, 0);
}


// 顶点着色器
#version 430
layout (location = 0) in vec3 position;
layout (location = 1) in vec3 normal;
out vec3 varyingNormal;
out vec3 varyingVertPos;
uniform mat4 mv_matrix;
uniform mat4 proj_matrix;
uniform mat4 norm_matrix;
layout (binding = 0) uniform samplerCube tex_map;

void main(void)
{ varyingVertPos = (mv_matrix * vec4(position,1.0)).xyz;
  varyingNormal = (norm_matrix * vec4(normal,1.0)).xyz;
  gl_Position = proj_matrix * mv_matrix * vec4(position,1.0);
}


// 片段着色器
#version 430
in vec3 varyingNormal;
in vec3 varyingVertPos;
out vec4 fragColor;
uniform mat4 mv_matrix;
uniform mat4 proj_matrix;
uniform mat4 norm_matrix;
layout (binding = 0) uniform samplerCube tex_map;

void main(void)
{ vec3 r = -reflect(normalize(-varyingVertPos), normalize(varyingNormal));
  fragColor = texture(tex_map, r);
}
```

虽然该场景需要两组着色器——一组用于立方体贴图，另一组用于环面，但是程序 9.3 中仅展示了用于绘制环面的着色器。这是因为用于渲染立方体贴图的着色器与程序 9.2 中的相同。通过修改程序 9.2 得到程序 9.3 的过程总结如下。

在 init()函数中：

● 创建环面的法向量缓冲区（实际上在 setupVertices()中完成，由 init()调用）；

- 不再需要环面的纹理坐标缓冲区。

在 display()函数中：

- 创建用于变换法向量的矩阵（在第 7 章中称为 norm_matrix）并将其连接到关联的统一变量；
- 激活环面法向量缓冲区；
- 激活纹理立方体贴图为环面的纹理（而非之前的砖纹理）。

在顶点着色器中：

- 将法向量和 norm_matrix 相加；
- 输出变换的顶点和法向量以备计算反射向量，与在第 7 和第 8 章中的做法相似。

在片段着色器中：

- 以与第 7 章中相似的方式计算反射向量；
- 从纹理（现在是立方体贴图）检索输出颜色，使用反射向量而非纹理坐标进行查找。

图 9.10 中显示的渲染结果是一个很好的例子，展示了通过简单的技巧能够实现强大的"幻觉"。我们通过在对象上简单地绘制背景，使对象看起来有"金属质感"，而根本没有进行 ADS 材质建模。即使没有任何 ADS 光照被整合到场景中，这种技巧也能让人感觉光经物体反射出来。在这个例子中，我们甚至会感到在环面的左下方似乎有一个镜面高光，这是因为立方体贴图中包括太阳在水中反射的倒影。

补充说明

正如我们在第 5 章中第一次研究纹理时的情况一样，使用 SOIL2 使得构建立方体贴图和为立方体贴图添加纹理变得容易。同时它也可能会产生一些"副作用"，即妨碍用户学习一些有用的 OpenGL 细节内容。当然，用户也可以在没有 SOIL2 的情况下实例化并加载 OpenGL 立方体贴图。这里作者仍然建议读者使用图片处理库，如 stb_image.h [SB20]。其基础步骤的细节[DV14]总结如下：

（1）将头文件 stb_image.h 复制到项目目录；
（2）使用 glGenTextures()为立方体贴图创建纹理及其整数类型引用；
（3）调用 glBindTexture()指定纹理的 ID 和 GL_TEXTURE_CUBE_MAP；
（4）使用 stbi_load()读取 6 个图像文件；
（5）调用 glTexImage2D()将图像分配给立方体的各个面。

SOIL2 中已经包含头文件 stb_image.h，同时也可以单独安装它。更多详细信息，参见相关资料[DV14,GE16]。

如本章所述，环境贴图的主要限制之一是它只能构建反射立方体贴图内容的对象。在场景中渲染的其他对象并不会出现在使用贴图模拟反射的对象中。这种限制是否可以接受取决于场景的性质。如果场景中存在必须出现在镜面或"铬制"对象中的对象，则必须使用其他方法。一种常见的方法是使用模板缓冲区（在第 8 章中有提到），许多网络教程[OV12,NE14,GR16]中都有关于它的描述，不过关于它的介绍超出了本书的范围。

我们没有介绍穹顶的实现，虽然它在某些方面可以说比天空盒更简单，并且不易受到失真的影响，甚至用它实现环境贴图也更简单（至少在数学上更易计算），但 OpenGL 对立方体贴图的支持常常使得天空盒更加实用。

在书后面涵盖的主题中，天空盒和穹顶在概念上可以说是相对简单的。然而，让它们实现的效果看起来逼真可能会耗费大量时间。我们只简要介绍了可能出现的一些问题（例如接缝），但由于使用的纹理图像文件不同，可能会出现其他问题，需要我们额外修复，尤其是在动画场景中或相机可以通过交互进行移动时。

我们还大致介绍了如何生成可用且逼真的纹理立方体贴图图像。这方面有许多优秀的工具，其中 Terragen[TE19]广受欢迎。本章中的所有立方体贴图均由作者使用 Terragen 制作（图 9.6 中的星域图除外）。

习题

9.1　（项目）在程序 9.2 中添加使用鼠标或键盘移动相机的功能。为此，你需要使用先前在习题 4.2 中开发的代码来构建视图矩阵，为前后移动以及绕各轴旋转相机的功能分配鼠标或键盘操作（你需要编写这些函数）。完成这些操作后，你应该能够在场景中"飞来飞去"，并能够注意到天空盒始终看起来保持在遥远的地平线上。

9.2　在 6 个立方体贴图图像文件上绘制标签，以确认实现中使用了正确的方向。例如，你可以在图像上绘制轴标签，如图 9.11 所示。

图 9.11　6 个立方体贴图

还可以使用"带标记的"立方体贴图来验证环境贴图环面中的反射是否正确呈现。

9.3　（项目）修改程序 9.3，使场景中的对象将环境贴图与纹理混合。在片段着色器中加权求和，如第 7 章中所述。

9.4　（研究和项目）了解使用 Terragen 创建简单立方体贴图的基础知识。通常需要（在 Terragen 中）制作具有所需地形和大气模式的"世界"，然后将 Terragen 的合成相机放置在其前、后、右、左、顶部和底部以保存作为各视图的 6 个图像。在程序 9.2 和程序 9.3 中使用新生成的图像，观察它们作为立方体贴图和环境贴图呈现的外观。使用 Terragen 的免费版本足以进行此练习。

参考资料

[BO11] P. Bourke, Representing Star Fields, October 2011, accessed July 2020.

[DV14] J. de Vries, Learn OpenGL–Cubemaps, 2014, accessed October 2018.

[GE16] A. Gerdelan, Cube Maps: Sky Boxes and Environment Mapping, 2016, accessed July 2020.

[GI20]　GNU Image Manipulation Program, accessed July 2020.

[GR16] OpenGL Resources, Planar Reflections and Refractions Using the Stencil Buffer, accessed July 2020.

[NE14] NeHeProductions, Clipping and Reflections Using the Stencil Buffer, 2014, accessed July 2020.

[OV12] A. Overvoorde, Depth and Stencils, 2012, accessed July 2020.

[SB20] S. Barrett, stbi_image.h, accessed July 2020.

[TE19] Terragen, Planetside Software, LLC, accessed accessed July 2020.

第 10 章　增强表面细节

假设我们想要对不规则表面的物体进行建模，例如橘子凹凸的表面、葡萄干褶皱的表面或月球的陨石坑表面。我们该怎么做呢？到目前为止，我们已经学会了两种可能的方法：（a）我们可以对整个不规则表面进行建模，但这么做通常不切实际（一个有许多坑的表面需要大量的顶点）；（b）我们可以将不规则表面的纹理图应用于平滑的对象。第二种选择通常比较高效。但是，如果场景中有光源，当光源（或相机角度）移动时，我们很快就会发现物体使用了静态纹理渲染（以及物体表面是平滑的），因为纹理上的亮区和暗区不会像真正凹凸不平的表面那样随着光源或相机移动而改变。

在本章中，我们将探讨几种与模拟凹凸表面相关的方法。通过使用特殊的光照效果，对象模型表面即使实际上是平滑的，也能看起来具有逼真的表面纹理。我们将介绍凹凸贴图和法线贴图，当直接为对象添加微小表面细节会使得计算代价过高时，它们可以为场景中的对象增加相当程度的真实感。我们还将研究通过高度贴图实际扰乱光滑表面中顶点的方法，这对于生成地形（和其他一些用途）非常有用。

10.1　凹凸贴图

在第 7 章中，我们了解了表面法向量在创建逼真的光照效果中是至关重要的。像素处的光强度主要由反射角确定，即需要考虑到光源位置、相机位置和像素处的法向量。因此，如果我们能找到生成相应法向量的方法，就可以避免生成与凹凸不平或褶皱表面相对应的顶点。

图 10.1 展示了修改法向量以呈现"凸起"效果的概念。

如果我们想让一个物体看起来好像有凹凸（或皱纹、坑洼等），一种方法是计算表面确实凹凸不平时其上的法向量。当场景被照亮时，光照会让人产生我们所期望的"幻觉"。这是 Blinn 在 1978 年首次提出的[BL78]。随着在片段着色器拥有了可以对每个像素进行光照计算的能力，这种方法就变得切实可行了。

程序 10.1 中展示了顶点着色器和片段着色器的一个示例，这段程序会生成一个带有"高尔夫球般"表面的环面，如图 10.2 所示。其代码几乎与我们之前在程序 7.2 中看到的相同。片段着色器中唯一显著的变化是输入的插值法向量（在原程序中名为 varyingNormal）在这里变得凹凸不平了——这是对环面模型的原始（未变形）顶点的 x 轴、y 轴、z 轴应用正弦函数的结果。请注意，这里需要顶点着色器将未经变换的顶点沿管线传递给片段着色器。

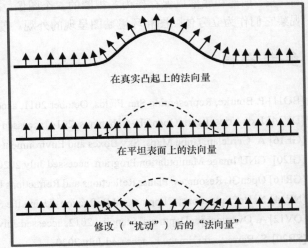

在真实凸起上的法向量

在平坦表面上的法向量

修改（"扰动"）后的"法向量"

图 10.1　用于凹凸贴图的扰动法向量

图 10.2 过程式凹凸贴图示例

以这种方式对法向量进行改变，即在运行时使用数学函数进行计算，称为过程式凹凸贴图。

程序 10.1 过程式凹凸贴图

```
// 顶点着色器
#version 430
// 与 Phong 着色相同，但需要添加此输出顶点属性
out vec3 originalVertex;

...
void main(void)
{ // 添加原始顶点，传递以进行插值
    originalVertex = vertPos;
    ...
}


// 片段着色器
#version 430
// 与 Phong 着色相同，但需要添加此输入顶点属性
in vec3 originalVertex;

...
void main(void)
{ ...
    // 添加如下代码以扰乱传入的法向量
    float a = 0.25;   // a 用于控制凸起的高度
    float b = 100.0;  // b 用于控制凸起的宽度
    float x = originalVertex.x;
    float y = originalVertex.y;
    float z = originalVertex.z;
    N.x = varyingNormal.x + a*sin(b*x);   // 使用正弦函数扰动传入法向量
    N.y = varyingNormal.y + a*sin(b*y);
    N.z = varyingNormal.z + a*sin(b*z);
    N = normalize(N);
    // 光照计算以及输出的 fragColor（未更改）现在使用扰动过的法向量 N
    ...
}
```

10.2 法线贴图

凹凸贴图的一种替代方法是使用查找表来替换法向量。这样我们就可以在不依赖数学函数的情况下构造凹凸细节，例如月球上的陨石坑。一种使用查找表的常见方法叫作法线贴图。

为了理解法线贴图的工作原理，我们需要注意，向量通过 3 字节存储，x、y 和 z 分量各占 1 字节，就可以达到合理的精度。这样，我们就可以将法向量存储在彩色图像文件中，其中 R、G

和 B 通道分别对应于 x、y 和 z。图像中的 R、G、B 值以字节形式存储，通常被解释为[0,1]区间内的值，但是向量可以有正负值分量。如果我们将法向量分量限制在[−1,+1]区间内，那么在图像文件中将法向量 **N** 存储为像素颜色的简单转换是：

$$R = (N_x + 1)/2$$
$$G = (N_y + 1)/2$$
$$B = (N_z + 1)/2$$

法线贴图使用一个图像（称为法线图）文件，该图像文件包含在光照下所期望表面外观的法向量。在法线图中，法向量相对于任意平面表示，其中，法向量的 x 和 y 分量表示其被扰动后与"垂直"方向的偏差，z 分量设置为 1。严格垂直的向量（即没有偏差）将表示为(0, 0, 1)，而不垂直的向量将具有非零的 x、y 分量。我们需要使用上面的公式将值转换至 RGB 空间，例如，(0, 0, 1)将存储为(0.5, 0.5, 1)，因为实际偏移的区间均为[−1,+1]，而 R、G、B 值均在区间[0,1]中。

我们可以通过纹理单元的另一种妙用来生成这样一幅法线图——在纹理单元中存储所需的法向量而非真实颜色，然后在给定片段中使用采样器从法线图中查找值，将所得的值作为法向量，而非像纹理贴图那样作为像素颜色输出。

图 10.3 展示了一个法线图的例子，它是通过将 GIMP 法线贴图插件[GI20]应用于 Luna [LU16]纹理而生成的。法线图并不适合作为图像查看，我们展示这幅图就是为了指明这一点。法线图最终看起来基本都是蓝色的，这是因为图像文件中每个像素的 B 值（蓝色值）都是 1（最大值），这会让它在作为图像时看起来是"蓝色的"。

图 10.4 展示了两个不同的法线图（它们都由 Luna 的纹理构建），以及在 Blinn- Phong 光照模型下将它们应用于球体的结果。

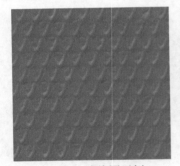

图 10.3 法线图示例　　　　　　　　　　图 10.4 两个法线图示例

从法线图查找到的法向量不能直接使用，因为它们是相对于上述的任意平面定义的，并没有考虑法向量在物体上的位置以及在相机空间中的方向。这个问题的解决策略是建立一个转换矩阵，用于将法向量转换到相机空间。

在对象的每个顶点处，我们考虑与对象相切的平面（切面）。顶点处的物体的法向量垂直于该切面。我们在该切面中定义两个相互垂直的向量，它们同时也垂直于法向量，称为切向量和副切向量（有时称为副法向量）。构造期望的变换矩阵要求我们的模型包括每个顶点的切向量（可以通过计算切向量和法向量的叉积来构建副切向量）。如果模型中没有定义切向量，则需要通过计算得到它们。对于球体，可以通过计算得到精确的切向量。以下是对程序 6.1 的修改：

```
...
for (int i=0; i<=prec; i++) {
    for (int j=0; j<=prec; j++) {
```

```
float y = (float)cos(toRadians(180.0f - i*180.0f / prec));
float x = -(float)cos(toRadians(j*360.0f / prec)) * (float)abs(cos(asin(y)));
float z = (float)sin(toRadians(j*360.0f / prec)) * (float)abs(cos(asin(y)));
vertices[i*(prec+1)+j] = glm::vec3(x, y, z);
// 计算切向量
if (((x==0) && (y==1) && (z==0)) || ((x==0) && (y==-1) && (z==0)))  // 如果是最高点或最低点,
{       tangent[i*(prec+1)+j] = glm::vec3(0.0f, 0.0f, -1.0f);       // 设置切向量为-z 轴
}
else                    // 否则, 计算切向量
{       tangent[i*(prec+1)+j] = glm::cross(glm::vec3(0.0f, 1.0f, 0.0f), glm::vec3(x,y,z));
}
... // 其余计算代码不变
    }
}
```

对于那些表面无法求导、无法精确求解切向量的模型，其切向量可以通过近似得到，例如在构造（或加载）模型时，将每个顶点指向下一个顶点的向量作为切向量。请注意，这种近似可能会导致切向量与顶点法向量不严格垂直。因此，如果要实现适用于各种模型的法线贴图，需要考虑这种可能性（我们的解决方案中对此进行了处理）。

切向量与顶点、纹理坐标以及法向量一样，是从缓冲区（VBO）传递到顶点着色器中的顶点属性。顶点着色器以与处理正常向量相同的方式处理它们：应用 MV 矩阵的逆转置矩阵，将结果沿着流水线转发，由光栅着色器进行插值，最终进入片段着色器。逆转置矩阵的应用将法向量和切向量转换到相机空间，我们随后使用叉积构造副切向量。

我们一旦在相机空间中得到法向量、切向量和副切向量，就可以使用它们来构造矩阵（称为 TBN 矩阵）。该矩阵用于将从法线贴图中检索到的法向量转换为在相机空间中相对于物体表面的法向量。

在片段着色器中，新法向量的计算在 calcNewNormal()函数中完成。该函数的第三行（包含 dot(tangent, normal)）的计算确保切向量垂直于法向量。新的切向量和法向量的叉积就是副切向量。

我们创建一个类型为 mat3 的 3×3 矩阵，作为 TBN 矩阵。mat3 构造函数接收 3 个向量作为参数，生成一个矩阵，其中顶行是第一个向量，中间行是第二个向量，底行是第三个向量（类似于从相机位置构建视图矩阵，参见图 3.13）。

着色器使用片段的纹理坐标来提取与当前片段对应的法线贴图单元。着色器在提取时使用采样器变量 normMap，并被绑定到纹理单元 0（注意：在 C++/OpenGL 应用程序中必须将法线图附加到纹理单元 0）。因为需要将颜色分量从纹理区间[0,1]转换为其原始区间[−1, + 1]，我们将其乘 2.0 再减去 1.0。

然后，将 TBN 矩阵应用于所得法向量以得到当前像素的最终法向量。着色器的其余部分与用于 Phong 光照的片段着色器相同。片段着色器代码基于 Etay Meiri 的版本[ME11]，如程序 10.2 所示。

制作法线图可以使用各种各样的工具。有的图像编辑工具就有制作法线图的功能，例如 GIMP[GI20]和 Photoshop[PH20]。它们通过分析图像中的边缘，推断凸起和凹陷，并产生相应的法线图。

图 10.5 显示了由 Hastings-Trew[HT12]基于 NASA 卫星数据创建的月面纹理图。其相应的法线图由 GIMP 法

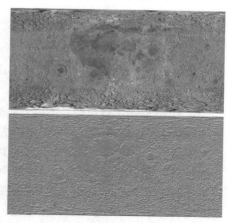

图 10.5　月球纹理（上）和法线图（下）

线贴插件[GP16]通过处理 Hastings-Trew 创建的黑白版本月面纹理图生成。

程序 10.2 法线贴图片段着色器

```
#version 430
in vec3 varyingLightDir;
in vec3 varyingVertPos;
in vec3 varyingNormal;
in vec3 varyingTangent;
in vec3 originalVertex;
in vec2 tc;
in vec3 varyingHalfVector;
out vec4 fragColor;

layout (binding=0) uniform sampler2D normMap;
// 其余统一变量同前
...
vec3 calcNewNormal()
{   vec3 normal = normalize(varyingNormal);
    vec3 tangent = normalize(varyingTangent);
    tangent = normalize(tangent - dot(tangent, normal) * normal);  // 切向量垂直于法向量
    vec3 bitangent = cross(tangent, normal);
    mat3 tbn = mat3(tangent, bitangent, normal);          // 用来变换到相机空间的 TBN 矩阵
    vec3 retrievedNormal = texture(normMap,tc).xyz;
    retrievedNormal = retrievedNormal * 2.0 - 1.0;        // 从 RGB 空间转换
    vec3 newNormal = tbn * retrievedNormal;
    newNormal = normalize(newNormal);
    return newNormal;
}

void main(void)
{   // 正规化光照向量，法向量和视图向量
    vec3 L = normalize(varyingLightDir);
    vec3 V = normalize(-varyingVertPos);
    vec3 N = calcNewNormal();

    // 获得光照向量和曲面法向量之间的角度
    float cosTheta = dot(L,N);

    // 为 Blinn 优化计算半向量
    vec3 H = normalize(varyingHalfVector);

    // 视图向量和反射光向量之间的角度
    float cosPhi = dot(H,N);

    // 计算 ADS 贡献（每个像素）
    fragColor = globalAmbient * material.ambient
    + light.ambient * material.ambient
    + light.diffuse * material.diffuse * max(cosTheta,0.0)
    + light.specular * material.specular * pow(max(cosPhi,0.0), material.shininess*3.0);
}
```

图 10.6 展示了使用两种不同方式渲染的球体，用以表现月球表面：左图中，球体使用了原始的纹理贴图；右图中，球体使用了法线图作为纹理（供参考）。它们都没有应用法线贴图。虽然左图使用了纹理的"月球"非常逼真，但仔细观察可以发现，纹理图案很明显拍摄于阳光从左侧照亮月球的时候，因为其山脊的阴影投射到了右侧（在底部中心附近的火山口中最明显）。如果我们使用 Phong 着色为此场景添加光照，然后移动月球、相机或灯光来给场景添加动画，就会发现月球上的阴影不会发生改变。

此外，随着光源的移动（或相机移动），期望的场景中会在山脊上出现许多镜面高光，但

是使用了标准纹理的球体只会产生一个镜面高光，对应于光滑球体上所出现的高光，这看起来非常不真实。配合法线图可以显著提高这类对象在光照下的真实感。

图 10.6 使用月面纹理的球体（左）和使用法线图的球体（右）

当我们在球体上使用法线贴图（而不是将法线图作为纹理）时，我们会得到图 10.7 所示的结果。尽管它（目前）不像标准纹理那么真实，但是现在它确实响应了光照变化。图 10.7 中，左图从左侧进行光照，右图则从右侧进行光照。请注意箭头所示部分展示出的山脊周围漫反射光的变化和镜面高光的移动。

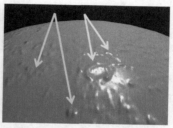

图 10.7 法线贴图对月球的影响

图 10.8 展示了在使用 Phong 光照模型的情况下，将法线贴图与标准纹理相结合的效果。月球图像的漫反射区域和镜面高光区域会响应光源的移动（或相机、物体移动），显示效果得以提升。图 10.8 中光照分别来自左侧和右侧。

我们的程序现在需要两个纹理——一个用于月球表面图像，一个用于法线贴图，因此需要两个采样器。片段着色器使用 7.6 节中描述的技术，将纹理颜色与经光照计算所得的颜色进行混合，如程序 10.3 所示。

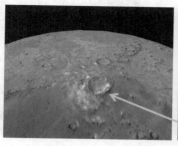

图 10.8 纹理加法线贴图，分别从左侧和右侧进行光照

程序 10.3 纹理加法线贴图

```
// 片段着色器中的变量和结构与之前相同，加上如下代码
layout (binding=0) uniform sampler2D s0;      // 法线贴图
```

```
layout (binding=1) uniform sampler2D s1;        // 纹理
void main(void)
{   // 计算与之前相同，直到如下代码

    vec3 N = calcNewNormal();
    vec4 texel = texture(s1,tc);          // 标准纹理
    ...
    // 反射计算与之前相同，然后混合结果
    fragColor = globalAmbient +
        texel * (light.ambient + light.diffuse * max(cosTheta,0.0)
        + light.specular * pow(max(cosPhi,0.0), material.shininess));
}
```

　　有趣的是，法线贴图也可以使用多级渐远纹理贴图改善效果，因为在第 5 章中看到的纹理化产生的"锯齿"伪影，在使用纹理图像进行法线贴图时也会产生。图 10.9 分别展示了未使用多级渐远纹理贴图和使用多级渐远纹理贴图进行法线贴图的月球。尽管在静止的图像中不容易观察到，但是左边的球体（未使用多级渐远纹理贴图）周边有闪烁的伪影。

图 10.9　发现贴图伪影，以及使用多级渐远纹理贴图校正后的图像

　　对于法线贴图而言，各向异性过滤更有效，它不但减少了闪烁的伪影，同时还保留了细节，如图 10.10 所示（比较右下角边缘的细节）。图 10.11 中使用了相等的纹理权重和光照权重，展示了使用法线贴图及各向异性过滤得到的结果。

图 10.10　使用各向异性过滤进行法线贴图　　　　图 10.11　纹理加各向异性过滤法线贴图

　　最终的渲染结果并不完美，因为无论光照如何，原始纹理图像中的阴影仍将显示在渲染结果上。此外，虽然法线贴图可以影响漫反射和镜面反射效果，但它无法投射阴影。因此，当表面

特征尺寸较小时，更适合使用法线贴图。

10.3 高度贴图

现在我们扩展法线贴图的概念。法线贴图中，纹理图像用于扰动法向量，但现在，我们要扰动顶点本身的位置。实际上，以这种方式修改对象的几何体具有一定的优势，例如使表面特征沿着对象的边缘可见，并使特征能够响应阴影贴图。我们将会看到，它还有助于构建地形。

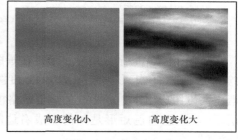

图 10.12 高度图示例

一种实用的方法是使用纹理图像来存储高度值，然后使用该高度值来提升（或降低）顶点位置。含有高度信息的图像称为高度图，使用高度图更改对象的顶点的方法称为高度贴图[①]。高度图通常将高度信息编码为灰度颜色：$(0,0,0)$=黑色=高度低，$(1,1,1)$=白色=高度高。这样一来，通过算法或使用"画图"程序就可以轻松创建高度图。图像的对比度越高，其表示的高度变化越大。这些概念在图 10.12（显示随机生成的地图）和图 10.13（显示有组织的模式的地图）中得以说明。

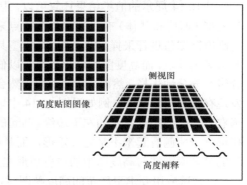

图 10.13 高度贴图阐释

改变顶点位置是否能发挥作用取决于要改变的模型。顶点操作可以在顶点着色器中轻松完成，当模型顶点细节级别够高（例如在足够高精度的球体中）时，改变顶点高度的方法效果很好。但是，当模型的顶点数量很少（例如立方体的角）时，渲染对象的表面需要依赖于光栅着色器中的顶点插值来填充细节。当顶点着色器中可用于改变高度的顶点数量很少时，许多像素的高度将无法从高度图中检索，而需要由插值生成，从而将导致表面细节较差。当然，在片段着色器中是不可能进行顶点操作的，因为这时顶点已被栅格化为像素位置。

程序 10.4 展示了一个将顶点"向外"（即在表面法向量的方向上）移动的顶点着色器代码。它将顶点法向量与从高度图检索所得的值相乘，然后将该结果与顶点位置相加，以"向外"移动顶点。

程序 10.4 顶点着色器中的高度贴图

```
#version 430

layout (location=0) in vec3 vertPos;
layout (location=1) in vec2 texCoord;
layout (location=2) in vec3 vertNormal;

out vec2 tc;
uniform mat4 mv_matrix;
uniform mat4 proj_matrix;
```

---

① 这里使用了高度贴图的说法，而通过纹理图像更改顶点的方法一般称为位移贴图或置换贴图。高度图除了可以用于位移贴图和置换贴图外，有时也可以用于视差贴图，请读者注意区别。——译者注

```
layout (binding=0) uniform sampler2D t;        // 用于纹理
layout (binding=1) uniform sampler2D h;        // 用于高度图

void main(void)
{ // p 是高度图所改变的顶点位置
  // 由于高度图是灰度图，因此使用其任何颜色分量
  // 都可以（我们使用 r）。除以 5.0 用来调整高度
  vec4 p = vec4(vertPos,1.0) + vec4( (vertNormal * ((texture(h, texCoord).r) / 5.0f)),1.0f );
  tc = tex_coord;
  gl_Position = proj_matrix * mv_matrix * p;
}
```

图 10.14（见彩插）展示了通过在画图程序中涂鸦创建的简单高度图（左上角），在其中还绘制了一个白色矩形。绿色版本的高度图（左下角）用作纹理。使用程序 10.4 中展示的着色器将高度图应用于 100×100 的矩形网格模型时，会产生类似"地形"的感觉（如图 10.14 右图所示）。注意白色矩形是如何生成右边的"悬崖"的。

图 10.14 展示的渲染结果还算可以，因为模型（网格和球体）有足够数量的顶点来对高度贴图值进行采样。也就是说，模型具有大量的顶点，而高度图相对粗糙并且以低分辨率充分地采样。然而，仔细观察仍然会发现存在分辨率伪影，例如沿图 10.14 中地形右侧凸起的矩形盒子的左下边缘。凸起的

图 10.14　地形，在顶点着色器中进行高度贴图

矩形盒子两侧看起来不是完美矩形，而且颜色有渐变效果，其原因是底层网格 100 像素×100 像素的分辨率无法与高度图中的白色矩形完全对齐，导致纹理的栅格化坐标沿侧面产生伪影。

当尝试应用要求更严苛的高度贴图时，在顶点着色器中进行高度贴图的限制会进一步暴露。考虑图 10.5 中展示的月球图像。法线贴图在捕获图像细节方面的表现非常出色（如图 10.9 和图 10.11 所示），而且由于它是灰度图像，因此尝试将其作为高度图应用似乎很自然。但是，基于顶点着色器的高度贴图将无法胜任这个任务，因为顶点着色器中采样的顶点数（即使对于精度为 500 的球体）比起图像中的细节级别，仍然太少。相较之下，法线贴图能够更好地捕获细节，因为在片段着色器中对法线贴图的采样是像素级的。

我们将会在第 12 章继续学习高度图，在其中我们会了解使用曲面细分着色器生成大量顶点的方法。

补充说明

凹凸贴图或法线贴图的一个基本限制是，虽然它们能够在所渲染对象的内部提供表面细节，但是物体轮廓（外边界）无法显示这些细节（仍保持平滑）。高度贴图在用于实际修改顶点位置时修复了这个缺陷，但它也有其自身的局限性。我们将在本书后面看到，有时可以使用几何着色器或曲面细分着色器来增加顶点的数量，使高度贴图更加实用、有效。

我们冒昧地简化了一些凹凸贴图和法线贴图的计算过程。在应用中，可以使用更准确有效的解决方案[BN12]。

习题

10.1 使用程序 10.1 进行探索，修改片段着色器中的设置和计算语句并观察结果。

10.2 使用绘图程序生成一份高度图，并在程序 10.4 中使用它。尝试识别由于顶点着色器无法充分采样高度图而缺少细节的位置。你可能会发现使用高度图在对地形进行纹理化时也很有用，如图 10.14 所示（或者使用可以暴露表面结构的图案，例如网格），这样你就可以看到所生成的地形中的山脊和山谷。

10.3 （项目）向程序 10.4 中添加光照，以便进一步暴露高度贴图地形的表面结构。

10.4 （项目）为习题 10.3 中的代码添加阴影贴图，从而使高度贴图地形产生阴影。

参考资料

[BL78] J. Blinn, Simulation of Wrinkled Surfaces, *Computer Graphics*, 12, no. 3 (1978): 286–292.

[BN12] E. Bruneton and F. Neyret, A Survey of Non-Linear Pre-Filtering Methods for Efficient and Accurate Surface Shading, *IEEE Transactions on Visualization and Computer Graphics*, 18, no. 2 (2012).

[GI20] GNU Image Manipulation Program, accessed July 2020.

[GP16] GIMP Plugin Registry, normalmap plugin, accessed July 2020.

[HT12] J. Hastings-Trew, JHT's Planetary Pixel Emporium, accessed July 2020.

[LU16] F. Luna, *Introduction to 3D Game Programming with DirectX 12*, 2nd ed. (Mercury Learning, 2016).

[ME11] E. Meiri, OGLdev tutorial 26, 2011, accessed July 2020.

[PH20] Adobe Photoshop, accessed July 2020.

[SS15] SS Bump Generator, accessed July 2020.

第 11 章　参数曲面

20 世纪 50 年代和 60 年代，在雷诺公司工作期间，皮埃尔·贝塞尔（Pierre Bézier）开发了用于设计汽车车身的软件系统。他利用了 Paul de Casteljau 之前开发的数学方程组，后者曾为竞争对手雪铁龙汽车制造商[BE72, DC63]工作。de Casteljau 开发的方程组仅使用几个标量参数描述曲线，同时使用一种高明的递归算法（称为 "de Casteljau 算法"），可以生成任意精度的曲线和曲面。目前，用这种方法绘制的曲线和曲面分别称为 "贝塞尔曲线" 和 "贝塞尔曲面"，通常用于高效地对各种曲面 3D 物体进行建模。

11.1　二次贝塞尔曲线

二次贝塞尔曲线由一组参数方程定义，方程组中使用 3 个控制点指定特定的曲线的形状，每个控制点都是 2D 空间中的一个点①。考虑图 11.1 中所示的一组 3 个点$[p_0, p_1, p_2]$。

通过引入参数 t，我们可以构建一个用来定义曲线的参数方程组。t 表示从一个控制点到另一控制点间线段距离的分数。对于在线段上的点，$t \in [0,1]$。图 11.2 显示了一个这样的值：$t = 0.75$，将其分别应用于线段 p_0p_1 和 p_1p_2。通过 t 在两条原始线段上定义了两个新点即 $p_{01}(t)$ 和 $p_{12}(t)$。我们对连接两个新点 $p_{01}(t)$ 和 $p_{12}(t)$ 的线段重复该过程，产生点 $P(t)$，其中沿线段 $p_{01}(t)p_{12}(t)$ 在 $t = 0.75$ 处得到点 $P(t)$。$P(t)$ 是最终得到的曲线上的点，因此用大写字母 P 表示。

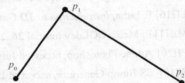

图 11.1　贝塞尔曲线的控制点

针对各种 t 值收集大量的点 $P(t)$，则会产生一条曲线，如图 11.3 所示。采样的 t 值越多，生成的点 $P(t)$就越多，得到的曲线就越平滑。

现在可以导出二次贝塞尔曲线的分析定义。我们注意到连接两个点 p_a 和 p_b 的线段 p_ap_b 上的任意点 p 可以用参数 t 表示如下：

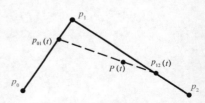

图 11.2　参数位置处的点 $t = 0.75$

$$p(t) = tp_a + (1-t)p_b$$

使用该等式，我们解出在 p_0p_1 和 p_1p_2 上的点（分别记为点 p_{01} 和 p_{12}）如下：

$$p_{01}(t) = tp_1 + (1-t)p_0$$
$$p_{12}(t) = tp_2 + (1-t)p_1$$

同理，在这两点所连接的线段上的点可以表示为：

$$P(t) = tp_{12}(t) + (1-t)p_{01}(t)$$

替换 p_{12} 和 p_{01} 的定义，可得：

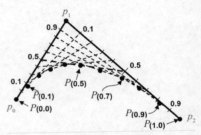

图 11.3　建立二次贝塞尔曲线

---

① 当然，曲线可以存在于 3D 空间中。然而，二次曲线完全位于 2D 平面内。

$$P(t) = t[tp_2 + (1-t)p_1] + (1-t)[tp_1 + (1-t)p_0]$$

分解并重新合并各项可得：

$$P(t) = (1-t)^2 p_0 + (-2t^2 + 2t)p_1 + t^2 p_2$$

或

$$P(t) = \sum_{i=0}^{2} p_i B_i(t)$$

其中

$$B_0(t) = (1-t)^2$$
$$B_1(t) = -2t^2 + 2t$$
$$B_2(t) = t^2$$

因此，我们可通过控制点的加权和解出曲线上的任意点。加权函数 B 通常被称为"混合函数"（尽管字母"B"实际上源自 Sergei Bernstein [BE16]，他首先描述了这个多项式族）。请注意，混合函数的形式都是二次的，这就是为什么得到的曲线称为二次贝塞尔曲线。

11.2 三次贝塞尔曲线

我们现在将曲线模型扩展到 4 个控制点，就会得到一个三次贝塞尔曲线，如图 11.4 所示。与二次贝塞尔曲线相比，三次贝塞尔曲线能够定义的形状更加丰富。

同二次贝塞尔曲线时的情形，我们可以推导出三次贝塞尔曲线的解析定义：

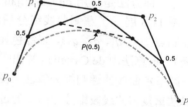

$$p_{01}(t) = tp_1 + (1-t)p_0$$
$$p_{12}(t) = tp_2 + (1-t)p_1$$
$$p_{23}(t) = tp_3 + (1-t)p_2$$
$$p_{01-12}(t) = tp_{12}(t) + (1-t)p_{01}(t)$$
$$p_{12-23}(t) = tp_{23}(t) + (1-t)p_{12}(t)$$

图 11.4　建立一个三次贝塞尔曲线

曲线上的点则是：

$$P(t) = tp_{12-23}(t) + (1-t)p_{01-12}(t)$$

使用 p_{12-23} 和 p_{01-12} 的定义替换等式中的项，再合并得：

$$P(t) = \sum_{i=0}^{3} p_i B_i(t)$$

其中

$$B_0(t) = (1-t)^3$$
$$B_1(t) = 3t^3 - 6t^2 + 3t$$
$$B_2(t) = -3t^3 + 3t^2$$
$$B_3(t) = t^3$$

渲染贝塞尔曲线时，可以使用多种不同的方法。其中一种方法是，使用固定的增量，在 0.0～1.0 范围内，迭代增加得出 t 的后继值。例如，当增量为 0.1 时，我们可以使用 t 值为 0.0、0.1、0.2、0.3 等的循环。对于 t 的每个值，计算贝塞尔曲线上的对应点，并绘制连接连续点的一系列线段，如图 11.5 中的算法所述。

```
void drawBezierCurve (controlPointVector C)
{    currentPoint = C[0];    // 曲线从第一个控制点开始
     t = 0.0;
     while (t <= 1.0)
     {    //计算混合函数在t时对控制点的加权和,
          //作为曲线的下一个点
          nextPoint = (0,0) ;
          for (i=0; i<=3; i++)
              nextPoint = nextPoint + (blending(i,t) * C[i]);
          drawLine (currentPoint,nextPoint);
          currentPoint = nextPoint;
          t = t + increment;
}    }

double blending(int i, double t)
{    switch (i)
     {    case 0: return ((1-t)*(1-t)*(1-t));     // (1-t)³
          case 1: return (3*t*(1-t)*(1-t));       // 3t(1-t)²
          case 2: return (3*t*t*(1-t));           // 3t²(1-t)
          case 3: return (t*t*t);                 // t³
}    }
```

图 11.5 渲染贝塞尔曲线的迭代算法

另一种方法是使用 de Casteljau 算法递归地将曲线对半细分, 其中, 在每个递归步骤中 $t =$ 1/2。图 11.6 展示了左侧曲线细分后的新三次控制点 (q_0、q_1、q_2、q_3), 以绿色显示 (见彩插)。该算法由 de Casteljau 提出[AS14]。

贝塞尔曲线的递归细分算法见图 11.7。该算法重复将曲线段细分为两半的过程, 直到每个曲线段足够直, 进一步的细分不会产生实际的好处。在极限情况下 (随着生成的控制点越来越靠近), 曲线段本身实际上与第

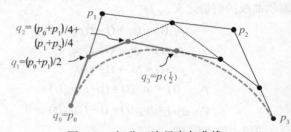

图 11.6 细分三次贝塞尔曲线

一个控制点和最后一个控制点 (q_0 和 q_3) 之间的线段相同。因此, 可以通过比较从第一控制点到最后一个控制点的距离与连接 4 个控制点的 3 条线段的长度之和来确定曲线段是否 "足够直":

$$D_1 = \mid p_0 - p_1 \mid + \mid p_1 - p_2 \mid + \mid p_2 - p_3 \mid$$
$$D_2 = \mid p_0 - p_3 \mid$$

当 D_1–D_2 小于一个足够小的阈值时, 进一步细分就没有意义了。

de Casteljau 算法有一个有趣的特性, 它可以在不使用之前描述的混合函数的情况下, 生成曲线上所有的点。同时请注意, $p\left(\dfrac{1}{2}\right)$ 处的中心点是 "共享" 的, 即它既是左细分中最右的控制点, 也是右细分中最左的控制点。它可以使用 $t = \dfrac{1}{2}$ 处的混合函数或使用由 de Casteljau 导出的公式 $(q_2 + r_1)/2$ 来计算。

另请注意, 图 11.7 中所示的 subdivide() 函数假定传入的参数 p、q 和 r 是 "引用" 参数, 因此, 图 11.7 上方列出的 drawBezierCurve() 函数对于 subdivide() 的调用, 导致 subdivide() 函数中的计算修改了调用中所传的实际参数。

```
drawBezierCurve(ControlPointVector C)
{   if (C is "straight enough")
        draw line from first to last control point
    else
    {   subdivide(C, LeftC, RightC)
        drawBezierCurve(LeftC)
        drawBezierCurve(RightC)
}   }
subdivide(ControlPointVector p, q, r)
{   // 计算左细分的控制点
    q(0) = p(0)
    q(1) = (p(0)+p(1)) / 2
    q(2) = (p(0)+p(1)) / 4 + (p(1)+p(2)) / 4
    // 计算右细分的控制点
    r(1) = (p(1)+p(2)) / 4 + (p(2)+p(3)) / 4
    r(2) = (p(2)+p(3)) / 2
    r(3) = p(3)
    // 当t=0.5时，计算"共享"控制点
    q(3) = r(0) = (q(2)+r(1)) / 2
}
```

图 11.7　贝塞尔曲线的递归细分算法

11.3　二次贝塞尔曲面

　　贝塞尔曲线定义了曲线（在 2D 或 3D 空间中），而贝塞尔曲面定义了 3D 空间中的曲面。将贝塞尔曲线的概念扩展到贝塞尔曲面，需要将参数方程组中的参数个数从一个扩展到两个。对于贝塞尔曲线，我们将参数称为 t。对于贝塞尔曲面，我们将参数称为 u 和 v。曲线由点 $P(t)$ 组成，而曲面由点 $P(u, v)$ 组成，如图 11.8 所示。

　　对于二次贝塞尔曲面，每个轴 u 和 v 上都有 3 个控制点，总共有 9 个控制点。图 11.9（见彩插）使用蓝色展示了一组共 9 个控制点（通常称为控制点"网格"）的示例，以及相应的曲面（红色）。

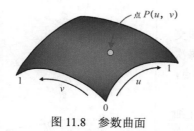

图 11.8　参数曲面

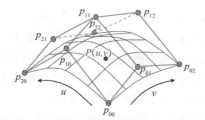

图 11.9　二次贝塞尔控制网格和相应的表面

　　将网格中的 9 个控制点标记为 p_{ij}，其中 i 和 j 分别代表 u 和 v 方向上的索引。每组 3 个相邻控制点（例如(p_{00}, p_{01}, p_{02})）会定义一条贝塞尔曲线。表面上的点 $P(u,v)$ 定义为两个混合函数的和，一个在 u 方向，一个在 v 方向。用于构建贝塞尔曲面的两个混合函数的形式遵循先前为贝塞尔曲线给出的方法：

$$B_0(u) = (1-u)^2$$
$$B_1(u) = -2u^2 + 2u$$
$$B_2(u) = u^2$$
$$B_0(v) = (1-v)^2$$
$$B_1(v) = -2v^2 + 2v$$
$$B_2(v) = v^2$$

接下来生成构成贝塞尔曲面的点 $P(u, v)$。对于每个控制点 p_{ij}，将其与第 i 个混合函数在 u 处的值相乘，再将其与第 j 个混合函数在 v 处的值相乘。最后将所有控制点的结果求和，生成贝塞尔曲面上的点 $P(u, v)$：

$$P(u, v) = \sum_{i=0}^{2} \sum_{j=0}^{2} p_{ij} \cdot B_i(u) \cdot B_j(v)$$

组成贝塞尔曲面的生成点集有时被称为补丁。术语"补丁"有时会让人感到困惑，我们稍后在研究曲面细分着色器（对于实际实现贝塞尔曲面非常有用）时会看到。通常控制点组成的网格才称为"补丁"。

11.4　三次贝塞尔曲面

从二次曲面到三次曲面需要使用更大的网格——4×4 而非 3×3。图 11.10（见彩插）显示了具有 16 个控制点网格（蓝色）和相应曲面（红色）的示例。

同上，我们可以通过组合三次贝塞尔曲线的相关混合函数来推导表面上的点 $P(u, v)$ 的公式：

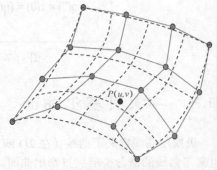

$$P(u, v) = \sum_{i=0}^{3} \sum_{j=0}^{3} p_{ij} \cdot B_i(u) \cdot B_j(v)$$

图 11.10　三次贝塞尔控制网格和相应的曲面

其中：

$$B_0(u) = (1-u)^3 \qquad B_0(v) = (1-v)^3$$
$$B_1(u) = -3u^3 - 6u^2 + 3u \qquad B_1(v) = -3v^3 - 6v^2 + 3v$$
$$B_2(u) = -3u^3 + 3u^2 \qquad B_2(v) = -3v^3 + 3v^2$$
$$B_3(u) = u^3 \qquad B_3(v) = v^3$$

渲染贝塞尔曲面也可以通过递归细分[AS14]实现，即交替地将曲面沿每个维度分成两半，如图 11.11 所示。每次细分产生 4 个新的控制点网格，每个网格包含 16 个控制点，这些控制点定义了曲面的一个象限。

当渲染贝塞尔曲线时，我们在曲线"足够直"时停止细分。而对于贝塞尔曲面，我们在曲面"足够平坦"时停止递归。一种实现方法是，确保子象限控制网格上所有递归生成的点，距由该网格的 4 个角点中的 3 个定义的平面的距离，都小于一个允许的范围。点(x, y, z)与平面(A, B, C, D)之间的距离 d 为：

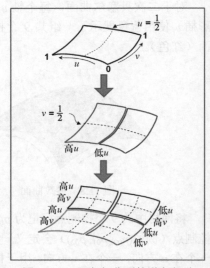

图 11.11　贝塞尔曲面的递归细分

$$d = \text{abs}\left(\frac{Ax + By + Cz + D}{\sqrt{A^2 + B^2 + C^2}}\right)$$

如果 d 小于某个足够小的阈值，则我们停止细分过程，并简单地使用子象限网格的 4 个角的控制点来绘制两个三角形。

对于贝塞尔曲线，OpenGL 管线的细分阶段为基于图 11.5 中的迭代算法渲染贝塞尔曲面提供了一种有吸引力的替代方法。其策略是让曲面细分生成一个大的顶点网格，然后使用混合函数将这些顶点重新定位到贝塞尔曲面上，由三次贝塞尔控制点指定。我们将在第 12 章中实现这一策略。

补充说明

本章重点介绍了参数贝塞尔曲线和曲面的数学基础。我们推迟了在 OpenGL 中呈现其中任何一个的实现，因为实现它们需要适当的曲面细分着色器知识作为载体，我们将在第 12 章中对其进行介绍。我们还跳过了一些推导过程，例如递归细分算法。

在 3D 图形中，使用贝塞尔曲线为物体建模有许多优点。首先，理论上，这些物体可以任意缩放，并且仍然保持光滑的表面而不"像素化"。其次，许多由复杂曲线组成的物体可以使用贝塞尔控制点集合进行更有效的存储，而不需要我们存储数千个顶点。

除计算机图形和汽车外，贝塞尔曲线还有许多实际应用。在桥梁设计中也可以找到它们的身影，例如耶路撒冷的和弦桥（Chords Bridge）[RG12]。类似的技术也用于构建 TrueType 字体，这种字体可以缩放到任意大小，或者将视角任意拉近观看，而边缘始终保持平滑。

习题

11.1　二次贝塞尔曲线仅限于定义完全"凹"或"凸"的曲线。请尝试描述（或绘制）一个既不以完全凹的形式弯曲，也不以完全凸的形式弯曲的曲线，观察其为何无法通过二次贝塞尔曲线进行近似描述。

11.2　使用钢笔或铅笔在一张纸上绘制一组任意 4 个点，按任意顺序将其编号为 1～4，然后尝试大致绘制一条由这 4 个有序控制点定义的三次贝塞尔曲线。接着重新排列控制点的编号（改变它们的顺序，但不改变它们的位置）并重新绘制三次贝塞尔曲线。互联网上有许多在线工具可以用于绘制贝塞尔曲线，你可以使用它们来检验绘制的曲线。

参考资料

[AS14] E. Angel and D. Shreiner, *Interactive Computer Graphics: A Top-Down Approach with WebGL*, 7th ed. (Pearson, 2014).

[BE20] S. Bernstein, Wikipedia, accessed July 2020.

[BE72] P. Bézier, *Numerical Control:Mathematics and Applications* (JohnWiley& Sons, 1972).

[DC63] P. de Casteljau, Courbes et surfaces à pôles, technical report (A. Citroën, 1963).

[RG12] R. Gross, Bridges, String Art, and Bézier Curves, Plus Magazine, accessed July 2020.

第 12 章　曲面细分

tessellation（镶嵌）一词是指一大类设计活动，通常是指在平坦的表面上，用各种几何形状的瓷砖相邻排列以形成图案。它的目的可以是艺术性的或实用性的，很多例子可以追溯到几千年前[TS20]。

在 3D 图形学中，tessellation 指的是有点儿不同的东西——曲面细分，但显然是受镶嵌的启发而成的。曲面细分指的是生成并且操控大量三角形以渲染复杂的形状和表面，尤其是使用硬件进行渲染。曲面细分是 OpenGL 核心的功能，在 2010 年的 4.0 版本中出现[1]。

12.1　OpenGL 中的曲面细分

OpenGL 对硬件曲面细分的支持，通过 3 个管线阶段提供：

（1）曲面细分控制着色器（Tessellation Control Shader，TCS）；

（2）曲面细分器；

（3）曲面细分评估着色器（Tessellation Evaluation Shader，TES）。

第（1）和第（3）阶段是可编程的，而中间的第（2）阶段不是。为了使用曲面细分，程序员通常会提供控制着色器和评估着色器。

曲面细分器［其全名是曲面细分图元生成器（Tessellation Primitive Generator，TPG）］是硬件支持的引擎，可以生成固定的三角形网格[2]。曲面细分控制着色器允许我们配置曲面细分器要构建什么样的三角形网格。然后，曲面细分评估着色器允许我们以各种方式操控网格。然后，被操控过的三角形网格，会作为通过管线前进的顶点的源数据。回想一下图 2.2，在管线上，曲面细分处于顶点着色器和几何着色器阶段之间。

让我们从一个简单的应用程序开始，该应用程序只使用曲面细分器创建顶点的三角形网格，然后在不进行任何操作的情况下显示它。为此，我们需要以下模块。

（1）C++/OpenGL 应用程序：创建一个相机和相关的 MVP 矩阵，视图和投影矩阵确定相机朝向，模型矩阵可用于修改网格的位置和方向。

（2）顶点着色器：在这个例子中基本上什么都不做，顶点将在曲面细分器中生成。

（3）曲面细分控制着色器：指定曲面细分器要构建的网格。

（4）曲面细分评估着色器：将 MVP 矩阵应用于网格中的顶点。

（5）片段着色器：只需为每个像素输出固定颜色。

程序 12.1 显示了整个应用程序的代码。即使像这样的简单示例实现起来也相当复杂，所以许多代码元素都需要解释。请注意，这是我们第一次使用除顶点和片段着色器之外的组件构建 GLSL 渲染程序。因此，我们实现了 createShaderProgram() 的 4 参数重载版本。

---

① GLU 工具集很早之前已经包含一个名为 gluTess 的曲面细分实用程序。2001 年，Radeon 发布了第一款带有曲面细分支持的商用显卡，但很少有工具可以利用它。

② 或线段，但我们将专注于三角形。

程序 12.1　基本曲面细分器网格

```cpp
// C++ / OpenGL 应用程序
GLuint createShaderProgram(const char *vp, const char *tCS, const char *tES, const char *fp) {
    string vertShaderStr = readShaderSource(vp);
    string tcShaderStr = readShaderSource(tCS);
    string teShaderStr = readShaderSource(tES);
    string fragShaderStr = readShaderSource(fp);

    const char *vertShaderSrc = vertShaderStr.c_str();
    const char *tcShaderSrc = tcShaderStr.c_str();
    const char *teShaderSrc = teShaderStr.c_str();
    const char *fragShaderSrc = fragShaderStr.c_str();

    GLuint vShader = glCreateShader(GL_VERTEX_SHADER);
    GLuint tcShader = glCreateShader(GL_TESS_CONTROL_SHADER);
    GLuint teShader = glCreateShader(GL_TESS_EVALUATION_SHADER);
    GLuint fShader = glCreateShader(GL_FRAGMENT_SHADER);

    glShaderSource(vShader, 1, &vertShaderSrc, NULL);
    glShaderSource(tcShader, 1, &tcShaderSrc, NULL);
    glShaderSource(teShader, 1, &teShaderSrc, NULL);
    glShaderSource(fShader, 1, &fragShaderSrc, NULL);

    glCompileShader(vShader);
    glCompileShader(tcShader);
    glCompileShader(teShader);
    glCompileShader(fShader);

    GLuint vtfprogram = glCreateProgram();
    glAttachShader(vtfprogram, vShader);
    glAttachShader(vtfprogram, tcShader);
    glAttachShader(vtfprogram, teShader);
    glAttachShader(vtfprogram, fShader);
    glLinkProgram(vtfprogram);
    return vtfprogram;
}

void init(GLFWwindow* window) {
    ...
    renderingProgram = createShaderProgram("vertShader.glsl",
        "tessCShader.glsl", "tessEShader.glsl", "fragShader.glsl");
}

void display(GLFWwindow* window, double currentTime) {
    ...
    glUseProgram(renderingProgram);
    ...
    glPatchParameteri(GL_PATCH_VERTICES, 1);
    glPolygonMode(GL_FRONT_AND_BACK, GL_LINE);
    glDrawArrays(GL_PATCHES, 0, 1);
}


// 顶点着色器
#version 430
uniform mat4 mvp_matrix;
void main(void) { }


// 曲面细分控制着色器
#version 430
uniform mat4 mvp_matrix;
```

```
layout (vertices = 1) out;

void main(void)
{   gl_TessLevelOuter[0] = 6;
    gl_TessLevelOuter[1] = 6;
    gl_TessLevelOuter[2] = 6;
    gl_TessLevelOuter[3] = 6;
    gl_TessLevelInner[0] = 12;
    gl_TessLevelInner[1] = 12;
}


// 曲面细分评估着色器
#version 430
uniform mat4 mvp_matrix;
layout (quads, equal_spacing, ccw) in;

void main (void)
{   float u = gl_TessCoord.x;
    float v = gl_TessCoord.y;
    gl_Position = mvp_matrix * vec4(u,0,v,1);
}


// 片段着色器
#version 430
out vec4 color;
uniform mat4 mvp_matrix;

void main(void)
{   color = vec4(1.0, 1.0, 0.0, 1.0); // 黄色
}
```

得到的输出网格如图 12.1 所示（见彩插）。

曲面细分器生成由两个参数定义的顶点网格：内层级别和外层级别。在这种情况下，内层级别为 12，外层级别为 6——网格外边缘的线段被分为 6 段，而贯穿内部的线段被分为 12 段。

程序 12.1 中的特别相关的新结构被突出显示。下面我们讨论第一部分——C++/OpenGL 应用程序。

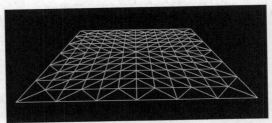

图 12.1　曲面细分器输出的三角形网格

编译这两个新着色器（与编译顶点和片段着色器完全相同），然后将它们附加到同一个渲染程序，并且链接调用保持不变。唯一的新项目是用于指定要实例化的着色器类型的常量，如下所示：

```
GL_TESS_CONTROL_SHADER
GL_TESS_EVALUATION_SHADER
```

请注意 display()函数中的新项目。glDrawArrays()调用现在指定 GL_PATCHES。当使用曲面细分时，从 C++/OpenGL 应用程序发送到管线（即在 VBO 中）的顶点不会被渲染，但通常会被当作控制点，就像我们在贝塞尔曲线中看到的那些一样。一组控制点被称作一个"补丁"，并且在使用曲面细分的代码段中，GL_PATCHES 是唯一允许的图元类型。"补丁"中顶点的数量在 glPatchParameteri()的调用中指定。在这个特定示例中，没有任何控制点被发送，但我们仍然需要指定至少一个控制点。类似地，在 glDrawArrays()调用中，我们指示起始值为 0，顶点数量为 1，即使我们实际上没有从 C++程序发送任何顶点。

　　对 **glPolygonMode()** 的调用指定了如何栅格化网格。默认值为 GL_FILL。而我们的代码中显示的是 GL_LINE，结果如图 12.1 所示，它只会导致连接线被栅格化（因此我们可以看到由曲面细分器生成的网格本身）。如果我们将该行代码更改为 GL_FILL（或将其注释掉，从而使用默认行为 GL_FILL），我们将得到如图 12.2 所示的结果。

　　现在我们来看一下 4 个着色器。如前所述，顶点着色器几乎没什么可做的，因为 C++/ OpenGL 应用程序没有提供任何顶点。它包含一个统一变量的声明，以和其他着色器相匹配，还包含一个空的 main()。在任何情况下，所有着色器程序都必须包含顶点着色器。

　　曲面细分控制着色器用于指定曲面细分器要生成的三角形网格的拓扑结构。它通过将值分配给以 **gl_TessLevel** 开头命名的保留字，设置 6 个"级别"参数——两个"内部"级别和 4 个"外部"级别。我们这里细分了一个由三角形组成的大矩形网格，称为四边形（quad）[①]。级别参数告诉曲面细分器在形成三角形时如何细分网格，它们的排列如图 12.3 所示。

图 12.2　使用 GL_FILL 渲染的细分网格

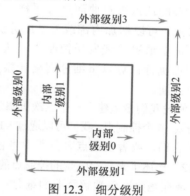

图 12.3　细分级别

　　请注意控制着色器中的代码行：

```
layout (vertices=1) out;
```

　　这与之前的 GL_PATCHES 讨论有关，用来指定从顶点着色器传递给曲面细分控制着色器（以及"输出"给曲面细分评估着色器）的每个"补丁"的顶点数。在我们现在这个程序中没有任何顶点，但我们仍然必须指定至少一个，因为它也会影响曲面细分控制着色器被执行的次数。稍后这个值将反映控制点的数量，并且必须与 C++/OpenGL 应用程序中 **glPatchParameteri()** 调用中的值匹配。

　　接下来我们看一下曲面细分评估着色器。它以一行代码开头，形如：

```
layout (quads, equal_spacing, ccw) in;
```

　　乍一看这好像与曲面细分控制着色器中的 out 布局语句有关，但实际上它们是无关的。相反，这行代码用于指示曲面细分器生成排列在一个大矩形（"四边形"）中顶点的位置。它还指定了细分线段（包括内部和外部）具有相等的长度（稍后我们将看到长度不等的细分的应用场景）。ccw 参数用于指定生成曲面细分网格顶点的缠绕顺序（在当前情况下，是逆时针）。

　　然后，由曲面细分器生成的顶点将被发送到评估着色器。因此，曲面细分评估着色器既可以从曲面细分控制着色器（通常作为控制点），又可以从曲面细分器（曲面细分网格）接收顶点。在程序 12.1 中，它仅从曲面细分器接收顶点。

　　曲面细分评估着色器对曲面细分器生成的每个顶点执行一次。可以使用内置变量 **gl_TessCoord**

[①]　曲面细分器还能够构建由三角形组成的三角形网格，但本书未对此进行介绍。

访问顶点位置。曲面细分网格被指定位于 *xz* 平面中，因此 gl_TessCoord 的 *x* 和 *y* 分量被应用于网格的 *x* 和 *z* 坐标。网格坐标，以及 gl_TessCoord 的值，范围为 0.0～1.0（这在计算纹理坐标时会很方便）。然后，评估着色器使用 MVP 矩阵定向每个顶点（这在前面章节的示例中，是由顶点着色器完成的）。

最后，片段着色器只为每个像素输出一个恒定的黄色。当然，我们也可以使用它来为我们的场景应用纹理或光照，就像我们在前面的章节中看到的那样。

12.2　贝塞尔曲面细分

现在我们扩展程序，使它将简单的矩形网格转换为贝塞尔曲面。细分网格应该为我们提供了足够的顶点来对曲面进行采样（如果想要更多顶点，可以增加内部或外部细分级别）。我们现在需要通过管线发送控制点，然后使用这些控制点执行计算以将细分网格转换为所需的贝塞尔曲面。

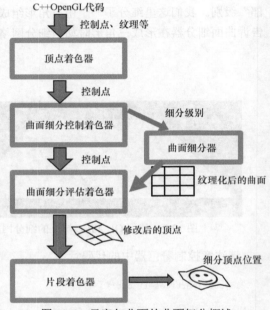

假设我们希望建立一个三次贝塞尔曲面，我们将需要 16 个控制点。我们可以通过 VBO 从 C++ 端发送它们，或者在顶点着色器中将它们硬编码。图 12.4 概述了来自 C++ 端的控制点的过程。

现在是更准确地解释曲面细分控制着色器如何工作的好时机。与顶点着色器类似，曲面细分控制着色器对每个传入顶点执行一次。另外，回想一下第 2 章，OpenGL 提供了一个名为 gl_VertexID 的内置变量，它通过保存一个计数器，以指示顶点着色器当前正在执行哪次调用。曲面

图 12.4　贝塞尔曲面的曲面细分概述

细分控制着色器中存在一个类似的内置变量 gl_InvocationID。

曲面细分的一个强大功能是曲面细分控制着色器（以及曲面细分评估着色器）可以同时访问数组中的所有控制点顶点。首先，当每个调用都可以访问所有顶点时，曲面细分控制着色器对每个顶点执行一次，这可能会让人感到困惑。其次，在每个曲面细分控制着色器调用中，冗余地在赋值语句中指定曲面细分级别也是"违反直觉"的。尽管所有这些看起来都很奇怪，但这样做是因为曲面细分的架构设计使得曲面细分控制着色器调用可以并行运行。

OpenGL 提供了几个用于曲面细分控制着色器和曲面细分评估着色器的内置变量。我们已经提到过 gl_InvocationID，当然还有 gl_TessLevelInner 和 gl_TessLevelOuter。以下是一些非常有用的内置变量的更多细节和描述。

曲面细分控制着色器内置变量。

- gl_in[]，包含每个传入的控制点顶点的数组，每个传入顶点都是一个数组元素。可以使用 "." 将特定顶点属性作为字段进行访问。它的一个内置属性是 gl_Position，因此，输入顶点 i 的位置可以通过 gl_in[i].gl_Position 访问。
- gl_out[]，用于将输出控制点的顶点发送到曲面细分评估着色器的一个数组，每个输出顶点都是一个数组元素。可以使用 "." 将特定顶点属性作为字段进行访问。它的一个内置

属性是 gl_Position，因此，输出顶点 i 的位置可以通过 gl_out[i].gl_Position 访问。

- gl_InvocationID，整型 ID 计数器，指示曲面细分控制着色器当前正在执行哪个调用。它的一个常见的用途是用于传递顶点属性，例如，将当前调用的顶点位置从曲面细分控制着色器传递到曲面细分评估着色器可以通过 gl_out[gl_InvocationID].gl_Position = gl_in[gl_InvocationID].gl_Position 实现。

曲面细分评估着色器内置变量。

- gl_in[]，包含每个传入的控制点顶点的数组，每个传入顶点都是一个数组元素。可以使用 "." 法将特定顶点属性作为字段进行访问。它的一个内置属性是 gl_Position，因此，输入顶点 i 的位置可以通过 gl_in[i].gl_Position 访问。

- gl_Position，曲面细分网格顶点的输出位置，可能在曲面细分评估着色器中被修改。需要注意，gl_Position 和 gl_in[].gl_Position 是不同的。gl_Position 是起源于曲面细分器的输出顶点的位置，而 gl_in[].gl_Position 是一个从曲面细分控制着色器进入曲面细分评估着色器的控制点顶点位置。

值得注意的是，曲面细分控制着色器中的输入和输出控制点顶点和顶点属性是数组。不同的是，曲面细分评估着色器中的输入控制点顶点和顶点属性是数组，但输出顶点是标量。此外，很容易混淆哪些顶点来自控制点，哪些顶点由细分建立并移动形成结果曲面。总而言之，曲面细分控制着色器的所有顶点输入和输出都是控制点，而在曲面细分评估着色器中，gl_in[ ] 用于保存输入控制点，gl_TessCoord 用于保存输入的细分网格点，gl_Position 用于保存用于渲染的输出表面顶点。

我们的曲面细分控制着色器现在有两个任务：指定曲面细分级别、将控制点从顶点着色器传递到曲面细分评估着色器。然后，曲面细分评估着色器可以根据贝塞尔控制点修改网格点的位置（gl_TessCoords）。

程序 12.2 显示了所有（共 4 个）着色器——顶点着色器、曲面细分控制着色器、曲面细分评估着色器和片段着色器，可以指定控制点补丁，生成平坦的曲面细分顶点网格，在控制点指定的曲面上重新定位这些顶点，并使用纹理图像绘制生成的曲面。它还显示了 C++/OpenGL 应用程序的相关部分，特别是在 display() 函数中。在此示例中，控制点源自顶点着色器（它们在那里被硬编码写死），而不是从 C++/OpenGL 应用程序进入 OpenGL 管线。代码后面会讲述其他详细信息。

程序 12.2 贝塞尔曲面的曲面细分

```
// 顶点着色器
#version 430
out vec2 texCoord;
uniform mat4 mvp_matrix;
layout (binding = 0) uniform sampler2D tex_color;

void main(void)
{   // 这次由顶点着色器指定和发送控制点
    const vec4 vertices[ ] =
    vec4[ ] (vec4(-1.0, 0.5, -1.0, 1.0), vec4(-0.5, 0.5, -1.0, 1.0),
             vec4( 0.5, 0.5, -1.0, 1.0), vec4( 1.0, 0.5, -1.0, 1.0),

             vec4(-1.0, 0.0, -0.5, 1.0), vec4(-0.5, 0.0, -0.5, 1.0),
             vec4( 0.5, 0.0, -0.5, 1.0), vec4( 1.0, 0.0, -0.5, 1.0),

             vec4(-1.0, 0.0, 0.5, 1.0), vec4(-0.5, 0.0, 0.5, 1.0),
             vec4( 0.5, 0.0, 0.5, 1.0), vec4( 1.0, 0.0, 0.5, 1.0),

             vec4(-1.0, -0.5, 1.0, 1.0), vec4(-0.5, 0.3, 1.0, 1.0),
             vec4( 0.5, 0.3, 1.0, 1.0), vec4( 1.0, 0.3, 1.0, 1.0) );
```

```
        // 为当前顶点计算合适的纹理坐标，从[-1,+1]转换到[0,1]
        texCoord = vec2((vertices[gl_VertexID].x + 1.0) / 2.0, (vertices[gl_VertexID].z + 1.0) / 2.0);
        gl_Position = vertices[gl_VertexID];
}


// 曲面细分控制着色器
#version 430
in vec2 texCoord[ ];
out vec2 texCoord_TCSout[ ];  // 以标量形式从顶点着色器传来的纹理坐标输出，以数组形式被接收，然后被发送给曲面细分评估着色器

uniform mat4 mvp_matrix;
layout (binding = 0) uniform sampler2D tex_color;
layout (vertices = 16) out;       // 每个补丁有 16 个控制点

void main(void)
{   int TL = 32;                    // 曲面细分级别都被设置为 32
    if (gl_InvocationID == 0)
    {   gl_TessLevelOuter[0] = TL; gl_TessLevelOuter[2] = TL;
        gl_TessLevelOuter[1] = TL; gl_TessLevelOuter[3] = TL;
        gl_TessLevelInner[0] = TL; gl_TessLevelInner[1] = TL;
    }
    // 将纹理和控制点传递给曲面细分评估着色器
    texCoord_TCSout[gl_InvocationID] = texCoord[gl_InvocationID];
    gl_out[gl_InvocationID].gl_Position = gl_in[gl_InvocationID].gl_Position;
}


// 曲面细分评估着色器
#version 430
layout (quads, equal_spacing,ccw) in;
uniform mat4 mvp_matrix;
layout (binding = 0) uniform sampler2D tex_color;
in vec2 texCoord_TCSout[ ];
out vec2 texCoord_TESout;          // 以标量形式传来的纹理坐标数组被一个个传出

void main (void)
{   vec3 p00 = (gl_in[0].gl_Position).xyz;
    vec3 p10 = (gl_in[1].gl_Position).xyz;
    vec3 p20 = (gl_in[2].gl_Position).xyz;
    vec3 p30 = (gl_in[3].gl_Position).xyz;
    vec3 p01 = (gl_in[4].gl_Position).xyz;
    vec3 p11 = (gl_in[5].gl_Position).xyz;
    vec3 p21 = (gl_in[6].gl_Position).xyz;
    vec3 p31 = (gl_in[7].gl_Position).xyz;
    vec3 p02 = (gl_in[8].gl_Position).xyz;
    vec3 p12 = (gl_in[9].gl_Position).xyz;
    vec3 p22 = (gl_in[10].gl_Position).xyz;
    vec3 p32 = (gl_in[11].gl_Position).xyz;
    vec3 p03 = (gl_in[12].gl_Position).xyz;
    vec3 p13 = (gl_in[13].gl_Position).xyz;
    vec3 p23 = (gl_in[14].gl_Position).xyz;
    vec3 p33 = (gl_in[15].gl_Position).xyz;

    float u = gl_TessCoord.x;
    float v = gl_TessCoord.y;

    // 立方贝塞尔基础函数
    float bu0 = (1.0-u) * (1.0-u) * (1.0-u);    // (1-u)^3
    float bu1 = 3.0 * u * (1.0-u) * (1.0-u);    // 3u(1-u)^2
    float bu2 = 3.0 * u * u * (1.0-u);          // 3u^2(1-u)
```

```
float bu3 = u * u * u;                          // u^3
float bv0 = (1.0-v) * (1.0-v) * (1.0-v);        // (1-v)^3
float bv1 = 3.0 * v * (1.0-v) * (1.0-v);        // 3v(1-v)^2
float bv2 = 3.0 * v * v * (1.0-v);              // 3v^2(1-v)
float bv3 = v * v * v;                          // v^3

// 输出曲面细分补丁中的顶点位置
vec3 outputPosition =
      bu0 * ( bv0*p00 + bv1*p01 + bv2*p02 + bv3*p03 )
    + bu1 * ( bv0*p10 + bv1*p11 + bv2*p12 + bv3*p13 )
    + bu2 * ( bv0*p20 + bv1*p21 + bv2*p22 + bv3*p23 )
    + bu3 * ( bv0*p30 + bv1*p31 + bv2*p32 + bv3*p33 );
gl_Position = mvp_matrix * vec4(outputPosition,1.0f);

// 输出插值过的纹理坐标
vec2 tc1 = mix(texCoord_TCSout[0], texCoord_TCSout[3], gl_TessCoord.x);
vec2 tc2 = mix(texCoord_TCSout[12], texCoord_TCSout[15], gl_TessCoord.x);
vec2 tc = mix(tc2, tc1, gl_TessCoord.y);
texCoord_TESout = tc;
}


// 片段着色器
#version 430
in vec2 texCoord_TESout;
out vec4 color;
uniform mat4 mvp_matrix;
layout (binding = 0) uniform sampler2D tex_color;

void main(void)
{ color = texture(tex_color, texCoord_TESout);
}


// C++/OpenGL 应用程序
// 这次我们也传入一个纹理以用来绘制表面
// 像往常一样在 init()中加载纹理，并在 display()中启用

void display(GLFWwindow* window, double currentTime) {
    ...
    glActiveTexture(GL_TEXTURE0);
    glBindTexture(GL_TEXTURE_2D, textureID);

    glFrontFace(GL_CCW);

    glPatchParameteri(GL_PATCH_VERTICES, 16);        // 每个补丁的顶点数量为 16
    glPolygonMode(GL_FRONT_AND_BACK, GL_FILL);
    glDrawArrays(GL_PATCHES, 0, 16);                 // 补丁顶点的总数量：16 × 1 = 16
}
```

顶点着色器现在指定代表特定贝塞尔曲面的 16 个控制点（补丁顶点）。在这个例子中，它们都被归一化到[−1,+1]中。顶点着色器还使用控制点来确定适合细分网格的纹理坐标，其值在区间[0,1]内。很重要的是要重申顶点着色器输出的顶点不是将要用来栅格化的顶点，而是贝塞尔控制点。使用曲面细分时，补丁顶点永远不会被栅格化——只有曲面细分顶点会被栅格化。

曲面细分控制着色器仍然会指定内部和外部曲面细分级别。它现在还负责将控制点和纹理坐标发送到评估着色器。请注意，曲面细分级别只需要指定一次，因此该步骤仅在第 0 次调用期间完成（回想一下曲面细分控制着色器每个顶点运行一次，因此在此示例中有 16 次调用）。方便起见，我们为每个细分级别指定了 32 个细分。

接下来，曲面细分评估着色器执行所有贝塞尔曲面计算。以 main()开头的大块赋值语句从每个传入 gl_in 的 gl_Position 中提取控制点（请注意，这些控制点对应于曲面细分控制着色器的

gl_out 变量），然后使用来自曲面细分器的网格点计算混合函数的权重，从而生成一个新的 outputPosition，再应用 MVP 矩阵，为每个网格点生成输出 gl_Position 并形成贝塞尔曲面。

　　另外，还需要创建纹理坐标。顶点着色器仅为每个控制点位置提供一个纹理坐标。但我们并不是要渲染控制点，我们最终需要更多的曲面细分网格点的纹理坐标。有很多方法可以做到这一点，在这里我们利用 GLSL 方便的混合功能进行线性插值。mix()函数需要 3 个参数：（a）起点；（b）终点；（c）内插值，范围为 0~1。它返回与内插值对应的起点和终点之间的值。细分网格坐标的范围也是 0~1，所以可以直接用于此目的。

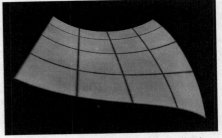

图 12.5　曲面细分过的贝塞尔曲面

　　这次片段着色器不再输出单一颜色，而是应用标准纹理。属性 texCoord_TESout 中的纹理坐标是在曲面细分评估着色器中生成的纹理坐标。对 C++程序的更改同样很简单——请注意，现在指定的补丁大小为 16。结果输出（应用了平铺纹理[LU16]）如图 12.5 所示。

12.3　地形、高度图的细分

　　回想一下，在顶点着色器中进行高度贴图可能会遇到顶点数量不足以用来渲染所需的细节的情况。现在我们有了生成大量顶点的方法，让我们回到 Hastings-Trew 的月球表面纹理贴图[HT12]并将其用作高度图，以提升曲面细分顶点来生成月球表面细节。正如我们将看到的，这具有一些优点，可以让顶点的几何形状更好地匹配月球表面图像，并且提升轮廓（边缘）细节。

　　我们的策略是修改程序 12.1，在 xz 平面中放置细分网格，并通过高度贴图来设置每个细分网格点的 y 坐标。要做到这一点，我们不需要补丁，因为可以硬编码细分网格的位置，因此我们将在 glDrawArrays()和 glPatchParameteri()中为每个补丁指定所需的最少 1 个顶点，如程序 12.1 中所做的那样。Hastings-Trew 的月球纹理图像既用于颜色，也用作高度图。

　　我们通过将曲面细分网格的 gl_TessCoord 值映射到顶点和纹理的适当范围，在曲面细分评估着色器中生成顶点和纹理坐标[①]。曲面细分评估着色器也通过添加月球纹理的一小部分颜色分量到输出顶点的 y 分量，来实现高度贴图。着色器的更改显示在程序 12.3 中。

程序 12.3　简单的地形曲面细分

```
// 顶点着色器
#version 430
uniform mat4 mvp_matrix;
layout (binding = 0) uniform sampler2D tex_color;
void main(void) { }


// 曲面细分控制着色器
...
layout (vertices = 1) out;        // 这个应用程序不需要控制点

void main(void)
{   int TL=32;
    if (gl_InvocationID == 0)
```

---

① 在某些应用程序中，纹理坐标是在外部生成的，例如，在使用曲面细分为导入的模型提供额外顶点时。在这种情况下，需要对提供的纹理坐标进行插值。

```
    {   gl_TessLevelOuter[0] = TL;  gl_TessLevelOuter[2] = TL;
        gl_TessLevelOuter[1] = TL;  gl_TessLevelOuter[3] = TL;
        gl_TessLevelInner[0] = TL;  gl_TessLevelInner[1] = TL;
    }
}


// 曲面细分评估着色器
...
out vec2 tes_out;
uniform mat4 mvp_matrix;
layout (binding = 0) uniform sampler2D tex_color;

void main (void)
{   // 将曲面细分网格顶点从[0,1]映射到[-0.5,+0.5]
    vec4 tessellatedPoint = vec4(gl_TessCoord.x - 0.5, 0.0, gl_TessCoord.y - 0.5, 1.0);

    // 垂直"翻转"y值，以将曲面细分网格顶点映射到纹理坐标
    // 左上顶点坐标是(0,0)，左下纹理坐标是(0,0)
    vec2 tc = vec2(gl_TessCoord.x, 1.0 - gl_TessCoord.y);

    // 因为图像是灰度图像，所以任何一个颜色分量（R、G 或 B）都可以作为高度偏移量
    tessellatedPoint.y += (texture(tex_color, tc).r) / 40.0;        // 将颜色值等比例缩小应用于 y 值

    // 将高度贴图提升的点转换到视觉空间
    gl_Position = mvp_matrix * tessellatedPoint;
    tes_out = tc;
}


// 片段着色器
...
in vec2 tes_out;
out vec4 color;
layout (binding = 0) uniform sampler2D tex_color;

void main(void)
{   color = texture(tex_color, tes_out);
}
```

这里的片段着色器类似于程序 12.2，只是根据纹理图像输出颜色。C++/OpenGL 应用程序基本上没有变化——它加载纹理（用作纹理和高度图）并为其启用采样器。图 12.6 显示了纹理图像（左侧）和第一次尝试的最终输出（右侧），遗憾的是，它还没有实现正确的高度贴图。

第一次尝试的结果存在严重缺陷。虽然我们现在可以看到远处地平线上的轮廓细节，但是那里的凸起与纹理贴图中的实际细节不对应。回想一下，在高度图中，白色应该表示"高"，而黑色应该表示"低"。特别是图像右上方的区域显示的大山丘与其中的浅色和深色无关。

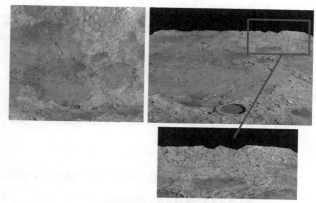

图 12.6   细分地形——首次尝试失败，顶点数量不足

出现此问题的原因是细分网格的分辨率不够高。曲面细分器可以生成的最大顶点数取决于硬件。要符合 OpenGL 标准，唯一的要求是每个曲面细分级别的最大值至少为 64。我们的程序指定了一个内部和外部曲面细分级别均为 32 的单一细分网格，因此我们生成了大约 32×32 个（或者

说刚刚超过 1000 个）顶点，这不足以准确反映图像中的细节。这在图 12.6 中的放大部分尤其明显——边缘细节仅在沿地平线的 32 个点处采样，这会产生巨大而看起来很随机的山丘。即使我们将曲面细分值增加到 64，总共 64×64 个（或者说刚刚超过 4000 个）顶点仍然不足以满足使用月球图像进行高度贴图的需要。

增加顶点数量的一个好方法是我们在第 4 章中看到的实例化。我们的策略是让曲面细分器生成网格，并通过实例化重复数次。在顶点着色器中，我们构建了一个由 4 个顶点定义的补丁，每个顶点用于细分网格的每个角。在我们的 C++/OpenGL 应用程序中，我们将 glDrawArrays() 调用更改为 glDrawArraysInstanced()。如此，我们指定一个 64×64 个补丁的网格，每个补丁包含一个细分级别为 32 的网格。这将带给我们总共 64×64×32×32 个（或者说超过 400 万个）顶点。

顶点着色器首先指定 4 个纹理坐标：(0,0)、(0,1)、(1,0) 和 (1,1)。请回想一下，实例化时，顶点着色器可以访问整数变量 gl_InstanceID，它包含一个对应于当前正在处理的 glDrawArraysInstanced() 调用的计数器。我们使用此 ID 值来分配大网格中各个补丁的位置。补丁位于行和列中，第一个补丁位于 (0,0)，第二个补丁位于 (1,0)，第 3 个补丁位于 (2,0)，以此类推，第一列中的最后一个补丁位于 (63,0)。下一列的补丁位于 (0,1)、(1,1)，以此类推，直至 (63,1)。最后一列的补丁位于 (0,63)、(1,63)，以此类推，最后是 (63,63)。给定补丁的 x 坐标是实例 ID 值模 64 的结果，y 坐标是实例 ID 值除以 64 取整数的结果。着色器将坐标区间向下缩放到 [0,1]。

曲面细分控制着色器几乎没有更改，除了它将顶点和纹理坐标传递下去。

接下来，曲面细分评估着色器获取传入的细分网格顶点（由 gl_TessCoord 指定）并将它们移动到传入补丁指定的坐标范围内。它对纹理坐标也进行一样的处理，并且也会以与程序 12.3 中相同的方式应用高度贴图。片段着色器没有修改。

每个组件的更改显示在程序 12.4 中。其运行结果如图 12.7 所示。请注意，高点和低点现在更接近于图像的亮部和暗部。

图 12.7　细分地形——第二次尝试，实例化

程序 12.4　实例化细分地形

```
// C++/OpenGL 应用程序
// 和贝塞尔曲面例子相同，并做如下修改
glPatchParameteri(GL_PATCH_VERTICES, 4);
glDrawArraysInstanced(GL_PATCHES, 0, 4, 64*64);


// 顶点着色器
...
out vec2 tc;

void main(void)
{   vec2 patchTexCoords[ ] = vec2[ ] (vec2(0,0), vec2(1,0), vec2(0,1), vec2(1,1));

    // 基于当前是哪个实例计算出坐标偏移量
    int x = gl_InstanceID % 64;
    int y = gl_InstanceID / 64;

    // 纹理坐标被分配进 64 个补丁中，并归一化到[0,1]。翻转 y 轴坐标
    tc = vec2( (x+patchTexCoords[gl_VertexID].x) / 64.0, (63 - y+patchTexCoords[gl_VertexID].y) / 64.0);
```

```
    // 顶点位置和纹理坐标相同，只是它的取值范围为从-0.5到+0.5
    gl_Position = vec4(tc.x - 0.5, 0.0, (1.0 - tc.y) - 0.5, 1.0);    // 并且将y轴坐标翻转回来
}


// 曲面细分控制着色器
...
layout (vertices = 4) out;
in vec2 tc[ ];
out vec2 tcs_out[ ];

void main(void)
{   // 曲面细分级别的指定和之前例子中相同
    ...
    tcs_out[gl_InvocationID] = tc[gl_InvocationID];
    gl_out[gl_InvocationID].gl_Position = gl_in[gl_InvocationID].gl_Position;
}


// 曲面细分评估着色器
...
in vec2 tcs_out[ ];
out vec2 tes_out;
void main (void)
{   // 将纹理坐标映射到传入的控制点指定的子网格上
    vec2 tc = vec2(tcs_out[0].x + (gl_TessCoord.x) / 64.0, tcs_out[0].y + (1.0 - gl_TessCoord.y) / 64.0);

    // 将细分网格映射到传入的控制点指定的子网格上
    vec4 tessellatedPoint = vec4(gl_in[0].gl_Position.x + gl_TessCoord.x / 64.0, 0.0,
                                 gl_in[0].gl_Position.z + gl_TessCoord.y / 64.0, 1.0);

    // 将高度图的高度增加给顶点
    tessellatedPoint.y += (texture(tex_height, tc).r) / 40.0;
    gl_Position = mvp_matrix * tessellatedPoint;
    tes_out = tc;
}
```

现在我们已经实现了高度贴图，可以着手改进它并整合光照。一个挑战是我们的顶点还没有与它们相关的法向量。另一个挑战是简单地使用纹理图像作为高度图产生了过度"锯齿状"的结果——出现这种情况是因为并非纹理图像中的所有灰度变化都是由高度引起的。对于这个特定的纹理贴图，Hastings-Trew已经生成了一个改进的高度图供我们使用[HT12]，如图12.8左图所示。

我们可以通过生成相邻顶点（或高度图中的相邻纹元）的高度构建连接它们的向量，并使用叉积来计算法向量，从而动态计算和创建法向量。这需要一些细微的调整，具体取决于场景的精度（和高度图）。在这里，我们使用GIMP的"normalmap"插件[GP16]来根据Hastings-Trew的高度图生成法线图，如图12.8右图所示。

我们对代码进行的大部分更改现在只是为了实现Phong着色的标准方法。

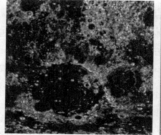

图12.8　月球表面的高度图[HT16]（左）和法线图（右）

- 对于C++/OpenGL应用程序，我们加载并激活了一个额外的纹理来保存法线贴图，还添加了代码来指定光照和材质，就像我们在以前的应用程序中所做的那样。

- 对于顶点着色器，唯一的增补是光照统一变量的声明和法线贴图的采样器。通常在顶点

着色器中完成的光照代码被移动到曲面细分评估着色器，因为直到曲面细分阶段才生成顶点。

- 对于曲面细分控制着色器，唯一的增补是光照统一变量的声明和法线贴图的采样器。
- 对于曲面细分评估着色器，Phong 光照的准备代码现在放在评估着色器中：

```
varyingVertPos = (mv_matrix * position).xyz;
varyingLightDir = light.position - varyingVertPos;
```

- 对于片段着色器，这里完成了用于计算 Phong（或 Blinn-Phong）照明的典型代码段和从法线图中提取法向量的代码，并将光照结果与纹理图像用加权求和的方式结合起来。

带有高度和法线贴图以及 Phong 照明的最终结果如图 12.9 所示。地形现在会响应光照。在图 12.9 中，位置光已分别放置在左侧图像左侧和右侧图像右侧。

图 12.9　具有法线贴图和光照的曲面细分地形（光源分别位于左侧和右侧）

尽管从静止图像中很难判断出对光的移动的响应，但是读者应该能够辨别出漫反射光的变化，山峰的镜面高光在两个图像中也是有很大不同的。当相机或光源移动时，这会更明显。结果仍然不完美，因为无论什么样的光照，输出中包含的原始纹理都包括将出现在渲染结果中的阴影。

12.4　控制细节级别

在程序 12.4 中，通过实例化来实时生成数百万个顶点，即使是“装备精良”的现代计算机也可能会感受到负担。幸运的是，将地形划分为单独的补丁的策略，正如我们为增加生成的网格顶点的数量所做的那样，也是一种减轻负担的好机制。

在生成的数百万个顶点中，许多顶点不是必需的。靠近相机的补丁中的顶点非常重要，因为我们希望能够识别附近物体的细节。但是，补丁越远离相机，栅格化过程中有足够的像素来体现我们生成的顶点数量的可能性就越小！

根据距相机的距离更改补丁中的顶点数量是一种称为细节级别（Level Of Detail，LOD）的技术。Sellers 等人描述了一种通过修改曲面细分控制着色器来控制实例化曲面细分中的 LOD 的方法[SW15]。程序 12.5 显示了 Sellers 等人的方法的简化版本。其策略是使用补丁的感知大小来确定其曲面细分级别的值。由于补丁的细分网格最终将放置在由进入控制着色器的 4 个控制点定义的方格内，因此我们可以使用控制点相对于相机的位置来确定应该为补丁生成多少个顶点。其步骤如下。

（1）通过将 MVP 矩阵应用于 4 个控制点，计算它们的屏幕位置。

（2）计算由控制点（在屏幕上的空间中）定义的"正方形"边长（即宽度和高度）。请注意，即使 4 个控制点形成"正方形"，其边长也可能不同，因为应用了透视矩阵。

（3）根据曲面细分级别所需的精度（基于高度图中的细节数量），将边长的值按可调整常数进行缩放。

（4）将缩放边长值加 1，以避免将曲面细分级别指定为 0（这将导致不生成顶点）。

（5）将曲面细分级别设置为相应的宽度和高度值。

回想一下，在我们的实例中，我们不是只创建一个网格，而是创建 64×64 个网格。因此，需对每个补丁执行以上 5 个步骤，细节级别因补丁而异。

所有更改都在曲面细分控制着色器中，并显示在程序 12.5 中，生成的输出如图 12.10 所示。请注意，变量 gl_InvocationID 指的是正在处理补丁中的哪个顶点（而不是正在处理哪个补丁）。因此，告诉曲面细分器在每个补丁中生成多少个顶点的 LOD 计算发生在每个补丁的第 0 个顶点期间。

程序 12.5　曲面细分细节级别（LOD）

```
// 曲面细分控制着色器
...
void main(void)
{   float subdivisions = 16.0;                              // 基于高度图中细节密度的可调整的常量
    if (gl_InvocationID == 0)
    {   vec4 p0 = mvp * gl_in[0].gl_Position;               // 屏幕空间中控制点的位置
        vec4 p1 = mvp * gl_in[1].gl_Position;
        vec4 p2 = mvp * gl_in[2].gl_Position;
        p0 = p0 / p0.w;
        p1 = p1 / p1.w;
        p2 = p2 / p2.w;
        float width = length(p2.xy - p0.xy) * subdivisions + 1.0;       // 曲面细分网格的感知"宽度"
        float height = length(p1.xy - p0.xy) * subdivisions + 1.0;      // 曲面细分网格的感知"高度"
        gl_TessLevelOuter[0] = height;                      // 基于感知的边长设置曲面细分级别
        gl_TessLevelOuter[1] = width;
        gl_TessLevelOuter[2] = height;
        gl_TessLevelOuter[3] = width;
        gl_TessLevelInner[0] = width;
        gl_TessLevelInner[1] = height;
    }
    // 像以前一样将纹理坐标和控制点发送给 TES
    tcs_out[gl_InvocationID] = tc[gl_InvocationID];
    gl_out[gl_InvocationID].gl_Position = gl_in[gl_InvocationID].gl_Position;
}
```

将这些曲面细节控制着色器的更改应用于图 12.7 中场景的实例化（但不带光照）版本，并将高度图替换为 Hastings-Trew 的更精细调整的版本（如图 12.8 所示），将会生成改善的场景，带有更逼真的地平线细节（见图 12.10）。

在此示例中，更改曲面细分评估着色器中的布局说明符也很有用，即将

```
layout (quads, equal_spacing) in;
```

更改为：

```
layout (quads, fractional_even_spacing) in;
```

图 12.10　具有控制 LOD 的曲面细分月球

在静止图像中难以说明这种修改的原因。在动画场景中，当曲面细分对象在 3D 空间中移动

时，如果使用 LOD，有时可以在对象表面上看到曲面细分级别的变化，看起来像一种叫作"弹出"的摆动伪影。相比于等间距，分数间距通过使相邻补丁实例的网格几何体更相似，减少了这种影响，即使它们的细节级别不同（参见习题 12.2 和 12.3）。

使用 LOD 可以显著降低系统负载。例如，在动画场景中，如果不控制 LOD，场景可能会出现不稳定或滞后的情况。

将这种简单的 LOD 技术应用于包含 Phong 着色的版本（程序 12.4）有点儿棘手。这是因为相邻补丁实例之间的 LOD 变化反过来会导致相关法向量的突然变化，从而导致产生光照中的弹出伪影！与以往一样，在构建复杂的 3D 场景时需要权衡和妥协。

补充说明

将曲面细分与 LOD 组合在实时 VR 应用中特别有用，例如在计算机游戏中，需要复杂的真实细节、频繁的物体移动和相机位置的变化。在本章中，我们已经说明了将曲面细分和 LOD 应用于实时地形生成的应用场景，尽管它也可以应用于其他领域，例如 3D 模型的位移贴图（曲面细分顶点被添加到模型的表面，然后被移动以便添加细节）在 CAD 应用程序中也很有用。

Sellers 等人通过消除相机后方的补丁中的顶点（以将内部和外部级别设置为 0 的方式实现）[SW15]，进一步扩展了 LOD 技术（在程序 12.5 中显示）。这是一个剔除技术的示例，它是一项非常有用的技术，因为实例化细分的负载仍然可以在系统上正常运行。

程序 12.1 中用到的 createShaderProgram() 的 4 参数版本被添加到 Utils.cpp 文件中。稍后，我们将添加其他版本以适应几何着色器阶段。

习题

12.1　修改程序 12.1 以试验内部和外部曲面细分级别的各种值，并观察生成的渲染网格。

12.2　测试程序 12.5，将曲面细分评估着色器中的布局说明符设置为 equal_spacing，然后设置为 fractional_even_spacing，如第 12.4 节所述。在相机移动时观察渲染表面上的效果。你应该能够在第一种情况下观察到弹出伪影，在第二种情况下看到弹出伪影得到很大程度的缓解。

12.3　（项目）修改程序 12.3 以使用自己设计的高度图（可以使用之前在习题 10.2 中构建的高度图）。然后添加光照和阴影贴图，以便细分地形投射阴影。这是一个复杂的练习，因为第一个和第二个阴影贴图过程中的某些代码需要被移动到曲面细分评估着色器中。

参考资料

[GP16] GIMP Plugin Registry, normalmap plugin, accessed July 2020.

[HT12] J. Hastings-Trew, JHT's Planetary Pixel Emporium, accessed July 2020.

[LU16] F. Luna, *Introduction to 3D Game Programming with DirectX 12*, 2nd ed. (Mercury Learning, 2016).

[SW15] G. Sellers, R. Wright Jr., and N. Haemel, *OpenGL SuperBible: Comprehensive Tutorial and Reference*, 7th ed. (Addison-Wesley, 2015).

[TS20] Tessellation, Wikipedia, accessed July 2020.

第 13 章　几何着色器

在 OpenGL 管线中，紧跟着曲面细分着色器阶段的是几何着色器阶段。在这一阶段中，程序员可以选择包含几何着色器。这个阶段实际上在曲面细分着色器阶段出现之前就已经存在，它在 3.2 版本（2009 年）成为 OpenGL 核心的一部分。

与曲面细分着色器一样，几何着色器使程序员能够以顶点着色器中无法实现的方式操纵顶点组。在某些情况下，可以使用曲面细分着色器或者几何着色器完成同样的任务，因为它们的功能在某些方面有所重叠。

13.1　OpenGL 中的逐个图元处理

几何着色器阶段位于曲面细分着色器和栅格化之间，位于用于图元处理的管线内（见图 2.2）。顶点着色器允许一次操作一个顶点，而片段着色器一次可以操作一个片段（实际上是一个像素），但几何着色器却可以一次操作一个图元。

回想一下，图元是 OpenGL 中绘制对象的基本元件。图元只有少数几种类型，我们将主要关注操纵三角形图元的几何着色器。因此，当我们说几何着色器可以一次操作一个图元时，通常意味着几何着色器一次可以访问三角形的 3 个顶点。几何着色器允许一次性访问图元中的所有顶点，然后：

- 输出相同的图元保持不变；
- 输出修改了顶点位置的相同类型图元；
- 输出不同类型的图元；
- 输出更多的其他图元；
- 删除图元（根本不输出）。

与曲面细分评估着色器类似，可以在几何着色器中将传入的顶点属性作为数组进行访问。但是，在几何着色器中，传入属性数组只能索引到图元尺寸的大小。例如，如果图元是三角形，则可用索引为 0、1、2。使用预先定义的数组 gl_in 访问顶点数据本身，如下所示：

```
gl_in[2].gl_Position        // 第三个顶点的位置
```

与曲面细分评估着色器类似，几何着色器输出的顶点属性都是标量。也就是说，输出的是形成图元的各个顶点（它们的位置和其他属性变量，如果有的话）的流。

有一个布局修饰符用于设置图元输入输出类型和输出大小。特殊的 GLSL 命令 EmitVertex() 指定了将要输出一个顶点。特殊的 GLSL 命令 EndPrimitive() 表示一个特定的图元构建完成。

有一个内置变量 gl_PrimitiveIDIn，用于保存当前图元的 ID。ID 从 0 开始，并计数到图元总数减 1。

我们将探讨 4 种常见的操作类型：

- 修改图元；
- 删除图元；

- 添加图元;
- 更改图元类型。

13.2　修改图元

当通过对图元（通常为三角形）进行单独更改就可以影响对象形状的改变时，使用几何着色器就很方便。

例如，考虑我们之前在图 7.12 中呈现的环面。假设环面代表汽车的内胎，而我们想要给它"充气"。简单地在 C++/OpenGL 代码中应用比例缩放因子将无法实现这一目标，因为它的基本形状不会改变。想要让其显示出"充气"的外观，还需要使环面的内孔变小，就像环面占据了中心的空间。

解决这个问题的一种方法是将表面法向量添加到每个顶点。虽然这可以在顶点着色器中完成，但是我们在几何着色器中进行练习。程序 13.1 显示了 GLSL 几何着色器的代码。其他模块与程序 7.3 的基本相同，只有一些小改动：片段着色器输入名称现在需要反映几何着色器的输出（例如，varyingNormal 变为 varyingNormalG），C++/OpenGL 应用程序需要编译几何着色器并在链接之前将其附加到着色器程序。新着色器被指定为几何着色器，如下所示：

```
GLuint gShader = glCreateShader(GL_GEOMETRY_SHADER);
```

程序 13.1　几何着色器：修改顶点

```
#version 430

layout (triangles) in;

in vec3 varyingNormal[ ];          // 来自顶点着色器的输入
in vec3 varyingLightDir[ ];
in vec3 varyingHalfVector[ ];

out vec3 varyingNormalG;           // 输出给光栅着色器然后到片段着色器
out vec3 varyingLightDirG;
out vec3 varyingHalfVectorG;

layout (triangle_strip, max_vertices=3) out;

// 矩阵和光照统一变量和以前一样
...
void main (void)
{ // 沿着法向量移动顶点，并将其他顶点属性原样传递
   for (int i=0; i<3; i++)
   { gl_Position = proj_matrix *
         gl_in[i].gl_Position + normalize(vec4(varyingNormal[i],1.0)) * 0.4;
      varyingNormalG = varyingNormal[i];
      varyingLightDirG = varyingLightDir[i];
      varyingHalfVectorG = varyingHalfVector[i];
      EmitVertex();
   }
   EndPrimitive();
}
```

在程序 13.1 中需要注意，与顶点着色器的输出变量对应的输入变量被声明为数组。这为程序员提供了一种机制，可以使用索引 0、1 和 2 访问三角形图元中的每个顶点及其属性。我们希望沿

着它们的表面法向量向外移动这些顶点。在顶点着色器中，顶点和法向量都已经被转换到视图空间。我们为每个传入的顶点位置（gl_in[i].gl_Position）添加法向量的一小部分，然后将投影矩阵应用于结果，生成每个输出 gl_Position。

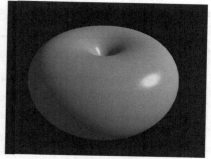

值得注意的是，使用 GLSL 调用 EmitVertex() 可以明确我们完成计算输出 gl_Position 及其相关的顶点属性且准备输出顶点的时机。EndPrimitive() 调用指定我们已经完成了组成图元（在本例中为三角形）的一组顶点的定义。结果如图 13.1 所示。

图 13.1 "充气"的环面，顶点由几何着色器修改

几何着色器包括两个布局限定符，其中第一个布局限定符用于指定输入图元类型，并且必须与 C++ 端的 glDrawArrays() 或 glDraw Elements() 调用中的图元类型兼容。图元输入类型的选项如表 13.1 所示。

表 13.1　　　　　　　　　　　　　　**图元输入类型的选项**

几何着色器输入图元类型	与 glDrawArrays() 调用兼容的图元类型	每次调用顶点的数量
points	GL_POINTS	1
lines	GL_LINES、GL_LINE_STRIP、GL_LINE_LOOP	2
lines_adjacency	GL_LINES_ADJACENCY、 GL_LINE_STRIP_ADJACENCY	4
triangles	GL_TRIANGLES、GL_TRIANGLE_STRIP、 GL_TRIANGLE_FAN	3
triangles_adjacency	GL_TRIANGLES_ADJACENCY、 GL_TRIANGLE_STRIP_ADJACENCY	6

各种 OpenGL 图元类型（包括名称中带有 STRIP 和 FAN 的类型）在第 4 章中讲过。名称中带有 ADJACENCY 的类型在 OpenGL 中用来与几何着色器一起使用，并且它们可以访问与图元相邻的顶点。我们在本书中不使用它们，但为了完整性，依然列出它们。

输出图元类型必须是 GL_POINTS、GL_LINE_STRIP 或 GL_TRIANGLE_STRIP。请注意，输出布局限定符也会指定着色器在每次调用中输出的最大顶点数。

在顶点着色器中可以更容易地对环面进行特定的改变。然而，假设我们不希望沿着各顶点的表面法向量向外移动顶点，而是希望将每个三角形沿其表面法向量向外移动，则实际上是将组成环面的三角形向外"爆炸"。顶点着色器做不到这一点，因为计算三角形的法向量需要对 3 个三角形顶点的法向量取平均值，并且顶点着色器一次只能访问三角形中一个顶点的属性。但是，我们可以在几何着色器中执行此操作，因为几何着色器可以访问每个三角形中的所有 3 个顶点。我们可以将它们的法向量取平均值来计算三角形的曲面法向量，然后将该平均法向量加给三角形图元中的每个顶点。图 13.2、图 13.3 和图 13.4 分别显示了曲面法向量的平均值、修改后的几何着色器

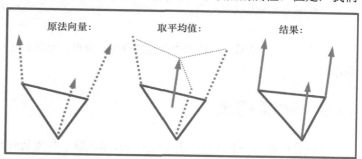

图 13.2　将平均三角形曲面法向量应用于三角形顶点

main()代码，以及输出的结果。

```
void main (void)
{   // 对三角形3个顶点的法向量取平均值，得到三角形的曲面法向量
    vec4 triangleNormal =
        vec4(((varyingNormal[0] + varyingNormal[1] + varyingNormal[2]) / 3.0),1.0);

    //  将3个点都沿所得法向量移动
    for (i=0; i<3; i++)
    {   gl_Position = proj_matrix * (gl_in[i].gl_Position + normalize(triangleNormal) * 0.4);
        varyingNormalG = varyingNormal[i];
        varyingLightDirG = varyingLightDir[i];
        varyingHalfVectorG = varyingHalfVector[i];
        EmitVertex();
    }
    EndPrimitive();
}
```

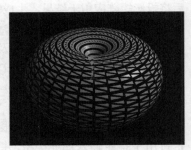

图 13.3　修改了几何着色器，用于"爆炸"环面　　　　图 13.4　"爆炸"的环面

　　通过确保环面的内部也是可见的（通常这些三角形会被 OpenGL 剔除，因为它们在"背面"），可以改善"爆炸"环面的外观。一种实现方式是使环面被渲染两次，一次以正常方式进行，一次使缠绕顺序反转（使缠绕顺序反转实际上相当于切换哪些面朝向前方，哪些面朝向后方）。我们还可以向着色器（通过统一变量）发送一个标志，以禁用背向三角形上的漫反射和镜面反射，使它们不那么突出。代码的更改如下。

　　对 display()函数的修改：

```
...
// 绘制前向三角形——启用光照
glUniform1i(lLoc, 1);       // 用来启用或禁用漫反射、镜面反射组件的统一变量的位置
glFrontFace(GL_CCW);
glDrawElements(GL_TRIANGLES, numTorusIndices, GL_UNSIGNED_INT, 0);

// 绘制后向三角形—— 禁用光照
glUniform1i(lLoc, 0);
glFrontFace(GL_CW);
glDrawElements(GL_TRIANGLES, numTorusIndices, GL_UNSIGNED_INT, 0);
```

　　对片段着色器的修改：

```
...
if (enableLighting == 1)
{ fragColor = …          // 当渲染前向表面时，使用正常的光照计算
}
else                     // 当渲染后向表面时，只启用环境光照组件
{ fragColor = globalAmbient * material.ambient + light.ambient
* material.ambient;
}
```

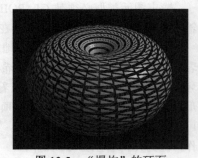

　　由此产生的"爆炸"的环面中会包括背向三角形，如图 13.5 所示。

图 13.5　"爆炸"的环面
（包括背向三角形）

13.3　删除图元

　　几何着色器的一个常见用途是通过合理地删除一些图元来用简单的对象构建丰富的装饰对象。例如，从我们的环面中移除一些三角形可以将其变成一种复杂的格子结构，而从零开始建模这个结

构是更加困难的。执行此操作的几何着色器显示在程序 13.2 中，输出如图 13.6 所示。

程序 13.2 几何着色器：删除图元

```
// 输入、输出和统一变量和以前一样

...
void main (void)
{  if ( mod(gl_PrimitiveIDIn,3) != 0 )
   {   for (int i=0; i<3; i++)
       {   gl_Position = proj_matrix * gl_in[i].gl_Position;
           varyingNormalG = varyingNormal[i];
           varyingLightDirG = varyingLightDir[i];
           varyingHalfVectorG = varyingHalfVector[i];
           EmitVertex();
       }
   }
   EndPrimitive();
}
```

不需要对代码进行其他更改。请注意这里使用了 **mod()** 函数——所有顶点，除了每 3 个图元中的第一个图元的顶点被忽略之外，都被传递。在这里，渲染背向三角形也可以提高真实感，如图 13.7 所示。

图 13.6 几何着色器：删除图元

图 13.7 显示背向三角形，删除图元

13.4 添加图元

也许几何着色器最有趣和最有用的用途是为正在渲染的模型添加额外的顶点或图元。这使得可以进行诸如增加对象中的细节以改善高度贴图，或者完全改变对象的形状等。

考虑以下示例，我们将环面中的每个三角形都更改为一个微小的三棱锥。

我们的策略类似于之前的"爆炸"环面示例中的，如图 13.8 所示。传入三角形图元的顶点用于定义三棱锥的底面。三棱锥的壁由那些顶点和通过平均原始顶点的法向量计算的新点（称为"顶"）构成。然后通过从顶到底面的两个向量的叉积计算三棱锥的 3 个"侧面"的新法向量。

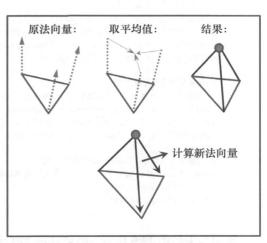

图 13.8 将三角形转换为三棱锥

程序 13.3 中的几何着色器为环面中的每个三角形图元执行此操作。对于每个输入三角形图元，它都输出 3 个三角形图元，总共 9 个顶点。每个新三角形都在函数 makeNewTriangle()中构建，该函数被调用 3 次。它先计算指定三角形的法向量，然后调用函数 setOutputValues()为发出的每个顶点分配适当的输出顶点属性。在发出所有 3 个顶点之后，它调用 EndPrimitive()。为了确保准确地执行光照，为每个新创建的顶点计算光照方向向量的新值。

程序 13.3　几何着色器：添加图元

```
...
vec3 newPoints[9], lightDir[9];
float sLen = 0.01;      // sLen 是小三棱锥的高度

void setOutputValues(int p, vec3 norm)
{  varyingNormal = norm;
   varyingLightDir = lightDir[p];
   varyingVertPos = newPoints[p];
   gl_Position = proj_matrix * vec4(newPoints[p], 1.0);
}

void makeNewTriangle(int p1, int p2)
{  // 为这个三角形生成表面法向量
   vec3 c1 = normalize(newPoints[p1] - newPoints[3]);
   vec3 c2 = normalize(newPoints[p2] - newPoints[3]);
   vec3 norm = cross(c1,c2);

   // 生成并发出 3 个顶点
   setOutputValues(p1, norm); EmitVertex();
   setOutputValues(p2, norm); EmitVertex();
   setOutputValues(3, norm); EmitVertex();
   EndPrimitive();
}

void main(void)
{  // 给 3 个三角形顶点加上原始表面法向量
   vec3 sp0 = gl_in[0].gl_Position.xyz + varyingOriginalNormal[0]*sLen;
   vec3 sp1 = gl_in[1].gl_Position.xyz + varyingOriginalNormal[1]*sLen;
   vec3 sp2 = gl_in[2].gl_Position.xyz + varyingOriginalNormal[2]*sLen;

   // 计算组成小三棱锥的新点
   newPoints[0] = gl_in[0].gl_Position.xyz;
   newPoints[1] = gl_in[1].gl_Position.xyz;
   newPoints[2] = gl_in[2].gl_Position.xyz;
   newPoints[3] = (sp0 + sp1 + sp2)/3.0; // 顶

   // 计算从顶点到光照的方向
   lightDir[0] = light.position - newPoints[0];
   lightDir[1] = light.position - newPoints[1];
   lightDir[2] = light.position - newPoints[2];
   lightDir[3] = light.position - newPoints[3];

   // 构建 3 个三角形，以组成小三棱锥的表面
   makeNewTriangle(0,1);       // 第三个点永远是顶
   makeNewTriangle(1,2);
   makeNewTriangle(2,0);
}
```

输出结果如图 13.9 所示。如果 sLen 变量增大，则添加的表面"三棱锥"将更高。然而，在没有阴影的情况

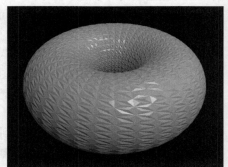

图 13.9　几何着色器：添加图元

下，它们可能看起来并不真实。将阴影贴图添加到程序 13.3 留作练习。

仔细应用这种技术可以模拟尖峰、荆棘和其他精细表面突起，或者反向的压痕、凹坑（参考资料[DV20,KS16]）等。

13.5　更改图元类型

OpenGL 允许在几何着色器中更改图元类型。此功能的一个常见用途是将输入三角形转换为一个或多个输出线段，来模拟毛发。虽然生成逼真的毛发仍然是较难的现实世界项目之一，但几何着色器可以在许多情况下帮助实现实时渲染。

程序 13.4 显示了一个几何着色器，它将每个输入的带有 3 个顶点的三角形转换为一个向外的带有两个顶点的线段。它首先通过平均三角形顶点坐标生成三角形的形心来计算毛发的起点，然后使用和程序 13.3 中相同的"顶"作为毛发的终点。输出图元被指定为具有两个顶点的线段，第一个顶点是起点，第二个顶点是终点。程序的输出结果显示在图 13.10 中，其中实例化了维数为 72 个切片的环面。

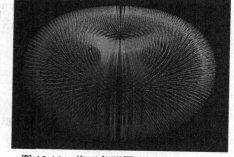

图 13.10　将三角形图元更改为线图元

当然，这仅仅是产生完全逼真毛发的起步阶段。使毛发弯曲或移动将需要若干修改，例如为线段生成更多顶点并沿曲线计算它们的位置、加入随机因素等。由于线段没有明显的表面法向量，因此光照会很复杂。在这个例子中，我们简单地指定法向量与原始三角形的表面法向量相同。

程序 13.4　几何着色器：改变图元类型

```
layout (line_strip, max_vertices=2) out;
...
void main(void)
{   vec3 op0 = gl_in[0].gl_Position.xyz;                        // 原始三角形顶点
    vec3 op1 = gl_in[1].gl_Position.xyz;
    vec3 op2 = gl_in[2].gl_Position.xyz;
    vec3 ep0 = gl_in[0].gl_Position.xyz + varyingNormal[0]*sLen;  // 偏移三角形顶点
    vec3 ep1 = gl_in[1].gl_Position.xyz + varyingNormal[1]*sLen;
    vec3 ep2 = gl_in[2].gl_Position.xyz + varyingNormal[2]*sLen;

    // 计算组成小线段的新点
    vec3 newPoint1 = (op0 + op1 + op2)/3.0;                      // 原始点（起点）
    vec3 newPoint2 = (ep0 + ep1 + ep2)/3.0;                      // 终点

    gl_Position = proj_matrix * vec4(newPoint1, 1.0);
    varyingVertPosG = newPoint1;
    varyingLightDirG = light.position - newPoint1;
    varyingNormalG = varyingNormal[0];
    EmitVertex();

    gl_Position = proj_matrix * vec4(newPoint2, 1.0);
    varyingVertPosG = newPoint2;
    varyingLightDirG = light.position - newPoint2;
    varyingNormalG = varyingNormal[1];
    EmitVertex();

    EndPrimitive();
}
```

补充说明

几何着色器吸引人的一点在于其相对容易使用。虽然几何着色器的许多应用可以通过曲面细分着色器来实现,但几何着色器的机制通常使其更容易实现和调试。当然,几何着色器与曲面细分着色器的相对适用范围取决于特定的应用。

生成逼真的毛发具有挑战性,并且根据应用场景需要采用多种技术。在某些情况下,简单的纹理就足够了。也可以使用曲面细分着色器或几何着色器,例如本章所示的基本技术。当需要实现更逼真的效果时,移动(动画)和光照将变得棘手。生成毛发的两个专用工具是 HairWorks 和 TressFX。HairWorks 是 NVIDIA GameWorks 套件[GW20]的一部分,而 TressFX 是由 AMD 开发的[TR20]。前者适用于 OpenGL 和 DirectX,而后者仅适用于 DirectX。使用 TressFX 的例子可以在一些图书[GP14]中找到。

习题

13.1 修改程序 13.1,将每个顶点略微移向其原始三角形的中心。结果应该类似于图 13.5 中的爆炸环面,但没有环面尺寸的整体变化。

13.2 修改程序 13.2,使其删除每第 2 个图元或每第 4 个图元(而不是每第 3 个图元),并观察对生成的渲染环面的影响。此外,尝试将实例化环面的维度更改为不是 3 的倍数的值(例如 40),同时仍然删除每第 3 个图元,这可能会产生许多影响。

13.3 (项目)修改程序 13.4 以额外渲染原始环面。也就是说,渲染一个有光照的环面(如前面第 7 章所述)和向外线段(使用几何着色器),使毛发看起来像是从环面中伸出来的。

13.4 (研究和项目)修改程序 13.4,使其生成具有两个以上顶点的向外线段,这些顶点排列使得线段看起来略微弯曲。

参考资料

[DV20] J. de Vries, LearnOpenGL, accessed July 2020.

[GP14] *GPU Pro 5: Advanced Rendering Techniques*, ed. W. Engel (CRC Press, 2014).

[GW20] NVIDIA GameWorks Suite, 2018, accessed July 2020.

[KS16] J. Kessenich, G. Sellers, and D. Shreiner, *OpenGL Programming Guide: The Official Guide to Learning OpenGL, Version 4.5 with SPIR-V*, 9th ed. (Addison-Wesley, 2016).

[TR20] TressFX Hair, AMD, 2018, accessed July 2020.

第 14 章 其他技术

在本章中，我们将使用在本书中学到的工具来探索各种技术。有些技术我们会完全讲解，而其他一些技术我们将只会粗略描述。图形编程是一个巨大的领域，本章无意全面介绍，而只是介绍其多年来发展的一些创造性成果。

14.1 雾

通常当人们想到雾时，他们会想到有雾的早晨，能见度很低。事实上，雾（或霾）比我们大多数人认为的更常见。大多数时候，空气中都会有一定程度的雾，我们已经习惯于看到它，但通常不会意识到它的存在，所以我们可以通过引入雾来增强我们室外场景的真实感——即使只是少量。

雾也可以增强深度感。近处物体比远处物体具有更高的清晰度，这对于我们的大脑是可以用来"破译"3D 场景的地形结构的另一个视觉提示。

模拟雾的方法有很多种（从非常简单的模型到包含光散射效应的复杂模型），即使非常简单的方法也是有效的。有一种方法基于物体到眼睛的距离将实际像素颜色与另一种颜色（雾的颜色通常是灰色或偏蓝的灰色，此种颜色也用于背景颜色）混合。

图 14.1（见彩插）说明了这个方法。眼睛（相机）显示在左侧，两个红色物体放置在视锥中。圆柱体更靠近眼睛，所以它的颜色主要是原始颜色（红色）；立方体远离眼睛，所以它的颜色主要是雾的颜色。对于这个简单的实现，几乎所有的计算都可以在片段着色器中执行。

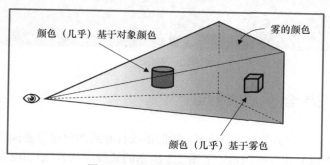

图 14.1　雾：基于距离的混合

程序 14.1 显示了一个非常简单的雾算法的相关代码，该算法按照从相机到像素的距离，使用从对象颜色到雾色的线性混合。具体来说，此示例在程序 10.4 中的高度贴图示例中增加了雾。

程序 14.1　简单的雾生成

```
// 顶点着色器
...
out vec3 vertEyeSpacePos;
...
```

```
// 在视觉空间中不考虑透视计算顶点位置，并将它发送给片段着色器
// 变量 "p" 是高度贴图后的顶点，正如程序 10.4 中所述
vertEyeSpacePos = (mv_matrix * p).xyz;

// 片段着色器
...
in vec3 vertEyeSpacePos;
out vec4 fragColor;
...
void main(void)
{   vec4 fogColor = vec4(0.7, 0.8, 0.9, 1.0); // 偏蓝的灰色
    float fogStart = 0.2;
    float fogEnd = 0.8;

    // 在视觉空间中从相机到顶点的距离就是到这个顶点的向量的长度，因为相机在视觉空间中的(0,0,0)位置
    float dist = length(vertEyeSpace.xyz);
    float fogFactor = clamp(((fogEnd - dist) / (fogEnd - fogStart)), 0.0, 1.0);
    fragColor = mix(fogColor, (texture(t,tc), fogFactor);
}
```

变量 fogColor 用于指定雾色。变量 fogStart 和 fogEnd 用于指定（在视觉空间中）输出颜色从对象颜色过渡到雾色的范围，并且可以调整以满足场景的需要。在对象颜色中混合的雾色的百分比在变量 fogFactor 中计算，该变量的值是顶点与 fogEnd 的接近程度与过渡区域的总长度之比。GLSL 的 clamp() 函数用于将此比率限制在值 0.0 和 1.0 之间。然后，GLSL 的 mix() 函数根据 fogFactor 的值返回雾色和对象颜色的加权平均值。图 14.2 展示了向具有高度贴图地形的场景添加雾（已应用岩石纹理[LU16]）的效果。

图 14.2　雾的例子

14.2　复合、混合、透明度

我们已经看到了一些混合的例子。但是，我们还没有看到如何在像素操作期间利用片段着色器之后的混合（或合成）功能（回想一下图 2.2 所示的管线序列）。透明度在那个步骤被处理，我们现在来了解一下。

在本书中，我们经常使用 vec4 数据类型来表示齐次坐标系中的 3D 点和向量。你可能已经注意到我们还经常使用 vec4 来存储颜色信息，其中前 3 个值表示红色、绿色和蓝色，那么第四个元素是什么呢？

颜色信息中的第四个元素称为 Alpha 通道，用来指定颜色的不透明度。不透明度是衡量像素颜色不透明程度的指标。Alpha 值为 0 表示"无不透明度"或完全透明。Alpha 值为 1 表示"不透明度满值"，也就是完全不透明。在某种意义上，颜色的"透明度"是 $1-\alpha$，其中 α 是 Alpha 通道的值。

回忆一下第 2 章，像素操作利用深度缓冲区，当发现另一个对象离该像素的位置更近时，通

过替换现有的像素颜色来实现隐藏面消除。我们实际上可以更好地控制这个过程——可以选择混合两个像素。

当渲染一个像素时，它被称为"源"像素。已经在帧缓冲区中的像素（可能从先前的对象渲染得来）被称为"目标"像素。OpenGL 提供了许多选项，用于决定最终将两个像素中的哪一个（或者它们的组合）放在帧缓冲区中。请注意，像素操作步骤不是可编程的阶段——因此用于配置所需合成的 OpenGL 工具可在 C++应用程序中（而不是在着色器中）找到。

用于控制合成的两个 OpenGL 函数分别是 glBlendEquation(mode)和 glBlendFunc (srcFactor,destFactor)。图 14.3 显示了合成过程的概述。

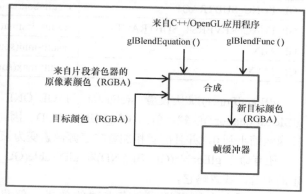

图 14.3　OpenGL 合成概述

合成过程的工作过程如下。

（1）源像素和目标像素分别与源因子（srcFactor）和目标因子（destFactor）相乘。源因子和目标因子在 glblendFunc()函数调用中指定。

（2）使用指定的混合方程来组合修改后的源像素和目标像素以生成新的目标颜色。混合方程在 glBlendEquation()调用中指定。

glBlendFunc()参数的常见选项（即 srcFactor 和 destFactor）如表 14.1 所示。

表 14.1　　　　　　　　　　glBlendFunc()参数的常见选项

glBlendFunc()参数	srcFactor 或 destFactor
GL_ZERO	$(0,0,0,0)$
GL_ONE	$(1,1,1,1)$
GL_SRC_COLOR	$(R_{src}, G_{src}, B_{src}, A_{src})$
GL_ONE_MINUS_SRC_COLOR	$(1,1,1,1)-(R_{src}, G_{src}, B_{src}, A_{src})$
GL_DST_COLOR	$(G_{dest}, G_{dest}, B_{dest}, A_{dest})$
GL_ONE_MINUS_DST_COLOR	$(1,1,1,1)-(R_{dest}, G_{dest}, B_{dest}, A_{dest})$
GL_SRC_ALPHA	$(A_{src}, A_{src}, A_{src}, A_{src})$
GL_ONE_MINUS_SRC_ALPHA	$(1, 1, 1, 1)-(A_{src}, A_{src}, A_{src}, A_{src})$
GL_DST_ALPHA	$(A_{dest}, A_{dest}, A_{dest}, A_{dest})$
GL_ONE_MINUS_DST_ALPHA	$(1, 1, 1, 1)-(A_{dest}, A_{dest}, A_{dest}, A_{dest})$
GL_CONSTANT_COLOR	$(R_{blendColor}, G_{blendColor}, B_{blendColor}, A_{blendColor})$
GL_ONE_MINUS_CONSTANT_COLOR	$(1,1,1,1)-(R_{blendColor}, G_{blendColor}, B_{blendColor}, A_{blendColor})$
GL_CONSTANT_ALPHA	$(A_{blendColor}, A_{blendColor}, A_{blendColor}, A_{blendColor})$
GL_ONE_MINUS_CONSTANT_ALPHA	$(1,1,1,1)-(A_{blendColor}, A_{blendColor}, A_{blendColor}, A_{blendColor})$
GL_ALPHA_SATURATE	$(f,f,f,1)$，其中 $f=\min(A_{src}, 1)$

那些 srcFactor 或 destFactor 带有 blendColor 下标的选项（GL_CONSTANT_COLOR 等）需要额外调用 glBlendColor()来指定将用于计算混合函数结果的常量颜色。还有一些其他混合函数未在表 14.1 中显示。

glBlendEquation()参数（混合模式）的可能选项如表 14.2 所示。

表 14.2   glBlendEquation()**参数的可能选项**

模式	混合颜色
GL_FUNC_ADD	$result = source_{RGBA} + destination_{RGBA}$
GL_FUNC_SUBTRACT	$result = source_{RGBA} - destination_{RGBA}$
GL_FUNC_REVERST_SUBTRACT	$result = destination_{RGBA} - source_{RGBA}$
GL_MIN	$result = \min(source_{RGBA},\ destination_{RGBA})$
GL_MAX	$result = \max(source_{RGBA},\ destination_{RGBA})$

glBlendFunc()默认设置 srcFactor 为 GL_ONE（1.0），destFactor 为 GL_ZERO（0.0）。glBlendEquation()的默认值为 GL_FUNC_ADD。因此，在默认情况下，源像素不变（乘 1），目标像素缩小到 0，并且两者相加意味着源像素变为帧缓冲区的颜色。

还有命令 glEnable(GL_BLEND)和 glDisable(GL_BLEND)，它们可用于告诉 OpenGL 应用指定的混合，或忽略它。

我们不会在这里说明所有选项的效果，但我们将介绍一些说明性示例。假设我们在 C++/OpenGL 应用程序中指定以下设置：

```
glBlendFunc(GL_SRC_ALPHA, GL_ONE_MINUS_SRC_ALPHA)
glBlendEquation(GL_FUNC_ADD)
```

合成将按如下步骤进行。

（1）源像素按其 Alpha 值缩放。

（2）目标像素按 1-srcAlpha（源透明度）缩放。

（3）像素值加在一起。

例如，如果源像素为红色，具有 75%不透明度，即[1,0,0,0.75]，并且目标像素包含完全不透明的绿色，即[0,1,0,1]，则结果放在帧缓冲区将是：

```
srcPixel * srcAlpha = [0.75, 0, 0, 0.5625]
destPixel * (1-srcAlpha) = [0, 0.25, 0, 0.25]
resulting pixel = [0.75, 0.25, 0, 0.8125]
```

也就是说，主要是红色，有些是绿色，而且基本上是不透明的。这个设置的总体效果是让目标像素以与源像素的透明度相对应的量显示。在此示例中，帧缓冲区中的像素为绿色，输入像素为红色，透明度为 25%（不透明度为 75%）。因此允许一些绿色透过红色显示。

事实证明，混合函数和混合方程的这些设置在许多情况下都能很好地工作。我们将它们应用到包含两个 3D 模型的场景中的实际示例中：一个环面和环面前的四棱锥。图 14.4 显示了这样一个场景：左边是一个不透明的四棱锥，右边是将四棱锥的 Alpha 值设置为 0.8 的效果。光照已经添加。

对于许多应用——例如创建平面"窗口"作为房屋模型的一部分，这种简单的透明度实现可能就足够了。但是，在图 14.4 所示的示例中，存在相当明显的不足之处。尽管四棱锥模型现在实际上是透明的，但实际透明的四棱锥不仅应该显示其背后的对象，还应该显示其自身的背面。

实际上，四棱锥的背面没有出现，是因为我们启用了背面剔除。一个合理的想法可能是在绘制四棱锥时禁用背面剔除。但是，这通常会产生其他伪影，如图 14.5（见彩插）左图所示。简单地禁用背面剔除的问题在于混合的效果取决于渲染表面的顺序（因为这决定了源像素和目标像素），并且我们不总是能够控制渲染顺序。通常比较有利的做法是，先渲染不透明对象和在后面的对象（例如环面），再渲染透明对象。这也适用于四棱锥的表面，并且在这种情况下，四棱锥底部的两个三角形看起来不同的原因是它们中的一个被渲染到四棱锥正面的前面，而另一个被渲染到后面。诸如此类的伪影有时被称为"顺序"伪影，并且它们会出现在透明模型中，因为我们不总能预测三角形的渲染顺序。

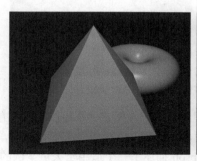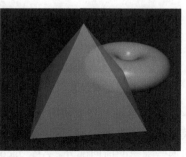

图 14.4　四棱锥的 Alpha = 1.0（左），Alpha = 0.8（右）

我们可以通过从背面开始分别渲染正面和背面来解决四棱锥示例中的问题。程序 14.2 显示了执行此操作的代码。我们通过统一变量来指定四棱锥的 Alpha 值并将其传递给着色器程序，然后通过将指定的 Alpha 值替换为计算的输出颜色将其应用于片段着色器。

另请注意，要使光照正常工作，我们必须在渲染背面时翻转法向量。我们通过向顶点着色器发送一个标志来完成此操作，然后我们在其中翻转法向量。

程序 14.2　透明度的两遍混合

```
// C++ / OpenGL 应用程序 —— 在渲染四棱锥的 display()函数中
...
glEnable(GL_CULL_FACE);
...
glEnable(GL_BLEND);              // 配置混合设置
glBlendFunc(GL_SRC_ALPHA, GL_ONE_MINUS_SRC_ALPHA);
glBlendEquation(GL_FUNC_ADD);

glCullFace(GL_FRONT);            // 先渲染四棱锥的背面
glProgramUniform1f(renderingProgram, aLoc, 0.3f);      // 背面非常透明
glProgramUniform1f(renderingProgram, fLoc, -1.0f);     // 翻转背面的法向量
glDrawArrays(GL_TRIANGLES, 0, numPyramidVertices);
glCullFace(GL_BACK);                                    // 然后渲染四棱锥的正面
glProgramUniform1f(renderingProgram, aLoc, 0.7f);      // 正面略微透明
glProgramUniform1f(renderingProgram, fLoc, 1.0f);      // 正面不需要翻转法向量
glDrawArrays(GL_TRIANGLES, 0, numPyramidVertices);

glDisable(GL_BLEND);

// 顶点着色器
...
if (flipNormal < 0) varyingNormal = -varyingNormal;
...


// 片段着色器
...
fragColor = globalAmbient * material.ambient + ... etc.    // 和 Blinn-Phong 光照一样
fragColor = vec4(fragColor.xyz, alpha);                    // 使用统一变量中发送的 Alpha 值替换
```

使用这种"两步"解决方案的结果如图 14.5 右图所示。

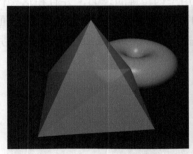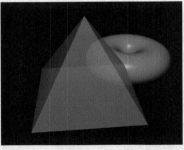

图 14.5　透明度和背面：排序伪影（左）和两步校正（右）

虽然程序 14.2 中显示的两步解决方案在这里运行良好，但它并不足以解决所有问题。例如，一些更复杂的模型可能具有面向前方的隐藏表面，并且如果这样的对象变得透明，我们的算法将无法渲染模型的那些隐藏的前向部分。Alec Jacobson 描述了一个适用于大量案例的五步序列[JA12]。

14.3　用户定义剪裁平面

OpenGL 不仅可以应用于视锥，还包括指定剪裁平面的功能。用户定义的剪裁平面的一个用途是对模型切片。这样就可以通过从简单的模型开始并从中切片来创建复杂的形状。

剪裁平面根据平面的标准数学定义来定义：

$$ax + by + cz + d = 0$$

其中 a、b、c 和 d 是用来定义由 x 轴、y 轴、z 轴张成的 3D 空间中特定平面的参数。参数表示垂直于平面的向量 (a,b,c)，以及从原点到平面的距离 d。可以使用 vec4 在顶点着色器中指定这样的平面，如下所示：

```
vec4 clip_plane = vec4 (0.0,0.0,-1.0,0.2);
```

这对应于平面：

$$(0.0)\, x + (0.0)\, y + (-1.0)\, z + 0.2 = 0$$

然后，通过使用内置的 GLSL 变量 gl_ClipDistance[ ]，可以在顶点着色器中实现剪裁，如下例所示：

```
gl_ClipDistance [0] = dot(clip_plane.xyz, vertPos) + clip_plane.w;
```

在此示例中，vertPos 指的是在顶点属性（例如来自 VBO）中进入顶点着色器的顶点位置，clip_plane 定义如上。然后我们计算从剪裁平面到传入顶点的带符号距离（如第 3 章所示）：如果顶点在平面上，则距离为 0；否则，符号取决于顶点在平面的哪一侧。gl_ClipDistance 数组的索引允许定义多个剪裁距离（即多个平面）。可以定义的最大用户剪裁平面数量取决于显卡的 OpenGL 实现。

必须在 C++/OpenGL 应用程序中启用用户定义的剪裁平面。内置 OpenGL 标识符，如 GL_CLIP_DISTANCE0、GL_CLIP_DISTANCE1 等，对应于每个 gl_ClipDistance[ ] 数组元素。例如，启用第 0 个用户定义的剪裁平面如下所示：

```
glEnable(GL_CLIP_DISTANCE0);
```

将前面的步骤应用到发光环面会产生如图 14.6 所示的输出，其中环面的前半部分已经被剪裁了（还应用了旋转以提供更清晰的视角）。

可能看起来好像环面的底部也被剪裁了，但这是因为环面的内表面没有被渲染。当剪裁会显示形状的内部表面时，我们就需要渲染它们，否则模型将显示得不完整（如图 14.6 所示）。

渲染内表面需要再次调用 gl_DrawArrays()，并颠倒缠绕顺序。此外，在渲染背向三角形时，必须反转曲面法向量（如 14.2 节所述）。C++应用程序和顶点着色器的相关修改如程序 14.3 所示，输出如图 14.7 所示。

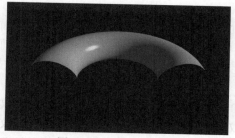

图 14.6　剪裁一个环面

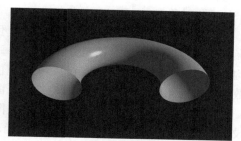

图 14.7　带背面的剪裁

程序 14.3　带背面的剪裁

```
// C++ / OpenGL 应用程序
void display(GLFWwindow* window, double currentTime) {
    ...
    flipLoc = glGetUniformLocation(renderingProgram, "flipNormal");
    ...
    glEnable(GL_CLIP_DISTANCE0);

    // 正常绘制外表面
    glUniform1i(flipLoc, 0);
    glFrontFace(GL_CCW);
    glDrawElements(GL_TRIANGLES, numTorusIndices, GL_UNSIGNED_INT, 0);

    // 渲染背面，反转法向量
    glUniform1i(flipLoc, 1);
    glFrontFace(GL_CW);
    glDrawElements(GL_TRIANGLES, numTorusIndices, GL_UNSIGNED_INT, 0);
}


// 顶点着色器
...
vec4 clip_plane = vec4(0.0, 0.0, -1.0, 0.5);
uniform int flipNormal;              // 反转法向量的标志
...
void main(void)
{ ...
    if (flipNormal==1) varyingNormal = -varyingNormal;
    ...
    gl_ClipDistance[0] = dot(clip_plane.xyz, vertPos) - clip_plane.w;
    ...
}
```

14.4　3D 纹理

2D 纹理包含由两个变量索引的图像数据，而 3D 纹理包含相同类型的图像数据，但是处在由 3个变量索引的 3D 结构中。前两个维度仍然代表纹理贴图中的宽度和高度，第三个维度代表深度。

因为 3D 纹理中的数据以与 2D 纹理类似的方式存储，所以很容易将 3D 纹理视为一种 3D"图像"。但是，我们通常不将 3D 纹理源数据称为 3D 图像，因为对于这种结构没有常用的图像文件格式（即没有类似的 3D 版 JPEG，至少没有真正三维的图像）。相反，我们建议将 3D 纹理视为一种物质，我们将其浸没到（或"浸入"）被纹理化的对象，从而使对象的表面点从纹理中的相应位置获得颜色。或者可以想象这个物体被从 3D 纹理"立方体"中"雕刻"出来，就像雕刻家用一块坚固的大理石雕刻出一个人物一样。

OpenGL 支持 3D 纹理对象。为了使用它们，我们需要学习如何构建 3D 纹理以及如何使用它来纹理化对象。

与可以从标准图像文件构建的 2D 纹理不同，3D 纹理通常是在程序上生成的。正如之前对 2D 纹理所做的那样，我们决定分辨率，即每个维度中的纹元数量。根据纹理中的颜色，我们可以构建包含这些颜色的三维数组。如果纹理包含可以搭配各种颜色的"图案"，我们可以建立一个数组（如包含 0 和 1 的数组）来存储这个图案。

例如，我们可以通过填充对应于所需条纹图案的 0 和 1 的数组来构建表示水平条纹的 3D 纹理。假设纹理的所需分辨率是 200×200×200 纹元，并且纹理由交替的条纹组成，每个条纹高 10 纹元。通过在嵌套循环中使用适当的 0 和 1 填充数组来构建此类结构的简单函数（假设在这种情况下，宽度、高度和深度变量均设置为 200）如下所示：

```
void generate3Dpattern() {
    for (int x=0; x<texWidth; x++) {
        for (int y=0; y<texHeight; y++) {
            for (int z=0; z<texDepth; z++) {
                if ((y/10) % 2 == 0)
                    tex3Dpattern[x][y][z] = 0.0;
                else
                    tex3Dpattern[x][y][z] = 1.0;
            }
        }
    }
}
```

存储在 tex3Dpattern 数组中的图案如图 14.8 所示（见彩插），0 呈蓝色，1 呈黄色。

使用条纹图案对对象进行纹理处理需要执行以下步骤。

（1）生成如图 14.8 所示的图案。

（2）使用图案填充所需颜色的字节数组。

（3）将字节数组加载到纹理对象中。

（4）确定对象顶点的适当 3D 纹理坐标。

（5）在片段着色器中使用适当的采样器来纹理化对象。

3D 纹理的纹理坐标区间为[0,1]，与 2D 纹理的相同。

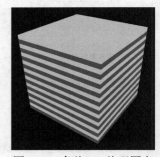

图 14.8　条纹 3D 纹理图案

有趣的是，步骤（4）（确定 3D 纹理坐标）通常我们比最初设想的要简单得多。事实上，这一步通常比设置 2D 纹理更简单！这是因为（在 2D 纹理的情况下）3D 对象被 2D 图像纹理化，我们需要决定如何"展平"3D 对象的顶点（例如通过 UV 映射）来创建纹理坐标。但是当对其进行 3D 纹理化时，对象和纹理都具有相同的维度。在大多数情况下，我们希望对象反映纹理图案，就像它被"雕刻"出来一样（或"浸入"纹理中）。所以顶点位置本身就是纹理坐标！通常所需的只是应用一些简单的缩放以确保对象的顶点坐标映射到 3D 纹理坐标的区间[0, 1]。

由于我们通过程序来生成 3D 纹理，所以我们需要一种从生成的数据中构造 OpenGL 纹理贴图的方法。将数据加载到纹理中的过程与我们之前在 5.12 节中看到的类似。在这种情况下，我们用颜色值填充 3D 数组，然后将它们复制到纹理对象中。

程序 14.4 展示出了用于实现所有先前步骤的各种组件，以便使用程序构建的 3D 纹理来纹理化具有蓝色和黄色水平条纹的对象。所需的图案在 generate3Dpattern()函数中构建，该函数将图案存储在名为 tex3Dpattern 的数组中。然后，在函数 fillDataArray()中构建"图像"数据，按照图案，该函数使用与 RGBA 值相对应的字节数据填充 3D 数组，每个数据在[0, 255]区间内。接着，将这些值复制到 load3DTexture()函数中的纹理对象中。

程序 14.4　3D 纹理：条纹图案

```cpp
// C++ / OpenGL 应用程序
...
const int texHeight= 200;
const int texWidth = 200;
const int texDepth = 200;
double tex3Dpattern[texWidth][texHeight][texDepth];
...

// 按照由 generate3Dpattern()构建的图案，用蓝色和黄色填充字节数组
void fillDataArray(GLubyte data[ ]) {
    for (int i=0; i<texWidth; i++) {
        for (int j=0; j<texHeight; j++) {
            for (int k=0; k<texDepth; k++) {
                if (tex3Dpattern[i][j][k] == 1.0) {
                    // 黄色
                    data[i*(texWidth*texHeight*4) + j*(texHeight*4)+ k*4+0] = (GLubyte) 255; // red
                    data[i*(texWidth*texHeight*4) + j*(texHeight*4)+ k*4+1] = (GLubyte) 255; // green
                    data[i*(texWidth*texHeight*4) + j*(texHeight*4)+ k*4+2] = (GLubyte) 0;   // blue
                    data[i*(texWidth*texHeight*4) + j*(texHeight*4)+ k*4+3] = (GLubyte) 255; // alpha
                }
                else {
                    // 蓝色
                    data[i*(texWidth*texHeight*4) + j*(texHeight*4)+ k*4+0] = (GLubyte) 0;   // red
                    data[i*(texWidth*texHeight*4) + j*(texHeight*4)+ k*4+1] = (GLubyte) 0;   // green
                    data[i*(texWidth*texHeight*4) + j*(texHeight*4)+ k*4+2] = (GLubyte) 255; // blue
                    data[i*(texWidth*texHeight*4) + j*(texHeight*4)+ k*4+3] = (GLubyte) 255; // alpha
} } } } }
// 构建条纹的 3D 图案
void generate3Dpattern() {
    for (int x=0; x<texWidth; x++) {
        for (int y=0; y<texHeight; y++) {
            for (int z=0; z<texDepth; z++) {
                if ((y/10)%2 == 0)
                    tex3Dpattern[x][y][z] = 0.0;
                else
                    tex3Dpattern[x][y][z] = 1.0;
} } } }
// 将顺序字节数据数组加载进纹理对象
int load3DTexture() {
    GLuint textureID;
    GLubyte* data = new GLubyte[texWidth*texHeight*texDepth*4];

    fillDataArray(data);

    glGenTextures(1, &textureID);
    glBindTexture(GL_TEXTURE_3D, textureID);
    glTexParameteri(GL_TEXTURE_3D, GL_TEXTURE_MIN_FILTER, GL_LINEAR);
```

```
    glTexStorage3D(GL_TEXTURE_3D, 1, GL_RGBA8, texWidth, texHeight, texDepth);
    glTexSubImage3D(GL_TEXTURE_3D, 0, 0, 0, 0, texWidth, texHeight, texDepth,
                    GL_RGBA, GL_UNSIGNED_INT_8_8_8_8_REV, data);
    delete[] data; return textureID;
}

void init(GLFWwindow* window) {
    ...
    generate3Dpattern();                        // 3D 图案和纹理只加载一次, 所以在 init() 里完成
    stripeTexture = load3DTexture();            // 为 3D 纹理保存整型纹理 ID
}

void display(GLFWwindow* window, double currentTime) {
    ...
    glActiveTexture(GL_TEXTURE0);
    glBindTexture(GL_TEXTURE_3D, stripeTexture);
    glDrawArrays(GL_TRIANGLES, 0, numObjVertices);
}


// 顶点着色器
...
out vec3 originalPosition;                      // 原始模型顶点将被用于纹理坐标
...
layout (binding=0) uniform sampler3D s;

void main(void)
{   originalPosition = position;                // 将原始模型坐标传递, 用作 3D 纹理坐标
    gl_Position = proj_matrix * mv_matrix * vec4(position,1.0);
}


// 片段着色器
...
in vec3 originalPosition;                       // 接收原始模型坐标, 用作 3D 纹理坐标
out vec4 fragColor;
...
layout (binding=0) uniform sampler3D s;

void main(void)
{
    fragColor = texture(s, originalPosition/2.0 + 0.5); // 顶点坐标范围为[-1,+1], 纹理坐标范围为[0,1]
}
```

在 C++/OpenGL 应用程序中, load3Dtexture()函数用于将生成的数据加载到 3D 纹理中。它不使用 SOIL2 来加载纹理, 而是直接进行相关的 OpenGL 调用, 其方式类似于 5.12 节中所述的方式。图像数据应该被格式化为对应于 RGBA 值的字节序列。函数 fillDataArray()执行此操作, 依据由 generate3Dpattern()函数构建并保存在 tex3Dpattern 数组中的条纹图案, 应用黄色和蓝色。另请注意, display()函数中指定了纹理类型 GL_TEXTURE_3D。

由于我们希望将对象的顶点坐标用作纹理坐标, 因此将它们从顶点着色器传递到片段着色器。片段着色器会缩放它们, 以便它们按照纹理坐标的标准被映射到[0, 1]。最后, 通过 sampler3D 统一变量访问 3D 纹理, 该统一变量使用 3 个参数而不是两个。我们使用顶点的原始 x、y 和 z 坐标, 将其缩放到正确的范围以访问纹理。结果如图 14.9 所示 (见彩插)。

图 14.9   3D 条纹纹理的龙对象

通过修改 generate3Dpattern()可以生成更复杂的图案。图 14.10 显示了将条带图案转换为 3D 棋盘图案的简单更改，产生的效果如图 14.11 所示。值得注意的是，如果龙的表面采用 2D 棋盘纹理图案进行纹理处理，产生的效果将大不相同。（见习题 14.3。）

```
void generate3Dpattern()
{ int xStep, yStep, zStep, sumSteps;
  for (int x=0; x<texWidth; x++)
  { for (int y=0; y<texHeight; y++)
    { for (int z=0; z<texDepth; z++)
      { xStep = (x / 10) % 2;
        yStep = (y / 10) % 2;
        zStep = (z / 10) % 2;
        sumSteps = xStep + yStep + zStep;
        if ((sumSteps % 2) == 0)
          tex3Dpattern[x][y][z] = 0.0;
        else
          tex3Dpattern[x][y][z] = 1.0;
} } } }
```

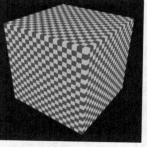

图 14.10　生成 3D 棋盘纹理图案 　　　　　　　图 14.11　带有 3D 棋盘纹理的龙

14.5　噪声

可以使用随机性或噪声来模拟许多自然现象。一种常见的技术是 Perlin 噪声[PE85]，它以 Ken Perlin 的名字命名。Ken Perlin 在 1997 年因开发生成和使用 2D 和 3D 噪声的实用方法而获得奥斯卡奖[①]。这里描述的程序基于 Perlin 的方法。

图形场景中存在许多噪声应用。一些常见的例子是云、地形、木纹、矿物（如大理石的矿脉）、烟雾、燃烧、火焰、行星表面和随机运动。在本节中，我们将重点关注生成包含噪声的 3D 纹理，然后使用噪声数据生成复杂材质（如大理石和木材），并模拟动态云纹理以用于立方体贴图或穹顶。包含噪声的空间数据（例如 2D 或 3D 数据）的集合有时被称为噪声图。

我们首先根据随机数据构建 3D 纹理贴图。这可以使用 14.4 节中显示的函数完成，只需进行一些修改。首先，我们使用以下更简单的 generateNoise()函数替换程序 14.4 中的 generate3Dpattern()函数：

```
#include <random>;
...
double noise[noiseWidth][noiseHeight][noiseDepth];
...
void generateNoise() {
    for (int x=0; x<noiseWidth; x++) {
        for (int y=0; y<noiseHeight; y++) {
            for (int z=0; z<noiseDepth; z++) {
                noise[x][y][z] = (double) rand() / (RAND_MAX + 1.0);    // 计算出[0,1]区间内的
                                                                         // 一个 double 类型数值
} } } }
```

接下来，修改程序 14.4 中的 fillDataArray()函数，以便将噪声数据复制到字节数组中，准备加载到纹理对象中：

```
void fillDataArray(GLubyte data[ ]) {
    for (int i=0; i<noiseWidth; i++) {
        for (int j=0; j<noiseHeight; j++) {
            for (int k=0; k<noiseDepth; k++) {
                data[i*(noiseWidth*noiseHeight*4)+j*(noiseHeight*4)+k*4+0] =
```

---

① 由美国电影艺术与科学学院颁发的奥斯卡技术成就奖。

```
                    (GLubyte) (noise[i][j][k] * 255);
      data[i*(noiseWidth*noiseHeight*4)+j*(noiseHeight*4)+k*4+1] =
                    (GLubyte) (noise[i][j][k] * 255);
      data[i*(noiseWidth*noiseHeight*4)+j*(noiseHeight*4)+k*4+2] =
                    (GLubyte) (noise[i][j][k] * 255);
      data[i*(noiseWidth*noiseHeight*4)+j*(noiseHeight*4)+k*4+3] =
                    (GLubyte) 255;

} } } }
```

程序 14.4 的其余部分用于将数据加载到纹理对象并将其应用于模型，依然保持不变。我们可以通过将它应用于简单立方体模型来查看 3D 噪声图，如图 14.12 所示。在此示例中，noiseHeight = noiseWidth = noiseDepth = 256。

这是一个 3D 噪声图，虽然它不是非常有用（因为它太嘈杂了，很难有太多实际应用）。为了制作更实用、更可调的噪声模式，我们将使用不同的噪声生成过程替换 fillDataArray() 函数。

假设我们使用整数除法作为索引，通过"放大"，填充数据数组到图 14.12 所示的噪声图的一小部分。对 fillDataArray() 函数的修改如下所示：

```
void fillDataArray(GLubyte data[ ]) {
    int zoom = 8;          // 缩放因子
    for (int i=0; i<noiseWidth; i++) {
        for (int j=0; j<noiseHeight; j++) {
            for (int k=0; k<noiseDepth; k++) {
                data[i*(noiseWidth*noiseHeight*4)+j*(noiseHeight*4)+k*4+0] =
                        (GLubyte) (noise [i/zoom] [j/zoom] [k/zoom] * 255);
                data[i*(noiseWidth*noiseHeight*4)+j*(noiseHeight*4)+k*4+1] =
                        (GLubyte) (noise [i/zoom] [j/zoom] [k/zoom] * 255);
                data[i*(noiseWidth*noiseHeight*4)+j*(noiseHeight*4)+k*4+2] =
                        (GLubyte) (noise [i/zoom] [j/zoom] [k/zoom] * 255);
                data[i*(noiseWidth*noiseHeight*4)+j*(noiseHeight*4)+k*4+3] = (GLubyte) 255;

} } } }
```

根据用于除法索引的"缩放"因子，可以使得到的 3D 纹理更多或更少地呈现"块状"。图 14.13 中的纹理显示了放大的结果，其中索引分别除以缩放因子 8、16 和 32（从左到右）。

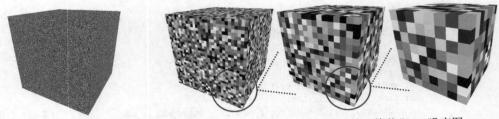

图 14.12   带有 3D 噪声数据纹理的立方体   图 14.13   不同"缩放"因子的"块状"3D 噪声图

通过从每个离散灰度颜色值插值到下一个灰度颜色值，我们可以平滑特定的噪声图内的"块效应"。也就是说，对于给定 3D 纹理内的每个小"方块"，我们可以通过从其颜色到其相邻块的颜色的插值来设置块内每个纹元的颜色。插值代码在下面所示的 smoothNoise() 函数中。另外，fillDataArray() 函数也使用了修改后的版本。图 14.14 所示的是得到的"平滑"纹理（从左到右、从上到下，缩放因子分别是 2、4、8、16、32、64）。请注意，缩放因子现在是一个 double 类型的量，因为我们需要小数分量来确定每个纹元的插值灰度值。

```
void fillDataArray(GLubyte data[ ]) {
    double zoom = 32.0;
    for (int i=0; i<noiseWidth; i++) {
```

```
     for (int j=0; j<noiseHeight; j++) {
         for (int k=0; k<noiseDepth; k++) {
             data[i*(noiseWidth*noiseHeight*4) + j*(noiseHeight*4) + k*4 +0] =
                 (GLubyte) (smoothNoise(i/zoom, j/zoom, k/zoom) * 255);
             data[i*(noiseWidth*noiseHeight*4) + j*(noiseHeight*4) + k*4 +1] =
                 (GLubyte) (smoothNoise(i/zoom, j/zoom, k/zoom) * 255);
             data[i*(noiseWidth*noiseHeight*4) + j*(noiseHeight*4) + k*4 +2] =
                 (GLubyte) (smoothNoise(i/zoom, j/zoom, k/zoom) * 255);
             data[i*(noiseWidth*noiseHeight*4) + j*(noiseHeight*4) + k*4 +3] = (GLubyte) 255;
} } } }

double smoothNoise(double x1, double y1, double z1) {
    // x1、y1 和 z1 的小数部分（对于当前纹元，从当前块到下一个块的百分比）
    double fractX = x1 - (int) x1;
    double fractY = y1 - (int) y1;
    double fractZ = z1 - (int) z1;

    // 相邻值的索引，在范围两端环绕
    double x2 = x1 - 1; if (x2<0) x2 = round(noiseWidth / zoom) -1.0;
    double y2 = y1-1; if (y2<0) y2 = round(noiseHeight / zoom) -1.0;
    double z2 = z1-1; if (z2<0) z2 = round(noiseDepth / zoom) -1.0;

    // 通过按照 3 个轴方向插值灰度，平滑噪声
    double value = 0.0;
    value += fractX      * fractY      * fractZ      * noise[(int)x1][(int)y1][(int)z1];
    value += (1-fractX)  * fractY      * fractZ      * noise[(int)x2][(int)y1][(int)z1];
    value += fractX      * (1-fractY)  * fractZ      * noise[(int)x1][(int)y2][(int)z1];
    value += (1-fractX)  * (1-fractY)  * fractZ      * noise[(int)x2][(int)y2][(int)z1];

    value += fractX      * fractY      * (1-fractZ)  * noise[(int)x1][(int)y1][(int)z2];
    value += (1-fractX)  * fractY      * (1-fractZ)  * noise[(int)x2][(int)y1][(int)z2];
    value += fractX      * (1-fractY)  * (1-fractZ)  * noise[(int)x1][(int)y2][(int)z2];
    value += (1-fractX)  * (1-fractY)  * (1-fractZ)  * noise[(int)x2][(int)y2][(int)z2];
    return value;
}
```

图 14.14　在各种缩放级别平滑 3D 纹理

　　smoothNoise()函数通过计算相应原始"块状"噪声图中纹元周围的 8 个灰度值的加权平均值来计算给定噪声图的平滑版本中的每个纹元的灰度值。也就是说，它平衡了纹元所在的小"方块"的 8 个顶点处的颜色值。这些"邻居"颜色中的每一个的权重基于纹元与其每个"邻居"的距离，并归一化到[0,1]。该范围两端的值平滑地环绕，以实现平铺。

　　接下来，组合各种缩放因子的平滑噪声图。创建一个新的噪声图，其中每个纹元由另一个加

权平均值形成，这次基于每个"平滑"噪声图中相同位置的纹元的总和，其中缩放因子用作权重。这种效应被 Perlin 称为"湍流"[PE85]，尽管它实际上与通过求和各种波形产生的谐波关系更为密切。新的 turbulence()函数和 fillDataArray()的修改版本指定了一个噪声图，该图对缩放级别 1～32（2 的各次幂）进行求和（如下所示），还显示了以此产生的噪声图在立方体上贴图的结果（见图 14.15）。

```
double turbulence(double x, double y, double z, double maxZoom) {
    double sum = 0.0, zoom = maxZoom;
    while (zoom >= 1.0) {                    // 最后一遍是当 zoom = 1 时
        // 计算平滑后的噪声图的加权和
        sum = sum + smoothNoise(x / zoom, y / zoom, z / zoom) * zoom;
        zoom = zoom / 2.0;                   // 对每个 2 的幂的缩放因子
    }
    sum = 128.0 * sum / maxZoom;             // 对不大于 64 的 maxZoom 值，保证 RGB 值小于 256
    return sum;
}

void fillDataArray(GLubyte data[ ] ) {
    double maxZoom = 32.0;
    for (int i=0; i<noiseWidth; i++) {
        for (int j=0; j<noiseHeight; j++) {
            for (int k=0; k<noiseDepth; k++) {
                data[i*(noiseWidth*noiseHeight*4)+j*(noiseHeight*4)+k*4+0] =
                    (GLubyte) turbulence(i, j, k, maxZoom);
                data[i*(noiseWidth*noiseHeight*4)+j*(noiseHeight*4)+k*4+1] =
                    (GLubyte) turbulence(i, j, k, maxZoom);
                data[i*(noiseWidth*noiseHeight*4)+j*(noiseHeight*4)+k*4+2] =
                    (GLubyte) turbulence(i, j, k, maxZoom);
                data[i*(noiseWidth*noiseHeight*4)+j*(noiseHeight*4)+k*4+3] =
                    (GLubyte) 255;
} } } }
```

图 14.15　"湍流"噪声的 3D 纹理贴图

3D 噪声图可用于各种富有想象力的应用。在接下来的部分中，我们将使用其来生成大理石、木材和云等。可以通过放大级别的不同组合来调整噪声的分布。

14.6　噪声应用——大理石

我们可以通过修改噪声图并使用适当的 ADS 材质（见图 7.3）添加 Phong 照明，使龙模型看起来像大理石般。

我们首先生成一个条纹图案，有点儿类似于本章前面的"条纹"示例——新条纹与之前的条纹不同，不仅体现在条纹沿对角线方向延伸对角线，还体现在条纹是由正弦波产生的，因此边缘是模糊的。然后，我们使用噪声图来扰动这些线，将它们存储为灰度值。fillDataArray()函数的更改如下：

```
void fillDataArray(GLubyte data[ ]) {
    double veinFrequency = 2.0;
    double turbPower = 1.5;
    double maxZoom = 64.0;
    for (int i=0; i<noiseWidth; i++) {
        for (int j=0; j<noiseHeight; j++) {
            for (int k=0; k<noiseDepth; k++) {
                double xyzValue = (float)i / noiseWidth + (float)j / noiseHeight + (float)k /
                    noiseDepth + turbPower * turbulence(i,j,k,maxZoom) / 256.0;
                double sineValue = abs(sin(xyzValue * 3.14159 * veinFrequency));
```

```
float redPortion = 255.0f * (float)sineValue;
float greenPortion = 255.0f * (float)sineValue;
float bluePortion = 255.0f * (float)sineValue;

data[i*(noiseWidth*noiseHeight*4)+j*(noiseHeight*4)+k*4+0] = (GLubyte) redPortion;
data[i*(noiseWidth*noiseHeight*4)+j*(noiseHeight*4)+k*4+1] = (GLubyte) greenPortion;
data[i*(noiseWidth*noiseHeight*4)+j*(noiseHeight*4)+k*4+2] = (GLubyte) bluePortion;
data[i*(noiseWidth*noiseHeight*4)+j*(noiseHeight*4)+k*4+3] = (GLubyte) 255;
} } } }
```

变量 veinFrequency 用于调整条纹数量，turbPower 用于调整条纹中的扰动量（将其设置为 0 时条纹将不受扰动），maxZoom 用于调整生成湍流时使用的缩放系数。由于相同的正弦波值用于所有 RGB 颜色分量，所以最后存储在图像数据数组中的颜色是灰度的。图 14.16 显示了各种 turbPower 值（从左到右分别为 0.0、5.5、1.0、1.5）的结果纹理贴图。

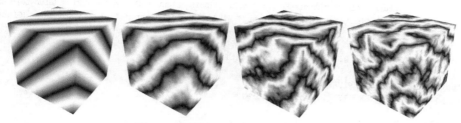

图 14.16　构建 3D "大理石" 噪声图

我们将 turbulence()函数改为使用 logistic 函数，就可以进一步控制大理石矿脉的定义和厚度。logistic（或 sigmoid）函数具有 S 形曲线，两端都有渐近线。常见的例子是双曲正切函数和 $f(x) = 1/(1+e^{-x})$。它们有时也被称为 "挤压" 函数。许多噪声应用会利用 logistic 函数使噪声图中的值更倾向于靠近 0.0 或 255.0，而较少地取介于两者之间的值。程序 14.5 包含一个实现了 $1/(1+e^{-kx})$ 的 logistic()函数，其中 k 是用来微调输出值倾向于 0.0 或者 255.0 的程度的——在这个例子里，也就是用于微调大理石纹路边缘的锐利程度。

由于我们希望大理石具有闪亮的外观，因此我们采用 Phong 着色使得带有大理石纹理的物体看起来更加逼真。程序 14.5 总结了生成大理石龙的代码。除了传递了原始顶点坐标以用作 3D 纹理坐标（如前所述）之外，顶点着色器和片段着色器与用于 Phong 着色的相同。ADS 光照值和我们在 7.1 节中指定的相同。如同 7.6 节中描述的，片段着色器将噪声结果与光照结果结合。

程序 14.5　构建大理石龙

```
// C++ / OpenGL 应用程序
...
void init(GLFWwindow* window) {
    ...
    generateNoise();
    noiseTexture = load3DTexture();         // 和程序 14.4 一样，负责调用 fillDataArray()
}

double logistic(double x) {
    double k = 3.0;
    return (1.0 / (1.0 + pow(2.718, -k*x)));
}

void fillDataArray(GLubyte data[ ]) {
    double veinFrequency = 2.0;
```

```
double turbPower = 4.0;
double maxZoom = 32.0;
for (int i = 0; i<noiseWidth; i++) {
    for (int j = 0; j<noiseHeight; j++) {
        for (int k = 0; k<noiseDepth; k++) {
            double xyzValue = (float)i / noiseWidth + (float)j / noiseHeight + (float)k / noiseDepth
                + turbPower * turbulence(i, j, k, maxZoom) / 256.0;

            double sineValue = logistic(abs(sin(xyzValue * 3.14159 * veinFrequency)));
            sineValue = max(-1.0, min(sineValue*1.25 - 0.20, 1.0));  // 调整中心，使得纹路更窄

            float redPortion = 255.0f * (float)sineValue;
            float greenPortion = 255.0f * (float)sineValue;
            float bluePortion = 255.0f * (float)sineValue;

            data[i*(noiseWidth*noiseHeight * 4) + j*(noiseHeight * 4) + k * 4 + 0] = (GLubyte)redPortion;
            data[i*(noiseWidth*noiseHeight * 4) + j*(noiseHeight * 4) + k * 4 + 1] = (GLubyte)greenPortion;
            data[i*(noiseWidth*noiseHeight * 4) + j*(noiseHeight * 4) + k * 4 + 2] = (GLubyte)bluePortion;
            data[i*(noiseWidth*noiseHeight * 4) + j*(noiseHeight * 4) + k * 4 + 3] = (GLubyte)255;
} } } }

void display(GLFWwindow* window, double currentTime) {
    ...
    glActiveTexture(GL_TEXTURE0);
    glBindTexture(GL_TEXTURE_3D, noiseTexture);

    glEnable(GL_CULL_FACE);
    glFrontFace(GL_CCW);
    glEnable(GL_DEPTH_TEST);
    glDepthFunc(GL_LEQUAL);
    glDrawArrays(GL_TRIANGLES, 0, numDragonVertices);
}

// 顶点着色器
// 和程序 14.4 相同

// 片段着色器
...
void main(void)
{   ...
    // 模型顶点坐标取值区间为[-1.5, +1.5]，纹理坐标取值区间为[0, 1]
    vec4 texColor = texture(s, originalPosition / 3.0 + 0.5);

    fragColor =
        0.7 * texColor * (globalAmbient + light.ambient + light.diffuse * max(cosTheta,0.0))
        + 0.5 * light.specular * pow(max(cosPhi, 0.0), material.shininess);
}
```

有多种方法可以模拟不同颜色的大理石（或其他石材）。改变大理石中纹路颜色的一种方法是修改 fillDataArray()函数中 Color 变量的定义，例如，通过增加绿色成分：

```
float redPortion = 255.0f * (float)sineValue;
float greenPortion = 255.0f * (float)min(sineValue*1.5 - 0.25, 1.0);
float bluePortion = 255.0f * (float)sineValue;
```

我们还可以引入 ADS 材料值（即在 init()中指定）来模拟完全不同类型的石头，例如玉。

图 14.17（见彩插）显示了 4 个示例，前 3 个示例使用程序 14.5 所示的设置，第四个示例包含图 7.3 所示的玉的 ADS 系数。

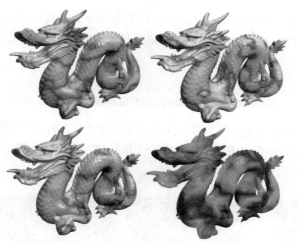

图 14.17　带有噪声的 3D 纹理的龙——3 种大理石纹理和 1 种玉纹理

14.7　噪声应用——木材

创建木材纹理可以采用与大理石示例中类似的方式实现。树木的生长产生了年轮，正是这些年轮成了我们在用木头制成的物体中看到的"木纹"。随着树木的生长，环境压力会使年轮间产生变化，我们也会在木纹中看到这种变化。

我们首先构建一个程序性的"年轮"3D 纹理贴图，类似于本章前面的"棋盘"。然后，我们使用噪声图来扰动这些年轮，将深色和浅棕色插入年轮 3D 纹理贴图中。我们可以通过调整年轮的数量以及扰动年轮的程度，用各种类型的木纹模拟木材。棕色的色调可以通过在数值相似的红色和绿色中添加少量蓝色来制作。接着，我们应用不那么"闪亮"的 Phong 着色。

我们可以通过修改 fillDataArray() 函数，借助三角函数指定与 z 轴等距的 x 和 y 值，从而生成环绕 3D 纹理贴图中围绕 z 轴的年轮。我们使用正弦波循环重复此过程，根据此正弦波均匀地增加和减少红色和绿色成分，以产生不同的棕色调。变量 sineValue 用于保持精确的色调，可以通过稍微偏移一个分量或另一个分量来调整（在这种情况下，将红色增加 80，将绿色增加 30）。我们可以通过调整 xyPeriod 的值来创建更多（或更少）的年轮。得到的纹理如图 14.18 所示（见彩插）。

```
void fillDataArray(GLubyte data[ ]) {
    double xyPeriod = 40.0;
    for (int i=0; i<noiseWidth; i++) {
        for (int j=0; j<noiseHeight; j++) {
            for (int k=0; k<noiseDepth; k++) {
                double xValue = (i - (double)noiseWidth/2.0) / (double)noiseWidth;
                double yValue = (j - (double)noiseHeight/2.0) / (double)noiseHeight;
                double distanceFromZ = sqrt(xValue * xValue + yValue * yValue);
                double sineValue = 128.0 * abs(sin(2.0 * xyPeriod * distanceFromZ * 3.14159));

                float redPortion = (float)(80 + (int)sineValue);
                float greenPortion = (float)(30 + (int)sineValue);
                float bluePortion = 0.0f;

                data[i*(noiseWidth*noiseHeight*4)+j*(noiseHeight*4)+k*4+0] = (GLubyte) redPortion;
                data[i*(noiseWidth*noiseHeight*4)+j*(noiseHeight*4)+k*4+1] = (GLubyte) greenPortion;
                data[i*(noiseWidth*noiseHeight*4)+j*(noiseHeight*4)+k*4+2] = (GLubyte) bluePortion;
                data[i*(noiseWidth*noiseHeight*4)+j*(noiseHeight*4)+k*4+3] = (GLubyte) 255;
} } } }
```

图 14.18 中的年轮是一个很好的开始，但它们看起来不太逼真——它们太完美了。为了改善这一点，我们使用噪声图（更具体地说，是湍流）来扰动 distanceFromZ 变量，使其具有轻微的变化。计算修改如下：

```
double distanceFromZ = sqrt(xValue * xValue + yValue * yValue)
            + turbPower * turbulence(i, j, k, maxZoom) / 256.0;
```

同样，变量 turbPower 调整应用了多少湍流（将其设置为 0.0，产生图 14.18 所示的未受干扰的版本），并且 maxZoom 指定了缩放值（在此示例中为 32）。图 14.19 显示了 turbPower 值为 0.05、1.0 和 2.0（从左到右）时产生的木材纹理。

图 14.18   为 3D 木材纹理创建年轮   图 14.19   3D 木材纹理贴图且带有噪声图扰动的年轮

我们现在可以将 3D 木材纹理贴图应用于模型。通过对用于纹理坐标的 originalPosition 顶点坐标应用旋转，可以进一步增强纹理的真实感，这是因为大多数木雕作品并不能完全顺着年轮的方向制作。为此，我们向着色器发送一个额外的旋转矩阵，以旋转纹理坐标。我们还添加了 Phong 着色，引入适当的木材 ADS 系数和适度的光泽度。创建"木质海豚"的完整代码补充和更改见程序 14.6。

程序 14.6   构建木质海豚

```cpp
// C++ / OpenGL 应用程序
glm::mat4 texRot;

// 木质材质（棕色）
float matAmbient[4] = {0.5f, 0.35f, 0.15f, 1.0f};
float matDiffuse[4] = {0.5f, 0.35f, 0.15f, 1.0f};
float matSpecular[4] = {0.5f, 0.35f, 0.15f, 1.0f};
float matShi = 15.0f;

void init(GLFWwindow* window) {
    ...
    // 将旋转应用于纹理坐标——增加额外的木纹变化
    texRot = glm::rotate(glm::mat4(1.0f), toRadians(20.0f), glm::vec3(0.0f, 1.0f, 0.0f));
}

void fillDataArray(GLubyte data[ ]) {
    double xyPeriod = 40.0;
    double turbPower = 0.1;
    double maxZoom = 32.0;
    for (int i=0; i<noiseWidth; i++) {
        for (int j=0; j<noiseHeight; j++) {
            for (int k=0; k<noiseDepth; k++) {
                double xValue = (i - (double)noiseWidth/2.0) / (double)noiseWidth;
                double yValue = (j - (double)noiseHeight/2.0) / (double)noiseHeight;
                double distanceFromZ = sqrt(xValue * xValue + yValue * yValue)
                                + turbPower * turbulence(i, j, k, maxZoom) / 256.0;
                double sineValue = 128.0 * abs(sin(2.0 * xyPeriod * distanceFromZ * Math.PI));
```

```
                    float redPortion = (float)(80 + (int)sineValue);
                    float greenPortion = (float)(30 + (int)sineValue);
                    float bluePortion = 0.0f;

                    data[i*(noiseWidth*noiseHeight*4)+j*(noiseHeight*4)+k*4+0] = (GLubyte) redPortion;
                    data[i*(noiseWidth*noiseHeight*4)+j*(noiseHeight*4)+k*4+1] = (GLubyte) greenPortion;
                    data[i*(noiseWidth*noiseHeight*4)+j*(noiseHeight*4)+k*4+2] = (GLubyte) bluePortion;
                    data[i*(noiseWidth*noiseHeight*4)+j*(noiseHeight*4)+k*4+3] = (GLubyte) 255;
} } } }

void display(GLFWwindow* window, double currentTime) {
    ...
    tLoc = glGetUniformLocation(renderingProgram, "texRot");
    glUniformMatrix4fv(tLoc, 1, false, glm::value_ptr(texRot));
    ...
}


// 顶点着色器
...
uniform mat4 texRot;

void main(void)
{ ...
    originalPosition = vec3(texRot * vec4(position,1.0)).xyz;
    ...
}


// 片段着色器
...
void main(void)
{ ...
    uniform mat4 texRot;
    ...
    // 将光照和 3D 纹理结合
    fragColor =
        0.5 * ( ... )
            +
        0.5 * texture(s,originalPosition / 2.0 + 0.5);
}
```

3D 材质的木质海豚如图 14.20 所示。

片段着色器中还有一个值得注意的细节。由于我们在 3D 纹理内旋转模型，所以有时可能会导致顶点坐标因旋转而移动超出[0,1]纹理坐标区间。如果发生这种情况，我们可以通过将原始顶点坐标除以更大的数字（例如 4.0 而不是 2.0）来进行调整，然后添加稍大一些的数字（例如 0.6）以使其在纹理空间中居中。

图 14.20　带有木材 3D 噪声图纹理的海豚

因为我们的噪声图带有环绕的特性，所以移动超出[0,1]区间的顶点坐标不会导致问题。

14.8　噪声应用——云

图 14.15 中构建的"湍流"噪声图看起来有点儿像云。当然，它的颜色不正确，所以我们首先将它的颜色从灰色变为适当的浅蓝色和白色混合。一种直接的方法是将蓝色分量指定为最大值 1.0，

将红色和绿色分量指定为 0.0～1.0 范围内变化（但相等）的值，具体取决于噪声图中的值。新的 fillDataArray() 函数如下：

```
void fillDataArray(GLubyte data[ ]) {
    double maxZoom = 32.0;
    for (int i=0; i<noiseWidth; i++) {
        for (int j=0; j<noiseHeight; j++) {
            for (int k=0; k<noiseDepth; k++) {
                float brightness = 1.0f - (float) turbulence(i,j,k,32) / 256.0f;
                float redPortion = brightness*255.0f;
                float greenPortion = brightness*255.0f;
                float bluePortion = 1.0f*255.0f;
                data[i*(noiseWidth*noiseHeight*4)+j*(noiseHeight*4)+k*4+0] = (GLubyte) redPortion;
                data[i*(noiseWidth*noiseHeight*4)+j*(noiseHeight*4)+k*4+1] = (GLubyte) greenPortion;
                data[i*(noiseWidth*noiseHeight*4)+j*(noiseHeight*4)+k*4+2] = (GLubyte) bluePortion;
                data[i*(noiseWidth*noiseHeight*4)+j*(noiseHeight*4)+k*4+3] = (GLubyte) 255;
} } } }
```

生成的蓝色版本的噪声图现在可用于纹理化穹顶。回想一下，穹顶是一个球体或半球体，在禁用深度测试的情况下被纹理化和渲染，围绕相机放置（类似于天空盒）。

构建穹顶的一种方法是使用顶点坐标作为纹理坐标，以我们处理其他 3D 纹理的方式对其进行纹理化。然而，在这种情况下，事实证明使用穹顶的 2D 纹理坐标会产生看起来更像云的图案，因为球面扭曲会略微拉伸纹理贴图。我们可以通过将 GLSL 的 texture() 调用中向量的第三维设置为常量值，来从噪声图中获取 2D 切片。假设穹顶的纹理坐标已经以标准方式发送到顶点属性中的 OpenGL 管线，下面的片段着色器使用噪声图的 2D 切片对其进行纹理化：

```
#version 430
in vec2 tc;
out vec4 fragColor;
uniform mat4 mv_matrix;
uniform mat4 proj_matrix;
layout (binding=0) uniform sampler3D s;

void main(void)
{   fragColor = texture(s,vec3(tc.x, tc.y, 0.5));          // 常量替代了 tc.z
}
```

得到的纹理化穹顶如图 14.21 所示（见彩插）。虽然相机通常被放置在穹顶内，但我们在外面使用相机进行渲染，因此可以看到圆顶本身的效果。当前的噪声图导致云"看起来有些朦胧"。

虽然我们的"朦胧云"看起来不错，但我们希望能够控制它们——也就是说，让它们变得更清晰或更朦胧。在这里，我们也同样可以利用 logistic 函数，就像前面模拟大理石的时候一样。修改后的 turbulence() 函数以及相关的 logistic() 函数如程序 14.7 所示。完整的程序 14.7 还包含前面描述的 smooth()、fillDataArray() 和 generateNoise() 函数。

图 14.21　带有云雾缭绕纹理的穹顶

程序 14.7　云纹理生成

```
// C++ / OpenGL 应用程序
double turbulence(double x, double y, double z, double maxZoom) {
    double sum = 0.0, zoom = maxZoom, cloudQuant;
    while(zoom >= 0.9) {
```

```
        sum = sum + smoothNoise(zoom, x/zoom, y/zoom, z/zoom) * zoom;
        zoom = zoom / 2.0;
    }
    sum = 128 * sum / maxZoom;
    cloudQuant = 130.0;          // 可微调的云量
    sum = 256.0 * logistic(sum - cloudQuant);
    return sum;
}

double logistic(double x) {
    double k = 0.2;      // 可微调的云朦胧程度，数值越小云越朦胧
    return (1.0 / (1.0 + pow(2.718, -k*x)));
}
```

logistic()函数使颜色更倾向于白色或蓝色，而不是介于两者之间，从而产生具有更多不同云边界的视觉效果。变量cloudQuant 用于调整噪声图中白色（相对于蓝色）的量，这将反过来导致当应用 logistic()函数时产生更多（或更少）的白色区域（即不同的云）。由此产生的穹顶现在具有更明显的云层，如图 14.22 所示（见彩插）。

图 14.22　带有 logistic 云纹理的穹顶

真正的云不是静态的。为了增强云的真实感，我们应该通过以下方式使它们变得生动：（a）使它们随着时间的推移而移动或"漂移"；（b）随着它们漂移逐渐改变它们的形状。

使云"漂移"的一种简单方法是缓慢旋转穹顶。这不是一个完美的解决方法，因为真实的云往往会沿着直线方向漂移，而不是围绕观察者旋转。但是，如果旋转缓慢且云只是用于装饰场景，则效果可能是足够的。

随着云的漂移，云的形状也逐渐变化，起初这可能看起来很棘手。然而，考虑到我们用于纹理云的 3D 噪声图，实际上有一种非常简单而巧妙的方法来实现这种效果。回想一下，虽然我们为云构建了一个 3D 纹理噪声图，但到目前为止我们只使用了它的一个"切片"，与穹顶的 2D 纹理坐标相交（我们将纹理查找的 z 坐标设置为一个常量值），它的其余部分尚未使用。

这个方法是将纹理查找的常量 z 坐标替换为随时间逐渐变化的变量。也就是说，当我们旋转穹顶时，我们逐渐增加深度变量，将导致纹理查找使用不同的切片。回想一下，当我们构建 3D 纹理贴图时，我们使颜色沿 3 个轴平滑变化。因此，纹理贴图中的相邻切片非常相似，但略有不同。因此，逐渐改变 texture()调用中的 z 坐标值时，云的外观也会逐渐改变。

导致云缓慢移动并随时间变化的代码更改如程序 14.8 所示。

程序 14.8　云纹理动画

```
// C++ / OpenGL 应用程序

double prevTime = 0.0;
double rotAmt = 0.0;          // 用来让云看起来漂移的 y 轴旋转量
float depth = 0.01f;          // 3D 噪声图的深度查找，用来使云逐渐变化
...
void display(GLFWwindow* window, double currentTime) {
    ...
    // 逐渐旋转穹顶
    mMat = glm::translate(glm::mat4(1.0f), glm::vec3(domeLocX, domeLocY, domeLocZ));
    rotAmt += (float) ((currentTime - prevTime) * 0.1);
    mMat = glm::rotate(mMat, rotAmt, glm::vec3(0.0f, 1.0f, 0.0f));
    ...
    // 逐渐修改纹理坐标的第三维，以使云变化
```

```
dOffsetLoc = glGetUniformLocation(program, "d");
depth += (float) ((currentTime - prevTime) * 0.003f);
if (depth >= 0.99f) depth = 0.01f;          // 当我们到达纹理贴图的终点时环绕回开头
glUniform1f(dOffsetLoc, depth);
...
}

// 片段着色器
#version 430

in vec2 tc;
out vec4 fragColor;

uniform mat4 mv_matrix;
uniform mat4 proj_matrix;
uniform float d;

layout (binding=0) uniform sampler3D s;

void main(void)
{   fragColor = texture(s, vec3(tc.x, tc.y, d));    // 逐渐改变的 d 替换前面的常量
}
```

虽然我们无法在单张静止图像中显示漂移和逐渐改变形状的云的效果，但图 14.23 显示了 3D 云的一系列快照中的这些变化，因为它们从右向左在穹顶上漂移，并在漂移时缓慢改变形状。

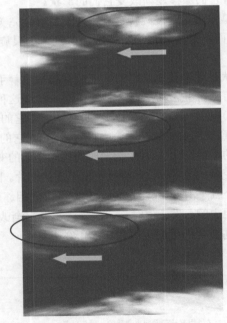

图 14.23　3D 云在漂移时改变形状

14.9　噪声应用——特殊效果

噪声纹理可用于各种特殊效果。事实上，它有许多可能的用途，其适用性"仅受到想象力的限制"。我们将在此展示的一个非常简单的特殊效果是溶解效果。我们将使物体看起来逐渐溶解成小

颗粒，直到最终消失。给定 3D 噪声纹理，可以使用非常少的附加代码实现此效果。

为了促进溶解效果的实现，我们引入 GLSL 的 discard 命令。此命令仅在片段着色器中是合法的。在执行时，它会导致片段着色器丢弃当前片段（意味着不渲染它）。

我们的策略很简单。在 C++/OpenGL 应用程序中，我们创建了一个与图 14.12 相同的细粒度噪声纹理贴图，以及随时间逐渐增加的浮点变量计数器。此变量在着色器管线中作为统一变量发送，并且噪声图也放置在具有关联采样器的纹理贴图中。片段着色器使用采样器访问噪声纹理——在这种情况下，我们使用返回的噪声值来确定是否丢弃该片段。我们通过将灰度噪声值与计数器进行比较来实现这一点，此处计数器作为一种"阈值"。因为阈值随着时间的推移逐渐变化，所以我们可以逐渐丢弃越来越多的片段，看起来物体似乎在逐渐溶解。程序 14.9 显示了相关的代码部分，它们被添加到程序 6.1 中，应用于被渲染为地球的球体。

程序 14.9　使用 discard 命令的溶解效果

```
// C++ / OpenGL 应用程序
float threshold = 0.0f;              // 用于保留、丢弃片段的逐渐增长的阈值
...


// 在 display() 中
...
tLoc = glGetUniformLocation(renderingProgram, "t");
threshold += (float) currentTime * 0.1f;
glUniform1f(tLoc, threshold);
...
glActiveTexture(GL_TEXTURE0);
glBindTexture(GL_TEXTURE_3D, noiseTexture);

glActiveTexture(GL_TEXTURE1);
glBindTexture(GL_TEXTURE_2D, earthTexture);
...
glDrawArrays(GL_TRIANGLES, 0, numSphereVertices);


// 片段着色器
#version 430
in vec2 tc;                    // 当前片段的纹理坐标
in vec3 origPos;               // 模型中的原始顶点位置，用于访问 3D 纹理
...
layout (binding=0) uniform sampler3D n;        // 用于噪声纹理的采样器
layout (binding=1) uniform sampler2D e;        // 用于地球纹理的采样器
...
uniform float t;               // 用于保留或丢弃片段的阈值
void main(void)
{   float noise = texture(n, origPos).x;        // 从片段中取得噪声值
    if (noise > t)                              // 如果噪声值大于当前阈值
    { fragColor = texture(e, tc);               // 则使用地球纹理渲染片段
    }
    else
    { discard;                                  // 否则，丢弃片段（不渲染）
    }
}
```

如果可能，丢弃命令应该谨慎使用，因为它可能会导致性能损失。这是因为它的存在使 OpenGL 更难以优化 Z-buffer 算法。

补充说明

当我们为平面 $ax + by + cz + d = 0$ 指定用户定义的剪裁平面时，这个平面需要被正规化以满

足 $\sqrt{a^2+b^2+c^2}=1$。我们在 14.3 节的例子中使用的平面已经被这样正规化了。另一种可用的方法是将 d 除以 $\sqrt{a^2+b^2+c^2}$。

在本章中，我们使用 Perlin 噪声生成云、模拟木材和大理石，并且用它们渲染龙。人们发现了 Perlin 噪声的许多其他用途。例如，它可用于创建火焰和烟雾[CC16, AF14]，构建逼真的凹凸贴图[GR05]，并已在电子游戏 *Minecraft* [PE11]中用于生成地形。

本章生成的噪声图基于 Lode Vandevenne 描述的程序[VA04]。我们的 3D 云生成仍存在一些不足之处。有时候，会出现一些看起来不是很像云的小的水平和垂直结构。另一个问题是在穹顶的最高点，穹顶中的球形畸变会产生枕形效应。

我们在本章中实现的云也无法模拟真实云的一些重要特征，例如它们散射太阳光的方式。真正的云也往往在顶部更白，在底部更灰暗。我们的云也没有达到许多真实云所具有的 3D "蓬松" 外观。

类似地，存在用于产生雾的更全面的模型，例如 Kilgard 和 Fernando 描述的模型[KF03]。

在阅读 OpenGL 官方文档时，读者可能会注意到 GLSL 包含一些名为 noise1()、noise2()、noise3()和 noise4()的噪声函数，它们被描述为接收输入种子并产生类似高斯噪声的随机输出。我们在本章中没有使用这些函数，因为在撰写本书时，大多数供应商都没有实现它们。例如，无论输入种子如何，许多 NVIDIA 显卡目前只会为这些函数返回 0 值。

习题

14.1　修改程序 14.2 以逐渐增加对象的 Alpha 值，使其逐渐淡出并最终消失。

14.2　修改程序 14.3 以沿水平方向剪裁环面，形成 "环形槽"。

14.3　修改程序 14.4（包含图 14.10 中修改的版本，产生 3D 立方纹理），将它改为纹理化 Studio 522 海豚，然后观察结果。许多人在第一次观察结果时（例如龙上呈现的效果，甚至更简单的物体）都认为程序中存在一些错误。即使在简单的情况下，也可能因为从 3D 纹理 "雕刻" 对象而产生意料之外的表面图案。

14.4　目前用于定义木质 "年轮环" 的简单正弦波（如图 14.18 所示）产生的环中，亮区和暗区的宽度相等。尝试修改相关的 fillDataArray()函数，使暗环的宽度比亮环窄，然后观察其对所得木质纹理物体的影响。

14.5　（项目）将 logistic()函数（来自程序 14.7）整合进程序 14.5 中的大理石龙，并探索不同设置以创建更多不同的纹路。

14.6　修改程序 14.9 以包含前面章节中描述的缩放、平滑、湍流和逻辑步骤。观察所产生的溶解效果的变化。

参考资料

[AF14] S. Abraham and D. Fussell, Smoke Brush, Proceedings of the Workshop on Non-Photorealistic Animation and Rendering (NPAR'14), 2014, accessed July 2020.

[AS04] D. Astle, Simple Clouds Part 1, gamedev.net, 2004, accessed July 2020.

[CC16] A Fire Shader in GLSL for your WebGL Games (2016), Clockwork Chilli (blog), accessed July 2020.

[GR05] S. Green, Implementing Improved Perlin Noise, GPU Gems 2, NVIDIA, 2005, accessed July 2020.

[JA12] A. Jacobson, Cheap Tricks for OpenGL Transparency, 2012, accessed July 2020.

[KF03] M. Kilgard and R. Fernando, Advanced Topics, *The CG Tutorial* (Addison-Wesley, 2003), accessed July 2020.

[LU16] F. Luna, *Introduction to 3D Game Programming with DirectX 12*, 2nd ed. (Mercury Learning, 2016).

[PE11] M. Persson, Terrain Generation, Part 1, The Word of Notch (blog), Mar 9, 2011, accessed July 2020.

[PE85] K. Perlin, An Image Synthesizer, SIGGRAPH'85 Proceedings of the 12th annual conference on computer graphics and interactive techniques (1985).

[VA04] L. Vandevenne, Texture Generation Using Random Noise, Lode's Computer Graphics Tutorial, 2004, accessed July 2020.

[J4.12] VurkenstoneThoig Tlich GP OpenGL.Framesury. 2017.Accessed July 2020.

[K1.05] M. Kilgarius,J.R.Bamanno, Advnced Topics, the CG Edx at Pearllson-Wesdov 2003. Accessed July 2020.

[P1.10] P. Vone,Introdution un Computer Graphlin Frw Pearlw now-Leanping, 2014.

[P19] M. Teesson. Jurse Oer frrglur, Far Lg The WorVt of Norch Coloop, War 9. 20[1 Acce see Jely 2020.

[P132] X. Perlin, An lovgse Symtosluur, SIGGRAK1 198 Proceedings of the 12th annual conferesnce on computar

第 15 章　模拟水面

水的模拟是一个复杂的课题，因为水会在很多不同的环境中出现，展现出很多不同的形态。面对不同应用场景，使用的技术也各不相同。水可能从厨房的水龙头中流出，从草坪灌溉喷头中喷出，在江河里流动，在深蓝的海洋中形成巨浪，或者在玻璃杯中旋转。水有太多的可能性，我们无法全部逐一讨论，所以在本章中，我们专注于一个常见的水面场景：游泳池。我们的设定将会允许从水面上方向下观察水，或者从水面下方向上观察水，同时会相应地倾斜相机。只要做一些小的修改，就能将它修改成模拟湖面（甚至有小波浪的海洋）。

15.1　游泳池表面和底部的几何设定

我们从设定一个非常简单的场景开始，包括一块水平的平面片段和一个天空盒。平面片段是由两个三角形组成的长方形，使用棋盘格样式的纹理函数，类似第 14 章中讲述的 3D 棋盘格纹理（但比它简单）。（在程序 15.2 中，我们会改变平面片段的外观，从而让它看起来像水，并且把棋盘格图案移动到游泳池底部。棋盘格图案将被用来模拟瓷砖——如果我们要模拟的不是游泳池而是池塘，底部当然就要用另外的纹理了。）

程序 15.1 展示了代码的结构。前面章节已经展示过的代码解释这里就不重复了。图 15.1 展示了代码执行的结果。

程序 15.1　水平面（设定）

```
// C++/OpenGL 应用程序
// 像以前一样包含#define、相机变量、渲染程序、矩阵和天空盒纹理
...
float cameraHeight = 2.0f, cameraPitch = 15.0f;
float planeHeight = 0.0f;

void setupVertices(void) {
   float PLANE_POSITIONS[18] = {
      -128.0f, 0.0f, -128.0f, -128.0f, 0.0f, 128.0f, 128.0f, 0.0f, -128.0f,
      128.0f, 0.0f, -128.0f, -128.0f, 0.0f, 128.0f, 128.0f, 0.0f, 128.0f
   };
   float PLANE_TEXCOORDS[12] = {
      0.0f, 0.0f, 0.0f, 1.0f, 1.0f, 0.0f, 1.0f, 0.0f, 0.0f, 1.0f, 1.0f, 1.0f
   };
   // 立方体贴图顶点，像以前一样构建 VAO、VBO，加载缓冲区
   ...
}

void display(GLFWwindow* window, double currentTime) {
   // 像以前一样清空颜色缓冲区、透视矩阵和渲染天空盒的代码
   // 绘制场景的代码和程序 4.1 中的相同，但这里是对平面
   vMat = glm::translate(glm::mat4(1.0f), glm::vec3(0.0f, -cameraHeight, 0.0f))
     * glm::rotate(glm::mat4(1.0f), toRadians(cameraPitch), glm::vec3(1.0f, 0.0f, 0.0f));
   ...
   // 像以前一样渲染天空盒的代码

   ...
   // 渲染场景——这里只有平面
```

```
    mMat = glm::translate(glm::mat4(1.0f), glm::vec3(0, planeHeight, 0));
    ...
    glDrawArrays(GL_TRIANGLES, 0, 6); // 平面由 2 个三角形组成, 总共有 6 个顶点
}
... // 像以前一样的 main() 和其他组件

// 顶点着色器（平面片段）
// 和程序 5.1 的相同


// 片段着色器（平面片段）
// 类似以前的片段着色器，除了添加了棋盘格纹理
// 放大传入的纹理坐标以呈现重复的纹理效果
#version 430

in vec2 tc;
out vec4 color;

uniform mat4 mv_matrix;
uniform mat4 proj_matrix;

vec3 checkerboard(vec2 tc)
{   float tileScale = 64.0;
    float tile = mod(floor(tc.x * tileScale) + floor(tc.y * tileScale), 2.0);
    return tile * vec3(1,1,1);
}

void main(void)
{   color = vec4(checkerboard(tc), 1.0);
}
```

C++/OpenGL 应用程序指定了平面高度为 0.0，意味着它和 xz 平面持平。相机在平面上方 2.0 单位处，朝平面方向倾斜 $-15°$ 向下看。指定这个平面需要 18 个浮点数值（2 个三角形，每个三角形 3 个顶点，每个顶点 3 个坐标值）。计算它的棋盘格过程纹理图案是通过和 14.4 节中 3D 纹理的示例相似的方式进行的。每条边需要的方格数量通过 tileScale 变量指定，然后通过将纹理坐标按照 tileScale 放大并将结果模 2 产生图案。计算出的结果 0 或 1 分别对应到颜色(0,0,0)或(1,1,1)——也就是黑色或白色。

现在将第二个平面加入场景，以建造一个游泳池，游泳池的顶面和底面都使用相同的平面模型（PLANE_POSITIONS 和 PLANE_TEXCOORDS）。我们将棋盘格图案放在较低的平面（底面）上，对于顶部平面则先填充为实心的蓝色，同时添加 ADS Phong 光照（第 7 章中讲过）。添加了这些的 C++/OpenGL 应用程序结构如程序 15.2 所示。

图 15.1 平面片段表面的几何设定

程序 15.2 水的顶面和底面

```
// C++/OpenGL 应用程序
// 此处展示对程序 15.1 的修改，光照的程序没有展示（请看第 7 章）
...
float surfacePlaneHeight = 0.0f;
float floorPlaneHeight = -10.0f;
GLuint renderingProgramSURFACE, renderingProgramFLOOR, renderingProgramCubeMap;
...
```

```
void setupVertices(void) {
    ...
    // 为顶面和底面光照添加法向量（全部指向上方）
    float PLANE_NORMALS[18] = {
        0.0f, 1.0f, 0.0f, 0.0f, 1.0f, 0.0f, 0.0f, 1.0f, 0.0f,
        0.0f, 1.0f, 0.0f, 0.0f, 1.0f, 0.0f, 0.0f, 1.0f, 0.0f
    };
    ...
    glBindBuffer(GL_ARRAY_BUFFER, vbo[3]);
    glBufferData(GL_ARRAY_BUFFER, sizeof(PLANE_NORMALS), PLANE_NORMALS, GL_STATIC_DRAW);
}

void init(GLFWwindow* window) {
    renderingProgramSURFACE = Utils::createShaderProgram("vertShaderSURFACE.glsl", "fragShaderSURFACE.glsl");
    renderingProgramFLOOR = Utils::createShaderProgram("vertShaderFLOOR.glsl", "fragShaderFLOOR.glsl");
    renderingProgramCubeMap = Utils::createShaderProgram("vertCShader.glsl", "fragCShader.glsl");
    ...
}

void display(GLFWwindow* window, double currentTime) {
    // 绘制天空盒的代码没有变化。绘制表面的几何代码需要编写两次，分别用于顶部水面和底面
    ...
    // 绘制水顶部（水面）
    glUseProgram(renderingProgramSURFACE);
    mMat.translation(0.0f, surfacePlaneHeight, 0.0f);  // 将顶面放置在指定的高度
    ...
    glBindBuffer(GL_ARRAY_BUFFER, vbo[3]);    // 并发送光照法向量
    glVertexAttribPointer(2, 3, GL_FLOAT, GL_FALSE, 0, 0);
    glEnableVertexAttribArray(2);
    ...
    // 顶部水面要渲染两次，这样才能从上下都能观看
    if (cameraHeight >= surfacePlaneHeight)
        glFrontFace(GL_CCW);
    else
        glFrontFace(GL_CW);
    glDrawArrays(GL_TRIANGLES, 0, 6);

    // 绘制水底部（底面）
    glUseProgram(renderingProgramFLOOR);
    mMat.translation(0.0f, floorPlaneHeight, 0.0f);  // 将底面放置在指定的高度
    ...
    glBindBuffer(GL_ARRAY_BUFFER, vbo[3]);    // 发送光照法向量
    glVertexAttribPointer(2, 3, GL_FLOAT, GL_FALSE, 0, 0);
    glEnableVertexAttribArray(2);
    ...
    glFrontFace(GL_CCW);  // 因为前面的设定可能是顺时针方向，这里设置成逆时针方向
    glDrawArrays(GL_TRIANGLES, 0, 6);
}
... // 像以前一样的 main() 和其他组件
```

我们现在已经将之前的程序进行了扩展，引入了两个平面，一个是顶部水面，另一个是底面。同时，我们也引入了在两个平面上使用 ADS 光照所需的法向量。这里有两个渲染程序，因为在这个版本中顶部水面没有渲染纹理，底面渲染棋盘格纹理。并且，顶部水面的缠绕顺序设定随相机在水面上还是水面下而不同（因为相机位置决定了需要渲染平面的哪一侧）。图 15.2 展示了相机在水面之上和之下的结果。在这两种情况下都有明显的镜面高光。水面之下的情况中，远处的浅色条带是在顶部水面覆盖之外的天空盒可见部分。这个问题将在后面我们添加"雾"效果时得到解决。

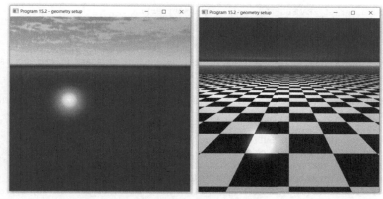

图 15.2 有顶部水面和底面的几何设定，相机在水面之上（左）和水面之下（右）

15.2 添加水面反射和折射

水是复杂的，做完全现实化的模拟需要增加通常在水体中能看到的很多反射和折射。更加困难的是，根据相机在水面之上还是水面之下，需要使用不同的效果。

我们从关注第一种场景开始：相机在水面之上。在图 15.2 左图中，我们能看到，目前有：（a）一个实心蓝色表面；（b）一个水面之上的天空盒；（c）表面的光照。为了让这些看起来更像水，程序 15.3 增加以下两个效果：

● 反射，使得水面以上的物体（比如天空盒）被水面反射。

● 透过顶部水面看底面时的折射，使得水下的物体（比如棋盘格底面）在从水面上方向下看的时候能被看到。

我们实现这些效果的方式是，首先把场景从多个有利视角渲染给多个帧缓冲区，然后使用帧缓冲区中的结果作为纹理，将其应用到 ADS 光照的蓝色水面。这有些复杂，所以我们将程序 15.3 分 3 部分展示。第一部分，我们把 display() 中的代码重新组织成多个函数：（a）为天空盒的渲染做准备的函数；（b）为渲染顶面做准备的函数；（c）为底面渲染做准备的函数。接着我们像以前一样逐一渲染。稍后，我们将这些项目渲染成纹理，称为反射和折射纹理，并把它们都应用到顶面上——但现在我们只是重新组织代码，给未来的步骤提供便利。

（当相机在水面以下时，这些函数同样也会很有用。但现在我们只专注于相机在水面以上的情况。）

程序 15.3 的第一部分展示了 display() 函数和创建（但还没有填充）反射及折射帧缓冲区的函数。注意这两个帧缓冲区也包含我们后面将会用到的附加的深度信息（如同我们在第 8 章中学习阴影贴图时看到的）。

程序 15.3（第一部分） 反射和折射的准备

```
// C++/OpenGL 应用程序
...
void createReflectRefractBuffers(GLFWwindow* window) { // 从 init()调用一次
    GLuint bufferId[1];
    glGenBuffers(1, bufferId);
    glfwGetFramebufferSize(window, &width, &height);

    // 初始化折射帧缓冲区
    glGenFramebuffers(1, bufferId);
    refractFrameBuffer = bufferId[0];
```

```
        glBindFramebuffer(GL_FRAMEBUFFER, refractFrameBuffer);
        glGenTextures(1, bufferId); // 这是颜色缓冲区
        refractTextureId = bufferId[0];
        glBindTexture(GL_TEXTURE_2D, refractTextureId);
        glTexImage2D(GL_TEXTURE_2D, 0, GL_RGBA, width, height, 0, GL_RGBA, GL_UNSIGNED_BYTE, NULL);
        glTexParameteri(GL_TEXTURE_2D, GL_TEXTURE_MIN_FILTER, GL_LINEAR);
        glTexParameteri(GL_TEXTURE_2D, GL_TEXTURE_MAG_FILTER, GL_LINEAR);
        glFramebufferTexture2D(GL_FRAMEBUFFER, GL_COLOR_ATTACHMENT0, GL_TEXTURE_2D, refractTextureId, 0);
        glDrawBuffer(GL_COLOR_ATTACHMENT0);
        glGenTextures(1, bufferId); // 这是深度缓冲区
        glBindTexture(GL_TEXTURE_2D, bufferId[0]);
        glTexImage2D(GL_TEXTURE_2D,0,GL_DEPTH_COMPONENT24, width, height, 0, GL_DEPTH_COMPONENT, GL_FLOAT, NULL);
        glTexParameteri(GL_TEXTURE_2D, GL_TEXTURE_MIN_FILTER, GL_LINEAR);
        glTexParameteri(GL_TEXTURE_2D, GL_TEXTURE_MAG_FILTER, GL_LINEAR);
        glFramebufferTexture2D(GL_FRAMEBUFFER, GL_DEPTH_ATTACHMENT, GL_TEXTURE_2D, bufferId[0], 0);
        // 初始化反射帧缓冲区
        glGenFramebuffers(1, bufferId);
        reflectFrameBuffer = bufferId[0];
        glBindFramebuffer(GL_FRAMEBUFFER, reflectFrameBuffer);
        // 剩余部分和上面折射缓冲区的代码完全相同，只是使用"reflectTextureId"
        ...
}

void prepForSkyBoxRender() {
    glUseProgram(renderingProgramCubeMap);

    vLoc = glGetUniformLocation(renderingProgramCubeMap, "v_matrix");
    projLoc = glGetUniformLocation(renderingProgramCubeMap, "p_matrix");

    glUniformMatrix4fv(vLoc, 1, GL_FALSE, glm::value_ptr(vMat));
    glUniformMatrix4fv(projLoc, 1, GL_FALSE, glm::value_ptr(pMat));

    // vbo[0]用于存储天空盒的顶点
    glBindBuffer(GL_ARRAY_BUFFER, vbo[0]);
    glVertexAttribPointer(0, 3, GL_FLOAT, GL_FALSE, 0, 0);
    glEnableVertexAttribArray(0);

    glActiveTexture(GL_TEXTURE0);
    glBindTexture(GL_TEXTURE_CUBE_MAP, skyboxTexture);
}

void prepForTopSurfaceRender() {
    glUseProgram(renderingProgramSURFACE);

    mvLoc = glGetUniformLocation(renderingProgramSURFACE, "mv_matrix");
    projLoc = glGetUniformLocation(renderingProgramSURFACE, "proj_matrix");
    nLoc = glGetUniformLocation(renderingProgramSURFACE, "norm_matrix");

    mMat = glm::translate(glm::mat4(1.0f), glm::vec3(0.0f, surfacePlaneHeight, 0.0f));
    mvMat = vMat * mMat;
    invTrMat = glm::transpose(glm::inverse(mvMat));

    currentLightPos = glm::vec3(lightLoc.x, lightLoc.y, lightLoc.z);
    installLights(vMat, renderingProgramSURFACE);

    // 获得统一变量的引用
    glUniformMatrix4fv(mvLoc, 1, GL_FALSE, glm::value_ptr(mvMat));
    glUniformMatrix4fv(projLoc, 1, GL_FALSE, glm::value_ptr(pMat));
    glUniformMatrix4fv(nLoc, 1, GL_FALSE, glm::value_ptr(invTrMat));

    // VBO 1、2、3 包含平面顶点、纹理坐标和法向量
    glBindBuffer(GL_ARRAY_BUFFER, vbo[1]);
```

```
        glVertexAttribPointer(0, 3, GL_FLOAT, GL_FALSE, 0, 0);
        glEnableVertexAttribArray(0);

        glBindBuffer(GL_ARRAY_BUFFER, vbo[2]);
        glVertexAttribPointer(1, 2, GL_FLOAT, GL_FALSE, 0, 0);
        glEnableVertexAttribArray(1);

        glBindBuffer(GL_ARRAY_BUFFER, vbo[3]);
        glVertexAttribPointer(2, 3, GL_FLOAT, GL_FALSE, 0, 0);
        glEnableVertexAttribArray(2);
    }

    void prepForFloorRender() {
        glUseProgram(renderingProgramFLOOR);

        mvLoc = glGetUniformLocation(renderingProgramFLOOR, "mv_matrix");
        projLoc = glGetUniformLocation(renderingProgramFLOOR, "proj_matrix");
        nLoc = glGetUniformLocation(renderingProgramFLOOR, "norm_matrix");

        mMat = glm::translate(glm::mat4(1.0f), glm::vec3(0.0f, floorPlaneHeight, 0.0f));
        mvMat = vMat * mMat;
        invTrMat = glm::transpose(glm::inverse(mvMat));

        currentLightPos = glm::vec3(lightLoc.x, lightLoc.y, lightLoc.z);
        installLights(vMat, renderingProgramFLOOR);

        // 获得统一变量的引用并准备平面的 VBO——和 prepForTopSurfaceRender() 相同
        ...
    }

    void display(GLFWwindow* window, double currentTime) {
        glBindFramebuffer(GL_FRAMEBUFFER, 0); // 启用默认缓冲区渲染场景
        ...
        // 绘制立方体贴图——大部分代码移动到了 prepForSkyBoxRender() 函数
        prepForSkyBoxRender();
        glEnable(GL_CULL_FACE);
        glFrontFace(GL_CCW);
        glDisable(GL_DEPTH_TEST);
        glDrawArrays(GL_TRIANGLES, 0, 36);
        glEnable(GL_DEPTH_TEST);

        // 绘制水顶面（水面）——大部分代码移动到了 prepForTopSurfaceRender() 函数
        prepForTopSurfaceRender();
        glEnable(GL_DEPTH_TEST);
        glDepthFunc(GL_LEQUAL);
        if (cameraHeight >= surfacePlaneHeight)
            glFrontFace(GL_CCW);
        else
            glFrontFace(GL_CW);
        glDrawArrays(GL_TRIANGLES, 0, 6);

        // 绘制水底面——大部分代码移动到了 prepForFloorRender() 函数
        prepForFloorRender();
        glEnable(GL_DEPTH_TEST);
        glDepthFunc(GL_LEQUAL);
        glFrontFace(GL_CCW);
        glDrawArrays(GL_TRIANGLES, 0, 6);
    }
```

正如之前提到的，程序 15.3 分为 3 部分，其中的第一部分如上所述。到目前为止，程序 15.3 还没有实际产生任何与程序 15.2 不同的渲染输出。然而，它用一种对后续发展更友善的方式重

新组织了代码，创建了两个存储反射和折射信息的自定义帧缓冲区，并将 display() 的各部分独立开来，分别利用多个渲染器，准备渲染场景的特定部分（天空盒、地板和表面）。

在程序 15.3 的第二部分，我们构建反射和折射纹理。这里将重复一些 display() 中的动作，但是会使用不同的视图矩阵。图 15.3 展示了这一策略。主相机在水面之上，略微看向下方。在主相机的正下方，水面之下，是另一个叫作"反射相机"的相机，略微看向上方。它用来渲染水面上方的物体（比如天空盒）以构建反射纹理。它放置的深度和水面上主相机放置的高度相等，为 surfacePlaneHeight−cameraHeight。这里主相机旋转的实现只包含倾斜（绕 x 轴的旋转），所以对于反射相机来说，我们取负的倾斜值就可以了。

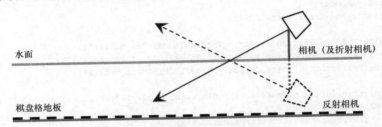

图 15.3 反射和折射相机的位置

反射相机的目的是生成含有反射图像的纹理，当我们从反射相机的视角渲染时，只渲染水面以上的物体。所以，在这个例子中，我们会渲染天空盒，但不会渲染地板、顶部水面或者水中的任何物体（比如鱼）。

折射纹理由第三个相机生成，它叫作"折射相机"。它使用和主相机相同的视图矩阵。折射应该渲染任何"穿过"水可以看到的物体。也就是说，当主相机在水面以上向下看水时，折射应该呈现出水面以下的物体（比如鱼，以及这个例子中的棋盘格地板）。

程序 15.3 的第二部分添加了渲染场景到反射和折射缓冲区的代码。这里调用了两次 display()，一次用于填充反射缓冲区，一次用于填充折射缓冲区。（稍后，我们会增加第三次 display() 的调用，用于渲染实际相机的最终场景，来构建完整的场景。请注意，这里的两次 display() 调用只是把部分场景渲染到了反射和折射场景中，为第三部分组装最终场景做准备。）在每次调用中，我们在渲染场景中的相关元素之前，先绑定相应的缓冲区。请注意，在每次调用中，现在已经增加了代码来构建恰当的视图矩阵，并按照上面所说的调整了反射相机的倾斜角度。在组装完整场景之前（将在第三部分论述），我们也已经绑定了后续要用的默认帧缓冲区。

程序 15.3（第二部分） 填充反射和折射缓冲区

```
// C++/OpenGL 应用程序
...
void display(GLFWwindow* window, double currentTime) {
    // 像以前一样计算透视矩阵
    ...
    // 将反射场景渲染给反射缓冲区（如果相机在水面之上）
    if (cameraY >= surfaceLocY) {
        // 反射视角矩阵正好是主相机 y 轴位置和倾斜度取反
        vMat = glm::translate(glm::mat4(1.0f), glm::vec3(0.0f, -(surfacePlaneHeight - cameraHeight), 0.0f))
            * glm::rotate(glm::mat4(1.0f), toRadians(-cameraPitch), glm::vec3(1.0f, 0.0f, 0.0f));
        glBindBuffer(GL_FRAMEBUFFER, reflectFrameBuffer);
        glClear(GL_DEPTH_BUFFER_BIT);
        glClear(GL_COLOR_BUFFER_BIT);
        prepForSkyBoxRender();
        glEnable(GL_CULL_FACE);
```

```
    glFrontFace(GL_CCW);
    glDisable(GL_DEPTH_TEST);
    glDrawArrays(GL_TRIANGLES, 0, 36);
    glEnable(GL_DEPTH_TEST);
}

// 将折射场景渲染给折射缓冲区
// 折射视图矩阵和主相机的相同
vMat = glm::translate(glm::mat4(1.0f), glm::vec3(0.0f, -cameraHeight, 0.0f))
    * glm::rotate(glm::mat4(1.0f), toRadians(cameraPitch), glm::vec3(1.0f, 0.0f, 0.0f));

glBindBuffer(GL_FRAMEBUFFER, refractFrameBuffer);
glClear(GL_DEPTH_BUFFER_BIT);
glClear(GL_COLOR_BUFFER_BIT);

// 现在将棋盘格地板（以及其他水面以下的物体）渲染给折射缓冲区
prepForFloorRender();
glEnable(GL_DEPTH_TEST);
glDepthFunc(GL_LEQUAL);
glDrawArrays(GL_TRIANGLES, 0, 6);

// 现在切换回标准缓冲区，准备组装整个完整的场景
glBindFramebuffer(GL_FRAMEBUFFER, 0);
...
}
```

在第三部分，我们将完成程序 15.3，把（第二部分构建的）反射和折射纹理添加到顶部水面。然而，这里有一个小问题……

当我们渲染反射和折射纹理时，我们采取的是 3D 透视的标准方式，就像它们将会被展现给观看者一样。例如，棋盘格图案被渲染在水平面中，使得更靠近相机的方格更大，远离相机的方格更小。然而，我们习惯于应用"平的"2D 图片（也就是没有透视的）作为纹理图片。所以对于顶部水面，我们不能以使用纹理坐标的标准方式来使用反射和折射纹理。

幸运的是，修正这个问题的方法简单得惊人。考虑相机在水面以上的情形，图 15.4 中，左图展示了渲染到折射缓冲区的场景，其中只包含水面以下的物体（其他位置都是黑色）；右图展示了渲染到反射缓冲区的场景，只包含水面以上的物体（其他位置都是黑色）；中图展示了原始场景，包含没有贴上纹理的顶部表面，我们想要在它之上组装最终的渲染场景。

图 15.4　折射缓冲区（左）、反射缓冲区（右）以及渲染场景（中）

图 15.4 表明，反射缓冲区和折射缓冲区中的纹理已经在正确的屏幕位置了。所以，我们只需要使用需要被纹理贴图的物体（这里是顶部水面）的屏幕坐标作为访问反射和折射缓冲区中的纹理坐标。在顶点着色器中已经计算过了屏幕坐标，存储在 gl_Position 变量的(x, y)部分。我们只需要将顶点着色器传来的 gl_Position 的副本传给片段着色器（作为变化的顶点属性）并使用它的(x, y)部分作为纹理坐标。

这个技巧是投影纹理贴图[E01]的一种简单形式，适用于场景的某些部分出现在一个物体上的

情形，一个常见的例子是镜子（在某种程度上，就是我们现在这个例子里反射缓冲区在做的）。它被称为"投影"就是因为它像投影仪一样把场景投射到物体上。

我们现在准备好完成程序 15.3 了。在第三部分，反射和折射纹理被合成到顶部水面上。要达成这个效果，C++/OpenGL 程序需要将反射和折射缓冲区开放给着色器，用来渲染顶部表面。反射和折射纹理在顶部水面的片段着色器中被使用。顶点着色器复制 gl_Position 为名为 glp 的新顶点属性，并将它传递给片段着色器。然后片段着色器用它作为应用反射和折射纹理的纹理坐标。请注意，坐标需要从屏幕坐标的范围转化到适合用作纹理坐标的[0,1]区间中。还要注意，在反射的情况下，需要用 1 减去 y 轴纹理坐标来得到新的 y 轴纹理坐标，因为这个情况下水表面的反射需要垂直翻转。

第三部分还包括处理主相机被放置在水面之下的情形的代码（也就是说，从水下观看场景），我们现在可以讨论这个情况了。它只需要一些微小的增加和修改，如下所示。

- 如果相机在水面之下，我们可以忽略反射。
- 当相机在水面之下，向上透过水面看的时候，折射缓冲区（和纹理）应该包括天空盒（以及鸟、飞机等物体）。
- prepForTopSurfaceRender() 和 prepForFloorRender()函数需要增加代码，通知着色器相机是在水面之上还是之下。这是必要的，因为片段着色器需要知道在顶部水面是否要包含反射材质。

所以，在第三部分，我们只在相机位于水面之上的时候计算反射。

在水面的片段着色器中，反射和折射材质如何混合取决于相机在水面之上还是之下。如果相机在水面之上，两个材质都需要被混合。如果相机在水面之下，那么折射材质和水的蓝色混合。相机在水面之上或之下的输出，在代码之后的图 15.5 中展示。

程序 15.3（第三部分）　应用反射/折射纹理

```
// C++/OpenGL 应用程序
...
// 添加到 prepForTopSurfaceRender()和 prepForFloorRender():
   aboveLoc = glGetUniformLocation(renderingProgramSURFACE, "isAbove");
   if (cameraHeight >= surfacePlaneHeight)
      glUniform1i(aboveLoc, 1);
   else
      glUniform1i(aboveLoc, 0);
...
void display(GLFWwindow* window, double currentTime) {
   ...
   // 现在渲染合适的物体到折射缓冲区
   if (cameraHeight >= surfacePlaneHeight) {
       prepForSkyBoxRender();
       glEnable(GL_CULL_FACE);
       glFrontFace(GL_CCW);
       glDisable(GL_DEPTH_TEST);
       glDrawArrays(GL_TRIANGLES, 0, 36);
       glEnable(GL_DEPTH_TEST);
   }
   else {
       prepForFloorRender();
       glEnable(GL_DEPTH_TEST);
       glDepthFunc(GL_LEQUAL);
       glDrawArrays(GL_TRIANGLES, 0, 6);
   }
   ...
   // 现在切换回标准着色器，准备组装整个场景
   glBindFramebuffer(GL_FRAMEBUFFER, 0);
```

```
        glClear(GL_DEPTH_BUFFER_BIT);
        glClear(GL_COLOR_BUFFER_BIT);
        ...
        // 绘制顶部水面
        prepForTopSurfaceRender();
        glActiveTexture(GL_TEXTURE0);
        glBindTexture(GL_TEXTURE_2D, reflectTextureId);
        glActiveTexture(GL_TEXTURE1);
        glBindTexture(GL_TEXTURE_2D, refractTextureId);

        // display()剩下的部分和第一部分展示的完全相同
        ...
    }


// 顶点着色器（顶部水面）
...
out vec4 glp;
...
void main(void)
{ ...
    glp = proj_matrix * mv_matrix * vec4(position,1.0);
    gl_Position = glp;
}



// 片段着色器（顶部水面）
...
in vec4 glp;
uniform int isAbove;

void main(void)
{ ...// 光照计算和之前的相比没有变化
    vec4 mixColor, reflectColor, refractColor, blueColor;
    if (isAbove == 1)
    {   refractColor = texture(refractTex, (vec2(glp.x,glp.y))/(2.0*glp.w)+0.5);
        reflectColor = texture(reflectTex, (vec2(eglp.x,-glp.y))/(2.0*glp.w)+0.5);
        mixColor = (0.2 * refractColor) + (1.0 * reflectColor);
    }
    else
    {   refractColor = texture(refractTex, (vec2(glp.x,glp.y))/(2.0*glp.w)+0.5);
        blueColor = vec4(0.0, 0.25, 1.0, 1.0);
        mixColor = (0.5 * blueColor) + (0.6 * refractColor);
    }
    color = vec4((mixColor.xyz * (ambient + diffuse) + 0.75*specular), 1.0);
}
```

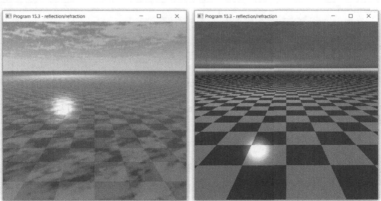

图 15.5　反射和折射——相机在水面之上（左）和水面之下（右）

15.3　添加水面波浪

目前为止，我们模拟的水还完全是静止的。现在，我们给水面增加流动。有很多方法可以实现水的流动，方法的选择取决于我们想要模拟小的涟漪、风带来的随机效果、水流还是海洋的波浪。在我们的例子中，我们将第 10 章介绍过的法向贴图技术和噪声图结合，模拟不大的波浪，就像有微风时可能出现的那种。波浪不是完全随机的，因此我们构建用于水表面的噪声图将会是我们第 14 章生成的噪声与正弦波的规律性结合。噪声图会被当作一种高度图使用，但是请注意，我们并不会像通常进行高度贴图时一样修改水面的几何形状，而是会修改法向量（类似法向贴图的方式）使得它看起来有高低起伏。（也有一些方法会实际修改水面的几何形状，例如使用几何着色器，就像我们在第 13 章学过的那样。）

噪声图使用 14.5 节的代码构建，其中对 turbulence() 函数做了一个微小的修改。具体来说，增加了一个在 *xz* 平面上跨对角线运动的正弦波：

```
double turbulence(double x, double y, double z, double maxZoom) {
    double sum = 0.0, zoom = maxZoom;

    sum = (sin((1.0/512.0)*(8*PI)*(x+z)) + 1) * 8.0;
    while (zoom >= 0.9) {
        sum = sum + smoothNoise(zoom, x/zoom, y/zoom, z/zoom) * zoom;
        zoom = zoom / 2.0;
    }
    sum = 128.0 * sum / maxZoom;
    return sum;
}
```

对角线正弦波是通过 sin(x+z) 和额外的缩放系数（假设噪声图的尺寸在 *x* 轴和 *z* 轴上是 256，则该系数是 1/512）实现的，这保证了对应 x+y 的值的范围涵盖了 π的整数倍，使正弦波在边界平滑地环绕。为正弦波加 1 将正弦波的值域从[-1,+1]转换为[0,2]。然后，我们将高度缩放到想要的值（这里的缩放因子为 8）。请注意，我们已经大量使用了平铺，在这个应用中使用 2 的幂的噪声图尺寸尤为重要，这样可以使噪声也在边缘平滑环绕。

然后我们将噪声图传递给片段着色器，用来为法向量提供一个非常小的偏差值。程序 15.4 展示了新增的代码。图 15.6 展示了输出结果。

程序 15.4　添加水面波浪

```
// C++/OpenGL 应用程序
...
GLuint noiseTexture;
const int noiseHeight = 256;
const int noiseWidth = 256;
const int noiseDepth = 256;
double noise[noiseHeight][noiseWidth][noiseDepth];
...
// generateNoise()、buildNoiseTexture()、fillDataArray()、smoothNoise()和第 14 章的相同
// turbulence()函数如上所述
...
void init(GLFWwindow* window) {
    ...
    generateNoise();
    noiseTexture = buildNoiseTexture();
}
```

```
void display(GLFWwindow* window, double currentTime) {
    ...
    // 绘制顶部水面
    ...
    glActiveTexture(GL_TEXTURE2);
    glBindTexture(GL_TEXTURE_3D, noiseTexture);
    ...
}


// 片段着色器（顶部水面）
...
layout (binding=2) uniform sampler3D noiseTex;
...
vec3 estimateWaveNormal(float offset, float mapScale, float hScale)
{   // 使用噪声纹理中存储的高度值估算法向量
    // 通过查找这个片段周围指定偏差距离的 3 个高度值实现
    // 传入的参数是临近程度的缩放因子、相对于场景的噪声图尺寸和高度
    float h1 = (texture(noiseTex, vec3(((tc.s)*mapScale, 0.5, ((tc.t)+offset)*wScale))).r * hScale;
    float h2 = (texture(noiseTex, vec3(((tc.s)-offset)*mapScale, 0.5, ((tc.t)-offset)*mapScale))).r * hScale;
    float h3 = (texture(noiseTex, vec3(((tc.s)+offset)*mapScale, 0.5, ((tc.t)-offset)*mapScale))).r * hScale;

    // 使用 3 个临近高度值构建两个向量。他们的叉积就是估算的法向量
    vec3 v1 = vec3(0, h1, -1);    // 临近高度值 1
    vec3 v2 = vec3(-1, h2, 1);    // 临近高度值 2
    vec3 v3 = vec3(1, h3, 1);     // 临近高度值 3
    vec3 v4 = v2-v1;              // 与所求的法向量正交的第一个向量
    vec3 v5 = v3-v1;              // 与所求的法向量正交的第二个向量
    vec3 normEst = normalize(cross(v4,v5));
    return normEst;
}

void main(void)
{   vec3 L = normalize(varyingLightDir);
    vec3 V = normalize(-varyingVertPos);
    // vec3 N = normalize(varyingNormal);
    vec3 N = estimateWaveNormal(.0002, 32.0, 16.0);
    ...
}
```

图 15.6　结合正弦波和噪声图添加水面波浪——相机在水面之上（左）和之下（右）

15.4　更多修正

看看图 15.6 中的图像，能观察到以下"瑕疵"。

- 当相机在水面之上时（左图），我们期待地板上可见的棋盘格线条能按照水表面扭曲的方式扭曲——但它们是直的。
- 当相机在水面之下时（右图），我们期待地板上的光照也被类似地扭曲，但这里的镜面高光是"完美的圆形"。
- 在水下，光本应衰减得更快，但地板在近处和原处一样亮。
- 菲涅尔效应消失了。其现象是，垂直看向透明媒介（比如水）时折射更明显，而倾斜看向表面时反射更明显[B01]。然而，在左图中，整个顶部水面的反射和折射同样明显。

当相机在水面之上时，扭曲棋盘格线条可以在渲染棋盘格的片段着色器部分实现。着色器需要噪声图，所以我们将下面的代码添加到 C++/OpenGL 代码中构建折射缓冲区的部分，将噪声纹理发送给它：

```
glActiveTexture(GL_TEXTURE0);
glBindTexture(GL_TEXTURE_3D, noiseTexture);
```

修改后的渲染地板的片段着色器如程序 15.5 所示。

程序 15.5　扭曲水面下的物体

```
// 片段着色器（地板平面）
...
layout (binding=0) uniform sampler3D noiseTex;

vec3 checkerboard(vec2 tc)
{   // 像以前一样使用从噪声图衍生估算出来的法向量，但是高度少很多
    vec3 estN = estimateWaveNormal(.05, 32.0, 0.05); // 这个函数如 15.3 节所述
    // 计算色彩位置查找表的扭曲量
    // 扭曲量可以使用 distortStrength 变量微调
    float distortStrength = 0.1;
    if (isAbove != 1) distortStrength = 0.0;
    vec2 distorted = tc + estN.xz * distortStrength;

    // 通过使用扭曲量修改各轴，调整色彩查找
    float tileScale = 64.0;
    float tile = mod(floor(distorted.x * tileScale) + floor(distorted.y * tileScale), 2.0);
    return tile * vec3(1,1,1);
}
```

在程序 15.5 中，我们使用小比例的高度和扭曲强度的缩放因子，扰动棋盘格地板的法向量。用不同的 distortStrength 数值做实验，就能看到在棋盘格色彩查找阶段只需要很小的扭曲量就能对棋盘格的线条造成很大的可见扭曲效果。另外也请注意，判断（isAbove!=1）确保了我们只会在相机在水面之上的时候引入扭曲因子。

当相机在水面之下时，扭曲水下的光照也可以在渲染棋盘格的片段着色器中实现。我们只需要简单地基于从噪声图估算出的法向量，修改地板的法向量。实验表明，在这个情况下相比于以前用来扭曲棋盘格线条自身，需要更大的高度值和扭曲强度。修改后的渲染地板的片段着色器如程序 15.5（续）所示。

整合了程序 15.5 的所有修改后的输出，如图 15.7 所示。

程序 15.5（续）　扭曲水面下的光照

```
// 片段着色器（地板平面）
...
void main(void)
{  ...
```

```
vec3 N = normalize(varyingNormal);
vec3 estN = estimateWaveNormal(.05, 32.0, 0.5);
float distortStrength = 0.5;
vec2 distort = estN.xz * distortStrength;
N = normalize(N + vec3(distort.x, 0.0, distort.y));
...
// main()剩余部分未变化
}
```

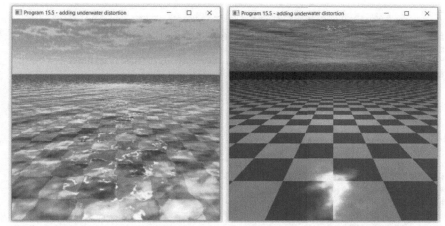

图 15.7　给地板图案和光照增加扭曲——相机在水面之上（左，地板图案被扭曲）和
水面之下（右，光照被扭曲）

14.1 节中介绍过如何将远处的物体变得能见度更低，相关代码几乎可以一字不改地用在这里，仅在相机在水面之下时使用。

当相机在水面之上时，简单的菲涅尔效应能显著增强真实性。这可以通过在片段着色器中计算水表面的法向量和视线方向的夹角，并基于夹角的大小混合反射和折射分量来实现。我们试验了不同的偏移量和缩放因子，发现在这一场景下，将菲涅尔因子调整成较小的值（以增大折射效果），将区间限制为[0,1]（为了后续在 mix()函数中使用）并求立方（让效果变得非线性，并且锐化折射和反射占主导的两级之间的过渡），能产出令人满意的结果。其他场景可能需要不同的调整。我们还观察到，使用原始表面的法向量（即使用未被噪声和波浪扰动过的法向量）时，效果十分清晰。

程序 15.6 中增加了这两个效果，结果如图 15.8 所示。

程序 15.6　添加雾效果和菲涅尔效应

```
// 片段着色器（顶部水面）
...
void main(void)
{   // 确定要增加的雾的数量的代码——和14.1节的非常相似
    vec4 fogColor = vec4(0.0, 0.0, 0.2, 1.0);
    float fogStart = 10.0;
    float fogEnd = 300.0;
    float dist = length(varyingVertPos.xyz);
    float fogFactor = clamp(((fogEnd-dist) / (fogEnd-fogStart)), 0.0, 1.0);
    ...
    // 法向量和视线向量之间的夹角（用于菲涅尔效应）
    vec3 Nfres = normalize(varyingNormal);
    float cosFres = dot(V,Nfres);
    float fresnel = acos(cosFres);
    fresnel = pow(clamp(fresnel-0.3, 0.0, 1.0), 3); // 为这个特定应用场景微调
```

```
...
if (isAbove == 1)
{ // 如果在水面之上，分别计算反射和折射效果，然后混合
  refractColor = texture(refractTex, (vec2(glp.x,glp.y))/(2.0*glp.w)+0.5);
  reflectColor = texture(reflectTex, (vec2(glp.x,-glp.y))/(2.0*glp.w)+0.5);
  reflectColor = vec4((reflectColor.xyz * (ambient + diffuse) + 0.75*specular), 1.0);
  color = mix(refractColor, reflectColor, fresnel);
}
else
{ // 如果在水面之下，只计算折射效果，并加上雾
  refractColor = texture(refractTex, (vec2(glp.x,glp.y))/(2.0*glp.w)+0.5);
  mixColor = (0.5 * blueColor) + (0.6 * refractColor);
  color = vec4((mixColor.xyz * (ambient + diffuse) + 0.75*specular), 1.0);
  color = mix(fogColor, color, pow(fogFactor,5));
}
}


// 片段着色器（地板平面）
...
void main(void)
{ // 确定要增加的雾的多少的代码——和 14.1 节的非常相似
  vec4 fogColor = vec4(0.0, 0.0, 0.2, 1.0);
  float fogStart = 10.0;
  float fogEnd = 300.0;
  float dist = length(varyingVertPos.xyz);
  float fogFactor = clamp((((fogEnd-dist) / (fogEnd-fogStart))), 0.0, 1.0);
  ...
  if (isAbove != 1) color = mix(fogColor, color, pow(fogFactor,5.0));
}
```

图 15.8　菲涅尔效应（左，在水面之上）和雾效果（右，在水面之下）

15.5　为水的流动添加动画

为水的流动添加动画，可以利用噪声图中的第三维（本章中还没有用过），采用跟云相似的方式实现。回忆一下，14.8 节提到过将第三维度上的纹理查找常量替换成随时间变化的变量的技巧。当提取出的噪声图"切片"变化时，噪声细节也会发生变化。在这里我们可以使用相同的技巧移动正弦波，只要在查找要应用噪声图的哪个"切片"时随时间沿着第三轴调整"切片"的位置。

程序 15.7 给出了相关修改。尽管这里我们不能充分展示动画，但图 15.9 展示了水面和光照

随时间变化的几帧，从水面之上和之下观看的都有。（或者，要查看实际的流动效果，也可以运行配套文件中的代码。）

程序 15.7 为水面添加动画

```cpp
// C++/OpenGL 应用程序
...
float depthLookup = 0.0f;
GLuint dOffsetLoc;

double turbulence(double x, double y, double z, double maxZoom) {
    double sum = 0.0, zoom = maxZoom;
    sum = (sin((1.0/512.0)*(8*PI)*(x+z-4*y)) + 1) * 8.0;   // 这个变化将正弦波移动穿过噪声图
    ...
}

void prepForTopSurfaceRender() {
    ...
    dOffsetLoc = glGetUniformLocation(renderingProgramSURFACE, "depthOffset");
    glUniform1f(dOffsetLoc, depthLookup);
    ...
}

void prepForFloorRender() {
    ...
    dOffsetLoc = glGetUniformLocation(renderingProgramFLOOR, "depthOffset");
    glUniform1f(dOffsetLoc, depthLookup);
    ...
}

void display(GLFWwindow* window, double currentTime) {
    depthLookup += (currentTime-prevTime) * .05f;
    prevTime = currentTime; // prevTime 是在 init() 中初始化为 glfwGetTime() 的全局变量
    ...
}


// 顶点着色器（顶部水面和地板）
...
uniform float depthOffset;
...


// 片段着色器（顶部水面和地板）
...
uniform float depthOffset;
vec3 estimateWaveNormal(float offset, float mapScale, float hScale)
{ ...
    float h1 = (texture(noiseTex, vec3(tc.s*mapScale, depthOffset, (tc.t + offset)*mapScale))).r * hScale;
    float h2 = (texture(noiseTex, vec3((tc.s-offset)*mapScale, depthOffset, (tc.t - offset)*mapScale))).r * hScale;
    float h3 = (texture(noiseTex, vec3((tc.s+offset)*mapScale, depthOffset, (tc.t - offset)*mapScale))).r * hScale;
    ...
}
```

在图 15.9 中，当相机在顶部水面之上时，请注意水面的波浪随时间的变化、表面反射光照的变化和棋盘格线条扭曲的变化。当相机在水面之下时，请注意地板光照的变化、波浪的变化。若向上看，则顶部水面的镜面高光也会变化。

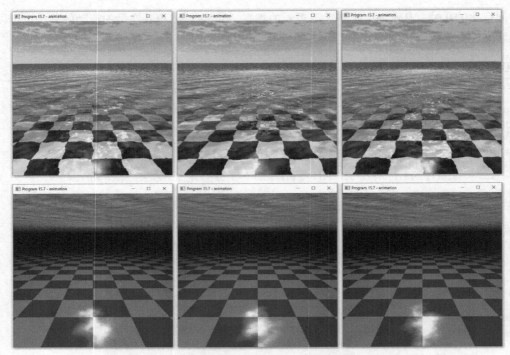

图 15.9　给水效果添加动画，包括在水面之上和之下
（上面 3 张图像中，相机在水面之上；下面 3 张图像中，相机在水面之下）

15.6　水下焦散

在水面之下的地板上，常常可以观察到弯曲的条带状光照，因为水面之上的光是通过弯曲的水面上的各种波动传到地板上的。这些条带有时叫作焦散[W19]，加上它们能让水下场景看起来更明确地像是在水面之下。在这一节，我们只会在相机在水面之下时添加它们（关于相机在水面之上的情形，请看习题 15.4）。

可以通过不同的方式模拟水的焦散。使用光线追踪可以相当精确地实现焦散，但这个方式很复杂，并且需要消耗昂贵的计算资源[G07]。然而，绝大多数情况下，焦散并不需要完美、精确，很粗略的模拟就已经足以表现水下效果了。绝大多数情况下，生成按照水面波浪的方式弯曲的白色线条就已经足够了。

我们可以按照下面的方法，直接使用噪声图，在片段着色器中生成一种焦散图案。最开始我们计算噪声的正弦值，噪声值（范围在 0 到 1 之间）要先乘 2π，使正弦值平滑地循环。结果值在 -1.0 到 1.0 之间循环，它的绝对值在 0.0 到 1.0 之间循环，但其曲线在 0.0 附近坡度更陡峭，而在 1.0 附近更平缓。用 1.0 减去这个绝对值，然后取倒数，就得到了 0.0 附近很长一片平缓区域，而 1.0 附近有尖峰。使用可微调的变量 strength 作为指数求幂，可以放大该值，得到一个通常输出值接近 0，但偶尔在小片区域输出值接近 1.0 的函数。将该函数用于给定全局坐标处顶部水面的色彩值，它会产出随着顶部表面波浪弯曲的周期图案，然后我们就可以将其整合进底部表面色彩中。程序 15.8 将对应代码添加到片段着色器，并将计算出的值渲染到地板的色彩中。图 15.10 展示了输出结果。

请注意，添加焦散后，地板的色彩元素被限制到[0,1]区间，以保证它们在 RGB 值的合法范围内。

程序 15.8　添加水下焦散

```
// 片段着色器（地板）
...
float getCausticValue(float x, float y, float z)
{   float w = 8; // 焦散弯曲条带的频率
    float strength = 4.0;
    float PI = 3.14159;
    float noise = texture(noiseTex, vec3(x*w, y, z*w)).r;
    return pow((1.0-abs(sin(noise*2*PI))), strength);
}

void main(void)
{   ...
    color = vec4((mixColor * (ambient + diffuse) + specular), 1.0);

    // 添加焦散
    if (isAbove != 1)
    {   float causticColor = getCausticValue(tc.s, depthOffset, tc.t);
        float colorR = clamp(color.x + causticColor, 0.0, 1.0);
        float colorG = clamp(color.y + causticColor, 0.0, 1.0);
        float colorB = clamp(color.z + causticColor, 0.0, 1.0);
        color = vec4(colorR, colorG, colorB, 1.0);
    }

    // 添加雾
    if (isAbove != 1) color = mix(fogColor, color, pow(fogFactor,5.0));
}
```

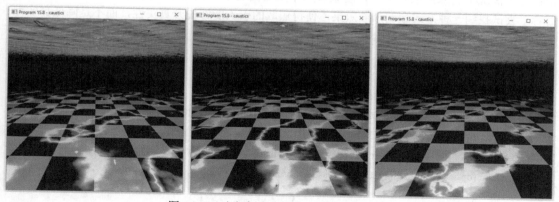

图 15.10　当相机在水面之下，添加了焦散

补充说明

在实时图形应用程序中，模拟水是一个复杂的话题，我们只是涉及了"皮毛"。本章也只专注于一种类型的水。要模拟从花园水管中喷出的水或者模拟玻璃酒杯中溅起的酒，需要运用完全不同的技巧。

再退一步，我们对游泳池或湖水表面的模拟也都有局限性。例如，使用这里讲述的方法只能模拟水面的小涟漪，想要模拟更大的波浪就需要修改表面的几何形状了。一种做法是利用曲面细分着色器阶段增加顶点数量，然后利用高度贴图来按照噪声图的值移动顶点。

我们对地板的可见扭曲的模拟在根本上是不准确的，因为它是基于在相应的地板位置上方的表面位置的噪声值的。实际上，给定的地板位置的扭曲应该基于在相机和地板位置连线与水面交点处的噪声值。然而，这在可感知到的真实性上差别不大。在我们的实现中有很多类似这样的简化。

菲涅尔的英文"Fresnel"读音类似"Fre-nel"，"s"不发音。

如果读者对模拟水和其他液体的话题想要探索更多、更深入，有不计其数的论文和资源可以阅读[B15]。

本章讲述的技术参照了 Chris Swenson 在美国加利福尼亚州立大学萨克拉门托分校上学时的一个特别项目的实现。他创造出了这个条理清晰的方法。这个成果给我们的讲解带来了很大方便，我们非常感谢他的杰出工作。

习题

15.1　在顶部水面之上，增加一个飞行物体，例如鸟、飞机（甚至 NASA 航天飞机的模型）。然后将它包含进相机在水面之上时顶部表面的反射效果，以及相机在水面之下时顶部表面的折射效果中。

15.2　在顶部水面之下，增加一个移动物体，例如鱼、潜水艇（甚至 Studio 522 海豚）。然后将它包含进相机在水面之下时的场景，以及相机在水面之上时的折射效果。

15.3　在习题 15.2 中，给水下物体增加水的焦散效果（如果还没有增加）。

15.4　修改程序 15.8 中的片段着色器，使得当相机在水面以上时也会渲染水的焦散效果。你觉得在这个情况下引入焦散效果后，场景看起来是更真实了，还是更不真实了？如果你的回答是后者，尝试找到一种方式微调焦散效果，使得焦散的引入能够提升真实性，而不是降低真实性。

参考资料

[B01]　J. Birn, Fresnel Effect, from 3dRender, 2001, accessed July 2020.

[B15]　R. Bridson, *Fluid Simulation for Computer Graphics*. (CRC Press, 2015).

[E01]　C. Everitt, Projective Texture Mapping, NVIDIA white paper, 2001, accessed July 2020.

[G07]　J. Guardado, Rendering Water Caustics, GPU Gems (NVIDIA), 2007, accessed July 2020.

[W19]　Caustic (optics), Wikipedia, 2019, accessed July 2020.

第 16 章　光线追踪和计算着色器

在本章中，我们会学习一种用来生成高度真实光影效果的方法，叫作光线追踪。在第 7 章中，我们先学习了光照；在第 9 章中，我们学习了一种用于模拟反射的简单方法，叫作环境映射。然而，这些方法都只是模拟了部分光照效果。例如，ADS 光照模型只考虑光源对表面的影响，而没有考虑场景中物体之间反射的光的效果。同样，环境贴图仅限于对立方体贴图的反射进行建模，而不对相邻对象进行建模。相比之下，光线追踪能更准确地模拟光通过场景的实际路径，例如物体之间的反射、阴影，甚至透过透明物体的折射。光线追踪能够生成非常逼真的高精细度效果，但它需要大量的计算资源，并且不一定能够实时完成。

驱动光线追踪技术的思路很简单：如果能够追踪光线从光源到眼睛的路径，就可以忠实地呈现眼睛看到的东西。然而，在实践中这是不可行的——光线太多了，其中大部分甚至没有到达眼睛（或者对视觉感知只有很小的影响）。

另一种很巧妙的途径是将这个思路反过来，从追踪光源到眼睛的路径，改成从眼睛开始追踪路径，这些路径会在场景中的物体上"弹"几次。我们只需要记下沿途所有的光照效果并累加组合，在眼睛和场景之间放置一个像素网格（使用合适的分辨率）来记录最终渲染的效果，并且针对网格中的每个像素都产生一道光线、计算路径，如图 16.1 所示。用这种方法来渲染场景的算法首先见于 1968 年 Arthur Appel 的文章，称为光线投射（ray casting）[A68]。1979 年，Foley 和 Whitted 扩充了这个算法，加入了对每一道光线的递归式投射以模拟反射、阴影和折射[FW79]，并将这个过程叫作光线追踪（ray tracing）。现在，光线追踪相关工具和硬件已经进入了消费级市场（如 NVIDIA 的 RTX[RTX19]）。

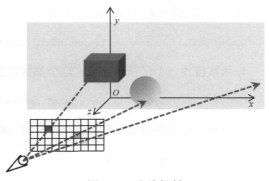

图 16.1　光线投射

使用 OpenGL 着色器实现光线追踪很有挑战性。其所必需的大量计算，即使对现代 GPU 来说也是很沉重的负担。同时，下面将会看到，通用的光线追踪算法使用了递归，而 OpenGL（GLSL）着色器并不支持递归。虽然在有些简单的情况下可以不通过递归实现着色器，但是实现一个比较完整的光线追踪算法还是需要手动实现递归栈的。所以，在 OpenGL 中光线追踪的实现将分为两个阶段：

（1）实现光线追踪算法，将像素网格构建成图像；

（2）渲染所得图像。

阶段（2）非常简单，因为前面已经介绍过将图像作为纹理渲染的方法。所有困难的部分都在阶段（1），同时为了满足合理的性能要求，这一步需要用到计算着色器（compute shader）。

16.1 计算着色器

GPU 提供了非凡的并行计算能力。现代 CPU 通常有 4 到 8 个核心，而 GPU 可以有上千个。因此，通常 GPU 也用于计算密集型非图像任务。使用 GPU 做非图像工作的一种途径是利用专用语言，例如 CUDA[NV20]或 OpenCL[KR20]。另一种途径则是使用计算着色器，即我们所熟知的图形管线着色器的一个变种。OpenGL 计算着色器使用 GLSL 编程，因此之前章节中所学习的大多数编程技术都可以直接使用。

计算着色器还有很多用途，*OpenGL SuperBible*（《OpenGL 超级宝典》）一书中描述了其中一些，包括并行矩阵计算、构建专用图像滤镜（譬如增加景深）、模拟兽群或粒子系统[SW15]。计算着色器的主题非常大，在本书中仅专注于光线追踪所使用到的部分。因此本章既作为光线追踪的简介，也作为计算着色器的简介。

16.1.1 编译及使用计算着色器

计算着色器与我们所见过的其他着色器类似，唯一的不同是它不作为图形管线的一部分。计算着色器独立运行，不与顶点着色器或片段着色器交互，同时没有预定义的输入或输出。但是，它可以接收传给它的数据，如统一变量，同时，它也能在内存中生成或修改数据。计算着色器除了预定义了常量 GL_COMPUTE_SHADER 以指定着色器类型外，其他方面和别的着色器一样，如使用 glCompileShader()进行编译、使用 glLinkProgram()进行链接、使用 glUseProgram()激活。我们扩展 Utils.cpp 文件，引入一个用于编译计算着色器并构建渲染程序的函数。这个函数的头文件与其他用来编译着色器的头文件相同，如下：

```
GLuint Utils::createShaderProgram(const char *cS)
```

该函数接收一个字符串参数，这个参数是包含计算着色器的文件名。例如：

```
computeShaderProgram = Utils::createShaderProgram("computeShader.glsl");
```

将特定计算着色器程序设为当前执行着色器的过程与之前相同：

```
glUseProgram(computeShaderProgram);
```

接下来使用 glDispatch()命令运行计算着色器的调用代码，例如：

```
glDispatch(250, 1, 1);
```

glDispatch()中的 3 个参数将在后面讲解。

16.1.2 计算着色器中的并行计算

回想一下，顶点着色器运行（调用）的确切次数通常是每个顶点一次，并且由程序员在glDrawArrays()命令中作为参数明确说明。类似地，调用计算着色器的次数在 glDispatch() 命令的参数中明确指定。

接着来看一个简单并行计算工作的计算着色器示例。程序 16.1 展示了一个将两个一维矩阵相应元素相加的程序。选择实现这个任务是因为每个元素的相加都是独立的，因此可以并行执行。为了让程序简单一些，这里只使用长度为 6 的一维矩阵。这里的策略是编写一个计算着色器来将两个数相加，之后让它运行 6 次，矩阵中每个元素位置 1 次。这样，着色器的 6 次运行将会并行执行。这个程序非常简单，正好用来展示以下步骤：（a）将数据传递给计算着色器；（b）进行简单的并行计算；（c）将计算结果传回 C++/OpenGL 应用程序。详细的代码会在后面列出。

将数据传输给计算着色器的方法有多种，其中很多常见方法如之前学过的统一变量、缓冲区等。但是，从计算着色器中获取所得结果的途径只有两种。第一种途径是使用一种特殊的缓冲区，即着色器存储缓冲区对象（Shader Storage Buffer Object，SSBO）。它引入于 OpenGL 4.3，在矩阵计算之类的数学应用中使用起来很方便。第二种途径是使用图片载入或存储功能，这在图像处理以及图形应用中很方便。在两个矩阵相加的简单应用中使用了 SSBO。16.2 节中会用到第二种途径（图像载入或存储）。

程序 16.1　简单的计算着色器示例

```
// C++/OpenGL 应用程序
// stdio、GLEW、GLFW 和 Utils 库的声明略
...
GLuint buffer[3];
GLuint simpleComputeShader;
int v1[ ] = { 10, 12, 16, 18, 50, 17 }; // 这两个是我们将要求和的矩阵
int v2[ ] = { 30, 14, 80, 20, 51, 12 };
int res[6]; // 这是用来存放结果的数组

void init() {
    simpleComputeShader = Utils::createShaderProgram("matrixAdditionComputeShader.glsl");

    glGenBuffers(3, buffer); // 注意，每个缓冲区都是一个大小为 6 的 SSBO
    glBindBuffer(GL_SHADER_STORAGE_BUFFER, buffer[0]);
    glBufferData(GL_SHADER_STORAGE_BUFFER, 6, v1, GL_STATIC_DRAW);
    glBindBuffer(GL_SHADER_STORAGE_BUFFER, buffer[1]);
    glBufferData(GL_SHADER_STORAGE_BUFFER, 6, v2, GL_STATIC_DRAW);
    glBindBuffer(GL_SHADER_STORAGE_BUFFER, buffer[2]);
    glBufferData(GL_SHADER_STORAGE_BUFFER, 6, NULL, GL_STATIC_READ);
}

void computeSum() {
    glUseProgram(simpleComputeShader);
    glBindBufferBase(GL_SHADER_STORAGE_BUFFER, 0, buffer[0]); // 第一个输入矩阵
    glBindBufferBase(GL_SHADER_STORAGE_BUFFER, 1, buffer[1]); // 第二个输入矩阵
    glBindBufferBase(GL_SHADER_STORAGE_BUFFER, 2, buffer[2]); // 用来存储输出矩阵的缓冲区

    glDispatchCompute(6, 1, 1); // 调用计算着色器 6 次——这些调用可以并行运行
    glMemoryBarrier(GL_ALL_BARRIER_BITS); // 进行下一步之前，先确保计算着色器完成运算
    glBindBuffer(GL_SHADER_STORAGE_BUFFER, buffer[2]); // 从结果缓冲区将结果取回数组 res
    glGetBufferSubData(GL_SHADER_STORAGE_BUFFER, 0, sizeof(res), res);
}

int main(void) {
    ...// main()函数开头部分和其他示例相同
    if (glewInit() != GLEW_OK) { exit(EXIT_FAILURE); }

    init();
    computeSum(); // 由于我们没有使用 GL 窗口，这里可以直接调用 computeSum()函数而非 display()函数

    // 显示输入矩阵，以及从输出 SSBO 获取的计算所得输出矩阵
    std::cout << v1[0] << " " << v1[1] << " " << v1[2] << " " << v1[3] << " " << v1[4] << " " << v1[5] << std::endl;
    std::cout << v2[0] << " " << v2[1] << " " << v2[2] << " " << v2[3] << " " << v2[4] << " " << v2[5] << std::endl;
```

```
    std::cout << res[0] << " " << res[1] << " " << res[2] << " " << res[3] << " " res[4] << " " <<
res[5] << std::endl;

  ...// main()函数结尾部分与其他示例相同
}


// 计算着色器
#version 430
layout (local_size_x=1) in; // 将每个工作组的调用次数设为1
layout(binding=0) buffer inputBuffer1 { int inVals1[ ]; };
layout(binding=1) buffer inputBuffer2 { int inVals2[ ]; };
layout(binding=2) buffer outputBuffer { int outVals[ ]; };

void main()

{ uint thisRun = gl_GlobalInvocationID.x;
  outVals[thisRun] = inVals1[thisRun] + inVals2[thisRun];
}
```

程序 16.1 从计算着色器部分开始，定义了 3 个缓冲区，其中 2 个用来存储输入矩阵，1 个用来存储输出矩阵。接下来，观察这行代码：

```
layout (local_size_x=1) in;
```

计算着色器的调用组织为名叫工作组的结构。不过这个例子中并没有用到工作组，这里仅希望着色器简单地运行 6 次。因此，这个 layout 命令将工作组大小设置为 1。后面将会对工作组的概念进行进一步的介绍。

在 C++/OpenGL 应用程序中指定了计算着色器真正的调用次数，具体到函数调用代码则是 glDispatchCompute(6,1,1)。这里指定了着色器需要运行 6 次。这里需要注意的是，计算着色器的调用次数是用 3 个参数指定的，可以认为这 3 个参数组成类型为 vec3 的值，这里是(6,1,1)，因此，这些调用的参数将会是(0,0,0)、(1,0,0)、(2,0,0)、(3,0,0)、(4,0,0)，以及(5,0,0)（后面将会看到另外两个维度的作用，但目前这两个维度都设为 0）。

现在，来看看计算着色器中的 main()函数。每次着色器运行时，首先会通过内建 GLSL 变量 gl_GlobalInvocationID（类型为 vec3）来获取它的调用次数。在这里，gl_GlobalInvocationID 的 x 分量将会是 0、1、2、3、4 或 5，取决于本次调用是 6 次调用中的哪一次。接下来，着色器会使用这些值作为输入 SSBO 的索引。然后，计算着色器将每个输入 SSBO 中的元素进行相加，并基于其调用 ID，将结果存入相应的输出 SSBO 元素中。这样，着色器的每次调用只处理 6 次加法之一，因此，这 6 次加法可以并行运行。

C++/OpenGL 应用程序的代码主要处理将数据输入和输出计算着色器的任务。在代码开始位置，将输入矩阵 v1 和 v2 定义为数组，并使用测试数据初始化。输出矩阵 res 也被定义为数组。缓冲区在 init()函数中初始化，这部分代码与创建 VBO 的代码相似，但这里指定类型为 GL_SHADER_STORAGE_BUFFER。3 个缓冲区分别与 v1、v2 和 res 关联。请注意，在第 3 个缓冲区中，我们使用了 GL_STATIC_READ（而不是 GL_STATIC_DRAW），因为 C++ 程序将从该缓冲区读取数据而非向其发送数据。同时 init() 函数还编译并链接了着色器。

接下来，代码调用了 computeSum()函数。在激活着色器程序后，它将每个 SSBO 与相应整数索引关联，方式与使用 VBO 的方式相似。在使用 VBO 时，我们调用了 glBindBuffer()命令，但由于 SSBO 本身没有索引，因此这里必须使用 glBindBufferBase()来指定缓冲区和关联的索引。

这里可以观察到计算着色器在绑定限定符中使用相同的索引将每个缓冲区与数组变量（inVals1、inVals2、outVals）相关联。

之后 computeSum()函数通过调用 glDispatchCompute()启动计算着色器调用。结果将累加到第三个缓冲区（即 buffer[2]）中，然后可以通过调用 glGetBufferSubData()将其提取到 res 数组中。读者可能还注意到有一个神秘调用——glMemoryBarrier()，这是因为 OpenGL 需要这个调用以确保在执行后续代码之前完成所有计算着色器调用，即它用于确保 glDispatchCompute()调用产生的结果在 glMemoryBarrier()之后完全可用。

main()函数仅仅调用了 init()函数和 computeSum()函数，然后输出了 3 个数组。注意，我们虽然没有使用 OpenGL 窗口，但是因为使用了 GLFW 库，所以仍然需要创建一个窗口。运行程序后，输出为：

```
10 12 16 18 50 17
30 14 80 20 51 12
40 26 96 38 101 29
```

这里与预期一样，第三行各列的值是前两行对应列值的和。

16.1.3　工作组

在前面的例子中，我们将矩阵加法变为 6 个独立的整数加法，然后并行执行。为此，我们调用 glDispatchCompute(6,1,1)来指示计算着色器运行 6 次。而着色器在编写时就指定了每次调用时传递矩阵中不同的元素。

不过，glDispatchCompute()函数的灵活性可不只如此。它的 3 个参数可以将计算扩展到 1D、2D 或 3D 网格。前面的矩阵计算中，矩阵的维度为 6×1，因此将调用分布在维度为 6×1×1 的一维矩阵中很合理（我们就是这么做的）。但是，很快我们将编写一个计算着色器，使用光线追踪来生成显示图像，在该应用程序中我们将并行处理每个像素。由于显示时需要使用 2D 像素网格，因此在 2D 网格中来计算会更有意义。例如，如果 GL 窗口是 800 像素×600 像素的，那么我们可以使用 glDispatchCompute(800, 600, 1)启动计算着色器，然后每个 gl_GlobalInvocationID 的值将一一对应于特定像素的 2D 坐标值。调用总次数将是 800×600 = 480000。OpenGL 会将这 480000 次调用尽可能分配给不同处理器以并行运行。

计算着色器调用的设置甚至还能更灵活！实际上，在最后一个例子中，glDispatchCompute() 调用指定的总运行次数，即 800×600 = 480000［严格来说并不是调用的次数，而是工作组（work group）的数量］。因为在我们的简单矩阵示例中，计算着色器指定了如下内容：

```
layout (local_size_x=1) in;
```

这里设置工作组的大小为 1，意味着每个工作组有一个调用。因此，在这种情况下，工作组的数量等于调用的次数。这就是我们在矩阵示例中设置工作组大小的方式。我们也可以在刚刚描述的新的 800×600 示例中使用这个方式。在之后实现光线追踪时，也会使用相同的方式设置工作组的大小。

如果你只是想了解如何实现光线追踪，而不想了解有关工作组的更多信息，可以跳过 16.1.4 小节直接从 16.2 节开始学习。

16.1.4　工作组详解

对工作组的更完整讲解需要先从 glDispatchCompute()调用开始，它将需要并行完成的计算分发到工作组中。这里的工作组是需要共享一些本地数据的一组调用。对于某些特定的应用程序，如果所有调用都可以彼此完全独立地完成，例如矩阵或光线追踪应用程序（即其中任意计算都不需要共享任何本地数据），工作组大小可以设置为 1。在这种情况下，调用的次数等于工作组的数量。

所有工作组的集合组织为一个抽象的 3D 网格（如果愿意，我们可以将一个或多个维度设置为 1，从而将工作组网格的维度减少到 2D 或 1D）。因此，用于标识特定工作组的编号方案不是单个整数，而是有 3 个值的三元组。此外，工作组内的调用（即在工作组大小指定为大于 1 的情况下）也组织为 3D 网格。因此，我们必须指定如下内容：（a）工作组网格的大小和维度；（b）每个工作组（也组织为网格）的大小和维度。这为程序员组织潜在的大型并行计算集提供了极大的灵活性。通过这个函数调用，可以在 C++/OpenGL 应用程序中启动整个调用集合：

```
glDispatchCompute(x,y,z)
```

其中参数 x、y 和 z 指定了工作组集合的抽象网格的大小和维度。接着，在计算着色器中使用 GLSL 命令指定每个工作组内执行的计算着色器调用次数（以及它们的组织维度）：

```
layout (local_size_x = X, local_size_y = Y, local_size_z = Z)
```

其中 X、Y 和 Z 是每个工作组的维度。工作组集合的维度和工作组自身网格的维度不需要相同，它们都可以是 1D、2D 或 3D 的。之后，生成的计算着色器调用可以在 GPU 上并行运行。

在执行期间，计算着色器可以通过查询以下内置 GLSL 变量来确定已分派了多少工作组，以及它在哪个工作组和调用中运行：

```
gl_NumWorkGroups       // C++ 程序分派的工作组数量
gl_WorkGroupID         // 当前调用属于哪个工作组
gl_LocalInvocationID   // 当前执行代表当前工作组中的哪个调用
gl_GlobalInvocationID  // 当前执行代表所有调用中的哪个调用
```

下面我们来看一个例子。假设 C++/OpenGL 应用程序调用 glDispatchCompute(16,16,4)。这将导致当前活跃的计算着色器在总共 16×16×4=1 024 个工作组中执行。如果计算着色器将工作组大小指定为 layout(local_size_x=5, local_size_y=5, local_size_z=1)，那么每个工作组的总大小为 5×5×1=25，因此计算着色器将执行的总次数将是 1024×25=5120。

所以，现在可以通过当前正在处理的工作组和当前正在处理的调用在抽象网格中的索引引用它们。例如，在前面的例子中，1024 个工作组所分配的编号分别为(0,0,0)、(0,0,1)、(0,0,2)、(0,0,3)、(0,1,0)、(0,1,1)等，直到(15,15,3)，计算着色器每次执行时，都可以通过查询内置变量 gl_WorkGroupID 来确定它属于这些工作组中的哪一个，gl_WorkGroupID 将返回一个类型为 vec3 的值。同样，在同一个例子中，每个工作组内完成的 25 次调用编号分别为 (0,0,0)、(0,1,0)、(0,2,0)、(0,3,0)、(0,4,0)、(1,0,0)、(1,1,0)、(1,2,0)等，直到 (4,4,0)。计算着色器每次执行时，都可以通过查询内置变量 gl_LocalInvocationID 来确定它属于这些调用中的哪一个，该变量也返回一个类型为 vec3 的值。这里请注意顶点着色器中使用简单的 int 类型内置变量 gl_VertexID（或在实例化情况下为 gl_InstanceID）的组织和"计数"调用与计算着色器中调用的多维组织（和编号）之间的区别。

计算着色器的调用组织为网格（实际上是网格中的网格！）的原因是，许多并行计算任务在概念上可以细分为一个或多个网格结构。如果不需要 3D 网格结构，程序员可以简单地将 glDispatchCompute() 命令中的 z 维度设置为 1，将网格减少成剩余的 x 和 y 维度上的 2D 网格。进一步地，如果应用程序真的只需要一系列简单的计算而根本没有网格组织，则 y 和 z 维度都可以设置为 1，从而沿剩余的 x 维度生成一维的调用编号。类似地，在计算着色器中，可以通过省略 y 或 z 项（或二者皆有）来减少工作组的维度（矩阵示例中就是这么做的，后面的光线追踪应用程序也会这么做）。

读者可能仍然疑惑为什么使用工作组将解决方案进行细分比简单地使每个工作组的规模为 1 并分派大量工作组（或者相反，一个非常大的工作组）更为有利。其答案取决于应用程序。一些问题可以分解成块，例如图像模糊过滤器[SW15]，其中需要进行对相邻像素组的颜色取平均值的计算。在这种情况下，出现了组内共享数据的需求，需要由 OpenGL 的共享本地内存（shared local memory）结构（本书未涵盖）提供支持。在某些情况下，选择最能利用特定 GPU 架构的工作组规模会带来性能优势[Y10]。

我们的光线追踪应用程序要构建一个二维纹理图像。因此，使用 2D 维度的抽象网格更合理。简单起见，我们将工作组大小设置为 1，并为每个像素生成一个工作组。例如，如果光线追踪纹理图像的大小为 512 像素×512 像素，则将调用 glDispatchCompute(512, 512, 1)，并在计算着色器中使用 layout(local_size_x=1)，指定工作组大小为(1,1,1)。这将为每个像素生成一个计算着色器调用。或者，可以通过调用 glDispatchCompute(64,64,1)将问题细分为大小为 8×8 的工作组，并在计算着色器中使用 layout(local_size_x=8, local_size_y=8)，指定工作组大小为(8,8,1)。这也会为每个像素生成一个计算着色器调用，最终得到相同数量的总调用。对于这个简单的应用程序，像素计算之间没有依赖关系，并且 GPU 执行它们的顺序无关紧要（只需要在尝试显示生成的纹理图像前完成所有工作），因此其中任意方法都可以正常工作。简单起见，我们将选择前者。

16.1.5　工作组的限制

工作组的数量、大小，以及每个工作组允许的调用数量都有限制，具体取决于显卡。在某些情况下，这些限制可能会影响工作组大小和维度的选择。这些限制可以通过查询内置变量 GL_MAX_COMPUTE_WORK_GROUP_COUNT、GL_MAX_COMPUTE_WORK_GROUP_SIZE 和 GL_MAX_COMPUTE_WORK_GROUP_INVOCATIONS 来确定。由于这些变量都是 vec3 类型的，因此可以使用 glGetIntegeri_v 命令访问 x、y 和 z 维度的值。执行此操作的 C++/OpenGL 函数如图 16.2 所示（已添加到 Utils.cpp 文件中）。

```
void displayComputeShaderLimits() {
    int work_grp_cnt[3];
    int work_grp_siz[3];
    int work_grp_inv;
    glGetIntegeri_v(GL_MAX_COMPUTE_WORK_GROUP_COUNT, 0, &work_grp_cnt[0]);
    glGetIntegeri_v(GL_MAX_COMPUTE_WORK_GROUP_COUNT, 1, &work_grp_cnt[1]);
    glGetIntegeri_v(GL_MAX_COMPUTE_WORK_GROUP_COUNT, 2, &work_grp_cnt[2]);
    glGetIntegeri_v(GL_MAX_COMPUTE_WORK_GROUP_SIZE, 0, &work_grp_siz[0]);
    glGetIntegeri_v(GL_MAX_COMPUTE_WORK_GROUP_SIZE, 1, &work_grp_siz[1]);
    glGetIntegeri_v(GL_MAX_COMPUTE_WORK_GROUP_SIZE, 2, &work_grp_siz[2]);
    glGetIntegerv(GL_MAX_COMPUTE_WORK_GROUP_INVOCATIONS, &work_grp_inv);
    printf("max num of workgroups is: %i %i %i\n", work_grp_cnt[0], work_grp_cnt[1], work_grp_cnt[2]);
    printf("max size of workgroups is: %i %i %i\n", work_grp_siz[0], work_grp_siz[1], work_grp_siz[2]);
    printf("max local work group invocations %i\n", work_grp_inv);
}
```

图 16.2　查询工作组的限制

16.2　光线投射

我们首先实现一个如图 16.1 所示的非常基本的光线投射算法，开始对光线追踪进行研究。

在光线投射中，首先初始化一个矩形 2D 纹理（像素网格），然后创建一系列光线，每个像素一束。光线从相机（眼睛）发出，穿过像素进入场景。当光线击中最近的物体时，就将该物体的颜色分配给对应像素。

光线投射（和光线追踪，我们将在后面研究）在只包含简单的形状（如球体、平面等）的场景中是十分简单的，但也可以在三角形网格组成的更复杂的物体上完成。在这个简短的介绍中，我们将场景限制为只包含球体、平面和长方体。稍后，我们还将结合纹理和 ADS 光照，呈现反射、折射和阴影。

16.2.1　定义 2D 纹理图像

光线投射图像将会生成在一个 2D 纹理上，而这个纹理最初需要在 C++/OpenGL 应用程序中定义。程序 16.2 中展示了这部分 C++代码。它首先定义构建光线投射图像（并最终显示）的纹理的宽度和高度。如前所述，每个像素有一个工作组，因此设置工作组抽象网格的 x 和 y 维度为纹理的宽度和高度。

init()函数用于为纹理分配内存，并将每个像素都设置为粉红色所对应的颜色值。由于我们的算法旨在通过每个像素发送一束光线（从而计算每个像素的颜色），因此结果图像中任何残余的粉红色都表明我们的实现中可能存在错误。之后，init()函数会创建一个 OpenGL 纹理对象并将其与所分配的内存相关联。接下来，定义一个由两个三角形组成的矩形（或"四边形"），用于显示光线投射纹理图像，加载它的顶点和相应的纹理坐标到各自的缓冲区中。最后，生成两个着色器程序：（a）一个光线投射计算着色器程序；（b）一个简单的着色器程序，用于在矩形（四边形）上显示光线投射纹理图像。

16.2.2　构建和显示光线投射图像

如前所述，display()函数分为两个阶段。阶段（1）使用光线投射计算着色器程序，绑定纹理图像，然后使用 glDispatchCompute()启动着色器。我们没有像前几章那样将纹理图像绑定到采样器，而是使用 glBindImageTexture()将纹理图像绑定到 OpenGL 图像单元（image unit）。图像单元与采样器不同，在这种情况下，可以更方便地从着色器内部访问单个像素。调用 glMemoryBarrier()则是为了确保在完全构建图像之前我们不会尝试绘制光线投射图像。接下来，阶段（2）仅使用第 5 章中描述过的基本技术在两个三角形构成的四边形上绘制该图像。

程序 16.2　光线投射

```
// C++/OpenGL 应用程序
#define RAYTRACE_RENDER_WIDTH 512 // 将窗口宽度和高度也设置为这些值
#define RAYTRACE_RENDER_HEIGHT 512
int workGroupsX = RAYTRACE_RENDER_WIDTH;
int workGroupsY = RAYTRACE_RENDER_HEIGHT;
int workGroupsZ = 1;

GLuint screenTextureID; // 全屏纹理的纹理 ID
unsigned char *screenTexture; // 屏幕纹理的 RGBA 格式颜色数据

GLuint raytraceComputeShader, screenQuadShader;

// 其他 VAO、VBO 等的变量声明，和以前一样

...
```

```
void init(GLFWwindow* window) {
    // 为屏幕纹理分配内存
    screenTexture = (unsigned char*)malloc(
        sizeof(unsigned char) * 4 * RAYTRACE_RENDER_WIDTH * RAYTRACE_RENDER_HEIGHT);
    memset(screenTexture, 0, sizeof(char) * 4 * RAYTRACE_RENDER_WIDTH *
                                               RAYTRACE_RENDER_HEIGHT);

    // 将初始纹理像素颜色设置为粉红色——如果出现粉红色，则该像素可能存在错误
    for (int i = 0; i < RAYTRACE_RENDER_HEIGHT; i++) {
        for (int j = 0; j < RAYTRACE_RENDER_WIDTH; j++) {
            screenTexture[i * RAYTRACE_RENDER_WIDTH * 4 + j * 4 + 0] = 250;
            screenTexture[i * RAYTRACE_RENDER_WIDTH * 4 + j * 4 + 1] = 128;
            screenTexture[i * RAYTRACE_RENDER_WIDTH * 4 + j * 4 + 2] = 255;
            screenTexture[i * RAYTRACE_RENDER_WIDTH * 4 + j * 4 + 3] = 255;
    } }

    // 创建 OpenGL 纹理，在该纹理上对场景进行光线投射
    glGenTextures(1, &screenTextureID);
    glBindTexture(GL_TEXTURE_2D, screenTextureID);
    glTexParameteri(GL_TEXTURE_2D, GL_TEXTURE_MIN_FILTER, GL_NEAREST);
    glTexParameteri(GL_TEXTURE_2D, GL_TEXTURE_MAG_FILTER, GL_NEAREST);
    glTexImage2D(GL_TEXTURE_2D, 0, GL_RGBA, RAYTRACE_RENDER_WIDTH,
        RAYTRACE_RENDER_HEIGHT, 0, GL_RGBA, GL_UNSIGNED_BYTE, (const void *)screenTexture);
    // 创建四边形顶点和纹理坐标以将完成的纹理渲染到窗口
    const float windowQuadVerts[ ] = {
        -1.0f, 1.0f, 0.3f, -1.0f,-1.0f, 0.3f, 1.0f, -1.0f, 0.3f,
        1.0f, -1.0f, 0.3f, 1.0f, 1.0f, 0.3f, -1.0f, 1.0f, 0.3f
    };

    const float windowQuadUVs[ ] = {
        0.0f, 1.0f, 0.0f, 0.0f, 1.0f, 0.0f,
        1.0f, 0.0f, 1.0f, 1.0f, 0.0f, 1.0f
    };

    glGenVertexArrays(1, vao);
    glBindVertexArray(vao[0]);
    glGenBuffers(numVBOs, vbo);

    glBindBuffer(GL_ARRAY_BUFFER, vbo[0]); // 顶点位置
    glBufferData(GL_ARRAY_BUFFER, sizeof(windowQuadVerts), windowQuadVerts, GL_STATIC_DRAW);

    glBindBuffer(GL_ARRAY_BUFFER, vbo[1]); // 纹理坐标
    glBufferData(GL_ARRAY_BUFFER, sizeof(windowQuadUVs), windowQuadUVs, GL_STATIC_DRAW);

    raytraceComputeShader = Utils::createShaderProgram("raytraceComputeShader.glsl");
    screenQuadShader = Utils::createShaderProgram("vertShader.glsl", "fragShader.glsl");
}
void display(GLFWwindow* window, double currentTime) {
    // ========== 阶段 1 调用光线追踪计算着色器 ==============
    glUseProgram(raytraceComputeShader);

    // 将 screenTextureID 纹理绑定到 OpenGL 图像单元作为计算着色器的输出
    glBindImageTexture(0, screenTextureID, 0, GL_FALSE, 0, GL_WRITE_ONLY, GL_RGBA8);

    // 启动计算着色器并指定工作组数量
    glDispatchCompute(workGroupsX, workGroupsY, workGroupsZ);
    glMemoryBarrier(GL_ALL_BARRIER_BITS);

    // ========== 阶段 2 绘制所得纹理 ============
    glUseProgram(screenQuadShader);

    glActiveTexture(GL_TEXTURE0);
    glBindTexture(GL_TEXTURE_2D, screenTextureID);
```

```
    glBindBuffer(GL_ARRAY_BUFFER, vbo[0]);
    glVertexAttribPointer(0, 3, GL_FLOAT, false, 0, 0);
    glEnableVertexAttribArray(0);

    glBindBuffer(GL_ARRAY_BUFFER, vbo[1]);
    glVertexAttribPointer(1, 2, GL_FLOAT, false, 0, 0);
    glEnableVertexAttribArray(1);

    glDrawArrays(GL_TRIANGLES, 0, 6);
}
// main()函数和以前一样
```

然后，阶段（2）中的着色器获取由阶段（1）中的着色器放入纹理对象的像素（随后绑定到 C++/OpenGL 应用程序中的纹理单元 0），并使用它们来显示光线投射图像。

程序 16.2（续）包含阶段（1）中的光线投射计算着色器。这个着色器是光线投射程序的核心。对于计算着色器，我们先给出代码，再详细解释算法和实现。

程序 16.2（续）　光线投射

```
// 顶点着色器
#version 430
layout (location=0) in vec3 vert_pos;
layout (location=1) in vec2 vert_uv;
out vec2 uv;

void main(void)
{   gl_Position = vec4(vert_pos, 1.0);
    uv = vert_uv;
}



// 片段着色器
#version 430
layout (binding=0) uniform sampler2D tex;
in vec2 uv;

void main()
{   gl_FragColor = vec4( texture2D( tex, uv).rgb, 1.0);
}



// 计算着色器
#version 430
layout (local_size_x=1) in;
layout (binding=0, rgba8) uniform image2D output_texture;
float camera_pos_z = 5.0;

struct Ray
{   vec3 start;    // 光线原点
    vec3 dir;      // 归一化后的光线方向
}

struct Collision
{   float t;       // 在光线上距碰撞位置的距离
    vec3 p;        // 碰撞点的全局坐标
    vec3 n;        // 碰撞点的表面法向量
    bool inside;   // 碰撞是否是在穿过物体内表面向外离开物体时发生的
```

```
        int object_index ;  // 碰撞到的物体的索引
}

float sphere_radius = 2.5;
vec3 sphere_position = vec3(1.0, 0.0, -3.0);
vec3 sphere_color = vec3(0.0, 0.0, 1.0); // 球面颜色为蓝色

vec3 box_mins = vec3(-2.0,-2.0, 0.0);
vec3 box_maxs = vec3(-0.5, 1.0, 2.0);
vec3 box_color = vec3(1.0, 0.0, 0.0); // 立方体颜色为红色

// ------------------------------------------------------------------------
// 检查光线 r 是否与立方体相交
// ------------------------------------------------------------------------
Collision intersect_box_object(Ray r)
{   // 计算立方体的全局最小值和最大值
    vec3 t_min = (box_mins - r.start) / r.dir;
    vec3 t_max = (box_maxs - r.start) / r.dir;
    vec3 t_minDist = min(t_min, t_max);
    vec3 t_maxDist = max(t_min, t_max);
    float t_near = max(max(t_minDist.x, t_minDist.y), t_minDist.z);
    float t_far = min(min(t_maxDist.x, t_maxDist.y), t_maxDist.z);

    Collision c;
    c.t = t_near;
    c.inside = false;

    // 如果光线未与立方体相交，返回负值作为 t 的值
    if (t_near >= t_far || t_far <= 0.0)
    {   c.t = -1.0;
        return c;
    }

    float intersect_distance = t_near;
    vec3 plane_intersect_distances = t_minDist;

    // 如果 t_near < 0.0，则光线从立方体内部开始，并离开立方体
    if (t_near < 0.0)
    {   c.t = t_far;
        intersect_distance = t_far;
        plane_intersect_distances = t_maxDist;
        c.inside = true;
    }

    // 检查交点所处的边界
    int face_index = 0;
    if (intersect_distance == plane_intersect_distances.y) face_index = 1;
    else if (intersect_distance == plane_intersect_distances.z) face_index = 2;

    // 创建碰撞法向量
    c.n = vec3(0.0);
    c.n[face_index] = 1.0;

    // 如果从坐标轴负方向与立方体发生碰撞，对法向量取反
    if (r.dir[face_index] > 0.0) c.n *= -1.0;

    // 计算交点的全局坐标
    c.p = r.start + c.t * r.dir;
    return c;
}

// ------------------------------------------------------------------------
// 检查光线 r 是否与球面相交
// ------------------------------------------------------------------------
```

```
Collision intersect_sphere_object(Ray r)
{  float qa = dot(r.dir, r.dir);
   float qb = dot(2*r.dir, r.start-sphere_position);
   float qc = dot(r.start-sphere_position, r.start-sphere_position) - sphere_radius*sphere_radius;

   // 判断方程 qa * t^2 + qb * t + qc = 0 的解
   float qd = qb * qb - 4 * qa * qc;

   Collision c;
   c.inside = false;

   if (qd < 0.0) // 这种情况下无解
   { c.t = -1.0;
     return c;
   }

   float t1 = (-qb + sqrt(qd)) / (2.0 * qa);
   float t2 = (-qb - sqrt(qd)) / (2.0 * qa);
   float t_near = min(t1, t2);
   float t_far = max(t1, t2);
   c.t = t_near;

   if (t_far < 0.0) // 球面在光线背后，没有交点
   { c.t = -1.0;
     return c;
   }
   if (t_near < 0.0) // 光线从球面内部开始
   { c.t = t_far;
     c.inside = true;
   }

   c.p = r.start + c.t * r.dir; // 碰撞的全局坐标
   c.n = normalize(c.p - sphere_position); // 使用全局坐标计算表面法向量

   if (c.inside) // 如果碰撞是离开球面的，对法向量取反
   {   c.n *= -1.0;
   }
   return c;
}


//-------------------------------------------------------------------------------
// 返回光线最近的碰撞
// object_index == -1 表示没有碰撞
// object_index == 1 表示与球面碰撞
// object_index == 2 表示与立方体碰撞
//-------------------------------------------------------------------------------
Collision get_closest_collision(Ray r)
{  Collision closest_collision, cSph, cBox;
   closest_collision.object_index = -1;

   cSph = intersect_sphere_object(r);
   cBox = intersect_box_object(r);

   if ((cSph.t > 0) && ((cSph.t < cBox.t) || (cBox.t < 0)))
   {    closest_collision = cSph;
        closest_collision.object_index = 1;
   }
   if ((cBox.t > 0) && ((cBox.t < cSph.t) || (cSph.t < 0)))
   {    closest_collision = cBox;
        closest_collision.object_index = 2;
   }
   return closest_collision;
}


// -------------------------------------------------------------------------------
```

```
// 该函数投射一束光线进入场景并返回像素最终的颜色
// --------------------------------------------------------------------------------
vec3 raytrace(Ray r)
{  Collision c = get_closest_collision(r);
   if (c.object_index == -1) return vec3(0.0);   // 如果没有碰撞，返回黑色
   if (c.object_index == 1) return sphere_color;
   if (c.object_index == 2) return box_color;
}
void main()
{  int width = int(gl_NumWorkGroups.x);   // 一个工作组 = 一次调用 = 一个像素
   int height = int(gl_NumWorkGroups.y);
   ivec2 pixel = ivec2(gl_GlobalInvocationID.xy);

   // 将像素从屏幕空间转换到全局空间
   float x_pixel = 2.0 * pixel.x / width-1.0;
   float y_pixel = 2.0 * pixel.y / height-1.0;

   // 获取像素的全局光线
   Ray world_ray;
   world_ray.start = vec3(0.0, 0.0, camera_pos_z);
   vec4 world_ray_end = vec4(x_pixel, y_pixel, camera_pos_z - 1.0, 1.0);
   world_ray.dir = normalize(world_ray_end.xyz - world_ray.start);

   // 投射光线并使其与物体相交
   vec3 color = raytrace(world_ray);
   imageStore(output_texture, pixel, vec4(color, 1.0));
}
```

如前所述，计算着色器顶部的声明部分首先将工作组大小设置为 1，然后定义输出纹理图像的统一变量以及相机位置（在此示例中，我们将相机限制为沿 z 轴定位，面向 z 轴负方向）。接着，声明用于定义光线（原点和方向）和碰撞的结构体。碰撞结构体包括关于光线与物体相交的信息，例如沿光线的距离、全局坐标中的碰撞位置、碰撞的物体，以及碰撞表面点的法向量，稍后我们将在添加光照时使用这些信息。在声明部分的最后，为将要绘制的对象（本例中为立方体和球体）的位置和颜色创建变量。

代码末尾展示的 main() 函数首先使用工作组的调用 ID 来确定像素在屏幕空间网格中的 x、y 坐标，然后将其从区间[0,width]转换为区间[-1,+1]，以对应像素在场景全局坐标系中的位置。然后假设渲染网格放置在相机前方 1.0 距离的位置（沿 z 轴），创建一束从相机位置开始并通过该点的光线。接着 main()函数调用 raytrace()函数，它接收一束光线并返回被该光线击中的最近对象的颜色。最后 main()函数将该颜色存储在图像中。

在 raytrace()函数中首先调用 get_closest_collision()，由它返回一个 Collision 对象，其中包含光线碰撞到的第一个对象的索引，然后由 raytrace()返回该对象的颜色。如果光线没有与场景中的任何对象发生碰撞，则 raytrace()返回默认颜色（在此示例中设置为黑色）。get_closest_collision()函数的工作原理是找到与球体对象和立方体对象的碰撞点（分别通过函数 intersect_sphere_object()和 intersect_box_object()），并返回距离最近的碰撞点。如果没有碰撞对象，则返回特殊值-1。

16.2.3 光线与球面的交点

光线作为射线与球面的交点，可以使用几何计算得出，这一点已经得到充分证明[S16]。虽然其推导过程比较简单，但这里不赘述，只介绍解决方案。射线可能错过球面、掠过球面，或从球面的一侧进入并从另一侧离开，分别对应 0、1 或 2 个交点。给定射线的原点 r_s 和方向 r_d，以及球心的位置 s_p 和球面半径 s_r，那么求射线起点到与球面交点的距离 t 需要求解以下二次方程：

$$(\boldsymbol{r}_{\mathrm{d}} \cdot \boldsymbol{r}_{\mathrm{d}})t^2 + \left(2\boldsymbol{r}_{\mathrm{d}} \cdot (\boldsymbol{r}_{\mathrm{s}} - s_{\mathrm{p}})\right)t + (\boldsymbol{r}_{\mathrm{s}} - s_{\mathrm{p}})^2 - s_{\mathrm{r}}^2 = 0$$

计算它的判别式[①]:

$$\Delta = \left(2\boldsymbol{r}_{\mathrm{d}} \cdot (r_{\mathrm{s}} - s_{\mathrm{p}})\right)^2 - 4\left|\boldsymbol{r}_{\mathrm{d}}\right|^2\left((r_{\mathrm{s}} - s_{\mathrm{p}})^2 - s_{\mathrm{r}}^2\right)$$

如果 $\Delta < 0$,我们可以在这里停下了,因为光线没有到达球面(并且可以避免尝试取负数的平方根)。当 Δ 不小于 0 时,方程有两个解:

$$t = \frac{\left(-2\boldsymbol{r}_{\mathrm{d}} \cdot (r_{\mathrm{s}} - s_{\mathrm{p}})\right) \pm \sqrt{\Delta}}{2(\boldsymbol{r}_{\mathrm{d}} \cdot \boldsymbol{r}_{\mathrm{d}})^2}$$

$\Delta > 0$ 时,t 的两个值中较小和较大的分别表示为 t_{near} 和 t_{far},此时:
- 当 t_{near} 和 t_{far} 都为负时,整个球体都在光线的背面,没有交点;
- 当 t_{near} 为负且 t_{far} 为正时,光线从球体内部开始,第一个交点距起点 t_{far};
- 当两者都为正时,第一个交点距起点 t_{near}。

请注意,射线掠过球体表面时有 $\Delta = 0$,即方程有两个相同的正解。我们可以将这种情况与 $\Delta > 0$ 且两个解都为正的情况类比,并认为此时 t_{near} 和 t_{far} 相等。

一旦确定了 t 的值,就很容易计算出对应的碰撞点 collisionPoint:

$$\mathrm{collisionPoint} = r_{\mathrm{s}} + t \cdot r_{\mathrm{d}}$$

接下来,我们计算碰撞点处的表面法线,并进行归一化(normalize),得到碰撞法线 **collisionNormal**。它是从球心到交点的向量:

$$\mathbf{collisionNormal} = \mathrm{normalize}(\mathrm{collisionPoint} - s_{\mathrm{p}})$$

请注意,如果光线从球体内部开始,则需要对碰撞法线取反。

16.2.4 轴对齐的光线与立方体的交点

计算光线与立方体交点的计算也已经得到充分证明,并使用几何方法推导出,常见的方法是由 Kay 和 Kajiya 推导出的[KK86]。同样,我们只描述了适用于 GPU 向量操作的解决方案[H89]。与球体相似,光线将在 0、1 或 2 个点处与一个立方体相交。

程序 16.2 假设立方体的各棱与全局坐标轴平行(称为"轴对齐",稍后会处理其他方向的立方体)。这里使用对角线上相对的两个顶点来定义立方体,即 $(x_{\mathrm{min}}, y_{\mathrm{min}}, z_{\mathrm{min}})$ 和 $(x_{\mathrm{max}}, y_{\mathrm{max}}, z_{\mathrm{max}})$。在程序 16.2 中,它们分别是 $\mathrm{box}_{\mathrm{mins}}$:$(-2, -2, 0)$ 和 $\mathrm{box}_{\mathrm{maxs}}$:$(-0.5, 1, 2)$。我们可以使用这两个点来确定构成立方体的 6 个面,例如采用两个 x 值来确定长方体的两个平行于 yz 平面的面。使用 GLSL 中针对 vec3 类型值的"/"操作可以有效地找到光线与 6 个平面中的每一个相交的距离[S11]:

$$\boldsymbol{t}_{\mathrm{mins}} = (\mathrm{box}_{\mathrm{mins}} - r_{\mathrm{s}})/\boldsymbol{r}_{\mathrm{d}}$$
$$\boldsymbol{t}_{\mathrm{maxs}} = (\mathrm{box}_{\mathrm{maxs}} - r_{\mathrm{s}})/\boldsymbol{r}_{\mathrm{d}}$$

得到的 $\boldsymbol{t}_{\mathrm{mins}}$ 和 $\boldsymbol{t}_{\mathrm{maxs}}$ 向量分别包含光线起点距轴对齐立方体表面所在的三组平行面上的交点的最小和最大距离。然后,我们可以有效地找到每个距离中的较小者和较大者:

$$\boldsymbol{t}_{\mathrm{minDist}} = \min(\boldsymbol{t}_{\mathrm{mins}}, \boldsymbol{t}_{\mathrm{maxs}})$$
$$\boldsymbol{t}_{\mathrm{maxDist}} = \max(\boldsymbol{t}_{\mathrm{mins}}, \boldsymbol{t}_{\mathrm{maxs}})$$

(在 GLSL 中,对两个 vec3 类型值应用 min() 操作会返回另一个 vec3 类型值,其中包含每对 x、

[①] 出于性能考虑,我们偶尔以计算向量与自身的点积的形式计算向量长度的平方。

y 和 z 元素中较小的一个。max()操作同理。)

　　向量 $t_{minDist}$ 即为：(r_s 到 x_{min} 的距离，r_s 到 y_{min} 的距离，r_s 到 z_{min} 的距离)。

　　向量 $t_{maxDist}$ 即为：(r_s 到 x_{max} 的距离，r_s 到 y_{max} 的距离，r_s 到 z_{max} 的距离)。

　　一些平面碰撞点实际上在立方体之外。从射线原点到立方体面上的实际最近碰撞点的距离是 $t_{minDist}$ 中的最大值，而从射线原点到立方体面上最远碰撞点的距离是 $t_{maxDist}$ 中的最小值：

$$t_{near} = \max(t_{minDist,x}, t_{minDist,y}, t_{minDist,z})$$

$$t_{far} = \min(t_{maxDist,x}, t_{maxDist,y}, t_{maxDist,z})$$

因此有以下 3 种情况。

- 光线根本不与立方体相交，当 $t_{near} > t_{far}$ 或 $t_{far} \leq 0$ 时就是这种情况。
- 光线从立方体内部射出并离开立方体时，有一个碰撞点，当 $t_{near} < 0$ 和 $t_{far} > 0$ 时就是这种情况。
- 否则，有两个碰撞点发生在距起点 t_{near} 和 t_{far} 处。

在此之后，计算最近碰撞的全局坐标的过程与球体部分相同。计算时的法线为(±1,0,0)、(0,±1,0) 或(0,0,±1)，法线的选择具体取决于发生碰撞的表面。

16.2.5　无光照的简单光线投射的输出

图 16.3（见彩插）展示了程序 16.2 的输出。该场景包含右侧的红色球体和左侧的绿色立方体。立方体是轴对齐的，并且比球体更靠近相机。请注意，场景中尚未应用光照，因此表面看起来是平坦的，球体看起来像一个圆盘。

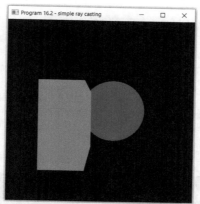

图 16.3　程序 16.2 的输出，展示了无光照的简单光线投射

16.2.6　添加 ADS 光照

第 7 章介绍了 ADS 光照。这里我们通过添加全局环境光代码、位置光的位置和 ADS 特性代码、场景中物体的 ADS 材料特性代码，以及使用与第 7 章相同的方式计算 ADS 光照的函数代码，在光线投射的计算着色器中实现光照。

程序 16.3 展示了对光线投射计算着色器的增改。在着色器顶部添加了声明和一个新函数 ads_phong_lighting()。同时对 raytrace()函数更改的部分进行了突出显示，在更改的部分中，将光照结果与物体的颜色相乘。在这个简单的例子中，球体和长方体都具有相同的材料特性。输出如图 16.4 所示。

程序 16.3　添加光照

```
// 计算着色器
...
vec4 global_ambient = vec4(0.3, 0.3, 0.3, 1.0);

vec4 objMat_ambient = vec4(0.2, 0.2, 0.2, 1.0);
vec4 objMat_diffuse = vec4(0.7, 0.7, 0.7, 1.0);
vec4 objMat_specular = vec4(1.0, 1.0, 1.0, 1.0);
float objMat_shininess = 50.0;

vec3 pointLight_position = vec3(-3.0, 2.0, 4.0);
vec4 pointLight_ambient = vec4(0.2, 0.2, 0.2, 1.0);
vec4 pointLight_diffuse = vec4(0.7, 0.7, 0.7, 1.0);
vec4 pointLight_specular = vec4(1.0, 1.0, 1.0, 1.0);
...
vec3 ads_phong_lighting(Ray r, Collision c)
{   // 通过全局环境光和位置光计算环境光分量
    vec4 ambient = global_ambient + pointLight_ambient * objMat_ambient;

    // 计算光在表面的反射
    vec3 light_dir = normalize(pointLight_position - c.p);
    vec3 light_ref = normalize( reflect(-light_dir, c.n));
    float cos_theta = dot(light_dir, c.n);
    float cos_phi = dot( normalize(-r.dir), light_ref);

    // 计算漫反射和镜面反射分量
    vec4 diffuse = pointLight_diffuse * objMat_diffuse * max(cos_theta, 0.0);
    vec4 specular = pointLight_specular * objMat_specular * pow( max( cos_phi, 0.0),
                                                                 objMat_shininess);

    vec4 phong_color = ambient + diffuse + specular;
    return phong_color.rgb;
}

vec3 raytrace(Ray r)
{   Collision c = get_closest_collision(r);
    if (c.object_index == -1) return vec3(0.0); // 如果没有碰撞，返回黑色
    if (c.object_index == 1) return ads_phong_lighting(r,c) * sphere_color;
    if (c.object_index == 2) return ads_phong_lighting(r,c) * box_color;
}
```

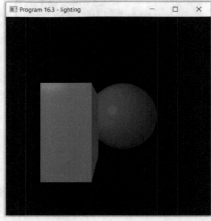

图 16.4　程序 16.3 的输出，展示了有光照的简单光线投射

16.2.7　添加阴影

通过利用我们已经编写的一些函数，光线投射可以使用一种非常优雅的方法来检测物体是否在阴影中。我们通过定义从正在渲染的碰撞点开始朝向灯光位置的"阴影感知射线"来实现这一目标。使用我们已经编写好的 get_closest_collision()函数，可以确定该射线的最近碰撞位置。如果它比位置光更近，那么在光和碰撞点之间必定有一个物体，且该碰撞点必定在阴影中。

第 8 章中，渲染位于阴影中的对象部分的方式是仅渲染其环境光分量。因此，在计算着色器时，在 16.2.6 小节开发的 ads_phong_lighting()函数中很适合加入阴影检测代码。在这里，漫反射和镜面反射的贡献初始化为 0，而仅在确定碰撞点不在阴影中时才进行计算。还要注意，阴影感知射线从稍微偏移物体表面的位置（沿着法线）开始，以避免阴影痤疮（这是因为如果没有这个偏移，一些阴影感知射线会立即撞到物体本身）。添加的内容在程序 16.4 中突出显示。该算法比我们在第 8 章中学到的阴影映射简单得多！图 16.5 展示了程序的输出。立方体现在向球面投射阴影。

程序 16.4　添加阴影

```glsl
// 计算着色器
...
vec3 ads_phong_lighting(Ray r, Collision c)
{   // 通过全局环境光和位置光计算环境光分量
    vec4 ambient = worldAmb_ambient + pointLight_ambient * objMat_ambient;

    // 初始化漫反射和镜面反射分量
    vec4 diffuse = vec4(0.0);
    vec4 specular = vec4(0.0);

    // 检查是否有任何物体在这个表面投射阴影
    Ray light_ray;
    light_ray.start = c.p + c.n * 0.01;
    light_ray.dir = normalize(pointLight_position - c.p);
    bool in_shadow = false;

    // 将阴影感知射线投射进场景
    Collision c_shadow = get_closest_collision(light_ray);

    // 如果阴影感知射线碰到了物体，并且碰撞位置在光源与表面之间
    if (c_shadow.object_index != -1 && c_shadow.t < length(pointLight_position-c.p))
    {   in_shadow = true;
    }

    // 如果表面在阴影中，则不添加漫反射和镜面反射分量
    if (in_shadow == false)
    {   // 计算光在表面的反射
        vec3 light_dir = normalize(pointLight_position - c.p);
        vec3 light_ref = normalize( reflect(-light_dir, c.n));
        float cos_theta = dot(light_dir, c.n);
        float cos_phi = dot( normalize(-r.dir), light_ref);

        // 计算漫反射和镜面反射分量
        diffuse = pointLight_diffuse * objMat_diffuse * max(cos_theta, 0.0);
        specular = pointLight_specular * objMat_specular * pow( max( cos_phi, 0.0), objMat_shininess);
    }
    vec4 phong_color = ambient + diffuse + specular;
    return phong_color.rgb;
}
```

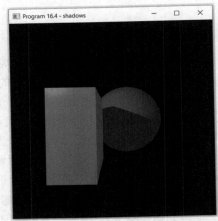

图 16.5　程序 16.4 的输出，展示了带有光照和阴影的简单光线投射

16.2.8　非轴对齐的光线与立方体的交点

到目前为止，我们将立方体限制在特定的方向，即它的各棱与全局坐标轴平行。接下来将展示如何引入平移和旋转，以便可以根据需要调整立方体的方向。对立方体应用平移和旋转在概念上类似于构建视图矩阵，就像第 4 章介绍的那样，尽管细节略有不同。

我们首先使用 box_mins 和 box_maxs 变量定义一个以原点为中心的立方体形状。同时指定：

● 立方体所需要的移动到的位置，使用 vec3 类型变量；
● 立方体在 x、y 和 z 方向上围绕原点的旋转角，使用 3 个 float 类型变量。

接下来，我们使用 3.10 节中描述过的 buildTranslate()函数和 buildRotate()函数构建平移变换矩阵和旋转变换矩阵。这里有一个诀窍，就是使用这些矩阵的逆矩阵来修改射线的起点和方向，具体来说，就是对光线的方向进行旋转，并对光线的起点进行旋转、平移，然后像前面一样继续计算，以生成碰撞距离（当然还需要确定光线是否与立方体碰撞）。一旦确定了碰撞距离，就可以像前面一样，根据实际的射线起点和方向使用它来计算全局坐标下的碰撞点位置。请注意，表面法线也需要根据旋转矩阵进行旋转（实际上就是使用旋转矩阵的逆转置矩阵，正如我们在第 7 章中学到的）。

程序 16.5 中突出显示的部分展示了对 intersect_box_object()函数的更改，以及示例立方体的形状、位置和方向参数。其输出如图 16.6 所示。

程序 16.5　非轴对齐的立方体的交点

```
// 计算着色器
...
vec3 box_mins = vec3(-0.5, -0.5, -1.0);
vec3 box_maxs = vec3( 0.5, 0.5, 1.0);
vec3 box_pos = vec3(-1, -0.5, 1.0);

const float DEG_TO_RAD = 3.1415926535 / 180.0;
float box_xrot = 10.0;
float box_yrot = 70.0;
float box_zrot = 55.0;

Collision intersect_box_object(Ray r)
{   // 计算立方体局部空间到全局空间的各变换矩阵以及它们的逆矩阵

    mat4 local_to_worldT = buildTranslate(box_pos.x, box_pos.y, box_pos.z);
    mat4 local_to_worldR =
```

```
                buildRotateY(DEG_TO_RAD * box_yrot)
                  * buildRotateX(DEG_TO_RAD * box_xrot)
                  * buildRotateZ(DEG_TO_RAD * box_zrot);
                mat4 local_to_worldTR = local_to_worldT * local_to_worldR;
                mat4 world_to_localTR = inverse(local_to_worldTR);
                mat4 world_to_localR = inverse(local_to_worldR);

                // 将全局空间光线转换至立方体局部空间
                vec3 ray_start = (world_to_localTR * vec4(r.start,1.0)).xyz;
                vec3 ray_dir = (world_to_localR * vec4(r.dir,1.0)).xyz;

                // 计算立方体的 mins 和 maxs
                vec3 t_min = (box_mins - ray_start) / ray_dir;
                vec3 t_max = (box_maxs - ray_start) / ray_dir;
                vec3 t1 = min(t_min, t_max);
                vec3 t2 = max(t_min, t_max);
                float t_near = max(max(t1.x,t1.y),t1.z);
                float t_far = min(min(t2.x, t2.y), t2.z);
                ...
                // 与之前相同的碰撞检测相关计算
                // 得到与立方体相交的面以及碰撞点的法线
                // 新增的法向量计算以在下方突出显示
                ...
                // 如果从坐标轴负方向碰到立方体, 对法向量取反
                if(ray_dir[face_index] > 0.0) c.n *= -1.0;

                // 接下来将法向量变换回全局空间
                c.n = transpose(inverse(mat3(local_to_worldR))) * c.n;

                // 计算交点的全局位置坐标
                c.p = r.start + c.t * r.dir;

                return c;
        }
```

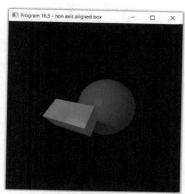

图 16.6　程序 16.5 的输出, 展示了非轴对齐立方体的简单光线投射

16.2.9　确定纹理坐标

如果我们希望将纹理图像应用于场景中的物体, 则需要计算纹理坐标。在前面章节的示例中, 每个纹理坐标对应于模型中的一个顶点, 可以通过程序将它们加载到 VBO 中, 或从 OBJ 文件中直接读取。在这里则不能这样做, 因为我们没有使用模型——甚至没有使用顶点! 这些模型是在数学定义的形状上计算光线交点的结果, 因此我们需要扩展前面的计算来确定纹理坐标。

这个过程可以很复杂, 因为所需的纹理坐标布局会因应用程序而异。例如, 一个立方体可能代表一堵砖墙, 也可能是一个天空盒, 不同的立方体需要不同的纹理坐标分配。而对于球面来说, 则

会更容易一些，因为我们一直使用的纹理图像的布局（例如月球）是迄今为止最常见的。

对于球体，一个小技巧是使用计算出的表面法线来指定表面上的一个点，在使用标准球面坐标的情况下，可以在解出对应的扁平化 2D 空间中的点。有一个众所周知的经典几何的推导[S16]，这里就不赘述。给定法向量 N：

$$\text{texCoord}_x = 0.5 + \frac{\text{atan}(-N_z, N_x)}{2\pi}$$

$$\text{texCoord}_y = 0.5 + \frac{\text{asin}(-N_y)}{\pi}$$

其中 atan() 和 asin() 操作分别根据坐标取反正切和反正弦值。

对于立方体，下面的第一个示例假设只需要简单地将纹理图像均匀地应用于所有表面，因此我们将根据立方体最长的边对其进行缩放。执行该操作的步骤如下。

（1）使用之前开发的 world_to_local 矩阵计算碰撞点。

（2）确定最大的立方体边长。

（3）将 x、y 和 z 碰撞点坐标转换为基于立方体最大边长度的值，其区间为[0,1]。

（4）将各坐标除以立方体最大边长度，使图像不会沿立方体边被压缩。

（5）根据发生碰撞的表面，选择(x, y)、(x, z)或(y, z)作为纹理坐标。

程序 16.6 展示了对 C++/OpenGL 应用程序和计算着色器的添加和更改。它用地球图像对球体进行纹理处理，用砖块图像（图 16.7）对立方体进行纹理处理。

程序 16.6　添加纹理坐标

```
// C++/OpenGL 应用程序
...
GLuint earthTexture, brickTexture;   // 添加到开头的声明

void init(GLFWwindow* window) {
    ...
    earthTexture = Utils::loadTexture("earthmap1k.jpg");
    brickTexture = Utils::loadTexture("brick1.jpg");
}

void display(GLFWwindow* window, double currentTime) {
    ...
    glBindImageTexture(0, screenTextureID, 0, GL_FALSE, 0, GL_WRITE_ONLY, GL_RGBA8);

    glActiveTexture(GL_TEXTURE1);
    glBindTexture(GL_TEXTURE_2D, earthTexture);
    glActiveTexture(GL_TEXTURE2);
    glBindTexture(GL_TEXTURE_2D, brickTexture);

    glActiveTexture(GL_TEXTURE0);  // 当同时使用图像存储和纹理时
                                   // 需要重置激活的纹理

    glDispatchCompute(workGroupsX, workGroupsY, workGroupsZ);
    ...
}


// 计算着色器
...
layout (binding=1) uniform sampler2D sampEarth;
layout (binding=2) uniform sampler2D sampBrick;
...
```

```
struct Collision
{   float t;            // 在光线上距碰撞位置的距离
    vec3 p;             // 碰撞点的全局坐标
    vec3 n;             // 碰撞点的表面法向量
    bool inside;        // 碰撞是否是在物体内表面发生的
    int object_index;   // 碰撞到的物体的索引
    vec2 tc;            // 物体碰撞点的纹理坐标
};

...

Collision intersect_sphere_object(Ray r)
{   ...
    c.tc.x = 0.5 + atan(-c.n.z, c.n.x) / (2.0*PI);
    c.tc.y = 0.5 - asin(-c.n.y) / PI;
    return c;
}

...

Collision intersect_box_object(Ray r)
{   ...
    // 计算纹理坐标
    // 从计算立方体局部空间下的光线碰撞点坐标开始
    vec3 cp = (world_to_localTR * vec4(c.p,1.0)).xyz;

    // 接下来计算立方体最大边长
    float totalWidth = box_maxs.x - box_mins.x;
    float totalHeight = box_maxs.y - box_mins.y;
    float totalDepth = box_maxs.z - box_mins.z;
    float maxDimension = max(totalWidth, max(totalHeight, totalDepth));

    // 将 x、y、z 坐标转换至[0,1]区间，并除以立方体最大边长
    float rayStrikeX = (cp.x + totalWidth/2.0) / maxDimension;
    float rayStrikeY = (cp.y + totalHeight/2.0) / maxDimension;
    float rayStrikeZ = (cp.z + totalDepth/2.0) / maxDimension;

    // 最后，基于立方体表面索引，选取(x,y)、(x,z)或(y,z)作为纹理坐标
    if (face_index == 0)
        c.tc = vec2(rayStrikeZ, rayStrikeY);
    else if (face_index == 1)
        c.tc = vec2(rayStrikeZ, rayStrikeX);
    else
        c.tc = vec2(rayStrikeY, rayStrikeX);
    return c;
}
...
vec3 raytrace(Ray r)
{   Collision c = get_closest_collision(r);
    if (c.object_index == -1) return vec3(0.0);   // 没有碰撞
    if (c.object_index == 1) return ads_phong_lighting(r,c) * (texture(sampEarth, c.tc)).xyz;
    if (c.object_index == 2) return ads_phong_lighting(r,c) * (texture(sampBrick, c.tc)).xyz;
}
```

　　如果将立方体用作房间盒或天空盒，纹理坐标的计算需要稍做变化，以配合我们在第 9 章中学到的纹理处理方法。我们可以开始将第二个立方体添加到场景，准确来说是添加一个在程序 16.2 中描述的轴对齐立方体，并将它设为纯色。在场景中添加尺寸为 20×20×20 的立方体后，因为相机位于立方体中，所以立方体只有内表面可见[①]。另请注意，在此示例中，场景中的对象在立方体上投射阴影，与房间盒的情况相同。

---

① 　房间盒中可能出现不和谐的接缝。程序 16.4 中 **light_ray.start** 的 0.01 偏移（用于对抗阴影痤疮）在拐角处无效，因为法线与相邻的立方体侧面相切。这对天空盒来说不是问题，因为不需要使用阴影。

计算纹理坐标来为房间盒或天空盒应用纹理的过程取决于
我们是希望使用单个纹理（例如图 9.1 中的纹理）还是 6 个单独
的纹理（分别应用于立方体的各个面）。程序 16.7 实现了后一种
的方法，它使用了额外的交点检测方法，专门处理房间盒或天
空盒的情况。程序 16.7 中展示了对 C++/OpenGL 应用程序和计
算着色器的更改。其中 C++/OpenGL 应用程序加载了 6 个纹理
并将其分配给各纹理单元，之后在计算着色器中采样，并根据
光线碰撞的面进行选择。具体碰撞了 6 个面中的哪一个可以很
容易地使用法向量确定，因为立方体的每个面都有不同的法向
量。然后以类似于程序 16.6 中所示的方式计算纹理坐标。最后，

图 16.7　程序 16.6 的示例纹理

请注意，随着我们向场景中添加越来越多的对象，确定哪个碰撞最接近相机所需的测试数量很
快会变得更加复杂。

程序 16.7　添加纹理到天空盒

```
// C++/OpenGL 应用程序
...

GLuint xpTex, xnTex, ypTex, ynTex, zpTex, znTex;   // 添加到开头的声明
void init(GLFWwindow* window) {
    ...
    xpTex = Utils::loadTexture("cubeMap/xp.jpg");
    xnTex = Utils::loadTexture("cubeMap/xn.jpg");
    ypTex = Utils::loadTexture("cubeMap/yp.jpg");
    ynTex = Utils::loadTexture("cubeMap/yn.jpg");
    zpTex = Utils::loadTexture("cubeMap/zp.jpg");
    znTex = Utils::loadTexture("cubeMap/zn.jpg");
}

void display(GLFWwindow* window, double currentTime) {
    ...
    glBindImageTexture(0, screenTextureID, 0, GL_FALSE, 0, GL_WRITE_ONLY, GL_RGBA8);
    glActiveTexture(GL_TEXTURE3);
    glBindTexture(GL_TEXTURE_2D, xpTex);
    glActiveTexture(GL_TEXTURE4);
    glBindTexture(GL_TEXTURE_2D, xnTex);
    glActiveTexture(GL_TEXTURE5);
    glBindTexture(GL_TEXTURE_2D, ypTex);
    glActiveTexture(GL_TEXTURE6);
    glBindTexture(GL_TEXTURE_2D, ynTex);
    glActiveTexture(GL_TEXTURE7);
    glBindTexture(GL_TEXTURE_2D, zpTex);
    glActiveTexture(GL_TEXTURE8);
    glBindTexture(GL_TEXTURE_2D, znTex);
    glActiveTexture(GL_TEXTURE0);
    glDispatchCompute(workGroupsX, workGroupsY, workGroupsZ);
    ...
}

// 计算着色器
...
layout (binding=3) uniform sampler2D xpTex;
layout (binding=4) uniform sampler2D xnTex;
layout (binding=5) uniform sampler2D ypTex;
layout (binding=6) uniform sampler2D ynTex;
```

```
layout (binding=7) uniform sampler2D zpTex;
layout (binding=8) uniform sampler2D znTex;
...
struct Collision
{ float t;              // 在光线上距碰撞位置的距离
  vec3 p;               // 碰撞点的全局坐标
  vec3 n;               // 碰撞点的表面法向量
  bool inside;          // 碰撞是否是在物体内表面发生的
  int object_index;     // 碰撞到的物体的索引
  vec2 tc;              // 物体碰撞点的纹理坐标
  int face_index;       // 碰撞到的面的索引（对于有纹理的天空盒）
};
...
Collision intersect_sky_box_object(Ray r)
{ ...
   // 计算碰撞到物体的面的索引（假设法向量的长度都为1）
   if (c.n == vec3(1,0,0)) c.face_index = 0;
   else if (c.n == vec3(-1,0,0)) c.face_index = 1;
   else if (c.n == vec3(0,1,0)) c.face_index = 2;
   else if (c.n == vec3(0,-1,0)) c.face_index = 3;
   else if (c.n == vec3(0,0,1)) c.face_index = 4;
   else if (c.n == vec3(0,0,-1)) c.face_index = 5;

   // 计算纹理坐标
   float totalWidth = skybox_maxs.x - skybox_mins.x;
   float totalHeight = skybox_maxs.y - skybox_mins.y;
   float totalDepth = skybox_maxs.z - skybox_mins.z;
   float maxDimension = max(totalWidth, max(totalHeight, totalDepth));

   // 基于碰撞到的立方体面，选择纹理坐标
   float rayStrikeX = ((c.p).x + totalWidth/2.0)/maxDimension;
   float rayStrikeY = ((c.p).y + totalHeight/2.0)/maxDimension;
   float rayStrikeZ = ((c.p).z + totalDepth/2.0)/maxDimension;

   if (c.face_index == 0) c.tc = vec2(rayStrikeZ, rayStrikeY);
   else if (c.face_index == 1) c.tc = vec2(1.0-rayStrikeZ, rayStrikeY);
   else if (c.face_index == 2) c.tc = vec2(rayStrikeX, rayStrikeZ);
   else if (c.face_index == 3) c.tc = vec2(rayStrikeX, 1.0-rayStrikeZ);
   else if (c.face_index == 4) c.tc = vec2(1.0-rayStrikeX, rayStrikeY);
   else if (c.face_index == 5) c.tc = vec2(rayStrikeX, rayStrikeY);
   return c;
}
...
Collision get_closest_collision(Ray r)
{ ...
   Collision closest_collision, cSph, cBox, cSBox;
   ...
   cSBox = intersect_sky_box_object(r);
   ...
   // 确定最近的碰撞
   if ((cSBox.t > 0) && ((cSBox.t < cSph.t) || (cSph.t < 0)) && ((cSBox.t < cBox.t) || (cBox.t < 0)))
   {    closest_collision = cSBox;
        closest_collision.object_index = 3;
   }
   return closest_collision;
}

vec3 raytrace(Ray r)
{ Collision c = get_closest_collision(r);
   if (c.object_index == -1) return vec3(0.0);  // 没有碰撞
   if (c.object_index == 1) return ads_phong_lighting(r,c) * (texture(sampEarth, c.tc)).xyz;
   if (c.object_index == 2) return ads_phong_lighting(r,c) * (texture(sampBrick, c.tc)).xyz;
```

```
if (c.object_index == 3) // 这个例子是天空盒，因此我们只需要返回纹理而无须加入光照
{   if (c.face_index == 0) return texture(xnTex, c.tc).xyz;   // 对-x 面纹理图像进行采样
    else if (c.face_index == 1) return texture(xpTex, c.tc).xyz;   // 对+x 面纹理图像进行采样
    else if (c.face_index == 2) return texture(ynTex, c.tc).xyz;   // 对-y 面纹理图像进行采样
    else if (c.face_index == 3) return texture(ypTex, c.tc).xyz;   // 对+y 面纹理图像进行采样
    else if (c.face_index == 4) return texture(znTex, c.tc).xyz;   // 对-z 面纹理图像进行采样
    else if (c.face_index == 5) return texture(zpTex, c.tc).xyz;   // 对+z 面纹理图像进行采样
}
}
...
```

请注意，在程序 16.7 中，当距离光线最近的碰撞是天空盒时，我们没有加入 ADS 光照（可以在计算着色器的 raytrace()函数中看到），因为天空盒不应对光照做出响应。在房间盒的情况下，我们需要加入 ADS 光照，但前提是立方体面的图像严格对应于房间的墙壁。从程序 16.7 的输出中可以看到在天空盒上应用 ADS 光照与否的对比（其他对象都应用了 ADS 光照）。我们可以对比房间盒和天空盒呈现的效果，从而明白为什么光照效果通常适用于房间盒，而不适用于天空盒。

16.2.10　平面交点和过程纹理

在前面的示例中，纹理以纹理图像文件的形式提供。在某些情况下，表面纹理非常简单，可以通过程序创建。这类纹理尤其独特的优点是它们不太可能出现与图像相关的伪影。

在程序 16.8 中，我们向场景中添加了一个平面对象（更准确地说，是一个平面片段），作为物体下方的一种桌面。阴影会投射到平面对象上，但不会投射到天空盒上。该平面使用程序生成的棋盘格图案作为其纹理。

计算光线与平面的交点比计算其与球体和长方体的交点要容易得多[S16]，因为平面没有需要考虑的"内部"，因此始终只需要考虑最多一个交点。使用标准几何方法，当光线与以原点为中心且法向量 $n_p=(0,1,0)$ 的水平面相交时，光线上的距离 t 为：

$$t = (-r_s \cdot n_p)/(r_d \cdot n_p)$$

然后，和之前一样，交点为：

$$\text{collisionPoint} = r_s + t \cdot n_p$$

给定平面片段的宽度 w（在 x 轴上）和长度 d（在 z 轴上），当光线错过平面片段时，有

$$|\text{collisionPoint}_x| > \frac{w}{2} \quad \text{或} \quad |\text{collisionPoint}_z| > \frac{d}{2}$$

这些可以使用 16.2.8 小节中描述的使用非轴对齐方法推广到任意位置和旋转的平面。类似地，如果平面未与 xz 平面对齐，则碰撞点的表面法线（到目前为止固定为 $(0,1,0)$）可能需要旋转。纹理坐标是碰撞点 collisionPoint 的 x 坐标和 z 坐标归一化到[0,1]区间内后的值。

程序化计算白色和黑色的棋盘格可以通过将纹理坐标按棋盘格图案的所需方块数进行缩放，然后将结果对 2 取模来完成。取模后的结果 0 或 1 分别对应 RGB 值为(0,0,0)或(1,1,1)的颜色——黑色或白色。

请注意，随着对象数量的增加，最近碰撞的判断（在 get_closest_collision()函数中完成）变得越来越复杂，我们稍后会改进这个设计。程序 16.8 中给出了为平面交点和程序纹理添加的代码，所有更改都在计算着色器程序中。

程序 16.8 平面交点和程序纹理

```
// 计算着色器
...
vec3 plane_pos = vec3(0, -2.5, -2.0); // 平面的位置
float plane_width = 12.0;
float plane_depth = 8.0;
float plane_xrot = 0.0; // 平面的旋转
float plane_yrot = 0.0;
float plane_zrot = 0.0;
...
Collision intersect_plane_object(Ray r)
{   // 计算平面的局部空间到全局空间的变换矩阵和它们的逆矩阵
    mat4 local_to_worldT = buildTranslate(plane_pos.x, plane_pos.y, plane_pos.z);
    mat4 local_to_worldR = buildRotateY(plane_yrot) * buildRotateX(plane_xrot) *
                                                      buildRotateZ(plane_zrot);
    mat4 local_to_worldTR = local_to_worldT * local_to_worldR;
    mat4 world_to_localTR = inverse(local_to_worldTR);
    mat4 world_to_localR = inverse(local_to_worldR);

    // 将光线从全局空间转换到平面的局部空间
    vec3 ray_start = (world_to_localTR * vec4(r.start,1.0)).xyz;
    vec3 ray_dir = (world_to_localR * vec4(r.dir,1.0)).xyz;

    Collision c;
    c.inside = false; // 平面没有"内部"

    // 计算光线与平面的交点
    c.t = dot((vec3(0,0,0) - ray_start),vec3(0,1,0)) / dot(ray_dir, vec3(0,1,0));

    // 计算交点的全局位置和平面局部位置
    c.p = r.start + c.t * r.dir;
    vec3 intersectPoint = ray_start + c.t * ray_dir;

    // 如果光线没有和平面相交，返回负值
    if ((abs(intersectPoint.x) > (plane_width/2.0)) || (abs(intersectPoint.z) > (plane_depth/2.0)))
    {    c.t = -1.0;
         return c;
    }

    // 创建碰撞法向量，如果光线从平面下方碰撞，则对其取反
    // 并转换至全局空间
    c.n = vec3(0, 1, 0);
    if(ray_dir.y > 0.0) c.n *= -1.0;
    c.n = transpose(inverse(mat3(local_to_worldR))) * c.n;

    // 计算纹理坐标
    float maxDimension = max(plane_width, plane_depth);
    c.tc = (intersectPoint.xz + plane_width/2.0)/maxDimension;
    return c;
}

Collision get_closest_collision(Ray r)
{   Collision cPlane;
    cPlane = intersect_plane_object(r);
    ...
    if ((cPlane.t > 0) &&
        ((cPlane.t < cSph.t) || (cSph.t < 0))&&((cPlane.t < cBox.t) || (cBox.t < 0))&&((cPlane.t
                                                    < cRBox.t) || (cRBox.t < 0)))
    { closest_collision = cPlane;
      closest_collision.object_index = 4; // object_index 等于 4 代表与平面的碰撞
    }
    ...
}
```

```
vec3 checkerboard(vec2 tc)
{  float tileScale = 24.0;
   float tile = mod(floor(tc.x * tileScale) + floor(tc.y * tileScale), 2.0);
   return tile * vec3(1,1,1);
}

vec3 raytrace(Ray r)
{  ...
   if (c.object_index == 4) return ads_phong_lighting(r,c) *(checkerboard(c.tc)).xyz;
   ...
}
```

16.3　光线追踪

到目前为止，在程序 16.2～程序 16.8 中看到的所有结果都可以通过本书前面各章节中描述的方法，使用模型和缓冲区来实现（并且可能更高效）。现在我们来扩展光线投射程序以进行完整的光线追踪，光线追踪会将光照和反射的功能扩展到迄今为止无法实现的程度。

在 16.2 节描述的光线投射算法中，每个像素发出一束光线，识别它是否是（以及在哪里）第一次遇到场景中的对象，然后相应地绘制像素。但是，我们可以选择从交点生成一条新射线（就像模拟表面反射的光线，我们可以借助表面法线来生成），然后查看新射线通向何处。这些反射光线称为次级光线，它们可用于产生反射、折射和其他效果。我们实际上已经看到了一个次级光线的例子：在程序 16.4 中，当测试一个物体是否在阴影中时，从碰撞点到光源生成一条次级光线，并检查确定该次级光线是否与中间的物体发生碰撞。

16.3.1　反射

次级光线显而易见的用途可能是产生物体之间的反射。如果单单根据次级反射光线来为对象着色，它的表面将表现得像一面镜子。或者，我们可能会选择将对象的颜色与借由反射光线获得的颜色混合，这具体取决于我们尝试模拟的材料特性。我们已经看过了 GLSL 的 reflect()函数，它在这里很有用。回想一下，reflect()函数用于接收一个入射向量和一个表面法线，并返回一个反射向量的方向。

在程序 16.9 中，我们扩展了程序 16.8，以便在初始光线与球体碰撞时生成一束次级反射光线。然后将球体颜色设置为次级光线遇到的颜色（同时结合 ADS 光照）。结果如图 16.8 所示。

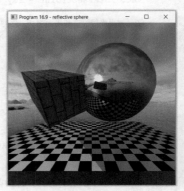

图 16.8　程序 16.9 的输出，展示了球面上的单束反射光线

程序 16.9　添加单束次级反射光线

```
// 计算着色器
...
vec3 raytrace2(Ray r)
{  // 这部分与程序 16.7 中的 raytrace()函数完全相同（详细解释参见程序后的说明）
   ...
}

vec3 raytrace(Ray r)
{  Collision c = get_closest_collision(r);
   if (c.object_index == -1) return vec3(0.0);  // 没有发生碰撞
   if (c.object_index == 1)
```

```
{       // 在与球面发生碰撞时，通过生成次级光线来确定颜色
        Ray reflected_ray;
        // 计算次级光线的起点，稍微偏移以避免与同一个物体发生碰撞
        reflected_ray.start = c.p + c.n * 0.001;

        reflected_ray.dir = reflect(r.dir, c.n);
        vec3 reflected_color = raytrace2(reflected_ray);
        return ads_phong_lighting(r,c) * reflected_color;
    }
    ...
}
```

请注意，球面现在充当镜子，反射周围的天空盒以及相邻的砖纹立方体和棋盘格平面。回想一下，在第 8 章中，我们使用环境映射模拟了一个反射对象。环境映射虽然能够反射天空盒，但不能反射相邻对象。相比之下，这里的光线追踪使反射对象能够反射附近的所有对象，包括天空盒。还要注意，天空盒的正面（平时在相机后面而无法看到的部分）现在也倒映在球面上。

在程序 16.9 中所展示的代码中，最好的情况是能够完全消除 raytrace2() 函数，并将对 raytrace2() 函数的调用替换为对 raytrace() 的递归调用。不幸的是，GLSL 并不支持递归调用，因此我们复制了这个函数。稍后，随着辅助光线数量的增加，我们将构建一个迭代版本的 raytrace() 函数来追踪递归光线生成。

程序 16.9 代码中还有一个值得讨论的重要细节。初始光线的碰撞点应该成为次级光线的起点，因此读者自然会期待以下表达式：

```
reflected_ray.start = c.p;
```

但是，代码中的修改反而如下：

```
reflected_ray.start = c.p + c.n * 0.001;
```

这样可以使次级光线在刚刚发生碰撞的对象表面沿碰撞点的表面法线方向偏移非常小的距离后发出。这个调整的目的是避免出现类似于阴影痤疮的伪影（在第 8 章中看过）。实际上，如果在 c.p 处开始构建反射光线，那么当反射光线被构建时，舍入误差有时会导致它立即再次与同一物体（在几乎完全相同的位置）发生碰撞。如果没有进行这一校正，则会看到作为镜子的对象上明显的表面痤疮。

16.3.2 折射

当物体透明时会发生什么？人们当然会希望看到它背后的东西（至少部分）。正如在第 14 章中看到的，OpenGL 支持透明渲染，并且有用于混合颜色以模拟透明度的命令。然而，光线追踪可以为我们提供工具来生成一些更复杂的带有透明度的场景并提高真实感。例如，光线追踪允许我们模拟折射。

折射发生的原因是，当光线穿过透明物体时会发生偏移，当一个物体被放置在另一个透明物体后面时，会导致后面物体的位置看起来发生了偏移。光线偏移的量取决于透明物体的形状及其制造材料。透明物体有时被称为光线穿过的介质（medium），不同的透明介质（如水、玻璃或钻石）能将光线弯曲到不同的程度。任何看过鱼缸的人都知道折射多么复杂。这里只会进行浅析并观察一些非常简单的例子。

对于给定介质，其能使光弯曲的量称为其折射率（Index Of Refraction，IOR），通常用 η 表示。IOR 往往作为系数，体现光线穿过介质时角度的变化（实际上是角度的正弦值）。真空的 IOR 为 1，玻璃的 IOR 约为 1.5。空气的 IOR 非常接近 1，因此通常被忽略。

对于有厚度的物体（例如我们的球体或立方体），如果它是透明的，光线进入物体时和离开

物体时都可能发生折射。这两种情况都需要正确考虑，这样才能正确渲染在透明物体后面的物体。因此，向场景中添加折射（例如，使球体或立方体透明）需要两束连续的次级光线，第一束从初始光线折射到对象中，第二束在光线经折射离开对象，如图 16.9 所示。其中当前正在处理的初始光线为 I，初始碰撞点处的法线为 N_1，第一束次级光线为 S_1，第二次碰撞点处的法线为 N_2，第二束次级光线为 S_2。在完全透明的物体中，最终碰撞点 C 处的颜色就是最后在初始光线 I 的碰撞点处需要渲染的颜色。

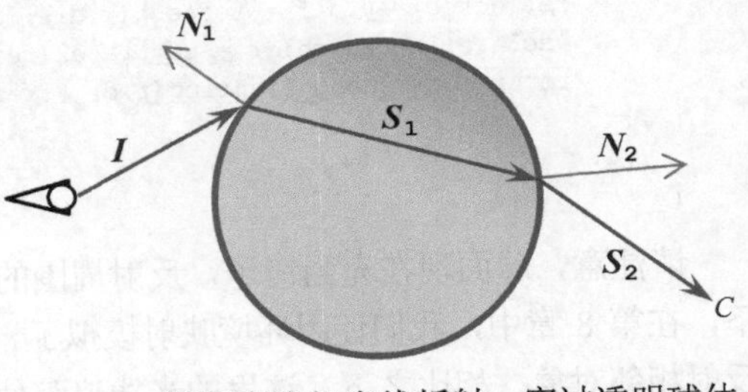

图 16.9　用两束次级光线折射，穿过透明球体（清晰起见，图中角度被夸大了）

我们可以以如下方式计算折射光线[F96]：

$$S = \left\{ \eta_r (N \cdot I) - \sqrt{1 - \eta_r^2 \left[1 - dot(N, I)^2 \right]} \right\} N - \eta_r I$$

其中 η_r 是源介质和目标介质的 IOR 之比。这里没有编写该公式，而是简单地使用了 GLSL refract() 的函数。refract() 需要 3 个参数作为输入：传入向量 I、法线向量 N 和 IOR 比率 η_r，然后它会返回折射后的次级光线 S。

对于透明实心玻璃球，在入射点，$\eta_r = IOR_{air}/IOR_{glass} = 1.0/1.5 \approx 0.67$；在出射点，$\eta_r = IOR_{glass}/IOR_{air} = 1.5/1.0 = 1.5$。

程序 16.10 将球体转换为实心透明玻璃球，这一次使用了两束次级光线的序列，以便生成其后面的砖纹立方体和天空盒的折射。我们还构建了 raytrace() 函数的另一个副本，以便连续生成和跟踪两束次级光线，其中一束进入球体（$\eta_r=0.67$），另一束离开球体（$\eta_r=1.5$）。入射点处和出射点处都包含光照。由于颜色和光照值都是[0,1]区间内的分数，而我们将它们相乘，因此通常还需要将结果颜色值放大，否则最终结果会显得太暗。在这里，将折射颜色值放大为原来的 2.0 倍。

另请注意，用来避免产生表面痤疮的技巧在这两个功能中都略有修改，这里没有沿法线添加小的偏移量，而是减去偏移量。这是因为次级光线现在继续通过碰撞点而不是反弹。因此，对于折射光线，必须沿法线的负方向添加一个小的偏移量。

程序 16.10　通过球体折射——两束次级光线

```
// 计算着色器
...
vec3 raytrace3(Ray r)
{  // 该函数与程序 16.7 的 raytrace() 函数完全相同
    ...
}

vec3 raytrace2(Ray r)
{  ...
    if (c.object_index == 1) // 回想一下，这表示与球面碰撞
    {   // 从球面后方外侧的交点生成次级光线
        Ray refracted_ray;
        refracted_ray.start = c.p-c.n * 0.001;
        refracted_ray.dir = refract(r.dir, c.n, 1.5); // 从玻璃到空气，IOR 之比为 1.5
        vec3 refracted_color = raytrace3(refracted_ray);
        return 2.0*ads_phong_lighting(r, c) * refracted_color;
    }
    ...
}
vec3 raytrace(Ray r)
{  ...
    if (c.object_index == 1)
```

```
{   // 从球面前方内侧的交点生成次级光线
    Ray refracted_ray;
    refracted_ray.start = c.p-c.n * 0.001;
    refracted_ray.dir = refract(r.dir, c.n, .66667); // 从空气到玻璃，IOR 之比为 1.0/1.5
    vec3 refracted_color = raytrace2(refracted_ray);
    return 2.0*ads_phong_lighting(r, c) * refracted_color;
}
...
}
```

图 16.10 展示了程序的渲染结果。请注意，通过透明球体的场景视图已颠倒。在球体中也可以看到砖纹立方体的翻转（且严重变形）版本，棋盘格平面也是如此。此外，虽然在图 16.10 中不容易看出来，但在球体中看到的是天空盒的背面，而在图 16.8 中，球体反射了天空盒的正面。

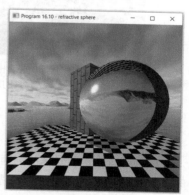

图 16.10　程序 16.10 的输出，展示了通过实心透明球体的折射

16.3.3　结合反射、折射和纹理

透明物体通常也有轻微的反射。结合反射和折射（以及纹理）的方式与结合光照和纹理的方式类似，就像在第 7 章中所做的那样。也就是说，我们可以简单地为物体包含的所有元素构建一个加权和。

在程序 16.11 中，raytrace()函数生成反射光线和折射光线，并使用加权和将它们结合起来。可以通过调整权重来调整对象的反射和透明的程度以获得各种效果。这个例子中还使用蓝色的房间盒替换了天空盒，以使反射和折射的特定效果更清晰可见。同时，使用带有大理石纹理且略带反射的立方体替换了砖纹立方体，以展示纹理与反射相结合的例子。结果如图 16.11 所示（见彩插）。这里还请注意，镜面高光通过折射与反射的传播也很有意思。

程序 16.11　结合反射与折射

```
// 计算着色器
...
vec3 raytrace(Ray r)
{ ...
    if (c.object_index == 1)
    {   // 生成折射光线
        Ray refracted_ray;
        refracted_ray.start = c.p - c.n * 0.001;
        refracted_ray.dir = refract(r.dir, c.n, .66667);
        vec3 refracted_color = raytrace2(refracted_ray); // 折射需要两束光线，入射光线和出射光线

        // 生成反射光线
        Ray reflected_ray;
        reflected_ray.start = c.p + c.n * 0.001;
        reflected_ray.dir = reflect(r.dir, c.n);
        vec3 reflected_color = raytrace3(reflected_ray); // 反射只需要一束光线

        return clamp(ads_phong_lighting(r,c) *
            ((0.3 * reflected_color) + (2.0 * refracted_color)), 0, 1); // 光线追踪碰撞的加权和
    }
    ...
}
```

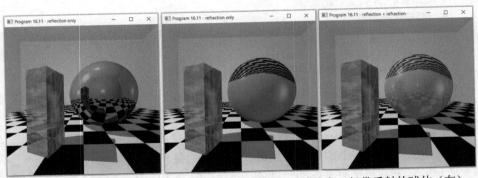

图 16.11　程序 16.11 的输出，展示了反射、折射和纹理的结合：仅带反射的球体（左）、
仅带折射的球体（中）、同时具有反射与折射的球体（右）

16.3.4　增加光线数

如果在一个透明物体的后面是另一个透明物体呢？　理想情况下，光线追踪器应该为第一个和第二个透明物体生成一系列光线。然后，在第二个物体后面遇到的任何表面都是我们将看到的。如果透明物体是立方体（或球体），那么最终物体的出现需要多少光线？图 16.12 展示了一个示例：通过两个透明立方体查看星星。由于每个透明物体通常需要两束次级光线（一束进入物体，一束离开物体），因此我们总共需要 5 束光线（图中以细箭头表示）。

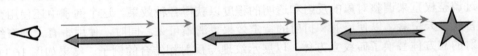

图 16.12　通过一系列透明物体返回物体的颜色

然而，这不是我们到目前为止构建的代码能做到的事情。相反，我们硬编码了函数 raytrace()、raytrace2()和 raytrace3()，它们最多支持 3 束光线的最大序列（忽略阴影射线）。因此，在图 16.12 所示的示例中，光线序列将在第二个透明物体处停止，相机根本看不到星星。随着对越来越长的光线序列的需求增加，我们不能继续创建更多 raytrace()函数的副本，因为这样的解决方案无法扩展。

另一种类似的情况则是，我们有两个面对面的高反射物体。每个用两面镜子完成此操作的人都知道光在它们之间来回反射时的效果。图 16.13 展示了本书的一位作者在家中生成的示例。目前的代码只能做两次反射，不能进行后续的反射。需要长得多的光线序列才能实现这种效果。

在程序 16.11 的例子中实际上已经遇到了这种情况，因为立方体和球体都可以反射。在该示例中，任何附加光线的影响都小到可以忽略不计，在这种情况下，一束或两束光线的深度就足够了。但是，在需要额外光线来实现逼真效果的情况下，就需要一种生成更多光线的方法。

图 16.13　面对面的两面镜子

这个问题的通用解决方案是递归调用 raytrace()，终止递归的条件（所谓的"基本情况"）是光线遇到不反射也不透明的表面（或已达到预定的最大深

度）或光线不与任何物体发生碰撞。不幸的是，GLSL 不支持递归。因此，要实现对上述效果的任何合理模拟，我们都需要自己跟踪递归过程。

在没有对递归的原生支持的情况下构建 raytrace() 的递归版本并非易事。这个解决方案需要一个栈、一个用于将项目压入栈的结构、适当的入栈和出栈操作、一个包含用于处理光线（使用栈操作）的主循环驱动程序，以及一个处理栈元素（包含单束光线的信息）的函数。

程序 16.12 在程序 16.11 的基础上添加（和修改）了以上内容。这里有一个名为 Stack_Element 的结构体，定义了存储在栈中的项目和 raytrace()（它是驱动程序）、push()、pop()、process_stack_element() 等函数。栈本身存储为 Stack_Element 数组。这里先给出代码，接下来会有更详细的解释。

程序 16.12　递归生成光线

```
// 计算着色器
...
struct Stack_Element
{   int type;   // 光线类型（1 表示反射，2 表示折射。阴影感知射线不会入栈）
    int depth;  // 光线追踪递归深度
    int phase;  // 当前正在进行 5 个阶段的递归调用中的哪一个
    vec3 phong_color;       // 储存计算好的 ADS 颜色信息
    vec3 reflected_color;   // 储存计算好的反射颜色信息
    vec3 refracted_color;   // 储存计算好的折射颜色信息
    vec3 final_color;       // 本次调用的最终颜色混合结果（包括纹理）
    Ray ray;                // 本次调用的光线
    Collision collision;    // 本次调用的碰撞，开始时值为 null_collision
};
const int RAY_TYPE_REFLECTION = 1;
const int RAY_TYPE_REFRACTION = 2;

// 定义各结构的 null 值以便确定哪个值还未进行赋值
Ray null_ray = {vec3(0.0), vec3(0.0)};
Collision null_collision = { -1.0, vec3(0.0), vec3(0.0), false, -1, vec2(0.0, 0.0), -1 };
Stack_Element null_stack_element = { 0,-1,-1,vec3(0),vec3(0),vec3(0),vec3(0), null_ray, null_collision };

const int stack_size = 100;
Stack_Element stack[stack_size];     // 储存 raytrace() 函数调用的"递归"栈
const int max_depth = 6;             // 最多光线序列数，即最大递归深度
int stack_pointer = -1;              // 指向栈顶（-1 表示空栈）
Stack_Element popped_stack_element;  // 储存从栈中最后出栈的元素

// "入栈"函数，通过将 raytrace() 调用所需信息入栈，将一次新的 raytrace() 调用加入调度
void push(Ray r, int depth, int type)
{   if (stack_pointer >= stack_size-1) return; // 如果栈已满，直接返回

    Stack_Element element; // 将已知元素初始化，其余元素赋值为 0 或 null 值
    element = null_stack_element;
    element.type = type;
    element.depth = depth;
    element.phase = 0;
    element.ray = r;

    stack_pointer++;
    stack[stack_pointer] = element; // 将元素加入栈
}

// "出栈"函数，移除已经完成的 raytrace() 函数操作
Stack_Element pop()
{   // 移除并返回栈顶元素
    Stack_Element top_stack_element = stack[stack_pointer];
```

```
    stack[stack_pointer] = null_stack_element;
    stack_pointer--;
    return top_stack_element;
}

// 光线处理的 5 个阶段: (1)碰撞, (2)光照, (3)反射, (4)折射, (5)混色
void process_stack_element(int index)
{   // 如果存在之前处理过的 popped_stack_element, 那么它有当前栈元素的
    // 反射/折射信息。存储该信息并清除 popped_stack_element

    if (popped_stack_element != null_stack_element) // GLSL 元素的结构体比较
    {   if (popped_stack_element.type == RAY_TYPE_REFLECTION)
            stack[index].reflected_color = popped_stack_element.final_color;
        else if (popped_stack_element.type == RAY_TYPE_REFRACTION)
            stack[index].refracted_color = popped_stack_element.final_color;
        popped_stack_element = null_stack_element;

    }
    Ray r = stack[index].ray;                    // 初始化时使用最初的光线
    Collision c = stack[index].collision; // 从 null 开始, 在阶段 1 中赋值

    switch (stack[index].phase)
    {   // ========== 阶段 1——光线追踪碰撞检测
        case 1:
            c = get_closest_collision(r);    // 将光线投射进场景, 存储碰撞结果
            if (c.object_index != -1)         // 如果光线没有碰撞到任何物体, 则停止
                stack[index].collision = c;  // 否则, 存入碰撞结果
            break;
        // ========== 阶段 2——Phong ADS 光照计算
        case 2:
            stack[index].phong_color = ads_phong_lighting(r, c);
            break;
        // ========== 阶段 3——生成反射光线
        case 3:
            if (stack[index].depth < max_depth) // 如果到达递归深度上限, 则停止
            {   if ((c.object_index == 1) || (c.object_index == 2)) // 只有球体和立方体有反射
                {   Ray reflected_ray;
                    reflected_ray.start = c.p + c.n * 0.001;
                    reflected_ray.dir = reflect(r.dir, c.n);
                    // 将一组 raytrace()调用参数入栈, 并设置其类型为反射
                    push(reflected_ray, stack[index].depth+1, RAY_TYPE_REFLECTION);
            }   }
            break;
        // ========== 阶段 4——生成折射光线
        case 4:
            if (stack[index].depth < max_depth) // 如果到达递归深度上限, 则停止
            {   if (c.object_index == 1) // 只有球体是透明的
                {   Ray refracted_ray;
                    refracted_ray.start = c.p - c.n * 0.001;
                    float refraction_ratio = 0.66667;
                    if (c.inside) refraction_ratio = 1.5; // 当光线离开球体时, 为1.0/refraction_ratio
                    refracted_ray.dir = refract(r.dir, c.n, refraction_ratio);

                    // 将一组 raytrace()调用参数入栈
                    push(refracted_ray, stack[index].depth+1, RAY_TYPE_REFRACTION);
            }   }
            break;
        // ========== 阶段 5——颜色混合
        case 5:
            if (c.object_index == 1) // 对于球体, 将折射、反射和光照的颜色进行混合
            {   stack[index].final_color = stack[index].phong_color *
                    (0.3 * stack[index].reflected_color) + (2.0 * (stack[index].refracted_color));
```

```
        }
        if (c.object_index == 2) // 对于立方体，将反射、光照和纹理的颜色进行混合
        { stack[index].final_color = stack[index].phong_color *
              ((0.5 * stack[index].reflected_color) + (1.0 * (texture(sampMarble, c.tc)).xyz));
        }
        if (c.object_index == 3) stack[index].final_color = stack[index].phong_color * rbox_color;
        if (c.object_index == 4) stack[index].final_color = stack[index].phong_color *
                                                        (checkerboard(c.tc)).xyz;
        break;
    // ========== 当 5 个阶段都结束时，结束递归
    case 6:
        popped_stack_element = pop();
        return;
    }
    stack[index].phase++;
    return; // 每次调用 process_stack_element() 时只处理一个阶段
}

// 这是 "驱动函数"，它发出第一束光
// 并处理次级光线，直到结束
vec3 raytrace(Ray r)
{ push(r, 0, RAY_TYPE_REFLECTION);
  while (stack_pointer >= 0) // 处理栈，直到它为空
  { int element_index = stack_pointer; // 指向栈顶元素
    process_stack_element(element_index); // 处理当前元素的下一阶段
  }
  return popped_stack_element.final_color; // 返回最后出栈元素的颜色
}
```

在程序 16.12 中，栈是一个 StackElement 结构类型的数组，StackElement 的实例包含处理任何给定光线所需的所有信息。执行入栈和出栈的函数 push() 和 pop() 都很简单。栈的大小需要仔细选择，如果有场景中许多物体都同时具有反射和折射的特性，则光线的数量会呈指数级增长。然而，在实践中，许多光线在达到最大递归深度之前就与天空盒发生碰撞而终止了。

光线追踪从 raytrace() 开始。尽管所有光线都需要一个类型（"反射" 或 "折射"），但作为初始光线，程序中并没有使用到它的类型——可以将其任意设置，这里设为反射。然后我们开始处理栈中的所有光线（通过重复调用 process_stack_element()），这样一来，次级（和后续）光线也可以生成并添加到栈中。当一束光线的所有处理都完成后，其最终计算出的颜色可供其 "父" 光线使用，进而可以利用它来计算其 "父" 光线的颜色。

所有这一切——光线跟踪处理的 "血肉"，都在 process_stack_element() 中完成，由分为 5 个阶段的一系列操作构成。每个阶段都与我们在本章前面的程序中看到的步骤基本相同。某些阶段（碰撞检测、光照、阴影、纹理）不需要生成额外的光线。但是，反射和折射阶段都需要生成新光线并在新光线上运行 process_stack_element()。由于 GLSL 没有办法递归地进行这样的调用，因此我们调整当前栈元素的内容以便跟踪，将一个包含要处理的新光线的新元素入栈，然后退出 process_stack_element()，再驱动函数，也就是 raytrace() 的新版本。这会继续迭代调用 process_stack_element()，直到每个元素（每束光线）都有机会完成所有 5 个阶段。最终结果与递归相同。

程序 16.12 中的代码（声明、push()、pop()、process_stack_element()、raytrace()）替换了之前的 raytrace() 函数（及程序 16.11 中的 "子" 函数 raytrace2() 和 raytrace3()），其余部分与程序 16.11 的其余部分相同。

程序 16.12 的输出取决于 max_depth 值的设置。该值越大，可以生成的光线序列则越长。图 16.14 展示了 max_depth 值分别为 0、1、2、3 和 4 时的输出。

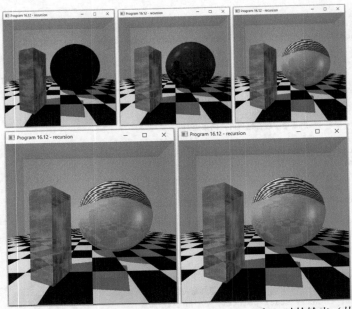

图 16.14　程序 16.12 的输出，展示了递归深度值分别为 0、1、2、3 和 4 时的输出（从左到右，从上到下）

在深度为 0 时，只有直接纹理和光照可见（而且，由于球体没有纹理，所以它没有颜色）。在深度为 1 时，可以看到直接反射。同时，球体上发生了第一次折射，但影响不大，因为折射终止于球体内部。在深度为 2 时，结果基本上等同于我们之前程序 16.11 的硬编码输出（见图 16.11）。在深度分别为 3 和 4 时，球体中明显有额外的反射，并且可以在球体的内侧背面隐约看到立方体的第二个反射。对于这个特定场景，深度为 3 和深度为 4 的结果差异非常不明显，可以忽略。

16.3.5　通用解决方案

目前的解决方案运行良好，但它是针对 4 个特定物体进行硬编码的：一个透明且有部分反射性的球体、一个有纹理和部分反射性的立方体、一个有程序纹理的平面和一个纯色房间盒。如果我们希望改变场景中的物体集，比如添加另一个立方体，或使球体纹理化，那么不仅需要更改计算着色器顶部的声明，还需要在 process_stack_element() 和 get_closest_collision() 函数中进行大量更改。而我们真正需要的是一个更通用的解决方案，它允许随意定义这些物体的集合。

为了实现这一点，我们引入了另一个结构体来指定场景中的物体，然后构建这些物体的数组。get_closest_collision() 函数用于遍历它们，处理每个物体的类型。房间盒作为第 0 个物体单独处理，同时我们假设每种物体只有一个。

我们 "更通用" 的解决方案仍然有局限性，例如，即使对于简单的形状，也有多种定义纹理坐标的方法。因此，我们的解决方案仍然仅限于球体、平面和具有指定纹理坐标的立方体、单个房间盒、全局环境光、单个位置光（尽管添加更多灯光并不困难），以及一个固定朝向−z 轴的相机。程序 16.13 显示了在程序 16.12 基础上新增的内容，以及与前一个示例匹配的示例配置。

程序 16.13　更通用的物体定义

```
// 计算着色器
...
struct Object
{ float type;            // 0 表示天空盒、1 表示球体、2 表示立方体、3 表示平面
```

```
    float radius;        // 球体半径（仅当类型为球体）
    vec3 mins;           // 立方体的一个角（仅当类型为立方体）。若类型为平面，则 x 和 z 分别是宽和长
    vec3 maxs;           // 立方体相对的另一个角（如果 type=2，表示立方体）
    float xrot;          // 物体旋转的 x 分量（仅当类型为立方体或平面）
    float yrot;          // 物体旋转的 y 分量（仅当类型为立方体或平面）
    float zrot;          // 物体旋转的 z 分量（仅当类型为立方体或平面）
    vec3 position;       // 物体中心位置
    bool hasColor;       // 物体是否有指定的颜色
    bool hasTexture;     // 物体是否有纹理图案用来计算颜色
    bool isReflective;   // 物体是否有反射性（生成次级光线）
                         // （如果物体是房间盒，则使用这个字段启用或禁用光照）
    bool isTransparent;  // 物体是否有折射性（生成次级光线）
    vec3 color;          // 对象的 RGB 颜色（仅当 hasColor 为 true 时）
    float reflectivity;  // 包含的反射颜色百分比（仅当 isReflective 为 true 时）
    float refractivity;  // 包含的折射颜色百分比（仅当 isTransparent 为 true 时）
    float IOR;           // 折射率（仅当 isTransparent 为 true 时）
    vec4 ambient;        // ADS 环境光材料特性
    vec4 diffuse;        // ADS 漫反射材料特性
    vec4 specular;       // ADS 镜面材料特性
    float shininess;     // ADS 光泽材料特性
};
Object[ ] objects =
{  // 物体 0 是房间盒
    { 0, 0.0, vec3(-20, -20, -20), vec3( 20, 20, 20), 0, 0, 0, vec3(0), true, false, true, false, vec3(0.25,
       1.0, 1.0), 0, 0, 0, vec4(0.2, 0.2, 0.2, 1.0), vec4(0.9, 0.9, 0.9, 1.0), vec4(1.0, 1.0, 1.0, 1.0), 50.0
    },
    // 物体 1 是地上的棋盘格平面
    { 3, 0.0, vec3(12, 0, 16), vec3(0), 0.0, 0.0, 0.0, vec3(0.0, -1.0, -2.0), false, true, false,
       false, vec3(0),0.0, 0.0, 0.0, vec4(0.2, 0.2, 0.2, 1.0), vec4(0.9, 0.9, 0.9, 1.0), vec4(1.0, 1.0,
       1.0 ,1.0), 50.0
    },
    // 物体 2 是透明球体，带有轻微的反射性，没有纹理
    { 1, 1.2, vec3(0), vec3(0), 0, 0, 0, vec3(0.7, 0.2, 2.0), false, false, true, true, vec3(0),
       0.8, 0.8, 1.5, vec4(0.5, 0.5, 0.5, 1.0), vec4(1.0,1.0,1.0,1.0), vec4(1.0, 1.0, 1.0, 1.0), 50.0 },
    // 物体 3 是略有反射性的带纹理立方体
    { 2, 0.0, vec3(-0.25, -0.8, -0.25), vec3(0.25, 0.8, 0.25), 0.0, 70.0, 0.0, vec3(-0.75, -0.2, 3.4),
       false, true, true, false, vec3(0), 0.5, 0.0, 0.0, vec4(0.5, 0.5, 0.5, 1.0), vec4(1.0, 1.0, 1.0, 1.0),
       vec4(1.0, 1.0, 1.0, 1.0), 50.0
} };
int numObjects = 4;
...
vec3 getTextureColor(int index, vec2 tc)
{  // 定制场景
    if (index==1) return (checkerboard(tc)).xyz;
    else if (index==3) return texture(sampMarble, tc).xyz;
    else return vec3(1,.7,.7);  // 当物体不是平面或立方体时返回粉色
}
...
Collision intersect_plane_object(Ray r, Object o)
{  ...
    mat4 local_to_worldT = buildTranslate((o.position).x, (o.position).y, (o.position).z);
    mat4 local_to_worldR =
       buildRotateY(DEG_TO_RAD*o.yrot) * buildRotateX(DEG_TO_RAD*o.xrot) * buildRotateZ(DEG_TO_RAD*o.zrot);
...
}  // 其余光线与物体交点函数中，相似的物体引用同样变成 o.position、o.mins 等

// ----------------------------------------------------------------------------
// 返回光线最近的碰撞
// object_index 为 -1 表示没有碰撞
// object_index 为 0 表示与房间盒碰撞
```

```
// object_index 大于 0 表示与场景中物体碰撞
// -------------------------------------------------------------------------------

Collision get_closest_collision(Ray r)
{   float closest = 3.402823466e+38; // 初始化为一个大数（浮点数的最大值）
    Collision closest_collision;
    closest_collision.object_index = -1;

    for (int i=0; i<numObjects; i++)
    {   Collision c;
        if (objects[i].type == 0)
        {   c = intersect_room_box_object(r);
            if (c.t <= 0) continue; // 光线未与天空盒发生碰撞
        }
        else if (objects[i].type == 1)
        {   c = intersect_sphere_object(r, objects[i]);
            if (c.t <= 0) continue; // 光线未与球体发生碰撞
        }
        else if (objects[i].type == 2)
        {   c = intersect_box_object(r, objects[i]);
            if (c.t <= 0) continue; // 光线未与立方体发生碰撞
        }
        else if (objects[i].type == 3)
        {   c = intersect_plane_object(r, objects[i]);
            if (c.t <= 0) continue; // 光线未与平面发生碰撞
        }
        else continue;         // 以防场景中有任何其他无须碰撞检测的物体

        if (c.t < closest) // 检测到一个碰撞，现在查看它是否比当前碰撞更近
        {   closest = c.t;
            closest_collision = c;
            closest_collision.object_index = i;
    } }
    return closest_collision;
}
...
void process_stack_element(int index)
{       ... // 阶段 1~4 不变
        // 阶段 5 颜色混合以产出最终颜色——泛化至任意物体的组合
        if(stack[index].phase == 5)
        { if (c.object_index > 0) // 与房间盒之外的物体碰撞
            { // 如果有纹理颜色，则先获取纹理颜色
                vec3 texColor = vec3(0.0);
                if (objects[c.object_index].hasTexture)
                    texColor = getTextureColor(c.object_index, c.tc);

                // 接下来，如果有物体颜色，获取物体颜色
                vec3 objColor = vec3(0.0);
                if (objects[c.object_index].hasColor)
                    objColor = objects[c.object_index].color;

                // 然后，获取反射和折射的颜色
                vec3 reflected_color = stack[index].reflected_color;
                vec3 refracted_color = stack[index].refracted_color;

                // 现在开始颜色混合——如果这已经是最终的颜色，无须混合直接返回
                vec3 mixed_color = objColor + texColor;
                if ((objects[c.object_index].isReflective) && (stack[index].depth<max_depth))
                    mixed_color = mix(mixed_color, reflected_color, objects[c.object_index].reflectivity);
                if ((objects[c.object_index].isTransparent) && (stack[index].depth<max_depth))
                    mixed_color = mix(mixed_color, refracted_color, objects[c.object_index].refractivity);
                stack[index].final_color = mixed_color * stack[index].phong_color;
```

```
    }

    if (c.object_index == 0) // 房间盒需要特殊处理，因为它会有 6 个纹理
    { vec3 lightFactor = vec3(1.0); // 当 isReflective 为 true 时，储存光照值
      if (objects[c.object_index].isReflective) lightFactor = stack[index].phong_color;
      if(objects[c.object_index].hasColor) // 这里，房间盒可以有颜色或纹理（不能同时拥有）
          stack[index].final_color = lightFactor * objects[c.object_index].color;
      else
      { if (c.face_index == 0) stack[index].final_color = lightFactor * getTextureColor(5, c.tc);
          else if (c.face_index == 1) stack[index].final_color = lightFactor * getTextureColor(6, c.tc);
          else if (c.face_index == 2) stack[index].final_color = lightFactor * getTextureColor(7, c.tc);
          else if (c.face_index == 3) stack[index].final_color = lightFactor * getTextureColor(8, c.tc);
          else if (c.face_index == 4) stack[index].final_color = lightFactor * getTextureColor(9, c.tc);
          else if (c.face_index == 5) stack[index].final_color = lightFactor * getTextureColor(10, c.tc);
    } } }
    ... // 函数中的其他部分未改动
}
```

程序 16.13 中物体数组的定义对应于之前在程序 16.10 和 16.11 中构建的示例。请注意，程序中仍有一些地方（除了物体数组的定义）可能需要根据场景稍微调整：相机位置、灯光位置、用于每个纹理物体的纹理采样器（或在过程纹理生成时使用的函数，位于 getTextureColor() 中）、递归深度，以及是否需要阴影（若要禁用阴影，只需在 ads_phong_lighting() 函数中注释掉相关测试条件）。当然，程序可以通过将光线交点判断和纹理化等任务封装到物体子类型中来进一步泛化，这也会使其更容易扩展。

16.3.6 更多示例

现在光线追踪程序已经完成并且可以用于基本物体的各种组合，下面我们尝试一些在 16.3.4 小节开头讨论的有趣案例。对于每个配置，我们需要设置以下适合特定场景的变量：

● 构成场景的物体（通过填充物体数组）；
● 物体的数量（通过设置变量 numObjects）；
● 沿 z 轴的相机位置（通过设置变量 camera_pos）；
● 最大递归深度（通过设置变量 max_depth）；
● 递归栈的最大大小（通过设置变量 stack_size）；
● 位置灯的位置（通过设置变量 pointLight_position）。

例如，光线追踪器现在可以看到位于两个透明物体后面的物体吗？可以通过定义对象数组来测试这一点，具体来说就是定义包括两个薄的折射立方体和一个放置在它们后面的实心红色球体的物体数组，如程序 16.14 所示。红色球体和透明立方体的中心都在 z 轴正方向上，到原点的距离分别为 2.0、3.0、4.0 和 5.0，相机也位于 z 轴正半轴，与原点的距离为 5.0。

程序 16.14 通过多个透明物体观察

```
// 计算着色器
...
Object[ ] objects =
{ // 物体 0 是房间盒——这次房间盒是白色的（取决于光照也可能呈灰色）
  { 0, 0.0, vec3(-20, -20, -20), vec3( 20, 20, 20), 0, 0, 0, vec3(0), true, false, true, false, vec3(1.0,
    1.0, 1.0), 0, 0, 0, vec4(0.2, 0.2, 0.2, 1.0), vec4(0.9, 0.9, 0.9, 1.0), vec4(1.0, 1.0, 1.0, 1.0), 50.0
  },
  // 红色球体
  { 1, 0.25, vec3(0), vec3(0), 0, 0, 0, vec3(0, 0, 2), true, false, false, false, vec3(1.0, 0.0, 0.0), 0.0,
    0.0, 0.0, vec4(0.3, 0.3, 0.3, 1.0), vec4(0.7, 0.7, 0.7, 1.0), vec4(1.0, 1.0, 1.0, 1.0), 50.0
```

```
    },
    // 没有纹理的透明立方体
    { 2, 0, vec3(-0.5, -0.5, -0.1), vec3(0.5, 0.5, 0.01), 0, 0, 0, vec3(0.0, 0.0, 4.0), true, false,
      false, true, vec3(0.9, 0.9, 0.9), 0.0, 0.95, 1.1, vec4(0.8, 0.8, 0.8, 1.0), vec4(1.0, 1.0, 1.0,
      1.0), vec4(1.0, 1.0, 1.0, 1.0), 50.0
    },
    // 没有纹理的透明立方体
    { 2, 0, vec3(-0.5, -0.5, -0.1), vec3(0.5, 0.5, 0.01), 0, 0, 0, vec3(0.0, 0.0, 3.0), true, false,
      false, true, vec3(0.9, 0.9, 0.9), 0.0, 0.95, 1.1, vec4(0.8, 0.8, 0.8, 1.0), vec4(1.0, 1.0, 1.0,
      1.0), vec4(1.0, 1.0, 1.0, 1.0), 50.0
    },
} };
int numObjects = 4;
float camera_pos = 5.0;
const int max_depth = 5;
const int stack_size = 100;
vec3 pointLight_position = vec3(-1, 1, 3);
...
```

程序 16.14 的输出如图 16.15 所示（见彩插）。请注意，在递归深度为 3 时，红色球体不可见，因为光线序列不足以穿过两个立方体的两侧并到达球体。但是，在递归深度为 5 时，球体变得可见。

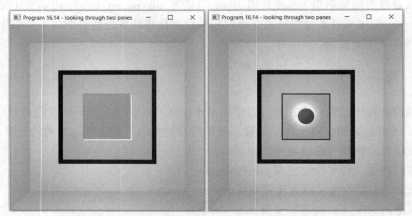

图 16.15　程序 16.14 的输出，通过两个薄的透明立方体显示一个红色球体。
左图递归深度为 3，右图递归深度为 5

在 16.3.4 小节中讨论的另一个例子是两面镜子面对面的情况。在两面镜子和观察者之间的特定相对角度处，出现了一种“递归隧道”。我们的光线追踪器可以复制这种效果吗？

我们通过创建两个反射平面（作为镜子）来测试这一点，同时在两者之间加入一个红色球体和相机。图 16.16（见彩插）展示了物体的布局，所有物体都沿 z 轴放置（在某些情况下略有偏移），相机看向 z 轴负方向。虽然相机（以绿色显示）将无法看到它后面的平面，但它应该能够看到它前面的镜子和红色球体，以及额外的红色球体像，因为反射光线在两面镜子之间来回“弹跳”。程序 16.15 用这些物体设置了一个场景。

配置一个显示“递归隧道”的场景需要一些反复试验（对于现实世界中的真实镜子也是如此）。我们在程序 16.15 中设置的对象位置和角度可以生成一

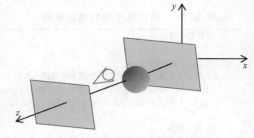

图 16.16　建立两个面对面的镜子

个带有所需效果的清晰示例。

程序 16.15　两面面对面的镜子

```
// 计算着色器
...
Object[ ] objects =
{ // 物体0是房间盒
  { 0, 0.0, vec3(-20, -20, -20), vec3(20, 20, 20), 0, 0, 0, vec3(0), true, false, true, false, vec3(0.25,
    1.0, 1.0), 0, 0, 0, vec4(0.2, 0.2, 0.2, 1.0), vec4(0.9, 0.9, 0.9, 1.0), vec4(1.0, 1.0, 1.0, 1.0), 50.0
  },
  // 红色球体
  { 1, 0.25, vec3(0), vec3(0), 0, 0, 0, vec3(0, -0.33, 3.3), true, false, false, false, vec3(1.0, 0.0,
    0.0), 0.0, 0.0, 0.0, vec4(0.5, 0.5, 0.5, 1.0), vec4(0.9, 0.9, 0.9, 1.0), vec4(1.0, 1.0, 1.0, 1.0), 50.0
  },
  // 第一面镜子——相机后方的反射平面
  { 3, 0, vec3(4, 0, 4), vec3(0), 90.0, -1.0, 0.0, vec3(0, 0, 3.8), true, false, true, false, vec
    3(1.0, 1.0, 1.0), 0.9, 0.0, 0.0, vec4(0.5, 0.5, 0.5, 1.0), vec4(0.9, 0.9, 0.9, 1.0), vec4(1.0, 1.0,
    1.0, 1.0), 100.0 },
  // 第二面镜子——红色球体后方的反射平面
  { 3, 0, vec3(.8, 0, .8), vec3(0), 92.0, 0.0, 0.0, vec3(0, 0, 3.1), true, false, true, false,
    vec3(1.0, 1.0, 1.0), 0.9, 0.0, 0.0, vec4(0.5, 0.5, 0.5, 1.0), vec4(0.9, 0.9, 0.9, 1.0), vec4(1.0,
    1.0, 1.0, 1.0), 100.0 }
} };
int numObjects = 4;
float camera_pos = 3.7;
const int max_depth = 14;
const int stack_size = 100;
vec3 pointLight_position = vec3(-2, 2, 3);
...
```

红色球体、相机和两面镜子位于沿 z 轴的不同位置，分别位于 3.3、3.7、3.1 和 3.8 处。红色球体沿 y 轴略微降低，以便相机从其上方进行观察。镜子的颜色为非常浅的灰色，这样它们就不会使所反射的东西过暗。由于光具有典型的 ADS 特性，离轴区域会随着每次反射而略微变暗（如图 16.13 中的真实世界照片中的情况）。光源被放置在球体附近，因此镜子投射的阴影不会使其进一步变暗。球体后面的镜子略微向下倾斜（准确地说是在 x 轴上倾斜 2.0°），以使球体的反射更加明显。

图 16.17（见彩插）显示了一系列不同递归深度的输出结果。在递归深度为 0 时，场景中只有球体和一面镜子可见。在递归深度为 1 时，球体在平面中的反射是可见的。在递归深度为 2 时，球体在另一个平面的反射也出现了，"隧道"效应开始形成。前进至递归深度为 14 时，出现预期的一长串红色球体，"递归隧道"已完全实现。（由于透视失真，离相机最近的球体略呈椭圆形。）

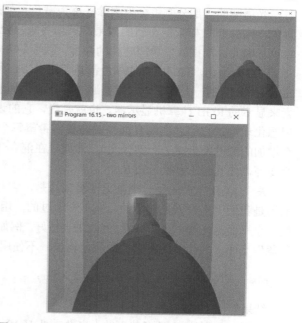

图 16.17　程序 16.15 的输出，展示了两面面对面的镜子。在最终图像中递归深度分别为 0、1、2 和 14（从左到右，从上到下）

16.3.7　透明对象的颜色混合

到目前为止，我们所有的透明物体（一直使用折射次级光线建模）都没有颜色（或被涂成白色）。想要制作彩色透明物体是很自然的，例如彩色窗户。尽管我们当前的工具有这样的功能，但在许多情况下还是会遇到一些令人感到意外的困难。

一种容易的做法是简单地定义一个透明物体，并为它指定 RGB 值作为所需的颜色（例如红色为(1,0,0)），然后将该颜色与前例中折射传入的颜色混合。然而，结果并不总如预期！例如，假设声明了 3 个颜色分别为红色、黄色和蓝色的平面，并将它们重叠在场景中，在它们重叠的位置具有相同的权重，以便可以看到颜色混合的结果。结果如图 16.18（见彩插）所示。如果这些是真正的彩色玻璃板，你会期待看到这种情况吗？

图 16.18 是通过定义 3 个重叠的透明彩色（红色、黄色和蓝色）平面并将它们的颜色按照我们之前所做的求加权和的方式混合而创建的，例如：

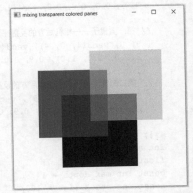

图 16.18　具有 3 个重叠彩色平面的场景，颜色均匀混合

```
mixed_color = mix(pane_color, refracted_color, 0.5);
```

在红色和黄色重叠的位置可以看到橙色，在红色和蓝色重叠的位置可以看到紫色，这两者都符合预期。然而，在黄色和蓝色重叠的位置，读者可能期望看到绿色，然而在那里出现的是一种灰色。

欢迎来到颜色模型（color model）的复杂世界！如果这些是真正的玻璃平面，白光通过它们时，光谱中的一部分颜色会被去除，称为减色。如果这些平面在“发射”颜色，而不是“过滤”颜色，则会产生与减色不同的效果。例如将黄色光源组合（添加）到蓝色光源，不会结合形成绿色。因此，根据我们希望建模的内容，我们需要以不同的方式混合颜色。

到目前为止，我们所有的颜色都是使用 RGB 颜色模型来表现的。RGB 是加色模型（additive color model）的一个例子，它旨在通过将光源相加来混合光源——尤其是以红色、绿色和蓝色元素来显示的 RGB 计算机显示器。也就是说，它的设计不是像油漆一样“混合”它的颜色，而是理想化地增加它们。在混合油漆时，我们希望每个增加的组合颜色都会使混合物变暗（因为每个增加的颜色都会减去一部分光）。然而，在混合光源的加法模型中，每个增加的颜色都会使混合变亮，使其越来越接近白光。

关于 RGB 模型的另一个常见混淆来源是，它是使用红色、绿色和蓝色这 3 种原色设计的，而不是我们大多数人更熟悉的、在小学学过的，用于油漆或蜡笔的“红黄蓝三原色”。如果使用的 3 个平面是光源，则 RGB 原色效果会很好。例如，假设我们用红色、绿色、蓝色平面替换“红黄蓝”平面，并简单地将它们的颜色相加，不使用权重，如下所示：

```
mixed_color = pane_color + refracted_color;
```

结果如图 16.19（见彩插）所示。

对于大多数刚接触颜色模型的人来说，图 16.19 看起来很奇怪（使用“红黄蓝”平面的结果看起来会更奇怪，试试看！）：红色和蓝色平面结合形成了一种被称为洋红色的浅紫色，这似乎相当合理，但很少有人期望红色和绿色结合形成黄色。然而，不管你信不信，如果这些平面是光源，那么这样的结果更接近现实世界中实际发生的情况。请注意，在最中心，所有原色（即红色、绿色、蓝色）加在一起，产生了白光。因此，使用 RGB 加色模型通过加法来混合颜色，可以准确地混合彩色光源。

但是，如果我们想要模拟的彩色物体不是光源，而是对白色光源做出反应的被动彩色物体，例如彩色窗户玻璃或一副橙色太阳镜，该怎么办？事实证明，对于这项任务，加法 RGB 模型非常"笨拙"。

如果需要彩色透明物体而不是光源，一种选择是切换到减色模型，例如 CMY 模型［其中 C 代表青色（cyan），M 代表洋红色（magenta），Y 代表黄色（yellow）］。RGB 模型设计用于由微小的红色、蓝色和绿色发光体组成的计算机显示器，而 CMY 模型通常用于混合墨水以构建颜色的打印机。对于 RGB 值，(0,0,0) 表示黑

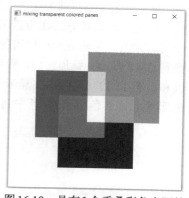

图 16.19　具有 3 个重叠彩色光源的场景，颜色相加

色，(1,1,1) 表示白色；对于 CMY 值，(0,0,0) 表示白色，(1,1,1) 表示黑色。 因此，在 CMY 模型中将颜色加在一起会使它们变暗。这模拟了现实世界的观察结果，即当两种颜料（例如油漆）混合在一起时，所得的材质会减去更多的周围光线并变得更暗。这就是该模型被称为减色模型的原因：这些值表示从周围光源中移除的光，即使我们仍然通过将颜色相加来组合颜色。

通过反转颜色（从 (1,1,1) 或白色中减去它们）可以很容易地在 RGB 和 CMY 模型之间来回转换。使用 CMY 模型混合颜色的一种方法是对 RGB 值取补以生成 CMY 值，将它们相加，然后转换回 RGB 值：

$$\textbf{color1}_{\text{CMY}} = \text{vec3}(1,1,1) - \textbf{color1}_{\text{RGB}}$$

$$\textbf{color2}_{\text{CMY}} = \text{vec3}(1,1,1) - \textbf{color2}_{\text{RGB}}$$

$$\textbf{blend}_{\text{CMY}} = \textbf{color1}_{\text{CMY}} + \textbf{color2}_{\text{CMY}}$$

$$\textbf{result}_{\text{RGB}} = \text{vec3}(1,1,1) - \textbf{blend}_{\text{CMY}}$$

如果我们的平面的颜色是洋红色（RGB 值为 (1,0,1)）、黄色（RGB 值为 (1,1,0)）和青色（RGB 值为 (0,1,1)），这将非常有效。请注意，通常需要按比例缩小结果，以使最终的 RGB 值均不超过 1.0。图 16.20（见彩插）展示了通过 CMY 值叠加产生的颜色混合。

事实证明，如果我们从同样的洋红色、黄色和青色平面开始，并像本章前面一样将它们的 RGB 值通过加权和进行混合，结果也是很相似的，如图 16.21（见彩插）所示。

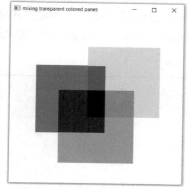

图 16.20　使用 CMY 模型叠加青色、洋红色和黄色平面

图 16.21　使用 RGB 模型混合青色、洋红色和黄色平面

　　总而言之，到目前为止，我们已经了解到，通过简单地把 RGB 值相加，可以很好地为光源混合颜色，但这种方式在为透明平面混合颜色（就像我们混合油漆一样）时会出问题。根据所使用的颜色，某些应用程序可能通过使用刚刚描述的两种方法中的一种就足够了，即将颜色转换到 CMY 模型，叠加它们，然后转换回 RGB 模型，或者简单地对 RGB 模型下的两种颜色求加权和。图 16.22（见彩插）显示了 3 种场景中的两种方法，分别使用了红色/黄色/蓝色、红色/绿色/蓝色、洋红色/黄色/青色平面。

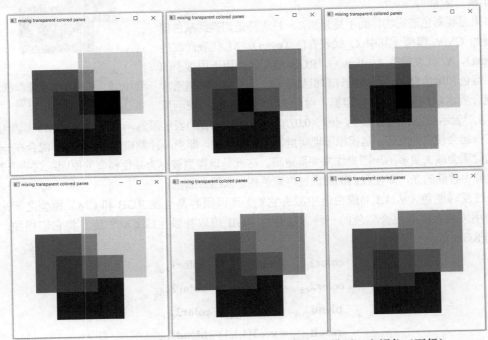

图 16.22　使 CMY 模型叠加颜色（上行），使用 RGB 模型混合颜色（下行）

　　在图 16.22 所示的每种方法中，至少有一种颜色组合对于混合油漆（或堆叠玻璃板）来说是不正确的。因此，如果应用程序需要在整个色谱中进行正确的减色混合，则上述方法都不够用，需要另一种方法。

　　处理彩色平面的第三种方法是将颜色从 RGB 颜色模型转换为基于红色、黄色、蓝色的 RYB 减色模型（RYB subtractive model）。执行此操作的精确算法往往很复杂。Sugita 和 Takahashi[ST15] 描述了一种非常简单的算法，用于在 RGB 模型和 RYB 模型之间进行转换。该算法并不完美，但在整个色谱中运行良好。程序 16.16 展示了其转换函数的 GLSL 实现，在很多情况下都足够实用。

程序 16.16　通过转换到 RYB 模型混合颜色

```
// 计算着色器
...
void process_stack_element(int index)
{ ...
    // 在阶段 4 颜色混合中
        if ((objects[c.object_index].isTransparent)
        { vec3 mixedRYB = rgb2ryb(mixed_color);
          vec3 refractedRYB = rgb2ryb(refracted_color);
          mixed_color = ryb2rgb(mixedRYB + refractedRYB);
        }
    ...
```

```
    }

    vec3 rgb2ryb(vec3 rgb)
    {   float white = min(rgb.r, min(rgb.g, rgb.b));  // 计算输入的白色和黑色分量
        float black = min((1-rgb.r), min((1-rgb.g), (1-rgb.b)));  // 假设颜色值会被限制在[0,1]区间
        vec3 rgbWhiteRemoved = rgb - white;  // 转换到RYB之前, 从输入颜色中移除白色分量

        // 初始化输出颜色的RYB值
        vec3 buildRYB = vec3(
            rgbWhiteRemoved.r - min(rgbWhiteRemoved.r, rgbWhiteRemoved.g),
            (rgbWhiteRemoved.g + min(rgbWhiteRemoved.r, rgbWhiteRemoved.g)) / 2.0,
            (rgbWhiteRemoved.b + rgbWhiteRemoved.g - min(rgbWhiteRemoved.r,
                                                  rgbWhiteRemoved.g)) / 2.0);

        float normalizeFactor = max(buildRYB.x, max(buildRYB.y, buildRYB.z))
            / max(rgbWhiteRemoved.r, max(rgbWhiteRemoved.g, rgbWhiteRemoved.b));

        buildRYB /= normalizeFactor;  // 归一化以得到相似的白色阶
        buildRYB += black;            // 得到相似的黑色阶
        return buildRYB;
    }

    vec3 ryb2rgb(vec3 ryb)
    {   float white = min(ryb.x, min(ryb.y, ryb.z));  // 计算输入的白色和黑色分量
        float black = min((1-ryb.x),min((1-ryb.y),(1-ryb.z)));
        vec3 rybWhiteRemoved = ryb - white;              // 转换到RGB之前, 从输入颜色中移除白色分量

        // 初始化输出颜色的RGB值
        vec3 buildRGB = vec3(
            rybWhiteRemoved.x + rybWhiteRemoved.y - min(rybWhiteRemoved.y, rybWhiteRemoved.z),
            rybWhiteRemoved.y + 2.0 * min(rybWhiteRemoved.y, rybWhiteRemoved.z),
            2.0 * rybWhiteRemoved.z - min(rybWhiteRemoved.y, rybWhiteRemoved.z));

        float normalizeFactor = max(buildRGB.r, max(buildRGB.g, buildRGB.b))
            / max(rybWhiteRemoved.x, max(rybWhiteRemoved.y, rybWhiteRemoved.z));

        buildRGB /= normalizeFactor;  // 归一化以得到相似的白色阶
        buildRGB += black;            // 得到相似的黑色阶
        return buildRGB;
    }
    ...
```

在 RGB 模型和 RYB 模型之间转换的函数分别命名为 rgb2ryb() 和 ryb2rgb()。它们都首先计算输入颜色中白色和黑色的量, 即 3 个颜色通道 (RGB 或 RYB) 中到(0,0,0)和(1,1,1)的最小距离。然后移除所有 3 个通道中的白色部分。接下来为另一个颜色模型的 3 个通道中的每一个通道构建等效值。该方法基于一种减色 RYB 颜色模型提案, 其中白色为(0,0,0), 黑色为(1,1,1), 红色为(1,0,0), 黄色为(0,1,0), 蓝色为(0,0,1), 绿色为(0,1,1), 紫色为(1,0, 0.5), 而浅绿色为(0, 0.5, 1)。使用这些颜色提案构建向量 buildRGB 和 buildRYB 的代码基于 Sugita 和 Takahashi 推导出的方程, 此处不详述。最后, 将结果归一化以生成与原始输入颜色相似的白色和黑色级别。

Sugita 和 Takahashi 提出的混色方法基于减色模型, 与 CMY 模型一样, 其白色和黑色定义与 RGB 模型相反。因此可以通过简单地将它们加在一起来完成混合颜色, 如程序 16.16 中对 process_stack_element()函数的更改所示。

图 16.23 (见彩插) 中展示了与图 16.22 中所示相同的 3 个场景 (即分别使用红色/黄色/蓝色、红色/绿色/蓝色、洋红色/黄色/青色平面) 的结果。在每种情况下, 平面的颜色都按照程序 16.13 中的描述定义为 RGB 值。使用程序 16.16 中的 rgb2ryb()函数将 RGB 值转换为 RYB 值, 然后相

加（如程序 16.16 所示），再使用 ryb2rgb() 函数将结果转换回 RGB 值，最后显示结果。这样稍加调整后，每种情况下的结果都非常接近人们在现实世界中重叠彩色透明平面（或混合油漆）时所期望看到的结果。

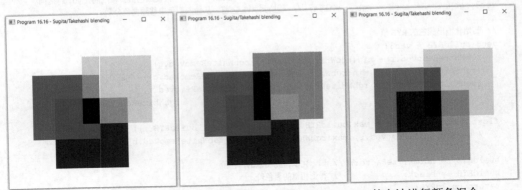

图 16.23　程序 16.16 的输出，展示了使用 Sugita 和 Takahashi 的方法进行颜色混合

补充说明

即使是本章给出的简单示例也需要较长的计算周期，而后面的（程序 16.13、16.14 和 16.15）更是运行非常缓慢，对于大深度递归设置尤甚。在普通笔记本电脑上，读者可能需要几秒或更长时间来渲染。在某些计算机上，显卡的默认设置可能会导致 OpenGL 程序运行超时，使程序在有机会完成之前崩溃。在 Windows 计算机上，时间限制通常设置为 2 秒，但可以通过增加注册表中的 TdrDelay 的值来增加限制时间。增加限制时间操作的说明在互联网上很容易找到[A19]。作者将超时设置为 8 秒。值的设置取决于计算机和应用程序。请注意，进行此更改也会使关停失控的图形进程的操作变得更加困难。

在编写本书计算着色器代码时，我们努力提高其可读性而非性能，例如，大量使用条件语句（if 语句）会减慢执行速度。去除条件语句的技巧可以参见参考资料[H13]。

在本书的光线追踪器中，有一些相当明显的功能没有进行实现。一种是旋转球体的功能。当然，在球体是纯色或透明的情况下这不是问题。然而，如果球体有纹理，例如在使用地球纹理的示例中，用户有可能希望将其旋转到不同的方向。这种旋转可以使用与立方体和平面相同的方式实现。

另一个不足是本书只实现了硬阴影。软阴影在光线追踪中的使用很广泛，只是这里没有进行介绍。感兴趣的读者可以参考其他资源[K16]。

在本章中没有介绍的重要技术是如何在使用三角形网格构建的 3D 模型上执行光线追踪。计算三角形上的交点类似于计算平面上的交点，并且可以在构成模型的所有三角形上执行。这需要一些超出前面涵盖内容的设置，以便将来自 OBJ 文件的三角形发送到计算着色器，然后将其作为场景中的物体进行迭代。对于希望探索这个主题的读者，Scratchapixel[S16]是一个不错的起点。

光线追踪是一个内容非常丰富的主题，其中还有很多在这个简短的介绍中没有描述的、用于增强真实感的技术。我们鼓励读者探索关于光线追踪的教科书和在线资源[S16]。

正如我们在 16.2 节中看到的，OpenGL 支持混合，包括多种混合颜色的方法。然而，在本章中，我们没有使用渲染管线，所以我们必须自己混合颜色。

本章中的大部分代码是 Luis Gutierrez 在加利福尼亚州立大学萨克拉门托分校当学生时作为一个特别项目的一部分开发的。他的贡献极大地促进了我们的讲解，我们感谢他将这些主题提炼成大小可控的代码所做的出色工作，尤其是用于在 GLSL 非递归语言中管理递归的代码组织方式。

习题

16.1 在程序 16.4 中，通过注释掉一行特定的代码可以很容易地禁用阴影。找到该行代码。

16.2 对程序 16.5 进行简单更改：（a）移动立方体使其位于球体后面，但仍然可见；（b）将背景颜色从黑色更改为浅蓝色；（c）修改光源的属性和位置。

16.3 对程序 16.10 进行更改：（a）移动立方体，使其位于球体的前面；（b）使立方体透明或折射，并使球体反射；（c）移动棋盘格平面，以便它垂直地放置于立方体和球体的后面。尝试放置物体，以便通过透明立方体可以看到球体和棋盘格平面。

16.4 在程序 16.12 中，用湖景天空盒替换蓝色的房间盒。不要忘记禁用天空盒上的光照。

16.5 修改程序 16.13 以构建一个带有透明球体和透明立方体的场景，赋予它们不同的颜色。同时在它们后面，加入垂直棋盘格平面作为背景。尝试使用 16.3.6 小节中描述的颜色混合方法。哪种方法在你的场景中效果最好？

16.6 在图 16.23 中图中，红色和绿色的混合产生黑色。这是一个合理的结果吗？如果这不合理，你能否设计一种不影响其他颜色混合结果的解决方法？

参考资料

[A19] AMD forum (edited by Pat Densman), Graphics Driver Stopped Responding: TDR fix, AMD forum discussion, 2019, accessed July 2020.

[A68] A. Appel, Some Techniques for Shading Machine Renderings of Solids, AFIPS Conference Proceedings 32, 1968, pp. 37-45.

[F96] J. D. Foley, *Computer Graphics: Principles and Practice*, Second Edition in C. (Addison-Wesley Professional, 1996).

[FW79] J. D. Foley and T. Whitted, An Improved Illumination Model for Shaded Display, Proceedings of the 6th Annual Conference on Computer Graphics and Interactive Techniques, 1996.

[H13] D. Holden, *Avoiding Shader Conditionals*, 2013, accessed July 2020.

[H89] E. Haines et al, *An Introduction to Ray Tracing*, edited by A. Glassner (Academic Press, 1989).

[K16] M. Kissner, Ray Traced Soft Shadows in Real Time in Spellwrath, Imagination Technologies Blog, 2016, accessed July 2020.

[KK86] T. Kay and J. Kajiya, *Ray Tracing Complex Scenes*, SIGGRAPH '86 Proceedings of the 13th Annual Conference on Computer Graphics and Interactive Techniques, 1986, pp 269-278.

[KR20] OpenCL Overview, Khronos Group, 2020, accessed July 2020.

[NV20] About CUDA, NVIDIA Developer, 2020, accessed July 2020.

[RTX19] RTX Ray Tracing, NVIDIA Corp, 2019, accessed July 2020.

[S11] H. Shen, Ray-Tracing Basics, 2011, accessed July 2020.

[S16] Scratchapixel, A Minimal Ray-Tracer, 2016, accessed July 2020.

[ST15] J. Sugita and T. Takahashi, Paint-Like Compositing Based on RYB Color Model, The 42nd International Conference and Exhibition on Computer Graphics and Interactive Techniques (ACM SIGGRAPH), Los Angeles, 2015, accessed July 2020.

[SW15] G. Sellers, R. Wright Jr., and N. Haemel, *OpenGL SuperBible: Comprehensive Tutorial and Reference*, 7th ed. (Addison-Wesley, 2015).

[Y10] E. Young, Direct Compute Optimizations and Best Practices, GPU Technology Conference, San Jose, CA, 2010, accessed July 2020.

第 17 章　3D 眼镜和 VR 头显的立体视觉

本书是关于 3D 渲染的。然而,"3D"是一个含义过于丰富的名词。我们一直使用它来表示使用 3D 透视显示场景,以便用户可以真实地感知对象的位置和相对大小。然而,3D 也可以表示通过双目机制观看场景,这种机制能产生更真实的深度假象,通常称作立体视觉。例如,许多读者已经在电影院看到了这种技术的实际应用。在电影院里,观众会戴上特殊的眼镜来观看 3D 电影。在本章中,我们将探索使用 OpenGL 进行立体渲染的基础知识。

在现实世界中,我们会体验到"深度感",因为人的两只眼睛在物理上处于略微不同的位置。大脑能够将两只眼睛略有不同的视点组合成一个单一的 3D 体验。要想从机制上复制这种体验,需要类似地为每只眼睛提供所渲染场景的略有不同的视图。多年来,已经产生了许多用于执行这一操作的方法。

最早的此类设备之一是在 19 世纪初生产的,它由一个叫作"立体镜"的简单支架组成[WST]。它让人们可以查看特别制作的照片——更具体地说,是成对的图像,这样每只眼睛都可以从略有不同的视角观看相同的物体。这些早期的立体镜是 20 世纪 60 年代出现的广受欢迎的 View-Master® 玩具的灵感来源,最近还启发了 VR 头显设备(见图 17.1)。此类设备通常被称为"并排式"查看器。

图 17.1　并排式查看器。从左到右:19 世纪初的立体镜、20 世纪 60 年代的 View-Master®、2016 年的 Oculus Quest® VR 头显。19 世纪初的 Holmes 立体镜照片由 Dave Pape 拍摄。Oculus Quest 照片由 Bryan Clevenger 拍摄,经许可使用

并排式查看器的效果出色,但是,它有一个主要的缺点:它仅适用于小图像,例如用于个人头显。

在更大尺度上(例如在电影院的银幕上)实现立体视觉需要使用不同的方法。通常的做法是投影一个同时包含左右图像的图像,然后提供一副只允许左右眼看到各自图像的特殊眼镜。有几种技术可以实现这一点,3 种当下流行的技术如下。

- 色差式,即眼镜镜片有两种不同的颜色,通常是红色和青色。左眼看到图像的红色成分,右眼看到青色成分。投影的图像中左眼的视图使用红色渲染,而右眼的视图使用青色渲染。
- 偏振式,即眼镜两侧镜片的偏振方向不同,如一侧沿垂直方向偏振,另一侧沿水平方向偏振。投影的图像中,两只眼睛视图的偏振方向也不同。
- 快门式,即投影的图像交替显示左右图像。两侧眼镜交替允许图像通过。

这里每一种技术都有其优点和缺点。色差式是最简单和成本最低的，早期的 3D 电影用的就是这种技术。然而，其最终呈现的色彩效果往往会有损失。偏振式眼镜不会产生色彩问题，也很便宜，但投射特定的偏振图像需要特殊的技术①。快门式技术的质量最好，但也是成本最高的，包括它的眼镜也很贵。图 17.2 展示了一副廉价的硬纸板色差式立体眼镜。

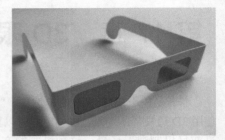

图 17.2 用于电影放映的色差式立体 3D 眼镜

在本章中，我们将介绍使用两种技术在 OpenGL 中生成 3D 立体图像的基础知识：色差式和并排式。在这两种情况下，为了给每只眼睛正确生成单独的图像，我们首先需要学习一些关于视图和投影矩阵的基础知识。

17.1 双目视图和投影矩阵

关于双眼如何汇聚在特定物体上并让我们感知到它与我们的距离（立体视觉或深度感知），涉及复杂的科学原理[WSS]，其完整的讨论超出了本书的范围。本书仅限于包含最基本的元素的实现。

下面我们考虑每只眼睛的视点。虽然双眼非常靠近，但它们在空间中位于不同的点。一种常见的方法是确定一个合适的眼间距（InterOcular Distance，IOD），即两只眼睛瞳孔之间的距离。虽然测量这个距离很简单，比如以毫米或英寸为单位②，但现实世界的距离度量（例如，毫米）和所渲染场景中使用的轴单位之间的关系（即沿着 x 轴、y 轴、z 轴的"1""2"等数值的含义）完全取决于应用程序。一个商业应用，例如游戏或电影，需要保证应用选择的 IOD 值正确对应于人的平均 IOD（约 65 毫米），甚至可能需要允许用户根据自己的 IOD 来调整。 在本书的应用程序中，定义了一个名为 IOD 的变量，并简单地通过反复试错来确定了一个能产生不错结果的值。

我们将每只眼睛的位置确定为相机的位置向左右各自偏移眼间距的一半。偏移计算还包括应用于相机的任何旋转。在本章的示例中，相机固定在位置(cameraX, cameraY, cameraZ)并面向$-z$方向。因此，在这些情况下，忽略旋转，眼睛位置就是(cameraX±IOD/2.0, cameraY, cameraZ)，计算每只眼睛各自的视图矩阵的其余部分不变。

推导准确的透视投影矩阵很复杂[N10]，尽管实现它们相当简单。 虽然仅使用用于相机的标准透视矩阵就可以获得不错的结果，但这可能会导致外围效果不好，即只有一只眼睛可以看到远处区域。图 17.3 展示了应用于双眼的视锥，左图使用标准透视变换，右图稍微修改透视变换，允许双眼在仍然面向前方的情况下具有相同的远处视图。后者能产生更好的结果，但需要为非对称视锥创建透视矩阵。GLM 提供了一个名为 glm::frustum()的函数，该函数根据投影平面的顶部、底部、左侧和右侧边界构建这样一个矩阵。各种此类矩阵的推导可以在别处看到[S16]。

使用我们一直以来的视场、纵横比，以及近、远剪裁平面，要找到不对称情况下投影平面的边界，可以采取一些几何学方法。图 17.4 定义了执行此操作的 C++/OpenGL 函数 computePerspectiveMatrix()。参数 leftRight 取−1 表示左眼，取+1 表示右眼。考虑到效率的原因，所有其他变量都是全局分配的（和以前一样）。计算结果放在变量 pMat 中。

---

① 色差式和偏振式眼镜采用的技术称为被动技术，因为眼镜除了滤色，不需要再做任何事情。相比之下，快门式眼镜需要与投射的图像同步动态地打开和关闭，这种技术称为主动技术。

② 1 英寸合 25.4 毫米。——编者注

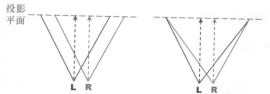

投影平面

图 17.3 立体透视矩阵的标准和非对称视锥

```
void computePerspectiveMatrix(float leftRight) {
    float top = tan(fov/2.0f) * near;
    float bottom = -top;
    float frustumShift = (IOD / 2.0f) * near / far;
    float left = -aspect * top - frustumShift * leftRight;
    float right = aspect * top - frustumShift * leftRight;
    pMat = glm::frustum(left, right, bottom, top, near, far);
}
```

图 17.4 计算非对称透视矩阵的 C++/OpenGL 函数

17.2 色差式渲染

渲染适用于红青眼镜（即通常所说的"红蓝眼镜"）的色差 3D 版本场景与我们之前渲染场景的方式基本相同，只不过我们需要对场景进行两次渲染，一次用于左眼，一次用于右眼。其中一次渲染仅使用红色通道（RGB 模型的红色部分），另一次仅渲染绿色和蓝色通道（在 RGB 模型中结合绿色和蓝色产生青色）。这两次渲染也使用各自的视图和透视矩阵。当通过红青眼镜观看时，大脑会将两个图像融合为一个 3D 场景。其步骤概述如下。

（1）清除深度和颜色缓冲区。

（2）设置 OpenGL 色彩遮罩以仅启用红色通道。

（3）调用 display() 来渲染场景，使用左眼的视图和透视矩阵。

（4）清除深度缓冲区（但不清除颜色缓冲区）。

（5）设置 OpenGL 色彩遮罩以仅启用绿色和蓝色通道。

（6）调用 display() 来渲染场景，使用右眼的视图和透视矩阵。

上述步骤在 main() 的渲染循环中发生，和本书其他示例所采用的方式相似。注意步骤（2）和（5）——OpenGL 提供的 glColorMask() 命令很方便，可以用来限制写入色彩缓冲区的色彩通道。

我们用 14.1 节中的雾示例来讲解色差式渲染（场景在不停地旋转，这里的特定图像是在与前面图 14.2 中所示的不同的时间点截取的）。虽然我们几乎可以使用前面章节中的任何示例，但我们选择使用包含雾的场景，因为结合将远处物体略微模糊的方法，可以进一步增强 3D 体验效果。

程序 17.1 展示了对程序 14.1 的修改。先看代码，然后我们继续讲解。

程序 17.1　雾示例的色差式渲染

```
// C++/OpenGL 应用程序
// include 部分、#define 部分、显示变量、渲染程序、init()、矩阵等都和以前一样
...
float IOD = 0.01f; // 微调的眼间距——我们在这个场景不断试错，最后得到 0.01
...
void computePerspectiveMatrix(float leftRight) {
    // 如图 17.3 和图 17.4 所示
}
void display(GLFWwindow* window, double currentTime, int leftRight) {
    ...
    computePerspectiveMatrix(leftRight);
    vMat = glm::translate(glm::mat4(1.0f), glm::vec3(-(cameraX + (leftRight * IOD / 2.0f)), -cameraY, -cameraZ));
    ...
}

int main(void) {
    ...
    // 窗口设置和以前一样——只需在渲染循环中做如下修改
```

```
while (!glfwWindowShouldClose(window)) {
    glColorMask(true, true, true, true); // 对背景色启用所有色彩通道
    glClear(GL_DEPTH_BUFFER_BIT);
    glClearColor(0.7f, 0.8f, 0.9f, 1.0f); // 雾的颜色是偏蓝的灰色
    glClear(GL_COLOR_BUFFER_BIT);

    glColorMask(true, false, false, false); // 只启用红色通道
    display(window, glfwGetTime(), -1); // 渲染左眼视图

    glClear(GL_DEPTH_BUFFER_BIT);

    glColorMask(false, true, true, false); // 只启用绿色和蓝色通道
    display(window, glfwGetTime(), 1); // 渲染右眼视图

    glfwSwapBuffers(window);
    glfwPollEvents();
}
...
// 其他组件和以前相同。着色器也没有变化
}
```

这里对程序 14.1 所做的更改很少。眼间距设置为 0.01，是通过试错法得出的，如 17.1 节所述。请注意，main() 中的渲染循环现在会调用两次 display()，并传递一个额外的参数 leftRight。对于左眼，该参数设置为−1；对于右眼，该参数设置为+1。然后，display() 函数会根据这个值来把构建视图矩阵的相机位置向左或向右偏移眼间距的一半。

程序 17.1 的输出如图 17.5（见彩插）所示。请注意，输出结果包含雾示例的两次渲染，一次为红色，另一次为青色，略有水平方向的偏移。可通过红青眼镜观看这张图，以查看产生的 3D 立体效果。

图 17.5   程序 17.1 的色差式渲染，雾示例
（最好通过红青眼镜观看）

17.3   并排式渲染

既然我们已经了解了如何使用非对称透视矩阵渲染恰当的左眼和右眼图像，那么下面就采用这些技术来为我们的雾示例生成并排式立体图像对。

如果只需要一对用于立体镜或 View-Master® 等设备的矩形图像，解决方案很简单。只需要简单地使用 OpenGL 的 glViewport() 函数为每个图像指定单独的半个屏幕（视口），然后为每个视口调用一次 display() 函数。程序 17.2 展示了对程序 14.1 的修改。先看代码，然后我们继续讲解。

程序 17.2   雾示例的并排式渲染

```
// C++/OpenGL 应用程序
// include 部分、#define 部分、显示变量、渲染程序、init()、矩阵、视间距等都和以前一样
// 对 computePerspectiveMatrix() 函数的增加和对 display() 的修改和程序 17.1 的一样
...
int sizeX = 1920, sizeY = 1080;
...
int main(void) {
    ...
    // 窗口设置和以前一样——只需在渲染循环中做如下修改
```

```
while (!glfwWindowShouldClose(window)) {
    glViewport(0, 0, sizeX, sizeY);
    glClear(GL_DEPTH_BUFFER_BIT);
    glClear(GL_COLOR_BUFFER_BIT);

    glViewport(0, 0, sizeX/2, sizeY);
    display(window, glfwGetTime(), -1);

    glViewport(sizeX/2, 0, sizeX/2, sizeY);
    display(window, glfwGetTime(), 1);

    glfwSwapBuffers(window);
    glfwPollEvents();
}
... // 其他组件和以前相同。着色器也没有变化
}
```

glViewport()函数用于指定屏幕的一部分（或视口）进行渲染。它接收 4 个参数：前两个用于指定视口左下角的 x 和 y 屏幕坐标，后两个用于指定视口区域的宽度和高度（以像素为单位）。我们已经将变量 sizeX 和 sizeY 设定为现代笔记本电脑屏幕的通用尺寸，它们应该被设置为与使用的机器相匹配的值。然后使用这些值将屏幕一分为二，每一侧给一只眼睛观看。输出结果如图 17.6 所示。在这个例子中，我们也将清除色设置为雾的颜色，就像在程序 17.1 中所做的那样。

图 17.6　程序 17.2 的并排式渲染，雾示例（最好通过立体头显查看）

比较图 17.5 和图 17.6，我们可以看到 17.6 中的图像明显被水平压缩了。由于可用于渲染每个图像的只有一半的屏幕宽度，应用程序需要考虑这一点，更改视场或纵横比。我们在这个简单的例子中忽略了这一点。

17.4　修正头显的镜头畸变

用于查看并排式图像的头显使用高视场镜头[①]常常会出现镜头畸变。两种重要的镜头畸变类型是枕形畸变（即直线的中部向内凹陷）和桶形畸变（即直线的中部向外鼓起）。图 17.7 展示了一个简单的网格，以及同一个网格被枕形和桶形畸变扭曲后的效果。

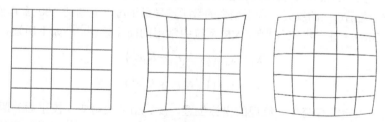

图 17.7　简单的网格（左），以及同一个网格的枕形（中）和桶形（右）畸变效果

大多数头显都使用有枕形畸变的高视场镜头。例如，流行的立体头显 Google Cardboard®[GC20] 需要用户将手机放置在包含一对镜头的纸板框架内。如果手机显示并排式立体图像，就可以通过 Google Cardboard 头显以 3D 方式查看。图 17.8 展示了该头显和通过该头显的一个镜头拍

---

① 高视场一般对应较大的可视角度，故亦可理解成广角镜头。——译者注

摄的图 17.7 中最左侧的网格。可以清楚
地观察到枕形畸变。

　　由于头显往往使用会产生枕形畸变的
镜头，因此针对 VR 头显的应用程序通常
会尝试预测枕形畸变并通过施加反向畸变
（具体来说，就是桶形畸变）来校正它。不
同的头显镜头可能具有不同的特性，在理
想情况下，这种畸变校正应该可以针对不
同的头显进行调整。

图 17.8　Google Cardboard 头显（左）和通过它的一个
镜头观看到的简单网格（右），表现出枕形畸变

　　测量和校正镜头畸变很复杂，全面的讨论超出了本书的范围。作为替代，我们将逐步介绍一
个典型示例。具体来说，就是我们对雾示例施加了桶形畸变校正，粗略地针对 Google Cardboard
头显进行了调整。我们还在此过程中指出了一些可调的参数。更全面的讲解可以在互联网上找
到[BS16]。

　　可以通过多种方法对渲染的场景应用畸变校正。最有效的方法之一叫作顶点位移，在场景中
渲染每个元素时，都对其所有顶点应用所需的畸变校正[BS16]。简单起见，在本章中，我们使用一
种更简单但效率更低的基于片段着色器的方法。其步骤如下。

　　（1）从左眼的视角，将整个场景渲染给帧缓冲区的纹理。

　　（2）使用这个纹理在屏幕左半部分渲染一个矩形区域（片段着色器在这一步应用桶形畸变）。

　　（3）对右眼重复这个过程，但渲染到屏幕的右半部分。

　　我们已经学过了如何将场景渲染到帧缓冲区纹理，例如，当我们学习阴影时。我们刚刚学习
了如何使用 glViewport() 渲染场景到屏幕的左半部分和右半部分。现在我们需要学习如何获取帧
缓冲区纹理，并在渲染它的同时扭曲它包含的图像。

　　渲染（和纹理化）矩形物体到目前为止应该是一件简单的事情。只需要使用 6 个顶点组成两
个三角形，然后在片段着色器中使用 texture() 函数应用相应的纹理。该函数需要 x 和 y 纹理坐标
作为参数。由于我们的矩形填充了整个视口，因此将纹理坐标缩放到视口尺寸即可实现不考虑
畸变的渲染，比如：

```
fragColor = texture(gl_FragCoord.x / (sizeX/2), gl_FragCoord.y / sizeY);
```

　　另外，我们需要修改 x 和 y 纹理查找值，以便它们访问不同的纹元，具体地说是纹理发生桶
形畸变时应该位于位置 (x,y) 的纹元。桶形畸变的数学推导最早可以追溯到 100 多年前，由 Conrady
提出[C19]，并由 Brown 进一步完善[B66]。VR 系统中常用的简化模型[W20]如下所述：

$$x_{u} = x_{d} / \left(1 + K_{1} r^{2} + K_{2} r^{4} \right)$$

$$y_{u} = y_{d} / \left(1 + K_{1} r^{2} + K_{2} r^{4} \right)$$

　　其中 (x_{d}, y_{d}) 是原始（有畸变）纹理的坐标位置，(x_{u}, y_{u}) 是无畸变（校正后）版本的场景中对
应的纹理坐标，r 是从 (x_{d}, y_{d}) 到图像中心的直线距离，K_{1} 和 K_{2} 是可调的常数。即使在这个简化的
模型中，r、K_{1} 和 K_{2} 的值也需要根据查看设备进行调整，有时甚至需要针对查看的人进行调整。
Google Cardboard 头显常用的值是：K_{1} 为 -0.55，K_{2} 为 0.34。对于 r，我们简单地使用勾股定理来
计算距离，然后通过缩放这一距离反复试错以得出合理有效的结果。我们将这种桶形畸变称作
镜头畸变校正。

　　程序 17.3 展示了对程序 17.2 所做的修改，这里在渲染每个半屏时启用了镜头畸变校正，并

粗略针对 Google Cardboard 头显进行了调整。请注意，原有的着色器（未修改）现在渲染到了帧缓冲区纹理，并且添加了新的第二组着色器，来做最后的镜头畸变校正，将这些帧缓冲区纹理渲染到它们各自的半屏。输出结果如图 17.9 所示。我们先看代码。

程序 17.3　启用了镜头畸变校正的并排式渲染

```cpp
// C++/OpenGL 应用程序
// 这里只展示了对程序 17.2 的修改
...
// 第四个 VBO（vbo[3]）是纹理缓冲区绘制目标的半屏的长方形区域
#define numVBOs 4

GLuint renderingProgram, distCorrectionProgram;
GLuint leftRightBuffer, leftRightTexture;

void setupVertices(void) {
    ...
    // 绘制半屏的长方形区域（顶点放在 vbo[3]中）
    float lensQuad[18] = {
        -1.0, 1.0, 0.0, -1.0, -1.0, 0.0, 1.0, 1.0, 0.0,
        1.0, 1.0, 0.0, -1.0, -1.0, 0.0, 1.0, -1.0, 0.0
    };
    glBindBuffer(GL_ARRAY_BUFFER, vbo[3]);
    glBufferData(GL_ARRAY_BUFFER, sizeof(lensQuad), &lensQuad[0], GL_STATIC_DRAW);
}

void setupLeftRightBuffer(GLFWwindow* window) {
    GLuint bufferId[1];
    glGenBuffers(1, bufferId);
    glfwGetFramebufferSize(window, &width, &height);

    // 初始化渲染半屏的帧缓冲区
    glGenFramebuffers(1, bufferId);
    leftRightBuffer = bufferId[0];
    glBindFramebuffer(GL_FRAMEBUFFER, leftRightBuffer);
    glGenTextures(1, bufferId); // 这用于色彩缓冲区
    leftRightTexture = bufferId[0];
    glBindTexture(GL_TEXTURE_2D, leftRightTexture);
    glTexImage2D(GL_TEXTURE_2D, 0, GL_RGBA, width / 2, height, 0, GL_RGBA, GL_UNSIGNED_BYTE, NULL);
    glTexParameteri(GL_TEXTURE_2D, GL_TEXTURE_MIN_FILTER, GL_LINEAR);
    glTexParameteri(GL_TEXTURE_2D, GL_TEXTURE_MAG_FILTER, GL_LINEAR);
    glTexParameteri(GL_TEXTURE_2D, GL_TEXTURE_WRAP_S, GL_CLAMP_TO_BORDER);
    glTexParameteri(GL_TEXTURE_2D, GL_TEXTURE_WRAP_T, GL_CLAMP_TO_BORDER);
    float blackColor[4] = { 0.0f, 0.0f, 0.0f, 1.0f };
    glTexParameterf(GL_TEXTURE_2D, GL_TEXTURE_BORDER_COLOR, *blackColor);
    glFramebufferTexture2D(GL_FRAMEBUFFER, GL_COLOR_ATTACHMENT0, GL_TEXTURE_2D, leftRightTexture, 0);
    glDrawBuffer(GL_COLOR_ATTACHMENT0);
    glGenTextures(1, bufferId); // 这用于深度缓冲区
    glBindTexture(GL_TEXTURE_2D, bufferId[0]);
    glTexImage2D(GL_TEXTURE_2D, 0, GL_DEPTH_COMPONENT24, width/2, height, 0, GL_DEPTH_COMPONENT, GL_FLOAT, NULL);
    glTexParameteri(GL_TEXTURE_2D, GL_TEXTURE_MIN_FILTER, GL_LINEAR);
    glTexParameteri(GL_TEXTURE_2D, GL_TEXTURE_MAG_FILTER, GL_LINEAR);
    glFramebufferTexture2D(GL_FRAMEBUFFER, GL_DEPTH_ATTACHMENT, GL_TEXTURE_2D, bufferId[0], 0);
}

void init(GLFWwindow* window) {
    ...
    distCorrectionProgram = Utils::createShaderProgram("vertDistCorrShader.glsl", "fragDistCorrShader.glsl");
}

void copyFrameBufferToViewport(GLFWwindow* window, int leftRight) {
```

```
        glUseProgram(distCorrectionProgram);

        // leftRight 统一变量表示正在渲染哪一半屏，winSizeX 和 winSizeY 是视口尺寸
        leftRightLoc = glGetUniformLocation(distCorrectionProgram, "leftRight");
        sizeXLoc = glGetUniformLocation(distCorrectionProgram, "winSizeX");
        sizeYLoc = glGetUniformLocation(distCorrectionProgram, "winSizeY");
        glUniform1i(leftRightLoc, leftRight);
        glUniform1f(sizeXLoc, (float)sizeX/2.0f);
        glUniform1f(sizeYLoc, (float)sizeY);

        // vbo[3] 包含正方形区域的顶点（两个三角形）
        glBindBuffer(GL_ARRAY_BUFFER, vbo[3]);
        glVertexAttribPointer(0, 3, GL_FLOAT, false, 0, 0);
        glEnableVertexAttribArray(0);

        // 包含渲染出的场景的纹理被发送给着色器
        // 将在着色器里应用镜头畸变校正
        glActiveTexture(GL_TEXTURE0);
        glBindTexture(GL_TEXTURE_2D, leftRightTexture);

        glEnable(GL_DEPTH_TEST);
        glDepthFunc(GL_LEQUAL);
        glDrawArrays(GL_TRIANGLES, 0, 6);
}

void clearDisplay() {
        // 这用于清空实际的屏幕显示缓冲区
        glClearColor(0, 0, 0, 1);
        glBindFramebuffer(GL_FRAMEBUFFER, 0);
        glClear(GL_DEPTH_BUFFER_BIT);
        glClear(GL_COLOR_BUFFER_BIT);
}

void clearBuffer() {
        // 这用于在最开始渲染场景时清空帧缓冲区的纹理
        glClearColor(0.7f, 0.8f, 0.9f, 1.0f);
        glBindFramebuffer(GL_FRAMEBUFFER, leftRightBuffer);
        glClear(GL_DEPTH_BUFFER_BIT);
        glClear(GL_COLOR_BUFFER_BIT);
}

int main(void) {
        ...
        setupLeftRightBuffer(window);

        while (!glfwWindowShouldClose(window)) {
                clearDisplay();

                // 将左侧视口绘制到帧缓冲区的纹理
                clearBuffer();
                glBindFramebuffer(GL_FRAMEBUFFER, leftRightBuffer);
                glViewport(0, 0, sizeX/2, sizeY);
                display(window, glfwGetTime(), -1);

                // 将左侧视口的帧缓冲区转移给屏幕
                glBindFramebuffer(GL_FRAMEBUFFER, 0);
                glViewport(0, 0, sizeX/2, sizeY);
                copyFrameBufferToViewport(window, 0.0f);

                // 将右侧视口绘制到帧缓冲区的纹理
                clearBuffer();
                glBindFramebuffer(GL_FRAMEBUFFER, leftRightBuffer);
```

```
            glViewport(0, 0, sizeX/2, sizeY);
            display(window, glfwGetTime(), 1);

            // 将右侧视口的帧缓冲区转移给屏幕
            glBindFramebuffer(GL_FRAMEBUFFER, 0);
            glViewport(sizeX/2, 0, sizeX/2, sizeY);
            copyFrameBufferToViewport(window, 1.0f);

            glViewport(0, 0, sizeX, sizeY);
            glfwSwapBuffers(window);
            glfwPollEvents();
        }
        glfwDestroyWindow(window);
        glfwTerminate();
        exit(EXIT_SUCCESS);
}


// 顶点着色器 (vertDistCorrShader.glsl)
// 这些着色器用于完整帧缓冲区纹理的最终渲染
// 顶点着色器只是简单地传递给片段着色器
#version 430
layout (location=0) in vec3 position;
uniform int leftRight;
uniform float winSizeX;
uniform float winSizeY;
layout (binding=0) uniform sampler2D lensTex;

void main(void)
{   gl_Position = vec4(position, 1.0);
}


// 片段着色器 (fragDistCorrShader.glsl)
// 片段着色器负责所有的镜头畸变校正计算
#version 430
out vec4 fragColor;
uniform int leftRight; // -1 表示左边，+1 表示右边
uniform float winSizeX;
uniform float winSizeY;
layout (binding=0) uniform sampler2D lensTex; // 这是之前渲染的帧缓冲区纹理

void main(void)
{   float K1 = -0.55; // 适用于 Google Cardboard 头显的畸变参数
    float K2 = 0.34;

    // 计算以 (0, 0) 为中心缩放到 (-0.5,+0.5) 时在半窗口中的位置
    float xd = (gl_FragCoord.x - winSizeX*leftRight) / winSizeX - 0.5;
    float yd = gl_FragCoord.y / winSizeY - 0.5;

    // 计算到半窗口中心的距离
    float ru = sqrt(pow(xd,2.0) + pow(yd,2.0));

    // 调整从屏幕单位到物理单位毫米的转换
    float mmRatio = 1.3; // ru/d 的比值，其中 d 是到镜头的距离
    float rn = ru * mmRatio;

    // 计算无畸变的相应的位置
    float distortionFactor = 1+ K1 * pow(rn,2.0f) + K2 * pow(rn,4.0f);
    float xu = xd / distortionFactor;
    float yu = yd / distortionFactor;
```

```
// 将结果点移动(+0.5, +0.5)转化成纹理空间
fragColor = texture(lensTex, vec2(xu+0.5, yu+0.5));
}
```

图 17.9　带有镜头畸变校正的程序 17.3 的并排式渲染（最好通过立体头显观看）

在程序 17.3 中，具体来说是在 C++/OpenGL 应用程序中，帧缓冲区纹理的设置（即设置 leftRightBuffer 和它相关的纹理 leftRightTexture）与程序 15.3 中的水示例完全相同。在水示例中，缓冲区用于存储反射（和折射）。在这里，它用于存储整个场景，尺寸与半屏窗口的视口相同。这里还创建了第二个渲染程序（叫作 distCorrectionProgram）用来将这个缓冲区显示到屏幕上，这个过程发生在函数 copyFrameBufferToViewport() 中，它为左眼调用一次，为右眼又调用一次。剩下的大多数 C++ 代码没有变化，包括渲染场景的 display() 函数。我们对 main() 函数进行了扩展，以管理和设定两个帧缓冲区（屏幕缓冲区，或者说 leftRightBuffer）中的哪一个处于活动状态。

实际的畸变校正发生在 distCorrectionProgram 的片段着色器中。其 GLSL 着色器代码实现了：（a）计算从被渲染的位置到半屏视口中心的距离；（b）镜头畸变校正计算；（c）在 leftRightTexture 中的结果纹元查找。

17.5　简单的测试硬件配置

现在有很多方法可以查看并排式场景，像程序 17.3 渲染的那种。虽然现代头显可能很昂贵，但作者在准备本章示例时使用了一种简单方法，利用了这么一组设备和软件：

- 可连接到计算机的相对现代的手机（例如 Android 手机或 iPhone）；
- WiredXDisplay[WX20]（手机应用），将计算机屏幕复制到手机；
- 以分屏格式查看手机屏幕的 Google Cardboard 头显[GC20]。

对于已经拥有智能手机的读者，上述解决方案的总成本较低。手机可以使用 USB 数据线连接到计算机。WiredXDisplay 应用程序可以将计算机屏幕的内容传输到手机，这实质上将手机变成了计算机的显示器。将手机放置在 Google Cardboard 头显中，假定显示屏的左半部分用于左眼，右半部分用于右眼。图 17.10 展示了为程序 17.3 部署的这一套配置。

图 17.10　使用 Google Cardboard 头显查看程序 17.3 的并排式渲染效果

用于测试色差式示例（例如程序 17.1）的硬件要简单得多。我们可以在线购买并使用一套便

宜的纸板红青眼镜。

补充说明

本章对立体视觉技术只进行了非常基本的入门介绍。用于电影院和 VR 游戏与应用的专业系统通常会使用更复杂的模型，并针对所使用的硬件进行更仔细的调整。我们还忽略了一些重要的相关主题，例如景深渲染的视网膜模糊，在完全专业的应用部署中会用到这些。尽管如此，使用这里介绍的简单方法，以带有 3D 深度感知的方式体验本书中的各种示例也是很有趣的。

在少数情况下，我们会遇到一些"绊脚石"。本书中的一些示例将用户定义的帧缓冲区用于各种目的或渲染到纹理，例如构建阴影、生成水效果或进行光线追踪。在这些情况下，需要进一步修改 C++代码以管理缓冲区。这在第 15 章的水示例中尤其棘手，其中的反射和折射缓冲区在很大程度上只是估计值，如果不进行修改，它们将无法在两只眼睛之间进行准确的分割。

我们选择雾示例进行渲染，是因为雾能进一步帮助立体效果的呈现，并且该示例并没有被红青色差查看方式下的色彩限制阻碍太多。当以红青色差式查看时，本书中的一些其他示例的颜色看起来不会太好。

读者无疑已经注意到我们的并排式渲染被水平压缩了。为了让代码尽可能简单，我们没有对此进行修正。更完整的解决方案还可以修正视锥，这样纵横比就不会发生太大的变化。并排式查看的一个缺点就是渲染场景时会损失一半的屏幕空间。

可以在其他地方[K16]找到校正镜头畸变的顶点位移方法的详细介绍，相应方法比本章介绍的基于片段着色器的简单方法性能更好。

尽管我们已经介绍了适用于 VR 系统的立体渲染（和查看）的基本方法，但还有相当多的 VR 话题我们根本都还没有讨论过。完整的 VR 系统不仅以立体 3D 显示，还包括能让用户更自然地移动和交互的传感器，例如通过转头或伸手的方式。这里我们只专注于图形的显示。

本章也没有介绍偏振式或快门式技术的渲染方式（尽管在本章开头简要提到了）。这些需要更特定的硬件，相应解决方案超出了本书的介绍范围。

习题

17.1　修改程序 17.1 以尝试各种不同的 IOD 值。你认为什么范围的值最适合这个场景？如果 IOD 值设置得太小会发生什么？随着 IOD 值的增加，你会观察到什么？然后，当 IOD 值设置得太大时又会发生什么？

17.2　将程序 4.2（特别是 100000 个立方体的修改版本）转换为色差式和并排式立体视觉渲染程序。

17.3　将程序 12.5（曲面细分的月球表面）转换为色差式和并排式立体视觉渲染程序。为相机运动增加动画，使其靠近并沿着月球表面掠过。

参考资料

[B66]　D. Brown, Decentering Distortion of Lenses, *Photogrammetric Engineering*, 32 (3), 1966.

[BS16] B. Smus, Three Approaches to VR Lens Distortion, 2016, accessed July 2020.

[C19]　A. Conrady, Decentered Lens-Systems, Monthly notices of the Royal Astronomical Society 79, 1919.

[GC20] Google Cardboard, accessed July 2020.

[K16]　B. Kehrer, VR Distortion Correction Using Vertex Displacement (blog), 2016, accessed July 2020.

[N10]　S. Gateau, S. Nash, Implementing Stereoscopic 3D in Your Applications, NVIDIA, GPU Technology Conference, San Jose CA, 2010, accessed July 2020.

[S16]　Scratchapixel 2.0, The Perspective and Orthographic Projection Matrix, 2016, accessed July 2020.

[W20]　G. Wetzstein, *Head Mounted Display Optics 1*, 2020, accessed July 2020.

[WSE]　Wikipedia-Stereoscopy, accessed July 2020.

[WSS]　Wikipedia-Stereopsis, accessed July 2020.

[WST]　Wikipedia-Stereoscope, accessed July 2020.

[WX20] WiredXDisplay (cell phone application) -Splashtop, accessed July 2020.

附录 A PC（Windows）上的安装与设置

如第 1 章所述，为了在计算机上使用 OpenGL 和 C++，必须完成许多安装和设置步骤。这些步骤取决于你所使用的平台。本书中的代码示例运行于 PC（Windows）上，本附录为 Windows 平台提供了设置教程。库和工具变化频繁，这些步骤有可能会变得过时。

A.1 安装库和开发环境

A.1.1 安装开发环境

由于我们在本书中实现了多个项目，并且在 OpenGL 中有很多库需要协调，所以我们需要以如下方式来设置 C++开发环境，以最大限度地减少每个新建项目所需的配置步骤。这里，我们使用 Visual Studio 2019 [VS20]，类似的步骤也可以应用在其他集成开发环境中。

在计算机上下载并安装 Visual Studio 2019（可以选择 Community 版本）。完成安装后，在单个共享位置安装尽可能多的库，然后创建一个 Visual Studio 的自定义模板，这样，我们创建的每个新项目将已然拥有必要的库和依赖项，而不必重新定义。创建模板的描述在附录 A.2.1 中。

A.1.2 安装 OpenGL / GLSL

OpenGL 或 GLSL 并不需要"安装"，但需要确保显卡至少支持 OpenGL 4.3。如果你不知道计算机支持哪种版本的 OpenGL，可以使用各种免费应用程序（例如 GLView [GV20]）来检查。

A.1.3 准备 GLFW

第 1 章中给出了窗口管理库 GLFW 的概述。正如第 1 章中指出的，需要在运行它的计算机上编译 GLFW（请注意，虽然 GLFW 网站包含预编译好的二进制文件下载选项，但它们经常无法正常运行）。编译 GLFW 需要先下载并安装 CMake（可以在 CMake 官方网站获得[CM20]）。编译 GLFW 的步骤相对简单：

（1）下载 GLFW 源代码[GF20]；
（2）下载并安装 CMake[CM20]；
（3）运行 CMake 并选择 GLFW 源代码所在位置和期望的构建目标文件夹；
（4）单击 Configure，如果某些选项高亮成红色，请再次单击 Configure；
（5）单击 Generate。

CMake 会在之前指定的"构建目标"文件夹中生成多个文件。该文件夹中有一个文件名为 GLFW.sln，它是一个 Visual Studio 项目文件。打开它（当然是使用 Visual Studio）并将 GLFW 编译为 64 位应用程序。

构建生成后，得到了两个我们需要的项目：

- 由之前的编译步骤生成的 glfw3.lib 文件；
- 最开始下载的 GLFW 源代码中的 GLFW 文件夹（可在 include 文件夹中找到，它包含我们将使用的两个头文件）。

A.1.4　准备 GLEW

第 1 章我们给出了 GLEW "扩展管理器" 库的概述。可从 GLEW 官网[GE17]下载 64 位二进制文件。我们需要获得的项目是：

- glew32.lib（在 lib/Release/x64 文件夹中）——是的，文件名中有 "32" 字样，但这确实是 64 位的正确安装文件；
- glew32.dll（在 bin/Release/x64 文件夹中）；
- GL 文件夹，包含多个头文件（在 include 文件夹中）。

A.1.5　准备 GLM

第 1 章给出了数学库 GLM 的概述。可访问 GLM 官网[GM20]并下载包含发布说明的最新版本。解压缩后，下载文件夹包含名为 glm 的文件夹。该文件夹（及其内容）是我们需要使用的项目。

A.1.6　准备 SOIL2

第 1 章给出了图像加载库 SOIL2 的概述。安装 SOIL2 [SO20]需要使用一个名为 "premake" 的工具[PM20]。虽然该过程涉及多个步骤，但它们相对简单。

（1）下载并解压缩 premake，其中唯一的文件是 premake5.exe。

（2）下载 SOIL2（使用界面中 Code 下的 Download ZIP 超链接），然后解压缩。

（3）将 premake5.exe 文件复制到 soil2 文件夹中。

（4）打开命令提示符窗口，导航到 soil2 文件夹，然后运行如下命令：

```
premake5 --platform=x64 vs2012
```

它应该显示随后创建的文件数量。

（5）在 soil2 文件夹中，打开 make 文件夹，然后打开 windows 文件夹。双击 SOIL2.sln。

（6）如果 Visual Studio 提示升级库，请单击 "确定" 按钮。

（7）使用界面顶部的下拉菜单，从 x86（或 Win32）切换到 x64，然后在 "解决方案资源管理器" 面板中，右键单击 soil2-static-lib 并选择 "生成（Build）"。

（8）关闭 Visual Studio 并导航回 soil2 文件夹。你应该注意到一些新项目。

A.1.7　准备共享的 lib 和 include 文件夹

选择你要存放库文件的位置。你可以随意选择任何文件夹。例如，你可以在 C 盘下创建一个文件夹 f。在该文件夹中，创建名为 lib 和 include 的子文件夹。

- 在 lib 文件夹中，放入 glew32.lib 和 glfw3.lib。
- 在 include 文件夹中，放入前面描述的 GL、GLFW 和 glm 文件夹。

- 导航回 soil2 文件夹，进入其中的 lib 文件夹。将 soil2-debug.lib 文件复制到 lib 文件夹（glew32.lib 和 glfw3.lib 所在的文件夹）。
- 导航回 soil2 文件夹，然后导航到 src。将 soil2 文件夹复制到 include 文件夹（GL、GLFW 和 GLM 所在的文件夹）。此 soil2 文件夹包含 SOIL2 的.c 和.h 文件。
- 你可能会发现将 glew32.dll 文件放在 OpenGLtemplate 文件夹中也很方便，这样你就可以知道在哪里找到它——尽管这不是必要的。

文件夹结构现在应该如图 A.1 所示。

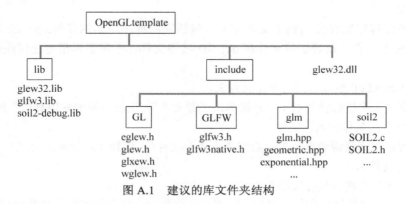

图 A.1 建议的库文件夹结构

A.2 在 MS Visual Studio 中开发和部署 OpenGL 项目

创建 Visual Studio 自定义项目模板

因为我们在 C++/OpenGL 应用程序中使用了很多专用库，所以创建 Visual Studio 模板将使启动新的 OpenGL 项目变得更加容易。本节将介绍创建和使用此模板的步骤。

启动 Visual Studio（假设为 2019 版本）。创建一个新的 C++空项目。在界面顶部中心，菜单栏下方有两个相邻的下拉菜单。

- 右边的下拉菜单允许你指定 x86 或 x64——选择 x64。
- 左侧的下拉菜单允许你指定是在 Debug 模式还是 Release 模式下进行编译。对于这两个模式都需要完成几个步骤。也就是说，它们应该在 Debug 模式下完成，然后在 Release 模式下重复。

先在 Debug 模式下（然后在 Release 模式下）进入"项目属性"并进行以下更改。

- 在"VC++目录"下（也可能写成"C/C++"），单击"常规"，然后在"包含目录"中添加你之前创建的 include 文件夹。
- 在"链接器"下，有以下两个更改。
  - 单击"常规"，然后在"附加库目录"下添加先前创建的 lib 文件夹。
  - 单击"输入"，然后在"附加依赖项"下添加以下 4 个文件名：glfw3.lib、glew32.lib、soil2-debug.lib 和 opengl32.lib（最后一个应该已经作为标准 Windows SDK 的一部分提供）。

对 Debug 和 Release 模式的项目属性都进行上述更改后，就可以开始创建模板了。创建模板通过进入"项目"菜单并选择"导出模板"来完成。选择"项目模板"，并为模板提供有意义的名称，例如"OpenGL project"。

安装库并设置好自定义模板后，创建一个新的 OpenGL C++项目就很简单了。

（1）启动 Visual Studio，单击"新建项目"。

（2）在左上方选择 OpenGL 模板，然后单击"下一步"。

（3）给项目起一个名称，然后单击"下一步"。

（4）使用界面顶部的下拉菜单，从 x86 切换到 x64。

（5）回到 Windows 中，导航到 VS 创建的和你新建项目名称相同的文件夹，其中应该还有另一个同名的子文件夹。

（6）将应用程序文件复制到子文件夹中，包括应用程序用到的任何.cpp 源文件、.h 头文件、.glsl 着色器文件、纹理图像文件和.obj 3D 模型文件。不需要再指定任何在模板里已经内置的头文件。

（7）将 glew32.dll 也放入同一个子文件夹。

（8）在解决方案资源管理器中，右键单击"源文件"，选择"添加▶现有项"加载 main.cpp。重复这个过程添加其他的.cpp 文件。

（9）在解决方案资源管理器中，右键单击"头文件"，选择"添加▶现有项"加载应用程序的头文件（.h 文件）。

现在就准备好构建和执行应用程序了。

在开发、测试和调试应用程序之后，程序可以作为一个独立的可执行文件进行部署。部署时需要在 Release 模式下构建项目，然后将以下文件放在同一个文件夹中：

● 项目生成的.exe 文件；
● 应用程序使用的所有着色器文件；
● 应用程序使用的所有纹理图像和模型文件；
● glew32.dll。

参考资料

[CM20] CMake homepage, accessed July 2020.

[GE17] OpenGL Extension Wrangler (GLEW), accessed July 2020.

[GF20] Graphics Library Framework (GLFW), accessed July 2020.

[GM20] OpenGL Mathematics (GLM), accessed July 2020.

[GV20] GLView, realtech-vr, accessed July 2020.

[PM20] premake homepage, accessed July 2020.

[SO20] Simple OpenGL Image Library 2 (SOIL2), SpartanJ, accessed July 2020.

[SW15] G. Sellers, R. Wright Jr., and N. Haemel, *OpenGL SuperBible: Comprehensive Tutorial and Reference*, 7th ed. (Addison-Wesley, 2015).

[VS20] Microsoft Visual Studio–downloads, accessed July 2020.

附录 B　Mac（macOS）平台上的安装与设置

如第 1 章所述，为了在计算机上使用 OpenGL 和 C++，必须完成许多安装和设置步骤。这些步骤取决于你希望使用的平台。本附录提供了 Mac（macOS）平台的设置指引。由于所依赖的库和工具经常发生改变，因此在读者阅读时，这些步骤可能已经过时。

在过去的几年中，苹果公司对 Mac（macOS）上 OpenGL 的支持逐渐萎缩。例如，在撰写本文时，现代 Mac 仍然只支持 OpenGL 4.1。尽管如此，仍然可以对本书中的示例进行一些修改来运行。在准备必要的库这个步骤中，第 1 章中描述的所有库都是跨平台的，可用于 Mac（macOS）。我们首先介绍如何安装这些库，然后介绍如何配置开发环境。

此外，由于本书中的代码示例是运行于 Windows 平台上的 OpenGL 4.3 环境中的，因此本附录提供了有关转换代码示例的详细信息，以便它们能够 Mac（macOS）上正确运行。

B.1　安装库和开发环境

B.1.1　准备并安装依赖库

第 1 章概述了每个库的目的和选择。我们不会在此重复这些信息，相反，我们专注于如何安装每个库。

我们首先安装 GLEW 和 GLFW。可以使用 Homebrew 工具安装这些库。Homebrew 是一个软件包管理器，旨在让用户尽可能简单地在 Mac 上安装常用的实用程序。安装 Homebrew 的步骤如下。

（1）打开 Safari 浏览器，访问 Homebrew 网站。

（2）按照 Homebrew 网站页面上的安装指引进行操作。具体来说，就是复制页面中心给出的代码，打开 Mac 上的终端窗口，将复制的命令粘贴到其中，然后按回车键。安装过程中可能需要输入 Mac 密码。

（3）不要关闭终端窗口，在接下来的步骤中我们还会用到它。

接下来，使用新安装的 Homebrew 实用程序来安装 GLEW 和 GLFW，步骤如下。

（1）仍然在终端提示符下输入命令：brew install glfw3。

（2）仍然在终端提示符下输入命令：brew install glew。

（3）请注意，/usr/local/include 路径下现在新增了两个文件夹，分别名为 GL 和 GLFW。

接下来我们安装数学库 GLM。在 4 个库中，它的安装最简单。由于 GLM 是一个仅包含头文件的库，因此只需：（a）按照 A.1.5 小节所述，下载和解压缩库；（b）将生成的 glm 文件夹及其内容复制到/usr/local/include。

安装 SOIL2 可能是安装 4 个库中最棘手的。我们曾使用如下步骤成功安装。

（1）下载 Mac 版本的 SOIL2 和 premake（premake5）。

（2）解压缩 premake。其中应当只有一个可执行文件。

（3）将 premake 可执行文件复制到 SOIL2 文件夹中。

（4）在终端窗口中，导航到 SOIL2 文件夹并运行如下命令：

```
./premake5 gmake
```

（5）仍然在 SOIL2 文件夹中，运行命令 cd make/macosx 以导航到 make 文件夹，然后运行如下命令：

```
make
```

（6）SOIL2 的构建应该会成功——测试文件可能会构建失败（没关系，它们对我们来说并不重要）。构建会生成 src/SOIL2 文件夹，其中包含几个.h 文件，以及一个 lib 文件夹，文件夹中包含一个名为 libsoil2-debug.a 的库文件。

（7）将包含.h 文件的 SOIL2 文件夹复制到/usr/local/include。

（8）libsoil2-debug.a 文件可以放在任何能够长期定位的位置。

B.1.2　准备开发环境

在撰写本文时，Mac 版 Visual Studio 2019（在 Windows 平台上运行本书程序的说明中使用的开发环境）不支持 C++。一个名为 Visual Studio Code 的相关产品可以用来开发 C++，但是幸好 Mac 上有个更常用的 IDE——Xcode。如果你的 Mac 没有安装 Xcode，那么需要先进行安装，其安装过程简单而直接（虽然速度很慢）[XC20]。你可能需要升级操作系统才能安装最新版的 Xcode。

安装 Xcode 之后，你需要配置使其使用 OpenGL 以及上述库。以下是我们为 C++/ OpenGL 应用程序成功设置 Xcode 的步骤。

（1）运行 Xcode，（在 macOS 标签下）创建一个 macOS command line tool 类型的项目。将语言设置为 C++。

（2）创建一个默认的 main.cpp，它包含一个简单的"hello world"程序。在 Xcode 编辑器中，使用我们的 C++ / OpenGL 应用程序中的所需 main.cpp 代码覆盖该代码。

（3）设置头文件搜索路径，步骤如下所示。

● 单击项目名称（位于最左侧面板的顶部）。

● 选择主面板顶部中心的 Build Settings 选项卡。

● 向下滚动到 Search Paths 部分，确保上方过滤器选择 All 而非 Basic。

● 在 Header Search Paths 中，添加以下路径：/usr/local/include。

（4）将包含 libsoil2-debug.a 文件的文件夹的路径添加到 Library Search Paths。它也位于 Build Settings 中，靠近上一步中使用的头文件搜索路径部分。这里需要将它添加到 release 和 debug 类别中。

（5）为链接阶段设置二进制文件，步骤如下所示。

● 如有必要，单击项目名称（位于最左侧面板的顶部，蓝色）。

● 选择主面板顶部中心的 Build Phases 选项卡。

- 单击 Link Binary with Libraries 旁边的小三角形打开该部分。
- 在 drag to reorder frameworks 旁边应该有一个加号，单击它。
- 这里应该打开一个搜索框。搜索"opengl"。应该出现 OpenGL.framework。选择它并单击 Add（注意：此 OpenGL 框架已存在于 Mac 中）。
- 再次单击加号，这次搜索"core"。应该出现 CoreFoundation Framework。选择它并单击 Add（此库也已存在于 Mac 中）。
- 再次单击加号，这次单击左下方的 Add Other...。浏览窗口打开后，按 command+shift+G 组合键，会打开一个输入框，输入/usr/local 并单击 go。在显示的文件夹结构中，导航到 Cellar▶glew，然后导航到以显示的版本号为名的文件夹中的 lib 文件夹，其中的库文件应以.dylib 扩展名显示。选择适当的.dylib 库文件。它应该命名为"libGLEW.2.1.0.dylib"（没有"mx"，也没有快捷方式箭头）。选择后，单击 Open 将其插入。
- 对 glfw 库重复上一步骤。它也在/usr/local/Cellar 中，然后在 glfw 中对应版本号文件夹下的 lib 文件夹中。所需引用的库名为 libglfw.3.3.dylib（没有快捷方式箭头）。单击 Open 将其插入。
- 对 SOIL2 库文件（我们在 B.1.1 小节中创建的文件）重复该过程。即单击加号，单击 Add Other...，然后导航到放置 libsoil2-debug.a 文件所在的文件夹中。选择该文件，然后单击 Open 将其插入。

（6）设置工作目录：单击 Product▶Scheme▶Edit Scheme，然后在 options 中，选中 use custom working directory 复选框。在下方的输入框中，将项目源代码文件夹路径复制进去（包含 main.cpp 文件的文件夹）。

（7）将支持文件（纹理图像、着色器文件和其他支持文件，例如我们在本书中生成的 Utils.cpp 和 Utils.h 文件）复制到 main.cpp 所在的同一工作目录中。

（8）在最左边的面板中，将属于 C++ / OpenGL 应用程序（例如 Utils.cpp，Utils.h，Sphere.cpp 等）的任何其他.cpp 和.h 文件添加到项目中，使它们出现在左侧面板中 main.cpp 旁边。

B.2　修改 Mac 的 C++ / OpenGL / GLSL 应用程序代码

本书中描述的 C++ 程序中的大部分代码可以直接运行。但是，需要先对少部分代码进行少量修改。大多数修改在 main.cpp 中的 main() 函数中。你可以进行一次修改，并将修改后的 main() 函数复制到其他所有项目中。其余部分的更改很小，可以根据需要进行。

这部分描述的变化在学完书中相应的编程部分之前，没有太大意义。读者可以选择跳过本节的部分内容，并在学习相关材料后再回来对照进行修改。虽然可能存在引起混淆的风险，但我们仍然决定在此处对 Mac（macOS）平台所有代码进行更改，以便将它们放在同一个位置。

B.2.1　修改 C++ 代码

让我们从 main.cpp 文件必需的修改开始。

Xcode 有时会生成大量带有"documentation"的警告消息。这会使找到更实质性的错误消息变得更复杂。有几种方法可以阻止这些消息的生成，最简单的一种是将以下两行代码添加到 main.cpp 的顶部：

```
#pragma clang diagnostic push
#pragma clang diagnostic ignored "-Wdocumentation"
```

Homebrew 将 GLEW 安装为 Mac 上的静态库，因此需要在程序顶部，即#include <GL/ glew.h>
命令的正上方添加代码：

```
#define GLEW_STATIC
```

在 glfwWindowHint 命令中，将 major 上下文版本设置为 4，将 minor 设置为 1。
你需要紧跟着现有的两个 glfwWindowHint 命令，添加另外两个 glfwWindowHint 命令：

```
glfwWindowHint(GLFW_OPENGL_PROFILE, GLFW_OPENGL_CORE_PROFILE);
glfwWindowHint(GLFW_OPENGL_FORWARD_COMPAT, GL_TRUE);
```

需要这些命令是因为很多 Mac 默认使用更老版本的 OpenGL。这些命令会强制使用硬件能
够支持的最新 OpenGL 版本。

某些 Mac（例如具有视网膜显示屏的 Mac）在设置 GLFW 渲染窗口分辨率时稍微复杂一些。
使用 glfwCreateWindow()创建窗口后，你需要从帧缓冲区中检索实际的屏幕尺寸，如下所示：

```
int actualScreenWidth, actualScreenHeight;
glfwGetFramebufferSize(window, &actualScreenWidth, &actualScreenHeight);
```

接下来，在 glfwMakeContextCurrent(window)命令后，添加如下代码：

```
glViewport(0,0,actualScreenWidth,actualScreenHeight);
```

这将确保绘制到帧缓冲区的内容与 GLFW 窗口中显示的内容相匹配。
最后，在使用 glewInit()初始化 GLEW 之前，添加如下代码：

```
glewExperimental = GL_TRUE;
```

B.2.2　修改 GLSL 代码

由于 Mac 中使用稍早版本的 OpenGL（4.1 版本），因此需要对我们的 GLSL 着色器代码（以
及一些相关的 C++/OpenGL 代码）中的不同位置进行一些修改。

必须修改着色器中指定的版本号。假设你的 Mac 支持 4.1 版本，则在每个着色器的顶部找到
如下代码：

```
#version 430
```

必须将其修改为：

```
#version 410
```

4.1 版本的 OpenGL 不支持纹理采样器变量的布局绑定限定符。从第 5 章开始这会影响代码的
运行。你需要删除布局绑定限定符，并将其替换为另一个完成相同操作的命令。具体来说，就
是在着色器中查找具有以下格式的行：

```
layout (binding=0) uniform sampler2D samp;
```

绑定子句中指定的纹理单元号可能不同（此处为"0"），并且采样器变量的名称可能不同（此处为"samp"）。在任何情况下，你都需要删除布局子句，将它简化为：

```
uniform sampler2D samp;
```

然后，你需要在 C++程序中为启用的每个纹理添加如下代码：

```
glUniform1i(glGetUniformLocation(renderingProgram,"samp"), 0);
```

这些代码需要紧跟在 C++ display()函数中的 glBindTexture()命令之后，其中"samp"是统一采样器变量的名称，"0"是先前删除的绑定命令中指定的纹理单元。

补充说明

macOS 必须支持 OpenGL 4.1 才能运行本书中的程序。如果你不知道计算机支持的 OpenGL 版本，可查阅 Apple 网站上提供的列表[AP20]。

第 16 章中的光线追踪程序无法在 Mac（macOS）上运行，因为这些程序使用了计算着色器，而计算着色器是 OpenGL 4.3 中才引入的功能。

对于一些使用了视网膜屏幕的 Mac（macOS）来说，其像素数量时有不一致。例如，2.1.6 小节中的程序中（其结果在图 2.13 中），gl_FragCoord.x 返回的值对于 main()函数中设置的窗口大小来说应当是返回值的两倍。因此，在这个例子中，将条件语句中的测试值从 295 改为 590 即可得到期望的结果。

参考资料

[AP20] Mac computers that use OpenCL and OpenGL graphics, accessed July 2020.

[GE17] OpenGL Extension Wrangler (GLEW), accessed July 2020.

[GF20] Graphics Library Framework (GLFW), accessed July 2020.

[GM20]OpenGL Mathematics (GLM), accessed July 2020.

[PM20] premake homepage, accessed July 2020.

[SO20] Simple OpenGL Image Library 2 (SOIL2), SpartanJ, accessed July 2020.

[XC20] Apple Developer site for Xcode, accessed July 2020.

附录 C 使用 Nsight 图形调试器

调试 GLSL 着色器代码非常困难。与使用一般编程语言（如 C++或 Java）编程时不同，在着色器代码中，经常无法确定发生错误的确切位置。通常，着色器错误的表现只是白屏，而不提供有关错误性质的线索。更令人沮丧的是，在运行期间无法像平时定位没有头绪的程序错误那样输出着色器变量的值。

我们在 2.2 节列出了一些检测 OpenGL 和 GLSL 错误的技术。尽管这些技术提供了一定的帮助，但缺乏显示着色器变量值这样的基础功能是一个严重的障碍。

出于这个原因，显卡制造商有时会在硬件中提供相关功能，使得可以在着色器运行时从其中提取信息，并以图形调试器的形式提供访问这些信息的工具。每个制造商的调试工具仅适用于该厂商的显卡。NVIDIA 的图形调试器是 Nsight 工具套件中的一部分，AMD 也有类似的工具套件，名为 CodeXL。本附录将介绍如何使用 Nsight。

C.1 关于 NVIDIA Nsight

Nsight 是 NVIDIA 的一套包含图形调试器的工具套件，它可以在程序运行时查看 OpenGL 图形管道的各个阶段，包括着色器。使用 Nsight 不需要更改或添加任何代码，只需要在启用 Nsight 的情况下运行现有程序。Nsight 允许在运行时检查着色器，例如查看着色器的统一变量的当前内容。一些版本甚至允许在运行时改变着色器代码。

Nsight 有适用于 Windows、Linux 和 macOS 的版本，可以与微软 Visual Studio 和 Eclipse IDE 交互。我们将讨论限制在 Windows 平台和 Visual Studio。（在本书的 Java 版中，我们描述了如何在 Java 程序中使用 Nsight。）

Nsight 仅适用于兼容的 NVIDIA 显卡，而不适用于 Intel 或 AMD 显卡。NVIDIA 网站[NS20]提供了其所支持显卡的完整列表。

Nsight 变化很快，本书前一版中的描述已经过时了。读者应该仅把这段简单的描述作为起步的参考，因为在不远的将来 Nsight 很可能会有很多更加令人激动的变化和发展。

C.2 设置 Nsight

有多种办法可以设置 Nsight 并将它集成到 Visual Studio。根据安装的版本不同，Nsight 菜单可能被添加到顶级菜单或者"扩展"菜单下的子菜单。安装 Nsight 的过程如下。

（1）安装 NVIDIA Nsight Graphics，可以在 NVIDIA 开发者官方网站下载。我们安装了 2020.4 版本。

（2）在 Visual Studio 中，使用"扩展▶管理扩展"搜索并安装 Nsight Integration。Nsight 菜单应该出现在顶部的菜单栏中，或者作为"扩展"菜单下的子菜单出现。

C.3　在 Nsight 中运行 C++/OpenGL 应用程序

（1）加载希望运行的程序，如果还没有这样做的话。在 Nsight 菜单中，选择 Frame Debugger 或 Start Graphics Debugging（取决于你的版本和安装方式）来运行你的程序，如图 C.1 所示。

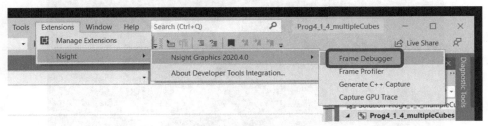

图 C.1　帧调试器

（2）程序可能会弹出一个窗口，询问你是否不启用安全连接。如果是这样，请单击 Connect unsecurely。可能还会出现一个窗口，显示与 Nsight 的连接，并要求你确认是否要启动帧调试器。如果是，则单击 Launch Frame Debugger，如图 C.2 所示。

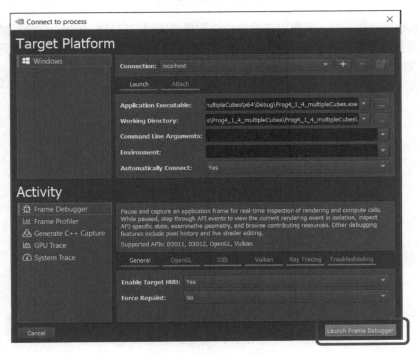

图 C.2　启动帧调试器

（3）你的 C++/OpenGL 图形程序应该开始运行。根据安装方式的不同，不同的窗口可能会出现在你正在运行的程序旁边。Nsight 还可能会在正在运行的程序上叠加一些信息，如图 C.3 所示。

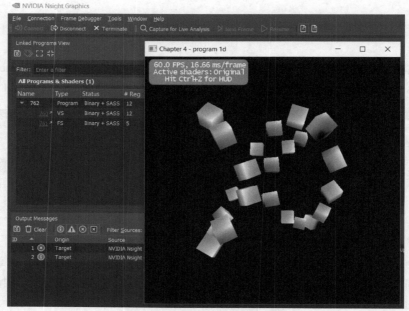

图 C.3　程序开始运行

（4）一旦程序开始运行，就可以在希望检查的任何区域与它进行交互。这个时候，你需要暂停运行。在某些版本中，这是通过选择 Nsight 菜单中的 Pause and Capture Frame 实现的。而在其他版本中，它是通过在运行窗口本身中按 Ctrl+Z 组合键并单击 Pause for live analysis 实现的，如图 C.4 所示。

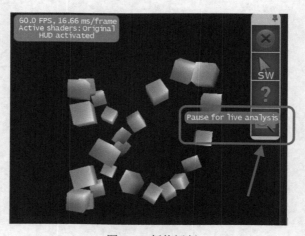

图 C.4　暂停运行

（5）然后应该出现帧调试器界面，还有一个 HUD 工具栏和一个叫作 scrubber 的水平选择工具。此时程序可能会被冻结。调试器界面的左侧有一个列表，其中包含每个着色器阶段的按钮。例如，你可以单击代表顶点着色器的 "VS"，在右侧列表中，你可以向下滚动并查看统一变量的内容（假设你已经选择了 API Inspector View）。如图 C.5 所示，proj_matrix 下方已经打开了一个列表，显示了 4×4 投影矩阵的内容。

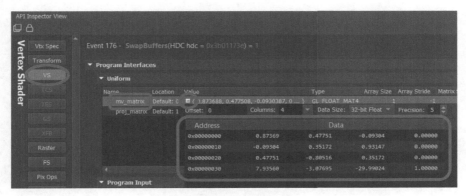

图 C.5　调试器界面

（6）出现的另一个有趣的窗口看起来与你正在运行的程序相似。这个窗口的底部有一个时间轴，你可以单击并查看在帧上绘制物体的顺序，如图 C.6 所示。请注意，在这个例子中，我已经单击了时间轴左半部的区域，目前显示的是到这一时间点已经绘制的物体。

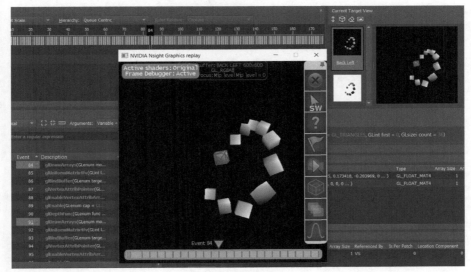

图 C.6　时间轴

有关如何充分利用 Nsight 工具的详细信息，请参阅 Nsight 官方文档。

参考资料

[NS20] Nsight Visual Studio Edition Supported GPUs (Full List), accessed July 2020.